EBERHARD BRÜGEL · KOMPAKTKURS ZEICHNEN

KOMPAKTKURS ZEICHNEN

EBERHARD BRÜGEL

DER SICHERE WEG ZEICHNEN ZU LERNEN

CHRISTOPHORUS-VERLAG FREIBURG

Vorwort

Zeichnen ist nach wie vor die Grundlage künstlerischen Gestaltens. Von den Ritzzeichnungen der vorgeschichtlichen Zeit über die Wandmalereien Ägyptens und den Buchmalereien und Altarbildern des Mittelalters lag dem Entwurf und der Ausführung von Bildern immer die Zeichnung zugrunde. Das seit der Renaissance intensiv betriebene Studium der Natur ist ohne Zeichnung undenkbar. Gerade in unserer Zeit, dem 20. Jahrhundert, genießt die Zeichnung eine besondere Wertschätzung bei Künstlern und Kunstliebhabern.
Zeichnen erfüllt gleich mehrere Aufgaben: Es schult und verfeinert die Beobachtungsgabe, es gestattet, erste Eindrücke und Ideen zu notieren und mit verschiedenartigsten zeichnerischen Formulierungen bis in die Einzelheiten auszuarbeiten, und es regt zum freien Spiel der Phantasie an.
Zeichnen erfordert keinen großen Aufwand. Ein Stift, ein Blatt oder ein Fetzen Papier genügen schon, um einen momentanen Gedanken oder ein beeindruckendes Motiv festzuhalten. Es gibt kaum einen Ort, an dem Zeichnen nicht möglich ist.
Die meisten, die mit dem Studium des Zeichnens beginnen, meinen, Zeichnen sei eine Angelegenheit handwerklichen Wissens und Könnens. Sicherlich ist es das in hohem Maß. Ebenso, ja, von unbestritten höherer Bedeutung sind aber genaue und differenzierte Beobachtung und Empfindung, das Gespür für die gestalterischen Ausdrucksmöglichkeiten des Zeichenutensils und die Phantasie. Das vorliegende Buch trägt diesen komplexen Ansprüchen in Text und Illustration Rechnung, indem es handwerkliche Hinweise liefert, zur genauen Beobachtung anleitet, den individuellen zeichnerischen Ausdruck mit der Demonstration unterschiedlicher Gestaltungsmöglichkeiten fördert und die Phantasie mit der Information über zeichnerische Verfahren und Vorgehensweisen anzuregen versucht.

Von einem Kompaktkurs erwartet man mit Recht, daß er die Fähigkeiten und Fertigkeiten, die man zu erwerben sucht, in knapper Weise vermittelt. Diesem Anspruch dürfte das vorliegende Buch gerecht werden.
Die Kapitel sind so angeordnet, daß im ersten Teil jene Aufgaben vorgestellt werden, die sich einem eher gedanklichen Zugang erschließen. Dann folgen jene, welche mehr oder weniger Kenntnisse, z. B. der Anatomie, voraussetzen, aber zunehmend gestalterische Gesichtspunkte in den Vordergrund rücken. Das Buch schließt mit der Darlegung von zeichnerischen Verfahren, die zum freien Spiel der Phantasie anregen. Die Reihenfolge der Kapitel ist also nicht zufällig. Dabei ist der Leser jedoch nicht gezwungen, sich von den ersten Seiten bis zu den letzten durchzuarbeiten. Vielmehr kann er beliebig bei einem der in acht Kapitel gegliederten Themen anfangen, eben gerade damit, wozu er die meiste Lust verspürt und wovon er sich den größten Erfolg verspricht. Denn die einzelnen Kapitel, die zuerst als Hefte in der Reihe „Kleine Zeichenschule" erschienen sind, stellen einen in sich abgeschlossenen Zeichenkurs dar. Die gegenüber den Heften vorgenommenen Kürzungen betreffen lediglich Textpassagen, die in der Buchausgabe nur ermüdende Wiederholungen zur Folge gehabt hätten.
Schon beim ersten Durchblättern erkennt man ein recht unterschiedliches methodisches Vorgehen. Teils sind einzelne Schritte in Phasenzeichnungen, teils ist nur ein einziges Bild wiedergegeben. Dieser Methodenwechsel liegt in der Besonderheit der jeweiligen Aufgabe begründet. Dort, wo systematisches Vorgehen notwendig erscheint, bieten sich Phasenzeichnungen der höheren Anschaulichkeit und des besseren Verständnisses wegen an. Dort, wo gestalterische Gesichtspunkte vorrangig erscheinen, erübrigt es sich meist, die Zwischenergebnisse des Zeichenprozesses zu dokumentieren.
Die Leserin und der Leser werden dann den größten Nut-

zen aus der Lektüre dieses Buches ziehen, wenn sie die vorgestellten Bildbeispiele nicht als Zeichenvorlagen mißverstehen, sondern diese lediglich als Orientierungshilfe ansehen und eigene Motive aussuchen. Zum einen vermittelt eine bereits in die Fläche umgesetzte Zeichnung nicht die gleichen Einsichten und Erkenntnisse wie die zeichnerische Studie eines realen Gegenstandes, gleichgültig ob es sich dabei um ein relativ kleines Objekt oder um eine weite Landschaft handelt. Zum anderen ist die Wahl eines Motives von persönlichen Empfindungen und Gefühlen mitbestimmt, was die Entwicklung einer unverwechselbaren eigenen zeichnerischen Handschrift fördert.

Viele, ja, entscheidende Dinge in der Kunst der Zeichnung lassen sich nicht über die Lektüre eines Buches lernen. So beschränkt sich auch der vorliegende Beitrag auf das, was mit Sprache und Bildbeispielen überhaupt vermittelt werden kann. Als Ergänzung und Erweiterung der eigenen zeichnerischen Praxis ist deshalb die genaue Beobachtung und das Studium von Künstlerzeichnungen zu empfehlen. An ihnen erkennt man, wie die Künstlerpersönlichkeiten jeweils in ihrer Zeit die Dinge, die sie zeichneten, gesehen und ins Bild gesetzt haben. An den Künstlerzeichnungen wird man sich auch der Vielfalt individueller Ausdrucksformen in Strichführung wie in Formgebung bewußt. Die jeweils an den Anfang eines Kapitels gestellten Künstlerzeichnungen sollen als erste Anschauungsbeispiele verstanden werden. Wer sich mit wachem Auge und Empfindung auf sie einläßt, wird bald die Lust verspüren, noch mehr Meisterwerke der Zeichnung kennenzulernen, vor allem aber, diese im Original zu erleben. Museen und Kunsthallen bieten regelmäßig Ausstellungen von Zeichnungen an. Wer den Aufwand nicht scheut, kann sich in den Graphischen Kabinetten der großen Museen einzelne Blätter im Original vorlegen lassen.

Wer später einmal als inzwischen versierter Zeichner dieses Buch wieder einmal in die Hand nimmt, dem wird es wie ein Laufstall bei seinen zeichnerischen Gehversuchen erscheinen, an dessen Gitterstäben man sich einmal mehr oder weniger mühsam aufgerichtet hat, den man dann aber recht schnell überstiegen und vergessen hat. Dies ist das Ziel dieses Buches.

Eberhard Brügel
Freiburg, den 25. März 1988

1

DIE BILDNERISCHEN MITTEL DER ZEICHNUNG

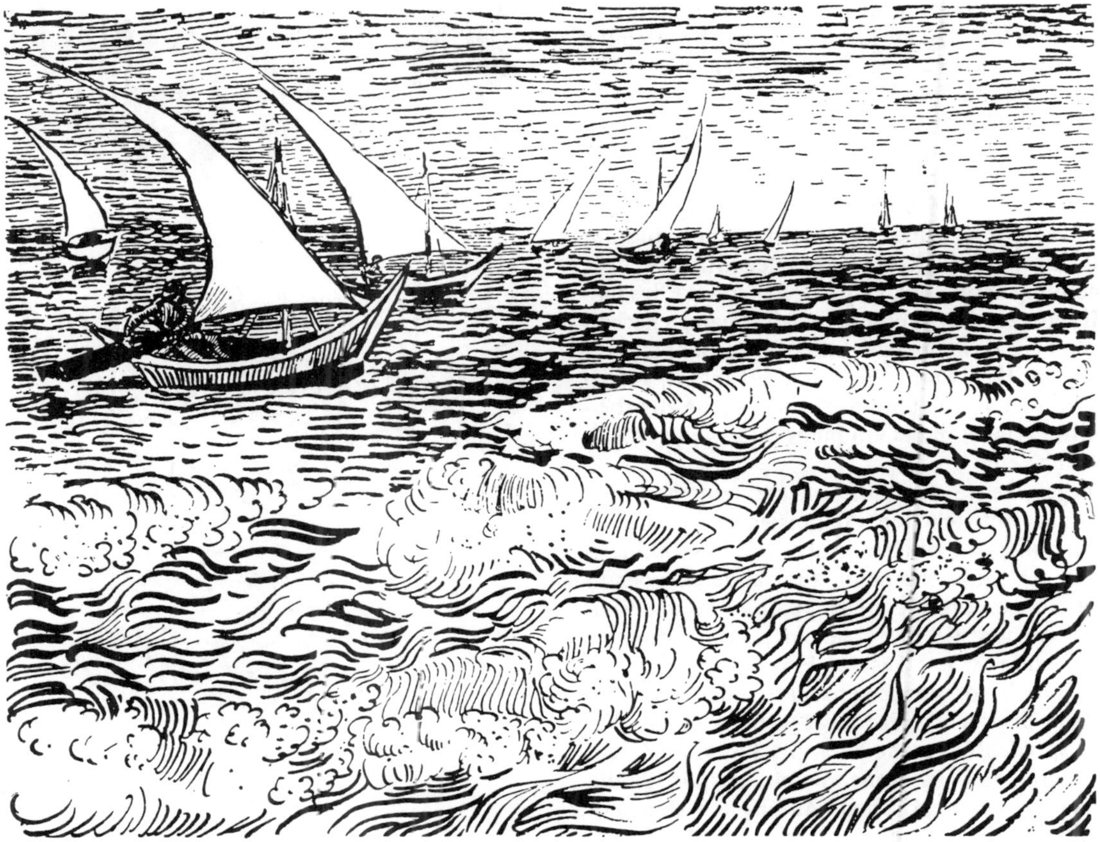

Vincent van Gogh (1853–1890): Segelboote.

Einführung

Die zeichnerischen Mittel gliedern sich in die bildnerischen und die materiellen Mittel.
Bildnerische Mittel sind bei der Zeichnung Punkt, Linie, Fläche und das Hell–Dunkel.
Materielle Mittel sind Graphit (Bleistift), Kreide, Kohle, Tusche, Tinte und das entsprechende Zeichengerät wie Feder und Pinsel.
Die bildnerischen Mittel sind auf die materiellen angewiesen, denn die Linie zum Beispiel wird erst im Bleistift-, im Tusch- und Pinselstrich konkret und sichtbar.
Beide Mittel, die bildnerischen und materiellen, bedürfen der gestalterischen Überlegung. So entscheidet zum Beispiel oft die Zweckmäßigkeit die Wahl eines bestimmten materiellen Mittels. Man wird z. B. für die schnellen Skizzen unterwegs kaum aufwendiges Material einpacken.
Sicher genauso oft bestimmen künstlerische Absichten die Entscheidung: Wenn ein Künstler bei einer Linienzeichnung die harte Feder nimmt, so will er eben eine besondere Feinheit erreichen. Studiert man einen Gegenstand, so bieten sich eben jene Mittel an, die ein solches Studium erleichtern, zum Beispiel Kohle oder Bleistift.
Die Entscheidung kann auch vom Gesichtspunkt des materiellen Mittels getroffen werden. So wird man sicherlich ein Motiv suchen, das entweder starke Oberflächenreize besitzt oder vom Hell–Dunkel her interessant ist, sofern man beabsichtigt, mit Borstenpinsel und Tusche zu arbeiten. Jedes Mittel bietet dabei ein mehr oder weniger weites Anwendungsfeld.
Die auf dieser Seite abgebildeten aus einem freien Schreibrhythmus entwickelten Phantasieschriften lassen einmal einen unterschiedlichen Ausdruck des bildnerischen Mittels der Linie erkennen, zum anderen aber in gleicher Weise die unterschiedliche Qualität des materiellen Mittels. Von oben: Kreide, Haarpinsel mit verdünnter Tusche und Stahlfeder mit Tusche. Erkennbar ist die Linienführung jeweils von den Eigenschaften des Materials bestimmt: mehr bei der Kreide, etwas weniger bei der Feder/Tusche. So wichtig gerade beim Studium der Zeichnung die Kenntnis und das zunehmende Gespür für die Eigenschaften der zeichnerischen Mittel auch sein mögen, man sollte die Bedeutung der zeichnerischen Materialien jedoch nicht überbewerten.

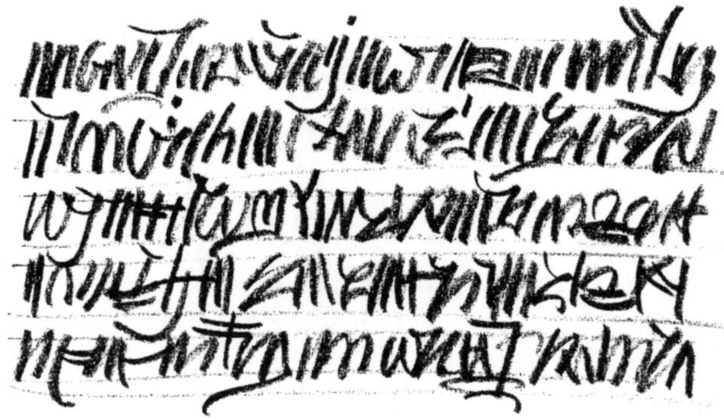

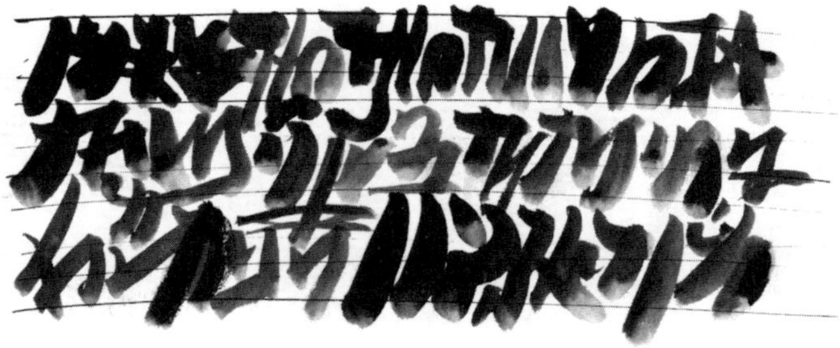

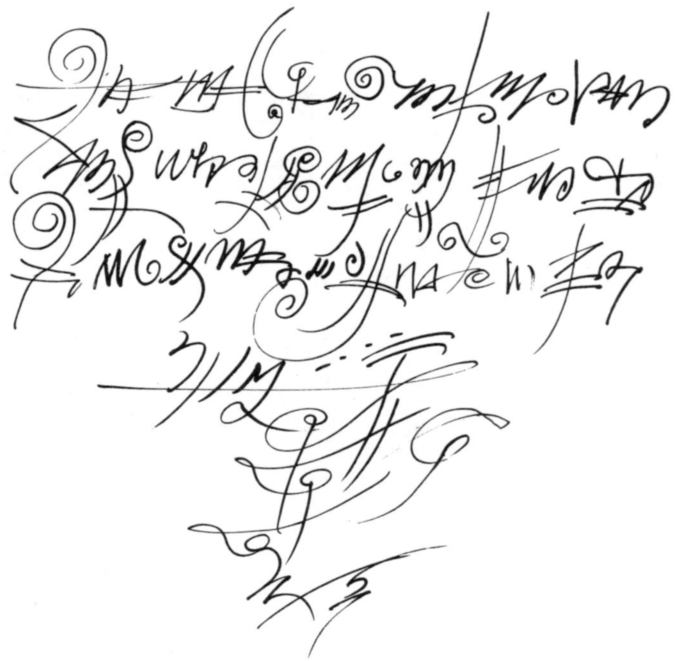

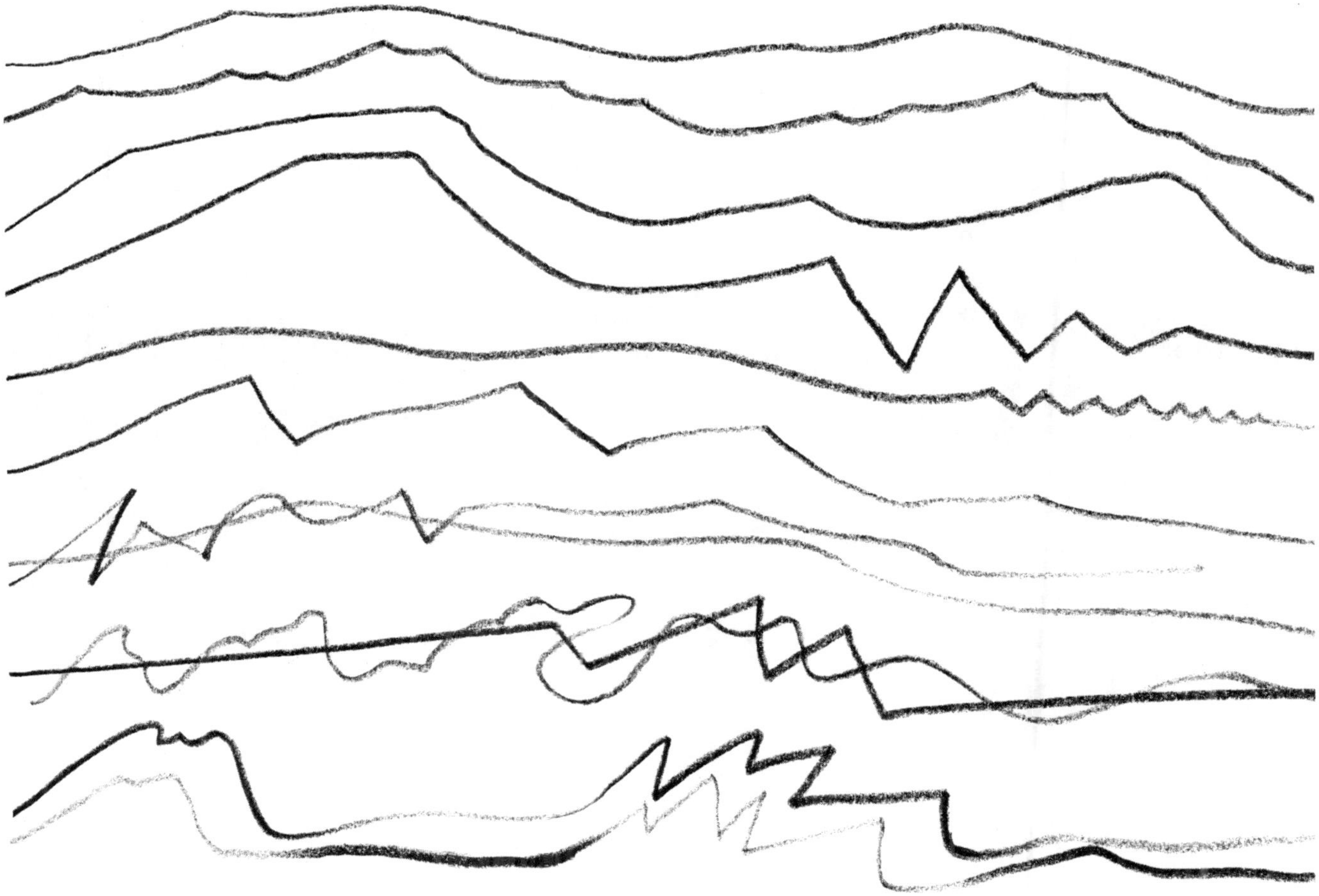

Ausdrucksmöglichkeiten der Linie

Neben den Ausdruckswerten des Graphit-Stiftes von zartem Grau bis sattem Schwarz interessieren hier vor allem jene, welche vom Verlauf der Linie bestimmt werden. Weich geschwungene Linien wirken oft spannungslos, wenn sie keinerlei Knicke zeigen. Diese gliedern und rhythmisieren die Linie. Mit dem Kontrast von weichem Linienverlauf zu harten Brüchen und dem Motiv der Hauptlinie und der korrespondierenden Begleitlinie werden Beispiele vorgestellt, die zu eigenen Versuchen anregen sollen. Diese Versuche bleiben aber nutzlos, wenn man bei bloßer Übung verharrt. Man sollte in den Dingen dem Linienverlauf nachspüren, sollte erleben, wie Architektur auf Natur, Kleidung auf die menschliche Gestalt mit den Umrißlinien aufeinander eingehen oder einander widersprechen. Diese korrespondierenden Linien können oft den wesentlichen Ausdruck eines Bildes begründen.

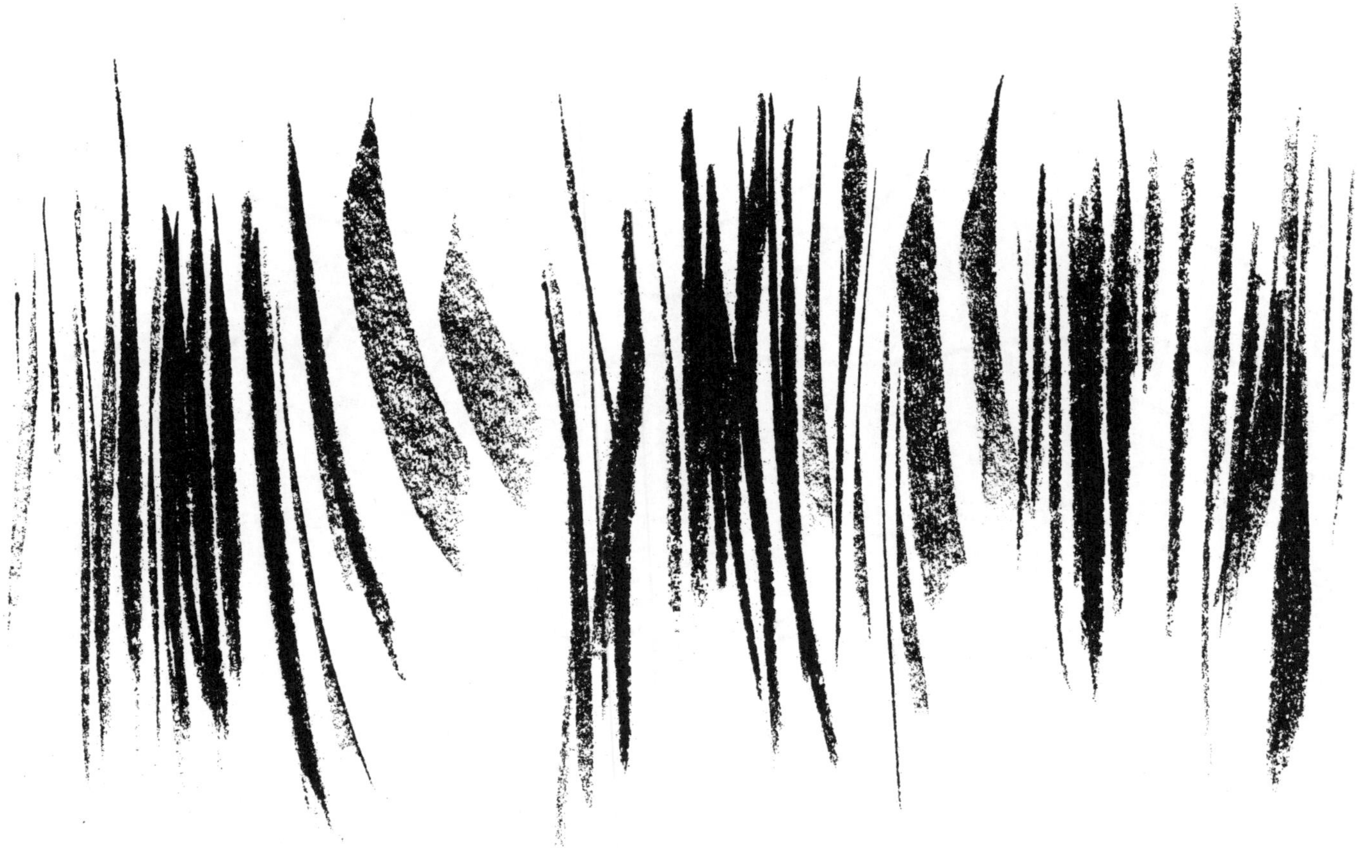

Für die rhythmische Linienzeichnung auf dieser Seite wurden unterschiedliche Kreide-Stifte verwendet: runde Pitt-Kohlen mit weichem und mittlerem Härtegrad, vierkantige Pitt-Kreiden mit hartem und mittlerem Härtegrad. Die einzelne Kreide wurde zwischen Daumen und Zeigefinger gefaßt und auf ihrer Längsseite über das Papier gezogen. Dabei ergaben sich unterschiedliche Striche oder Bänder: Schmale harte Linien, der Mitte oder dem Ende zu anschwellende Linien und Bänder, die sich teilweise wieder zu einer Spitze verjüngten, Striche von sattem Schwarz und zartem Grau.

Auch der Grauton der harten Kreiden bleibt stets heller als jener der weichen Kreiden, mit denen man leicht und schnell ein samtenes, sattes Schwarz zu erzielen vermag. Ein weiterer Grund für die Verschiedenheit der Striche liegt in einer unterschiedlichen Strichführung. Führt man die Kreide genau in der Längsrichtung der Kante, wird der Strich dünn, weitgehend gerade und hart. Weicht man dagegen auch nur geringfügig von dieser Längsrichtung ab, verbreitert sich der Strich teilweise bis zu einem Band, dessen Rand meist nur noch auf der Seite exakt ist, auf welcher der Druck der zeichnenden Hand größer ist.

Wenn hier die rhythmische Linienzeichnung mit der Kreide verwirklicht wurde, bedeutet dies keineswegs, daß anderes Zeichenmaterial oder anderes Zeichengerät damit ausscheiden. Im Gegenteil, Sie sollten unbedingt die Verfahren wechseln, einmal dieselbe Aufgabe mit Haarpinsel und Tusche angehen und bei entsprechend kleinem Format auch einmal dazu Schreib- und Zeichenfedern unterschiedlichen Härtegrades benutzen.

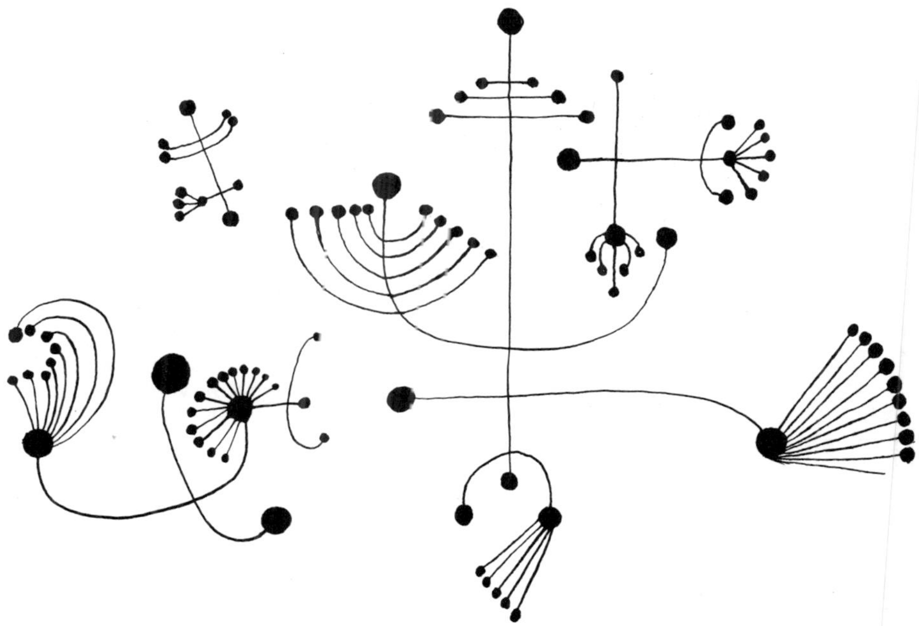

Punkt und Linie

Punkt und Linie lassen sich auf recht vielfältige Weise in einer Zeichnung miteinander verbinden. Die Abbildung auf dieser Seite zeigt jene Möglichkeit, welche die Künstler W. Kandinsky und P. Picasso voller Phantasie variiert haben.
Die Bildidee kann dabei auf unterschiedliche Art entwickelt und gefunden werden:

1. Zuerst werden Linien gezeichnet, an deren Enden jeweils die Punkte gesetzt werden. Die Zeichnung kann beliebig erweitert werden. Schon in der ersten Phase der Linienzeichnung gibt es wieder mehrere Möglichkeiten: So kann man zum Beispiel die Striche ohne jede Absicht einer gegenständlichen Darstellung ziehen und sich selbst vom Ergebnis überraschen lassen. Andererseits gibt es auch die Vorgehensweise, bereits mit der Linienzeichnung einen Gegenstand zu charakterisieren.

2. Die zweite Möglichkeit beginnt mit dem Setzen der Punkte, welche anschließend mit Linien verbunden werden. Dabei kann man mit der geraden Linie die kürzeste und somit eine straffe Verbindung herstellen, aber auch mit Bögen oder mehrfach geschwungenen Linien der gesamten Zeichnung eher den Ausdruck von Bewegung verleihen. Wie bereits oben erwähnt, besteht auch hier die Möglichkeit, die Punkte ohne jede vorgefaßte Bildidee einfach nur einmal auf der Fläche zu streuen oder von vornherein eine gewisse Ordnung, zum Beispiel eine strenge Reihung oder eine starke Konzentration der Punkte in einer Zone der Papierfläche anzustreben.

Die Fläche

Schraffur

Die Abbildungen der gegenüberliegenden Seite zeigen verschiedene Schraffuren. Mit ihnen erzielt man unterschiedliche Grautöne. In der oberen Reihe sehen Sie die Parallelschraffur. Die Striche verlaufen alle in derselben Richtung. Ihre Dichte bestimmt auch den Dunkelwert der schraffierten Fläche, wie man es an dem Vergleichsbeispiel oben links sehen kann. Schraffuren sollten möglichst zügig gezeichnet werden. Die so erzielte Frische des Striches überträgt sich auf die gesamte Schraffur.

Zeichnet man an der Staffelei, hat die Hand mehr Bewegungsfreiheit. Die Striche erscheinen spontaner, die schraffierte Fläche fällt in der Regel größer aus. Zeichnet man jedoch im Sitzen, kommt die Zeichenbewegung aus dem Handgelenk, die Striche sind kürzer und die schraffierte Fläche dementsprechend kleiner. Größere Flächen müssen deshalb aus mehreren kleinen Schraffuren zusammengesetzt werden. In der oberen Reihe Mitte sind mehrere streifenartige Schraffuren zusammengesetzt. Ihre „Nahtstellen" zeichnen sich deutlich in der dunklen sogenannten „grafischen Grenze" ab. Diese grafische Grenze kann durchaus gezielt in einem Bild eingesetzt werden. Will man sie jedoch vermeiden, sollte der einzelne schraffierte Fleck möglichst unregelmäßige (durchaus ausgefranste) Ränder haben. So läßt er sich ohne grafische Brüche mit einer anderen Schraffur verbinden (obere Reihe rechts).

Bei den ersten beiden Beispielen der mittleren Reihe ist die einheitliche Richtung der Parallelschraffur aufgegeben. Die Richtungsunterschiede sind jedoch nur geringfügig. Die Schraffuren lassen sich so leichter zusammenfügen. Die „grafische Grenze" fällt kaum auf, es sei denn wie beim Beispiel in der Bildmitte, wo sie fast schon wie eine eigene Struktur wirkt.

Werden Schraffuren geschichtet, überkreuzen sich die Strichlagen der einzelnen Schraffuren. Man spricht in diesem Fall von der Kreuzschraffur. Mit der Kreuzschraffur kann man in weit höherem Maß dunkle Grautöne erzielen als mit der einfachen Parallelschraffur. In der unteren Reihe wird die Schraffur von links nach rechts durch zunehmende Überlagerung verdichtet und nimmt somit an Dunkelheit zu. Den Reiz der Schraffur macht jedoch die Transparenz aus, d.h., noch an der dunkelsten Stelle sollte man das grafische Gitter der mehrfach geschichteten Schraffuren erkennen können. Grafiker charakterisieren eine solche Struktur als „offen", eine zugestrichene Fläche als „zu".

In der mittleren Reihe rechts sehen Sie ebenfalls eine mehrfach geschichtete Schraffur. Hier wurden jedoch die Striche sorgfältig und nicht aus der „schnellen Hand" gezeichnet. Ferner stehen jeweils zwei Schraffuren im rechten Winkel zueinander. Der Charakter dieser Schraffur unterscheidet sich völlig von dem der anderen Schraffurbeispiele.

Die Zahl unterschiedlicher Schraffuren ist enorm. Allein schon der Wechsel der Zeichenfedern würde die hier gezeigten Beispiele wesentlich verändern. Der Bleistift mit seiner breiten Skala der Härtegrade bietet ebenfalls eine Fülle von Ausdrucksmöglichkeiten, vor allem auch, weil ja mehrere Bleistifte in einer Zeichnung eingesetzt werden können.

Es empfiehlt sich, die gestalterischen Möglichkeiten der Schraffur auszuprobieren, ohne gleich einen Gegenstand darzustellen. Wichtig ist vor allem, in einen zügigen Rhythmus zu kommen. Manchmal entzündet sich die Phantasie an der Form der entstehenden Schraffur, d.h., man entdeckt plötzlich eine Bildidee, die gleichsam wie ein Schatten im Gitter der Schraffur auftaucht und zunehmend an Gestalt gewinnt, d.h. mit weiteren Schraffuren zeichnerisch ausgearbeitet und gestaltet wird.

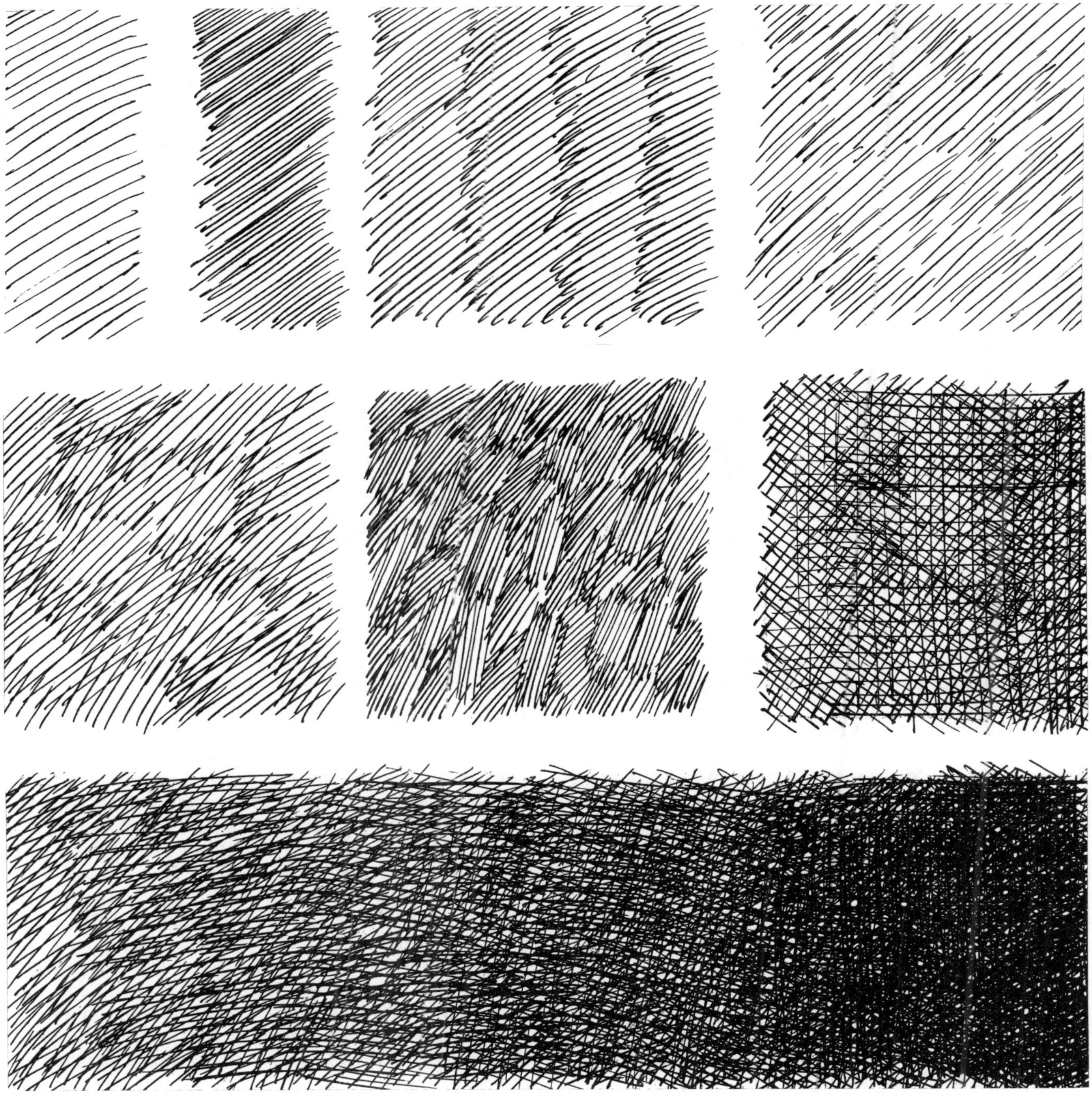

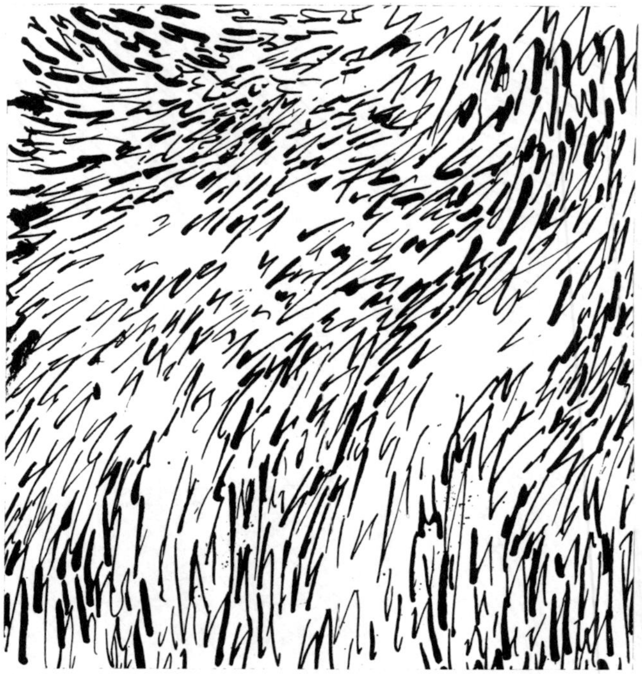

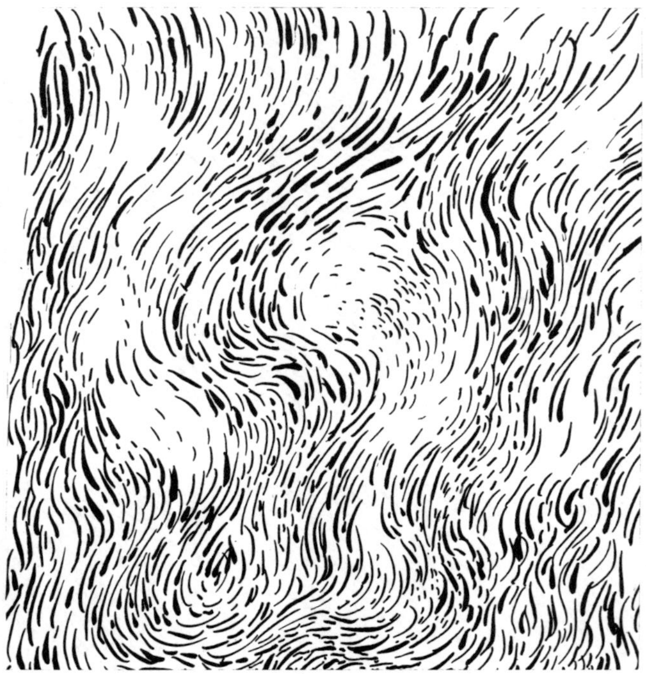

Struktur
Alle Beispiele, die auf diesen beiden Seiten abgebildet sind, wurden mit ein- und derselben Zeichenfeder (weicher Härtegrad) gezeichnet.
Wie die Schraffur, deren Beispiele auf der vorangegangenen Seite ebenfalls mit derselben Feder gezeichnet wurden, gestaltet die Struktur eine Fläche mit Grauwerten. Dicht gesetzte oder breite Striche – oder beides zusammen – ergeben dabei dunkle Partien, während zarte und weit verstreute Striche hellere Zonen schaffen.
Im Gegensatz zur Schraffur sind die Strukturelemente in den hier vorgestellten Beispielen – das sind die Striche, Winkel, Häkchen, Punkte – nicht gleichmäßig, sondern in Form, Strichführung, Strichstärke und in ihrer Größe sehr unterschiedlich.
Während Schraffuren über die Eigenschaften eines Gegenstandes nichts aussagen, besitzen Strukturen teilweise ausgeprägten stofflichen Charakter, d.h., sie vermitteln den Eindruck von rauhen, porösen, pelzigen, harten u.ä. Oberflächen und Materialien.

In den Abbildungen auf dieser Seite ändern sich die Richtungen der Strukturelemente allmählich oder auch relativ schnell. Dadurch wird der Eindruck einer Bewegung hervorgerufen.

Die auf der gegenüberliegenden Seite abgebildeten Strukturen besitzen eine gewisse Verwandtschaft. Sie haben das gleiche Format, und das Strukturelement – es ist die Linie – verläuft immer in der Waagrechten. Auch die Breite der Differenzierung, d.h., die Unterschiede zwischen dünnen und breiten Strichen, ist in allen Beispielen annähernd gleich. Dennoch ist der Eindruck, den diese Strukturen hervorrufen, recht unterschiedlich. Einmal ist die Linie einfach unterbrochen, dann stoppen schwarze Flecken den Linienfluß. Beim unteren Beispiel lenkt der breite Strich die Waagrechte in wellenförmige Bahnen. Gerade diese Beispiele sollen belegen, wie reich die Ausdrucksmöglichkeiten selbst bei relativ ähnlichen Strukturen sein können.

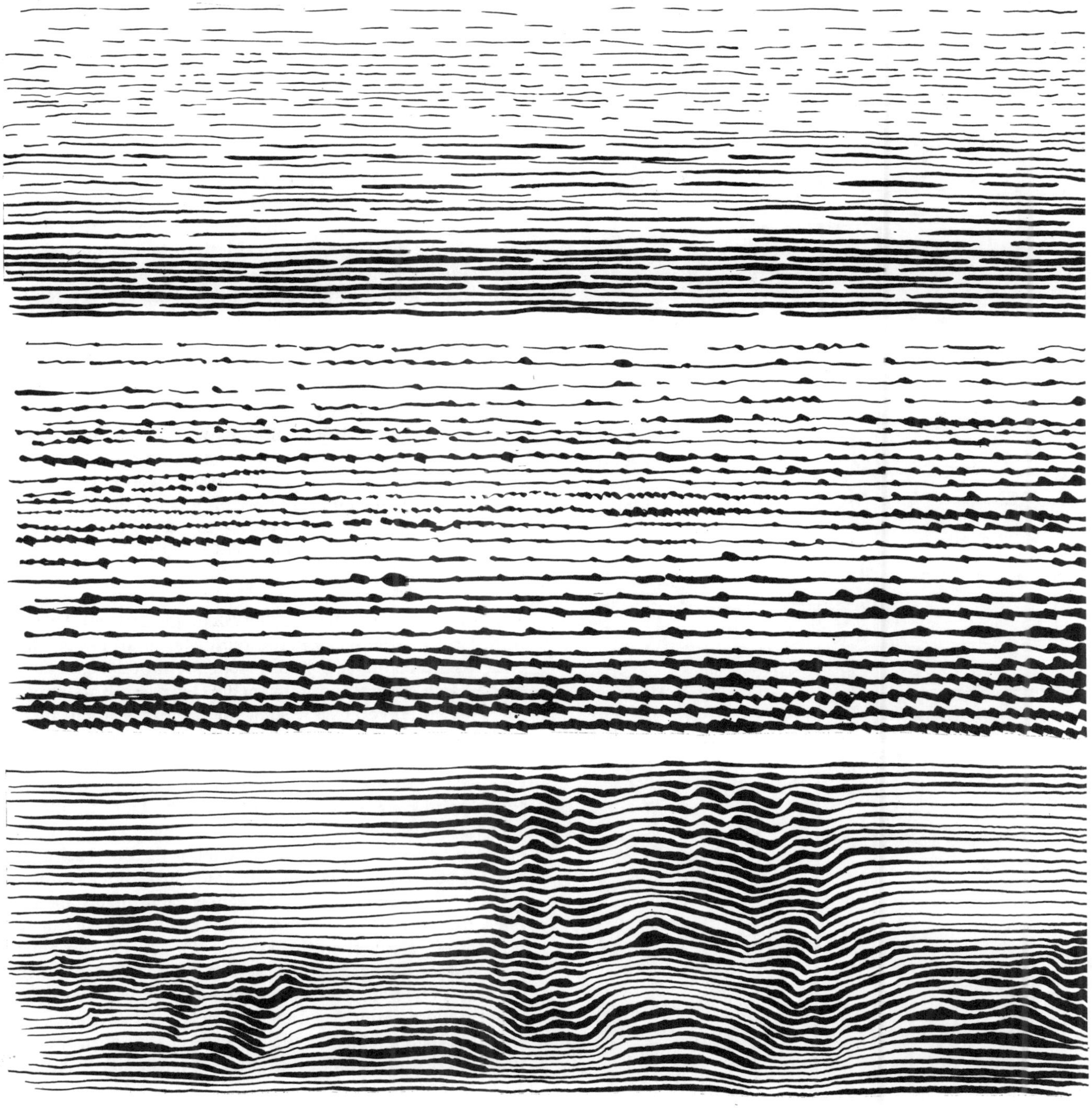

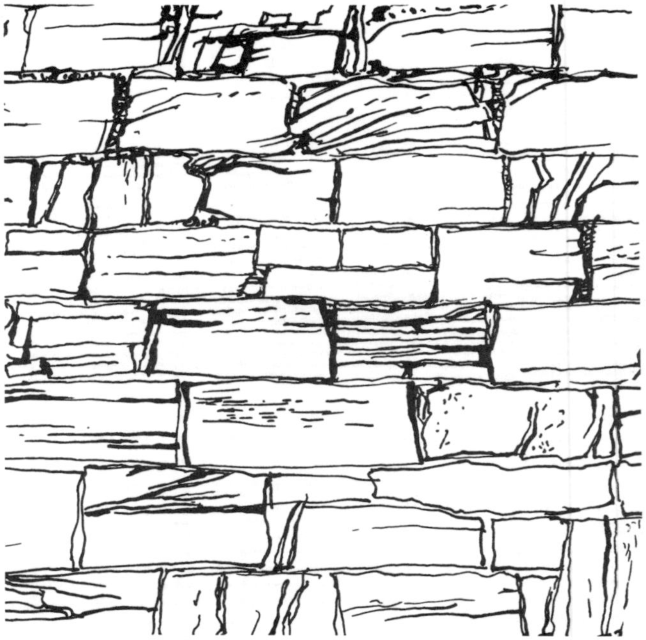

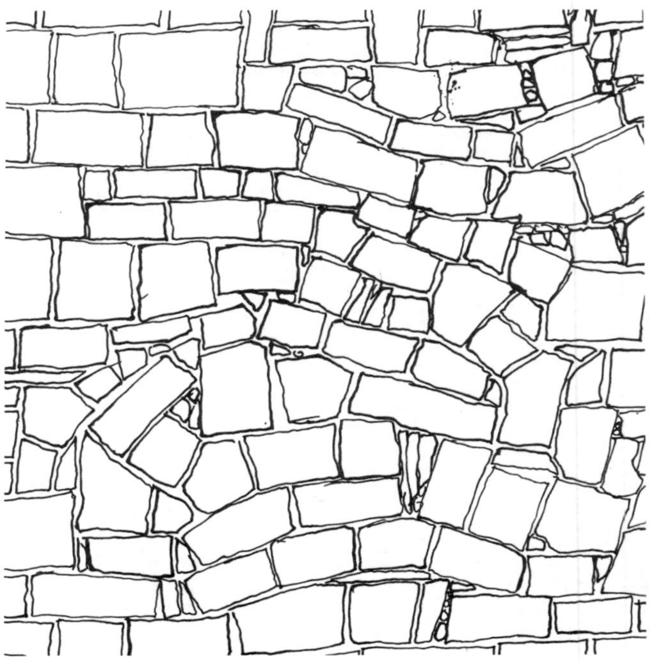

Oberflächenstruktur (Textur)

Die beiden Zeichnungen zeigen jeweils einen Ausschnitt aus einer Steinmauer. Nicht die Form der Mauer, nicht deren Höhe oder Breite sind ablesbar. Wir können auch nicht ausmachen, ob die Mauer zu einem Haus, einer Stützwand, einer Ruine oder einer anderen Architektur gehört. Unverkennbar ist dagegen, daß es sich um ältere Mauern handelt. Beide sind aus Haustein geschichtet und ausgefugt. Wie die Außenseite, die Oberfläche aussieht, gibt hier eindeutig Auskunft über den Gegenstand. Man nennt dies Oberflächenstruktur oder Textur. Im Bild oben weisen die Steine Brüche und Risse auf, im Bild unten wird eine Bewegung spürbar, welche durch eine allmähliche Veränderung oder eine Reparatur zustande kam. Es lohnt sich, solchen alten Mauern einmal mit dem Zeichenstift nachzuforschen. Sie werden von der Fülle der Formen verblüfft sein. Dasselbe gilt für die Struktur von Rinden, Brettern, Textilien, usf.

Die Strukturen auf der rechten Seite wurden mit Tusche und dem Borstenpinsel hergestellt. Man muß hierzu Zeichentusche nehmen. Schreibtusche, Sepia oder gar Tinte eignen sich dafür überhaupt nicht. Der nasse Borstenpinsel wird so lange ausgewischt, bis der Strich nicht mehr völlig schwarz ist, sondern die einzelnen Borsten sich mehr oder weniger klar abzeichnen. Die einzelnen Beispiele zeigen unterschiedlichen Einsatz des Pinsels: Der Pinsel wird gleichmäßig in Zeilen gereiht. Der Strich wird zunehmend heller (oben links). Der Pinsel wird gedreht, gequirlt. Die Flecken werden beliebig in die Fläche gesetzt (oben rechts). Man kann den Pinsel auch stupfen (unten links), oder in verschiedenen Richtungen abstreichen (unten rechts). Beginnt man mit einem fast trockenen Pinsel, also hellen Strukturen, können Partien beliebig dunkler nachgezeichnet werden. Die Strukturen erinnern an Pelz, Fell, Borsten oder Haare, vielleicht auch an Flaumfedern. Hier empfiehlt es sich, zuerst einmal die Ausdrucksmöglichkeiten des Verfahrens auszuprobieren und sich erst dann an bestimmten Gegenstandsstrukturen zu versuchen.

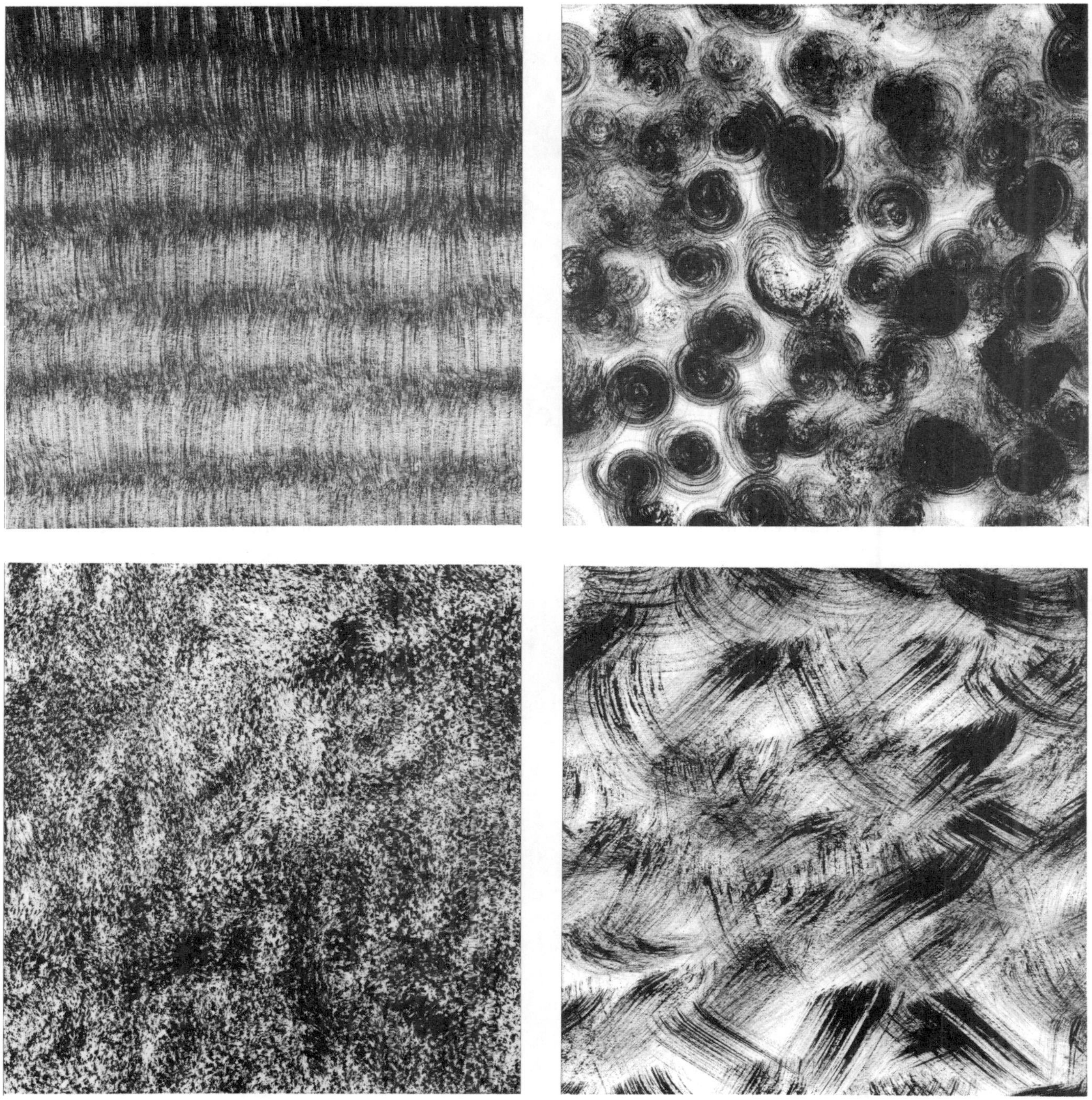

Die zeichnerischen Mittel in der gegenständlichen Darstellung

Die Zeichnungen des von Quarzadern durchzogenen Steins demonstrieren den Einsatz verschiedener Materialien und bildnerischer Mittel. Es ist nicht wichtig, alle diese Mittel zu beherrschen, sondern die Mittel herauszufinden, welche die eigene Gestaltungsabsicht am besten verwirklichen helfen.

Kohle (Seite 21, oben links)
Die Kohle wird gerne für Entwürfe, Naturstudien und Vorzeichnungen von Gemälden verwendet, da man den Strich mühelos und schnell mit einem Lappen wegwischen kann. Die spontane Arbeit wird nicht gehemmt. Das Papier wird selbst durch häufige Korrekturen kaum in Mitleidenschaft gezogen. Der Zeichnung des Steins merkt man an, wie der Strich allmählich der endgültigen Form angenähert wurde. Die früheren Phasen sind noch in den hellgrauen Linien vorhanden. Die Binnenzeichnung der Quarzadern halten sich gegenüber der Umrißzeichnung formal zurück.
Kohle wird selten als endgültiges zeichnerisches Mittel benutzt. Einmal besitzt sie trotz Fixativ nur eine eingeschränkte Haltbarkeit. Der eigentliche Grund dürfte wohl aber darin liegen, daß die Kohlezeichnungen ausgesprochen weich, ja fast teigig wirken. Viele Künstler führen die mit Kohle angelegte Zeichnung mit Kreide aus, geben also dem für die Skizze geeigneten Kohlestrich Festigkeit.

Rohrfeder (Seite 21, oben rechts)
Auch bei der Rohrfederzeichnung spielt die Umrißlinie eine entscheidende Rolle. Anders als bei der Kohlezeichnung ist die Kontur in einem entscheidenden Strich zu fassen versucht worden. Risse, Mulden und die Ränder der weißen Quarzadern – ebenfalls mit Linien wiedergegeben – lockern als Binnenzeichnung die Form des Steins zeichnerisch auf.
Die fast trocken gezeichnete Feder hinterläßt auf dem rauhen Ingres-Papier einen zarten, hellgrauen Strich, welcher der Feinheit der Quarzadern entspricht.

Parallelschraffur (Seite 21, unten links)
Unterschiedliche Hell- bzw. Dunkelwerte werden durch wechselnde Dichte der Striche erreicht. Bei tiefen Dunkelheiten besteht die Gefahr, daß die Striche zu Klecksen verfließen.
Der handschriftliche Charakter macht den Reiz dieser Schraffur aus. Leonardo da Vinci hat fast ausschließlich diese Schraffur verwendet.

Kreuzschraffur (Seite 21, unten rechts)
Die unterschiedlich oft geschichtete Kreuzschraffur enthält eine feiner abgestufte Skala von Grauwerten. Die Darstellung wirkt insgesamt etwas malerischer, nicht zuletzt auch deshalb, weil der Stein in einem schraffierten Hintergrund eingebettet ist.

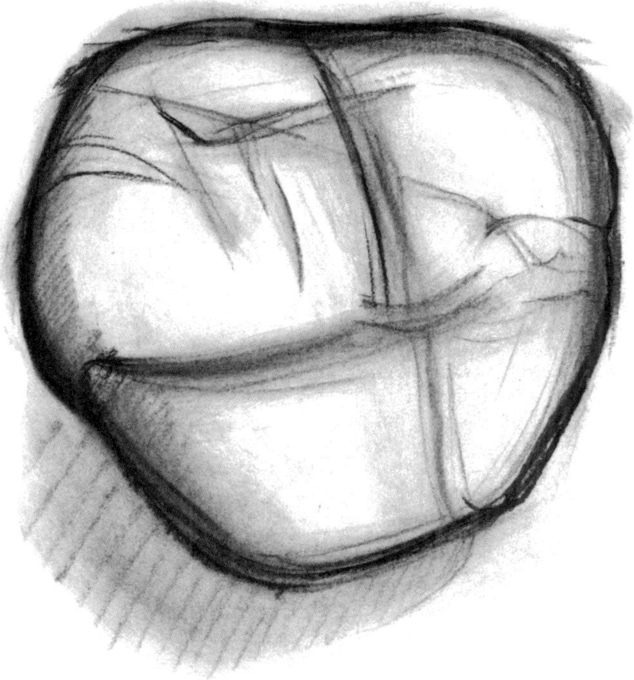

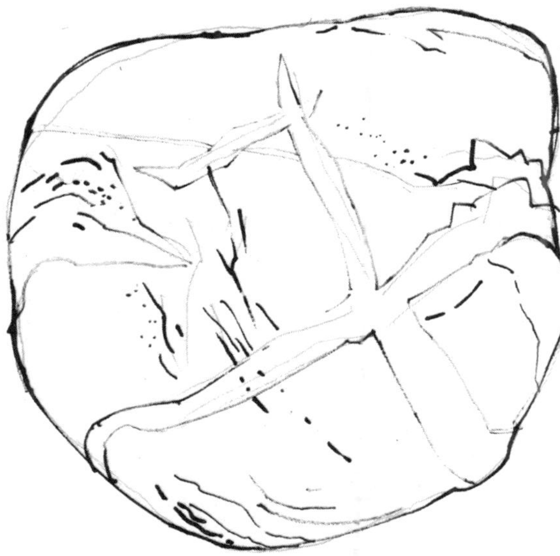

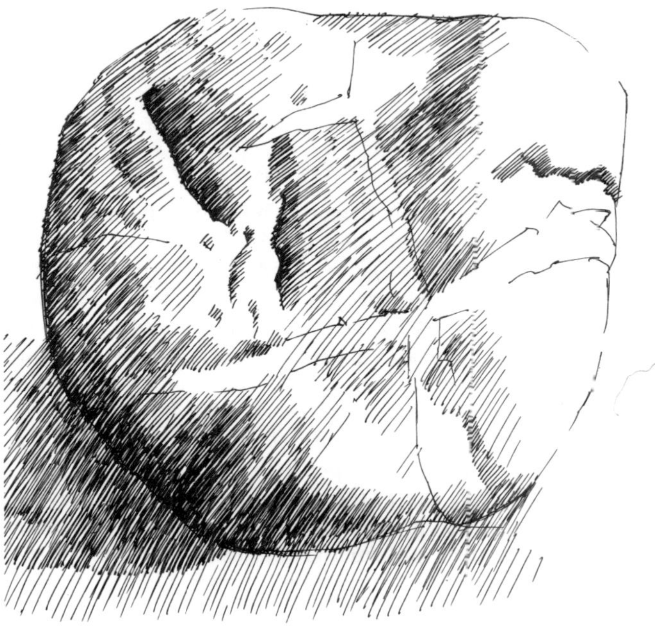

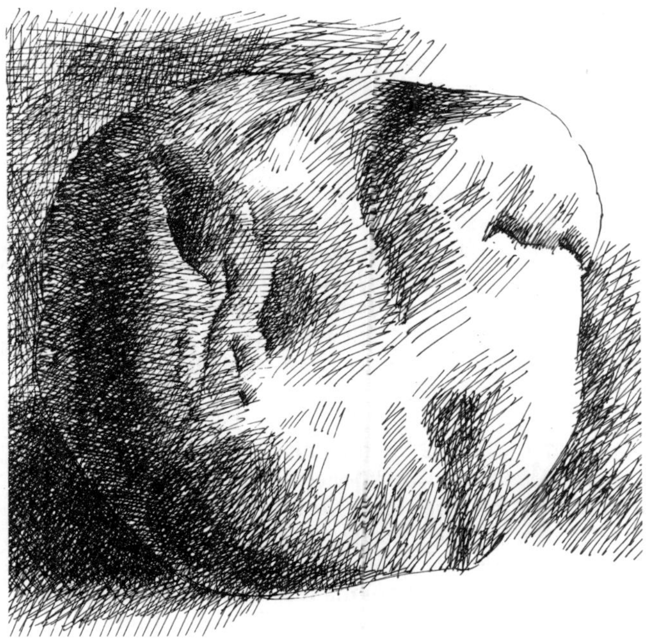

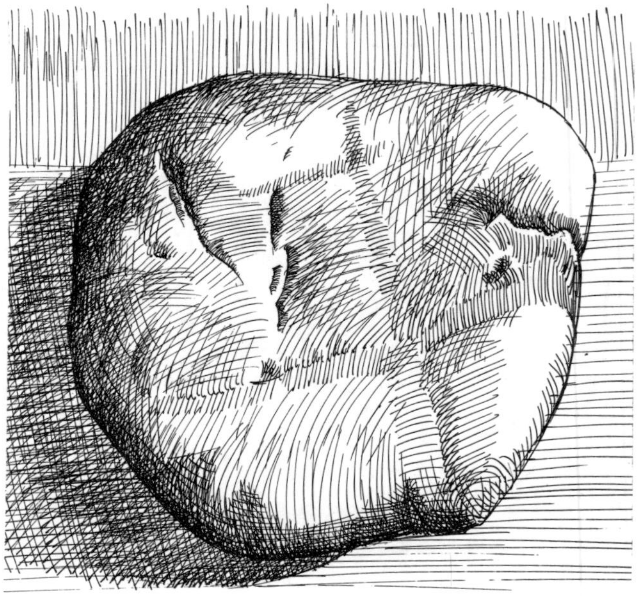

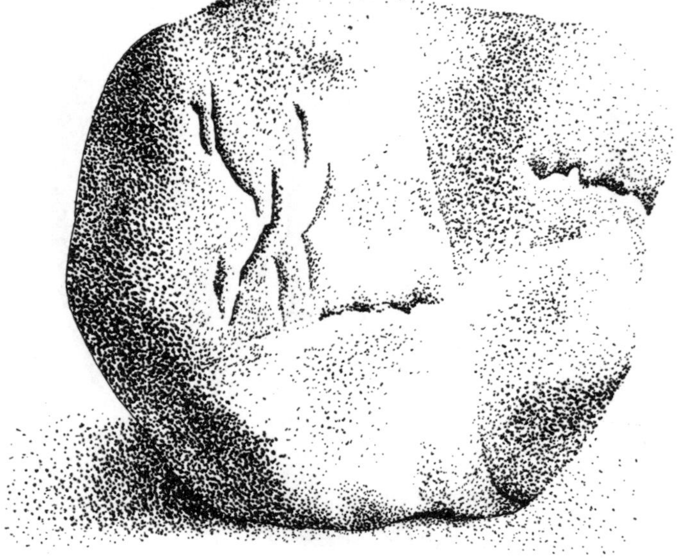

Oberflächentastlinien (Seite 22 oben links)
(auch Körpertastlinien oder Formlinien)
Die Striche verlaufen fast parallel wie bei der Schraffur und werden ebenso geschichtet. Der Unterschied liegt darin, daß sich die Oberflächentastlinien der runden Masse des Steines angleichen. In den Schattenzonen geschichtet, unterstützten sie noch zusätzlich die Illusion körperhafter Rundheit.

Punktraster (Seite 22 oben rechts)
Anstelle der Schraffur können auch Punkte verwendet werden, die mit ihrer unterschiedlichen Dichte Schattenzone und beleuchtete Partien bilden. Diese Art der Hell-Dunkel-Gestaltung ist von dem Kornraster der Reproduktionsverfahren übernommen worden. Die Punkte wurden mit einer einfachen Schreibfeder getupft.

Schummern (Seite 23)
Mit einem Bleistift mit dem extrem weichen Härtegrad von 8B wurde so eng schraffiert, daß der einzelne Strich in einer grauen Fläche aufgelöst wird. Da unter sehr leichtem Druck gezeichnet wurde, bleibt die rauhe Oberfläche des Papiers bestehen. Es entsteht eine Art Kornraster.
Dunkle Stellen entstehen durch mehrfaches Schichten von Strichlagen.
Mit dem Schummerverfahren kommt man der natürlichen Erscheinung der Dinge am nächsten. So sind in der vorliegenden Zeichnung die körperliche Illusion des Steines und der Scharten, die Farben der Adern und die Verfärbungen des Steines im unteren Teil wiedergegeben. Man sollte jedoch nicht so sehr die fotografische Naturtreue anstreben, sondern um die zeichnerischen Qualitäten bemüht sein.

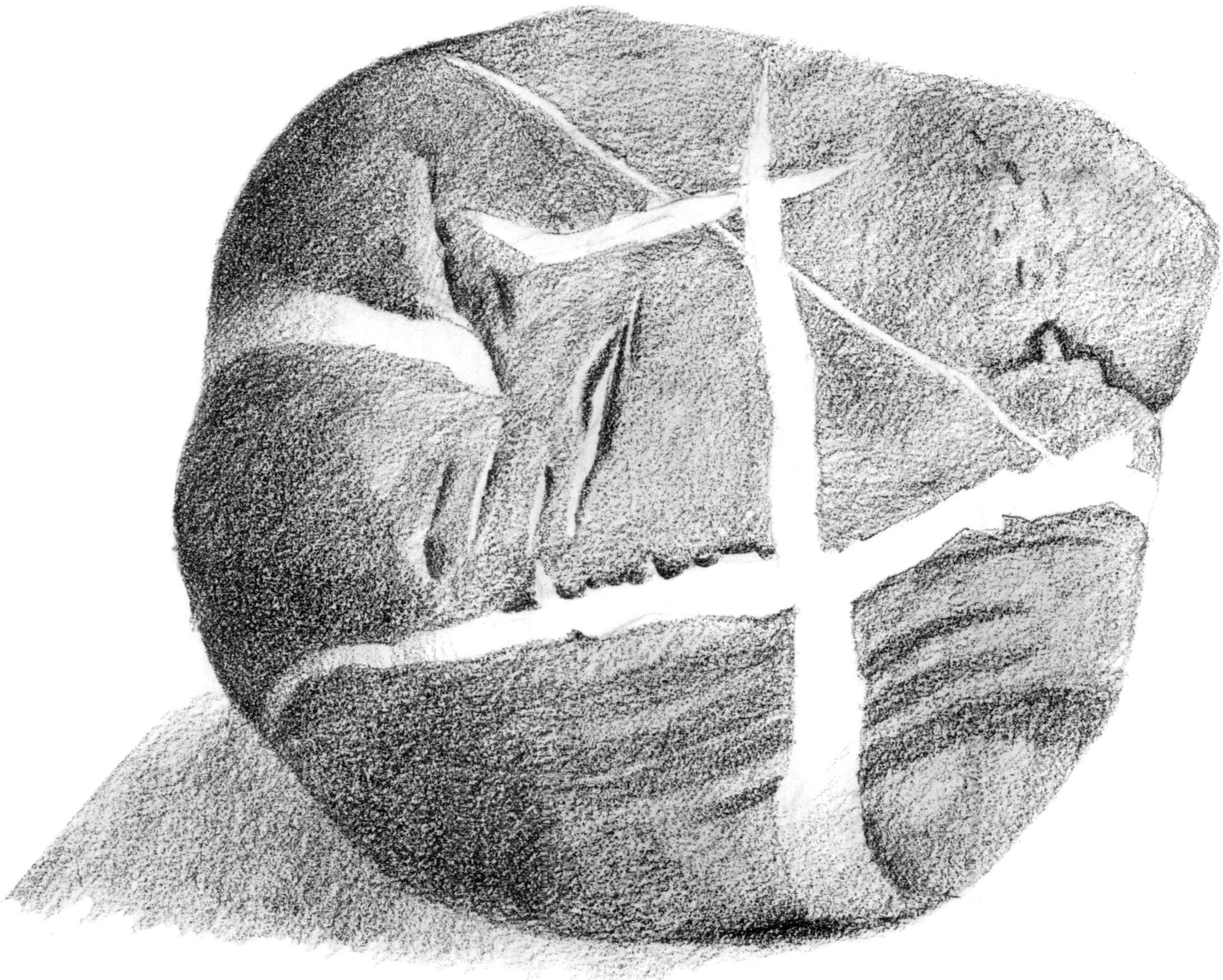

2

PERSPEKTIVE: RAUM- UND KÖRPERDARSTELLUNG

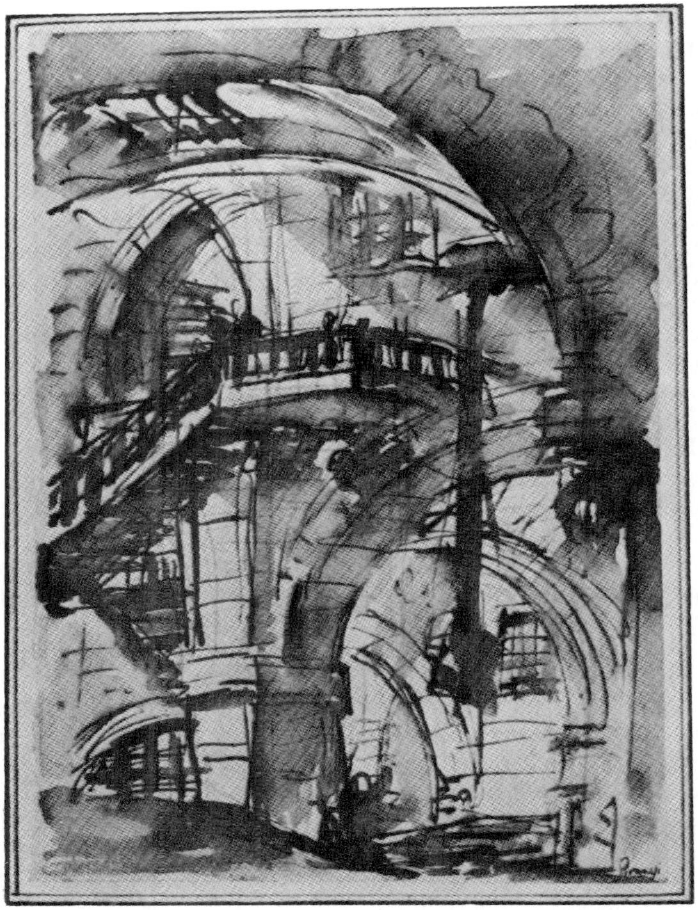

Giovanni Battista Piranesi (1720–1778): Römischer Kerker.

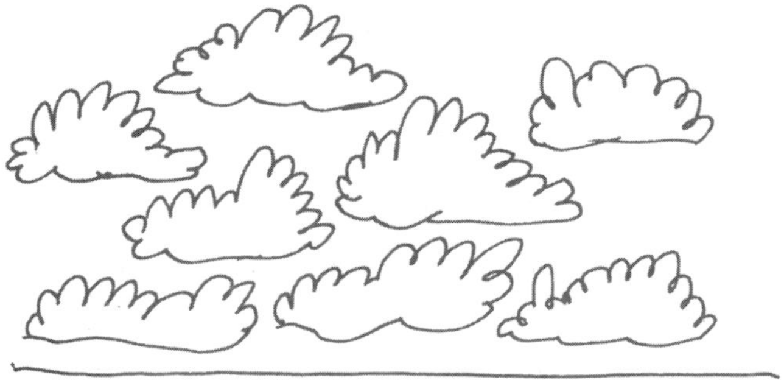

Zeichnerische Raumdarstellung

Es gibt unterschiedliche Formen und Methoden, den dreidimensionalen Raum (mit Höhe, Breite und Tiefe) in der zweidimensionalen Fläche des Zeichenpapiers (Höhe und Breite) darzustellen. Am bekanntesten ist wohl die Fluchtpunktperspektive. Diese Form der Raumdarstellung ist in der italienischen Renaissance im 15. Jahrhundert auf mathematisch-geometrischer Grundlage bis zur Perfektion entwickelt worden. Daneben gibt es noch andere Möglichkeiten der Raumdarstellung, die schon in frühen und fernen Kulturen genutzt worden sind. Auch unsere Kinder wenden ähnliche oder gleiche Mittel in ihren Zeichnungen, jedoch meist unbewußt, an. Das vorliegende Kapitel beginnt mit der Darlegung dieser einfachen Formen von Raumdarstellungen, welche nach wie vor in Zeichnung und Malerei wichtig sind.
Mit dem Schrägbild, deren Erörterung dann folgt, haben wir es bereits mit einer linearen Form der Raumdarstellung zu tun, die jedoch noch keine Ansprüche an unser mathematisches Denken stellt.
Das Kapitel schließt mit einer skizzenhaften Darlegung der Fluchtpunktperspektive. Anstatt der abstrakten Regel geometrischer Konstruktionen werden eher Faustregeln angeboten, welche eine brauchbare Grundlage für die künstlerische Arbeit darstellen.

Die zeichnerische Auseinandersetzung mit der räumlichen Wiedergabe schärft das Sehen. Wir lernen zunehmend abzuschätzen, in welchem räumlichen Verhältnis, d. h. in welchen Entfernungen, Richtungen, Winkeln und Proportionen die Dinge und Figuren zueinander stehen. Insofern ist die räumliche Darstellung eine unverzichtbare Übung, auch wenn der einzelne später vielleicht zu einem persönlichen Stil in seinen Bildern finden sollte, der völlig flächig ist und keinerlei Eindruck von Raumtiefe entstehen läßt.

Etwa seit dem Impressionismus finden wir den konstruierten Raum nur noch selten in der Bildenden Kunst vor. Einige Kunstrichtungen haben sich die Vernachlässigung von scheinräumlicher Darstellung nachgerade zum Programm erhoben. Raum wird im Zeitalter der Raumfahrt von vielen Künstlern auch anders erlebt und gesehen, oft in enger Verknüpfung mit Bewegung oder als unbestimmter endloser Raum wie das Weltall. Raumdarstellung im traditionellen Sinn, wie sie hier in diesem Kapitel dargelegt wird, besitzt heute vor allem für jene Künstler Bedeutung, die sich um die realistische Wiedergabe der Erscheinungswirklichkeit bemühen.

Die Raumdarstellung wird in diesem Kapitel vor allem unter dem Gesichtspunkt behandelt, wie man technisch den Eindruck von Raumtiefe erzielen kann. Dabei sollte nicht vergessen werden, daß Raumdarstellung zugleich auch Ausdruckswert besitzt. Denken Sie doch nur einmal an die Verlassenheit der Plätze de Chiricos oder die endlosen Ebenen auf surrealistischen Bildern, die ein Gefühl von Ausgeliefertsein des Menschen entstehen lassen. Max Beckmann dagegen vermittelt mit seinen vollgestopften Kammern, Bühnen und Zirkuswagen eher den Eindruck von Raumnot.

Die technische Beherrschung der Raumdarstellung sollte nicht zum Selbstzweck werden. Prüfen Sie bereits während des Studiums, welche Form Ihrer zeichnerischen Begabungsrichtung am ehesten entspricht und Ihrem Ausdrucksbedürfnis am nächsten kommt.

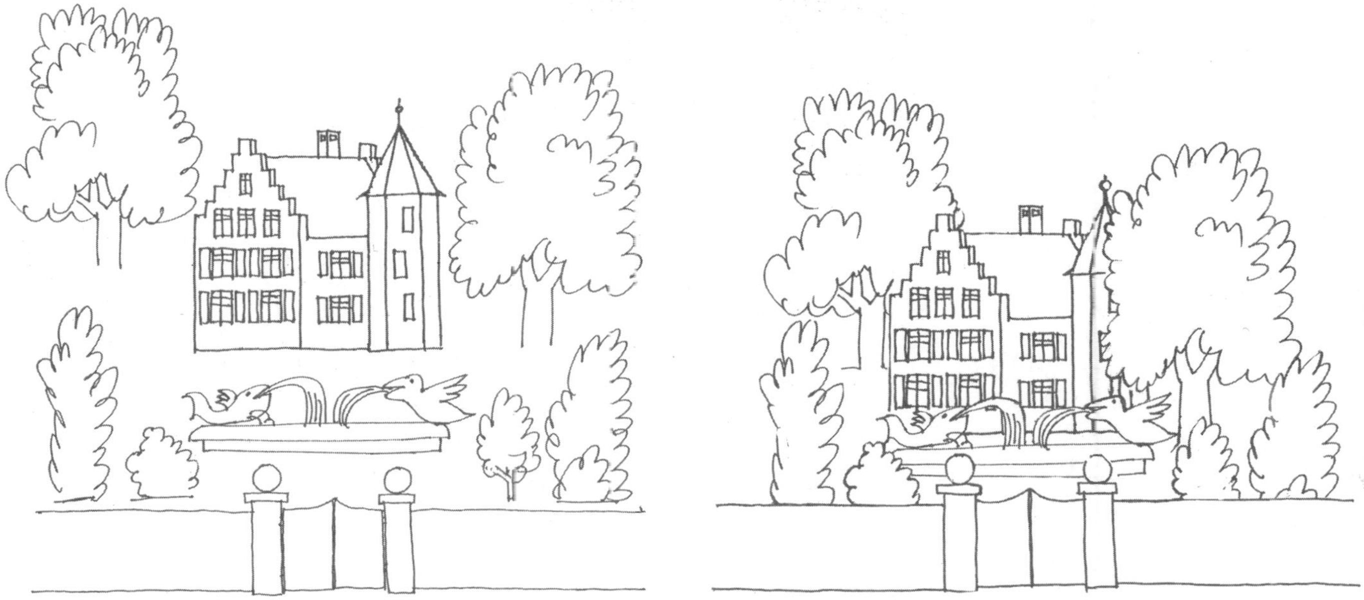

Einfache Raumdarstellung

Die Abbildung zeigt die früheste Form der Raumdarstellung. Die Dinge werden nicht wiedergegeben, wie wir sie wahrnehmen. Vielmehr werden sie aus ihren räumlichen Beziehungen gelöst und nebeneinander auf der Fläche verteilt. Es ist wie eine Bilderschrift, die zeichenhaft festhält: Baum, Strauch, Schloß, Brunnen, Mauer. Der Standort der Dinge im Format gibt jedoch bereits in dieser völlig flächigen Darstellung erste räumliche Hinweise: So deutet man den unteren Teil des Bildes als Vordergrund und dementsprechend den oberen als Hintergrund.

Diese Lagebeziehung funktioniert jedoch nur für den Erdboden und was sich darauf befindet. Für die Bereiche des Himmels und des Wassers gilt die Regel nicht. Sind zum Beispiel Wolken nahe an der Horizontlinie und somit relativ weit unten im Bild untergebracht, so befinden sie sich in der Regel räumlich in weiter Ferne. Die an den oberen Bildrand gezeichneten Wolken gehören dem Vordergrund an. Eine klare räumliche Position ist damit aber nicht festgelegt, weil ja Wolken auch in mehreren Luftschichten übereinander schweben können.
Das gleiche gilt für die Fische oder andere Schwimmkörper im Wasser, die sich ohne festen Standort oben und unten, vorne und hinten befinden können. Es gehören also unbedingt noch andere Mittel dazu, die räumliche Situation eindeutig festzulegen.

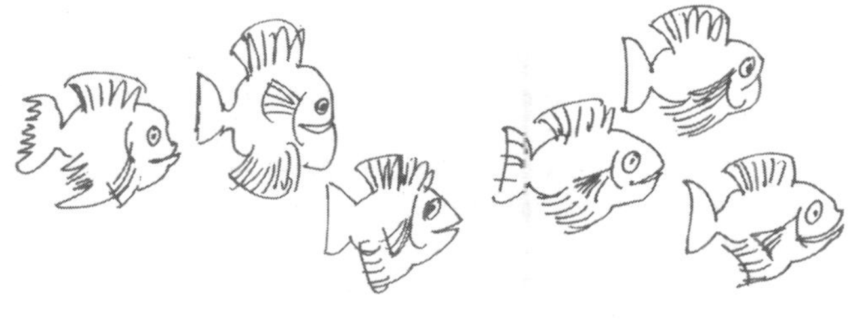

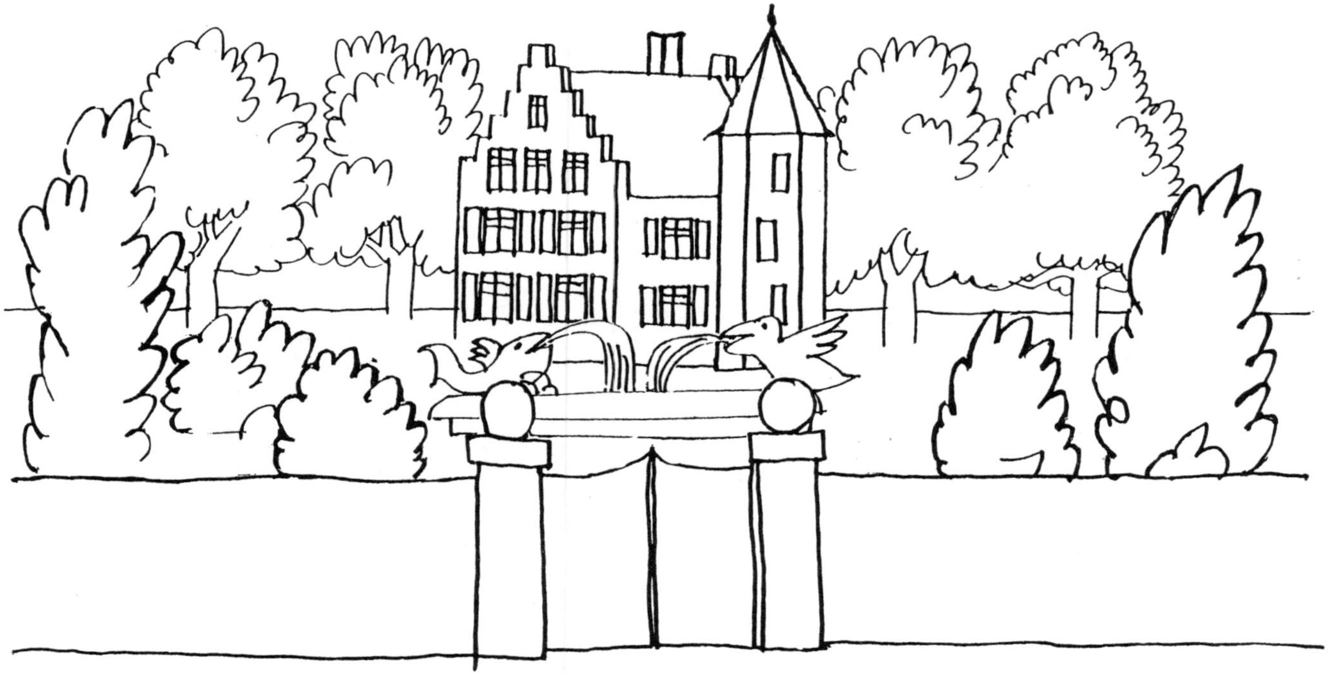

Mit der Überschneidung werden die Gegenstände in eine klare räumliche Beziehung zueinander gesetzt. Die Mauer verdeckt den unteren Teil der Büsche, die Büsche schneiden ihrerseits ein bißchen den Brunnen an. Ein Baum verdeckt die Teile des Schlößchens, das seinerseits teilweise den Blick auf einen weiteren Baum versperrt (siehe Abb. Seite 27 rechts).

Die Begriffe „Überschneidung", „Überlagerung" und „Raumschichtung" werden mit gleicher Bedeutung für diese Form der Raumdarstellung allgemein verwandt.

Die Überschneidung kann die räumliche Beziehung der betreffenden Gegenstände recht unterschiedlich bestimmen. Wird z. B ausgesprochen viel verdeckt, so befindet sich der hintere Gegenstand sehr nahe am vorderen. Entscheidend ist ebenso der Standpunkt des Betrachters. Die räumliche Beziehung von Mauer und Busch wird hier zum Vergleich einmal völlig anders gestaltet als in der oberen Abbildung.

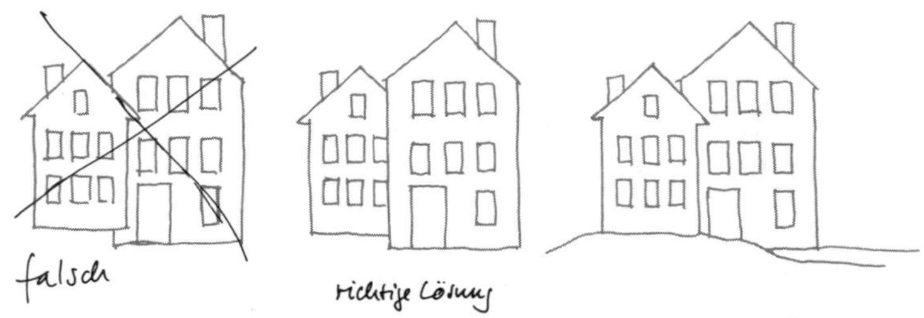

Da sich das kleine Haus weiter oben im Blatt befindet, kann es das große Haus nicht überdecken. Es ist denkbar, daß das kleine Haus auf einem Hügel steht. Dann könnte es das große Haus überdecken.

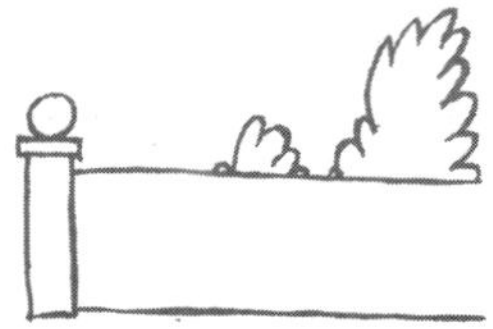

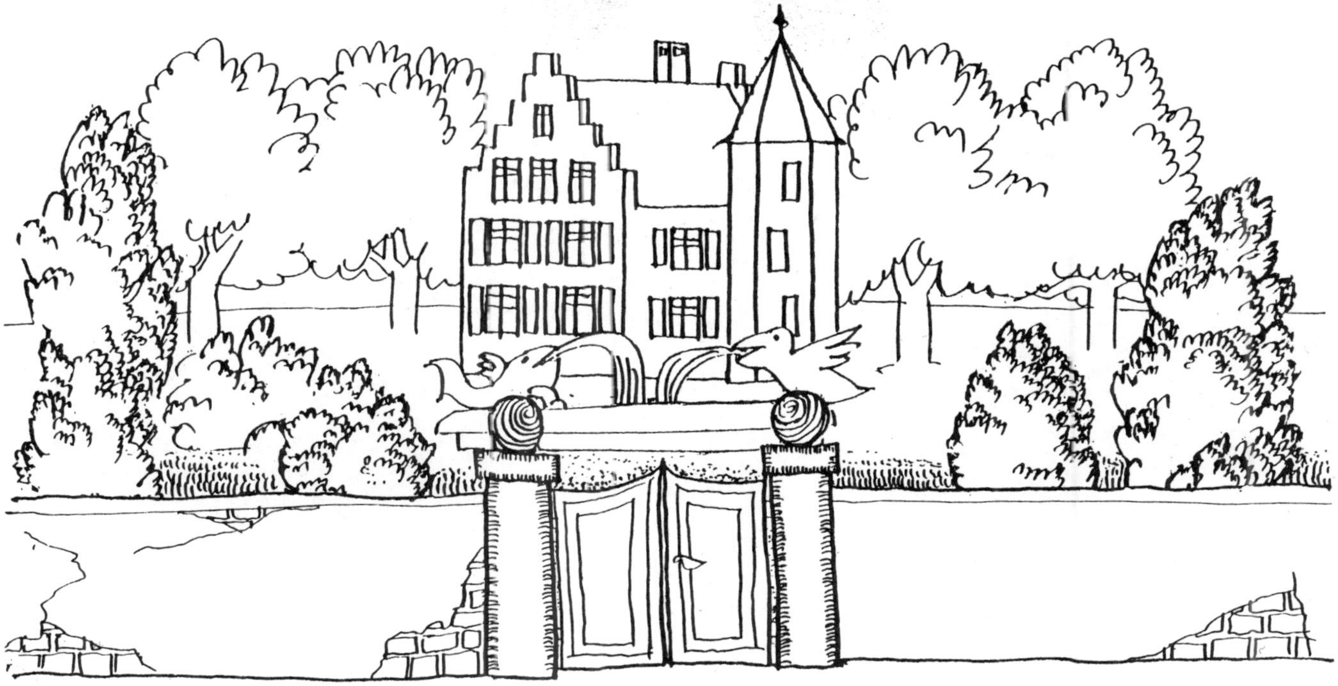

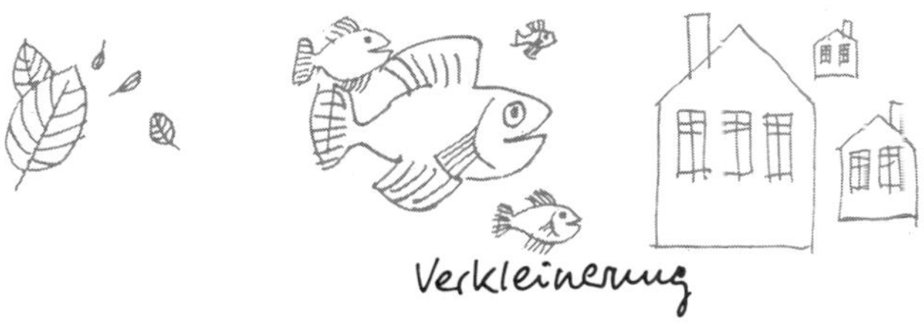

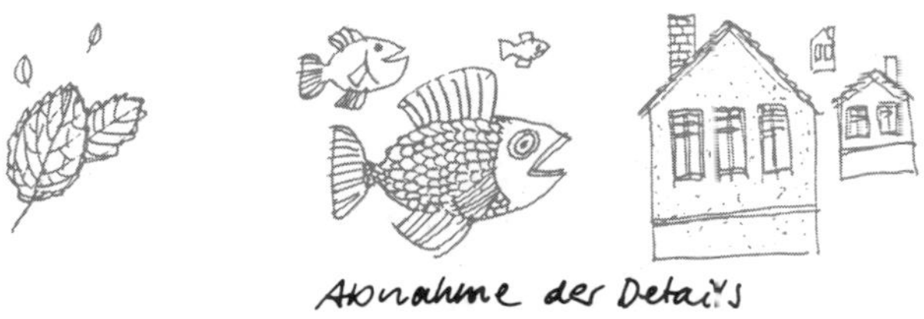

Die räumliche Lagebeziehung wird noch klarer, wenn die Dinge dem Hintergrund zu kleiner werden. Es ist dabei wichtig, daß diese Verkleinerung der Gegenstände gleichmäßig stattfindet. Plötzliche Größenunterschiede zwischen räumlich benachbarten Gegenständen drohen den einheitlichen Raumeindruck zu zerstören.

Das Prinzip der Verkleinerung ist nicht an das der Überschneidung gebunden. So können die Dinge und Figuren in der Fläche ohne jede gegenseitige Verdeckung ausgebreitet sein und ihre räumliche Position durch die zunehmende Verkleinerung dem Hintergrund zu, das heißt hier dem oberen Bildrand zu, verdeutlichen.

Zusammen mit der Größe nimmt die Detailgenauigkeit ab. Die Struktur der alten Mauer ist zu erkennen. Laub, Rasen und Kiesweg kann man im Vordergrund mühelos unterscheiden. Im Hintergrund fehlen diese genaueren Merkmale der Gegenstände.

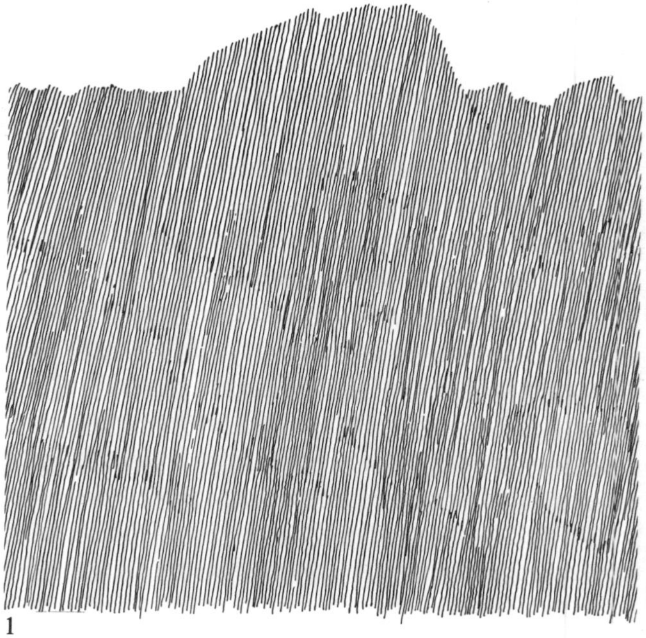
1

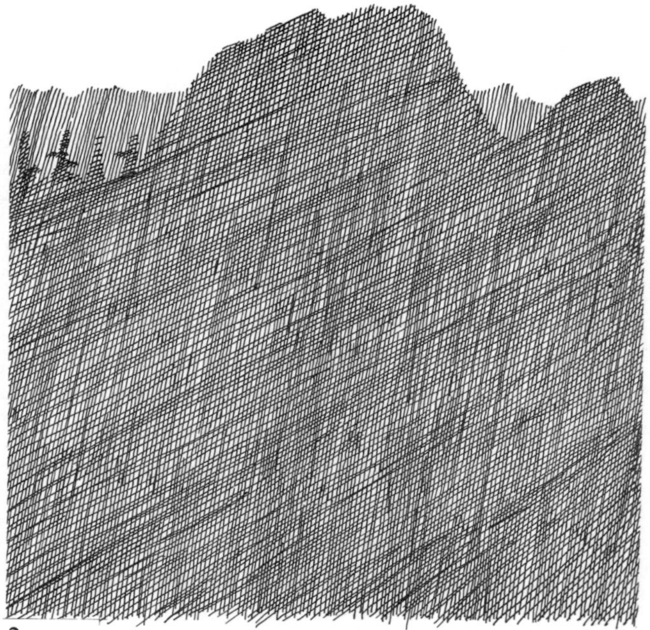
2

Einfache Raumdarstellung mit Hell-Dunkel

In der Malerei gibt es die Luft- und Farbperspektive. Sie funktioniert durch die Tatsache, daß warme Farben nach vorne drängen, kalte Farben jedoch wegstreben. Durch den allmählichen Übergang von warmer zu kalter Farbe entsteht ein illusionistischer Raumeindruck. Analog dazu nimmt auch der Dunkelwert vom Vordergrund zum Hintergrund ab. Das heißt: Die Ferne ist hell, der Vordergrund ist dunkel.
Die Farbe zählt nicht zu den zeichnerischen Mitteln, wohl aber das „Hell-Dunkel". Dieses Mittel wird durch Schraffur und Struktur verwirklicht. Aber auch Kreide, Kohle, grauer Farbstift, Tinte und verdünnte Tusche können eingesetzt werden.

Im vorliegenden Beispiel wurde die Schraffur verwendet. Mit der Schichtung von Schraffur auf Schraffur wird der Dunkelwert zunehmend dunkler.
Als Motiv wurde eine Gebirgslandschaft gewählt, weil an ihr die räumliche Schichtung recht gut veranschaulicht werden kann.

Die erste Abbildung zeigt die erste Schraffurlage. Sie erfaßt nahezu das gesamte Feld. Nur der Himmel bleibt bis zum endgültigen Zustand weiß.
Die zweite Schraffur deckt sich weitestgehend mit der ersten. Lediglich ein Gebirgskamm hebt sich jetzt sacht vom gewaltigen Bergmassiv ab.

Die dritte und vierte Abbildung zeigen die Phasen zunehmender Überlagerung. Es entsteht der Eindruck von kulissenhaft hintereinandergestaffelten Raumschichten.

Entsprechend der Abnahme der Detailgenauigkeit treffen wir bei der Hell-Dunkel-Gestaltung auf die Abnahme der Körperlichkeit vom Vordergrund dem Hintergrund zu. Das Bild Nr. 5 weist im Gebirgsmassiv globale Schattenzonen auf und besitzt gegenüber dem völlig flachen Gebirgskamm im Hintergrund den Eindruck einer, wenn auch geringfügigen Körperlichkeit. Die beiden Waldstücke weisen dagegen schon größere Hell-Dunkel-Unterschiede auf. Sie wirken dadurch körperlicher. Die einzel-

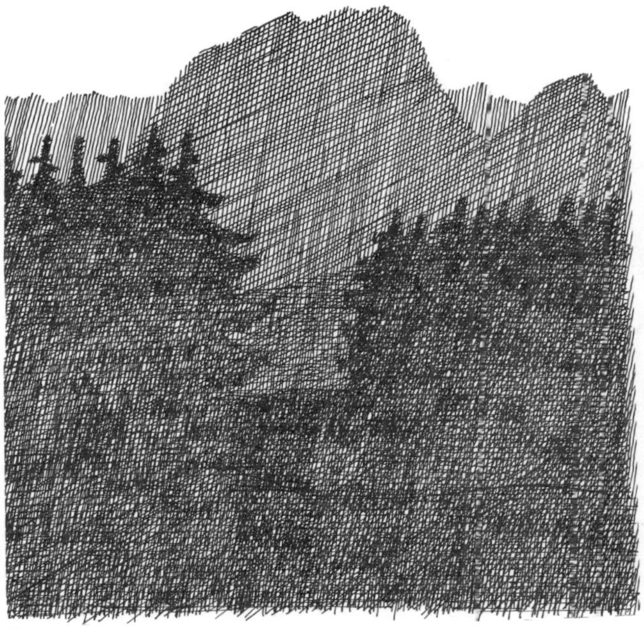

3

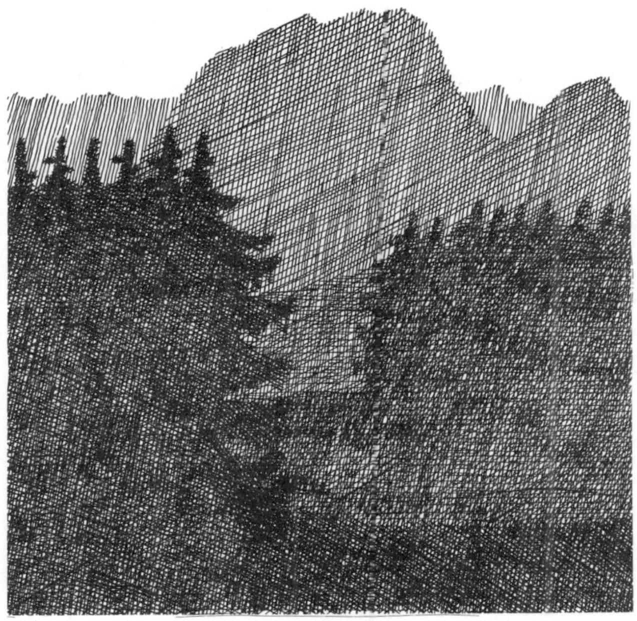

4

nen Tannen ordnen sich zwar dem Gesamteindruck des Waldes unter, sind aber zum Teil mit ihren Ästen ablesbar. Der Boden im Vordergrund ist ebenfalls in verschiedenen Graustufen gehalten, und wirkt dadurch plastischer.
Die Bildreihe hat ein Prinzip vorgeführt, das man bei verwandten Motiven in ähnlicher Weise vorfinden wird.

Auch am Häusermeer von Großstädten und in Industrielandschaften können wir es immer wieder entdecken. Es gibt aber auch Situationen, wo dieses Prinzip offensichtlich nicht zu stimmen scheint. Dies ist der Fall, wenn in der Landschaft Gegenstände mit extrem hellen bzw. dunkeln Hell-Dunkel-Werten auftreten, z. B. ein helles Rapsfeld im Vordergrund oder ein helles Kornfeld direkt neben einem tiefschwarzen Wald. Diese starken Kontraste stören die gleichmäßige Abfolge von Dunkel zu Hell und lassen eine Raumwirkung kaum entstehen. Hier wird man besser andere zeichnerische Mittel wählen müssen.

5

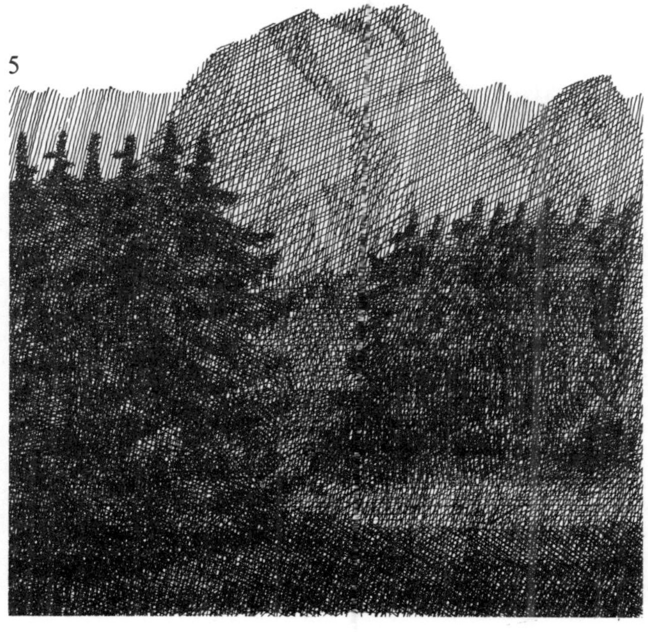

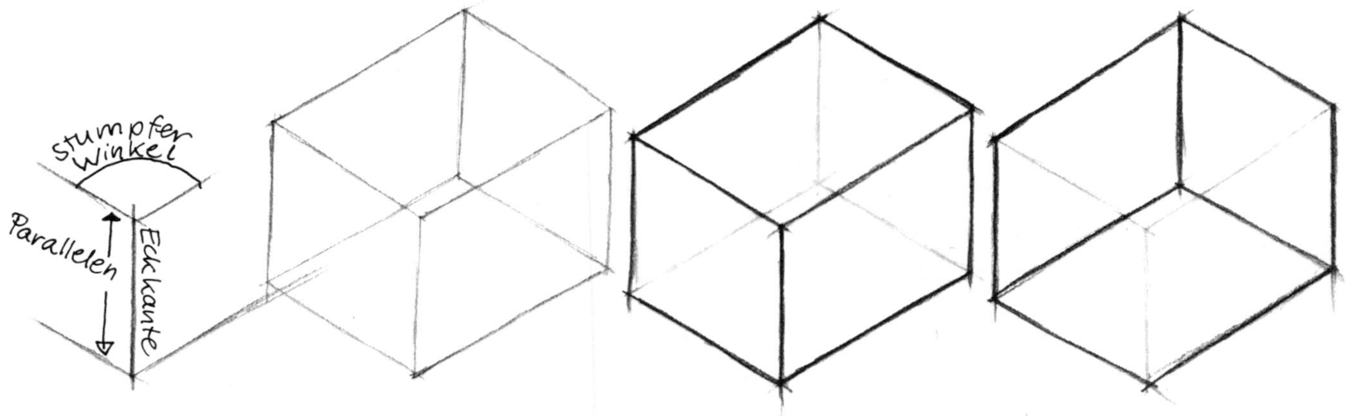

Das Schrägbild

Will man einen Kubus nach dem Prinzip des Schrägbildes wiedergeben, so zeichnet man zuerst eine Eckkante als senkrechte Linie. Im Schrägbild sind alle Senkrechten des Erscheinungsbildes ebenfalls senkrecht.
Von dieser Eckkante gehen die Seitenkanten des Kubus schräg weg. Die Linien, die im Erscheinungsbild waagrecht sind, verlaufen in der Schrägbild-Darstellung *immer* schräg. Die schrägen Linien an der vorderen Eckkante bilden zusammen *immer* einen stumpfen Winkel. Alle anderen Linien, die in der Erscheinungswirklichkeit waagrecht sind, verlaufen parallel zu den zuerst gezeichneten schrägen Seitenkantenlinien. Sitzt man vor einem Motiv, ist es wichtig, die Winkel, die im Erscheinungsbild ebenfalls verzerrt sind, richtig zu erfassen. Dabei helfen zwei Pappstreifen, die man wie eine Schere gegeneinander öffnen und schließen kann. Mit ausgestrecktem Arm senkrecht haltend, visiert man so lange, bis die Streifen mit dem Winkel des Motivs übereinstimmen.
Man sollte vermeiden, daß vordere und hintere Eckkante ineinanderlaufen, da sonst die Klarheit der Körperform darunter leidet.
Das Schrägbild läßt beliebig zwei verschiedene Ansichten zu (siehe Abbildung). Man kann den Kubus einmal in Untersicht und das andere Mal in Aufsicht betrachten. Deshalb sollte man die Kanten eines Kubus, die man sehen kann, verstärken und die nichtsichtbaren Teile ausradieren. Die Abbildung (oben rechts) zeigt, wie der Kubus allein durch die Verstärkung der Linien jeweils eine bestimmte Ansicht, Aufsicht bzw. Untersicht erhält.

In und an den Kubus sind in der Abbildung (Seite 33) weitere Flächen angesetzt. Diese sollen belegen, wie beim Schrägbild sowohl vom Grundriß aus – natürlich in schrägbildgemäßer verzerrter Form – wie von der „Decke" aus die raumillusionistische Körperdarstellung entwickelt werden kann. In dem einen Fall – Grundriß – werden die Senkrechten auf den Ecken erstellt, im anderen Fall – Decke des Kubus – wird das Lot gefällt. An der linken oberen Seite ergibt sich daraus ein Anbau, vorne in der Bildmitte entsteht dadurch ein Einschnitt, ein Architekturwinkel. An der rechten Seite schließlich durchdringen sich zwei Körper. Wenn man den Grundriß beachtet, findet man hier die Durchdringung bereits in der Fläche vor. In der Abbildung gibt es einige kritische Linien, von denen jedoch nur eine vom gewählten Standpunkt aus zu sehen ist. Es ist die Schnittkante des Turmes mit dem Kubus. Auch hier gilt das Prinzip: *Schrägen, die in Wirklichkeit horizontal verlaufen, sind zu einer der beiden Schrägen parallel.* Der Pfeil gibt die Richtung an.
Neu sind in der Zeichnung zwei Markierungen, ein Tor an der linken Seite des Kubus und die Wandstärke am Anbau. Sie sind Ausgangspunkt für die räumliche Öffnung des Körpers.
Von den Markierungen aus wird eine grundrißparallele Linie gezogen (Tor, linke Seite des Kubus) bzw. das Lot gefällt (oberer Anbau).
Die Schräge schneidet die rechte Senkrechte, der Eindruck eines zu einem Gang geöffneten Tores stellt sich ein.

2

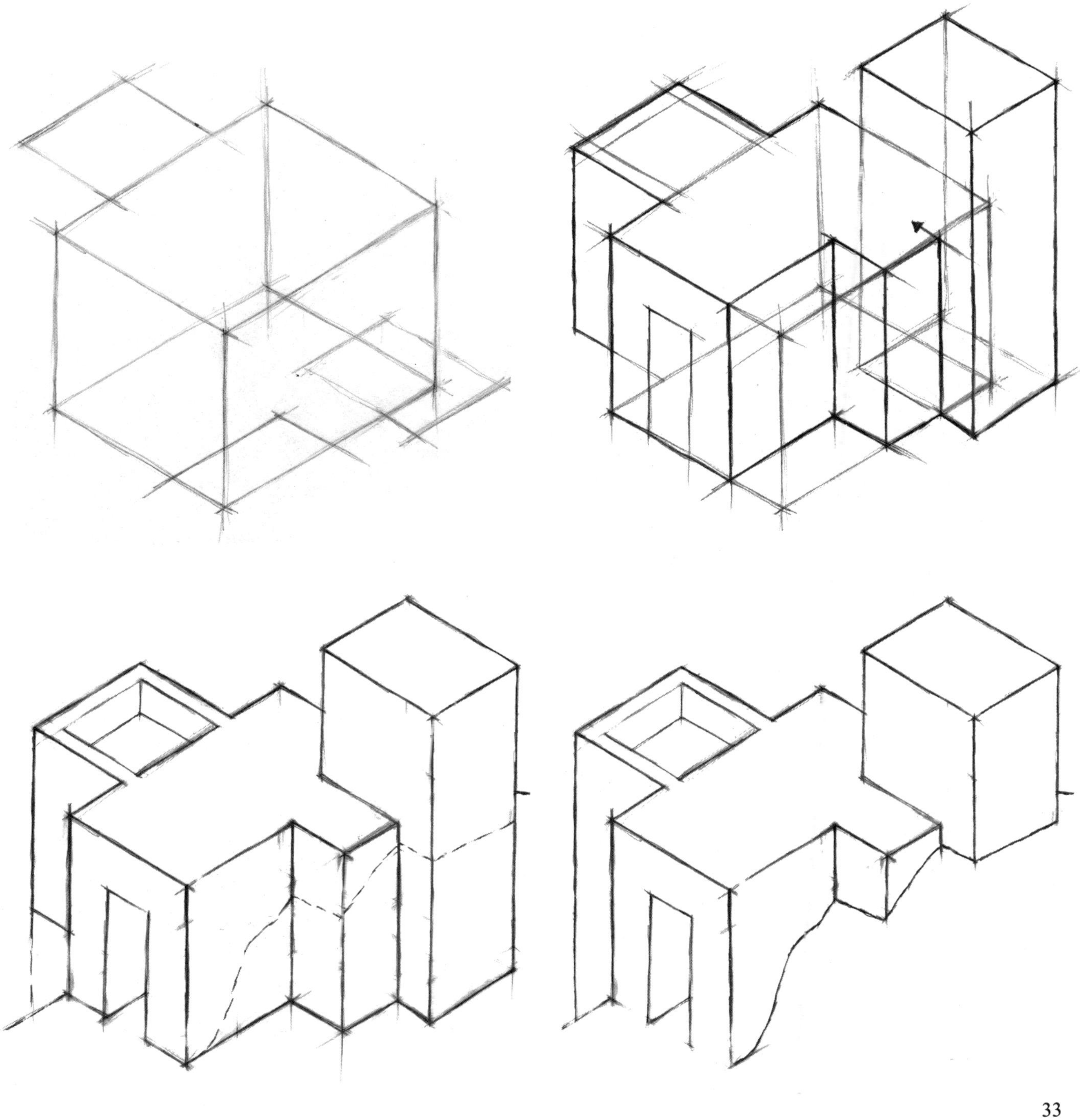

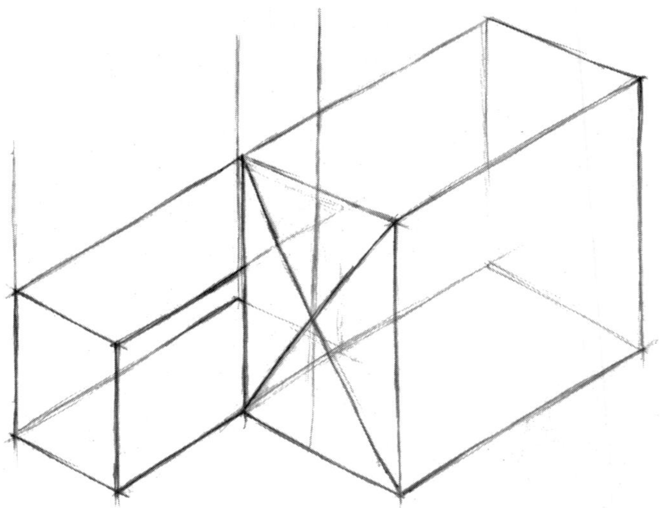

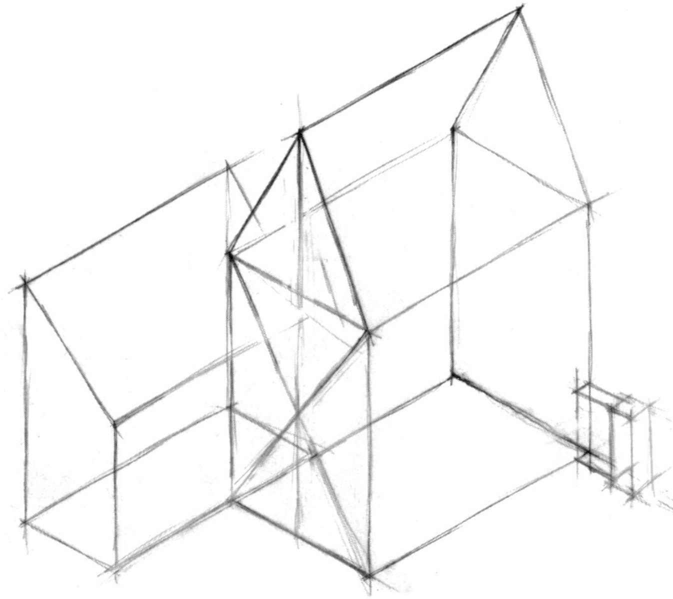

An die Senkrechte des Anbaus werden grundrißparallele Linien gezogen. Es entsteht das Bild eines Balkons. Die Höhe bzw. Tiefe dieses Raumes kann beliebig festgesetzt werden.

Die Kubuszeichnung geht bis jetzt von einer völlig planen Ebene als Basis aus. Das muß nicht unbedingt der Normalfall sein. In der Zeichnung (Abb. Seite 33 unten) gibt die gestrichelte Linie die unregelmäßige natürliche Bodenformation an. Man braucht lediglich diese Linien nachzuziehen, die verdeckten Striche auszuradieren, und schon wird aus unserem inzwischen zur Architektur entwickelten Kubus eine Bergfestung, dessen Anbau (links) in nicht einsehbare Tiefe abstürzt.
Man kann dieses Spiel der Veränderung endlos und – wie ich glaube – voller Spaß weiterführen, beliebig anbauen, auftürmen, aufbrechen usw. Es hilft, räumliche Phantasie zu entfalten.

Gegenüber dem vorangegangenen Beispiel kommen in der Darstellung von Haus mit Werkstatt die Dächer neu hinzu. Die Winkel der Fallinie (Dachschräge, Giebellinie) von Satteldach (Haus) und Pultdach (Werkstatt) werden am Anfang beliebig festgelegt bzw. vom realen Anschauungsobjekt in die Zeichnung übertragen. Satteldach und Pultdach sind in unserer Zeichnung unterschiedlich steil.
Innerhalb des Daches verlaufen die übrigen Linien, welche die Schräge des Daches, die Fallinie, kennzeichnen, parallel zu der zuerst gezeichneten entsprechenden Linie. Auf unser Beispiel bezogen heißt das: Die Dachschräge am Haus hinten rechts verläuft parallel zu der Dachschräge des vorderen Giebels rechts. Die linke hintere Dachschräge verläuft parallel zur vorderen linken Giebelschräge. Die beiden Linien, die das Pultdach seitlich begrenzen, verlaufen zueinander parallel. Die Firstlinie, die in der Wirklichkeit waagrecht ist, verläuft parallel zur entsprechenden Linie im Grundriß.

Durch den Schnittpunkt der Diagonalen wird die Mittelachse gezogen. Auf ihr liegt die Giebelspitze (der First). Bei der Schrägbildstellung könnte man die Mitte auch einfach abmessen, mit der Wahl der Diagonalen wird aber bereits ein Vorgehen geübt, das bei der Fluchtpunktperspektive wichtig ist.

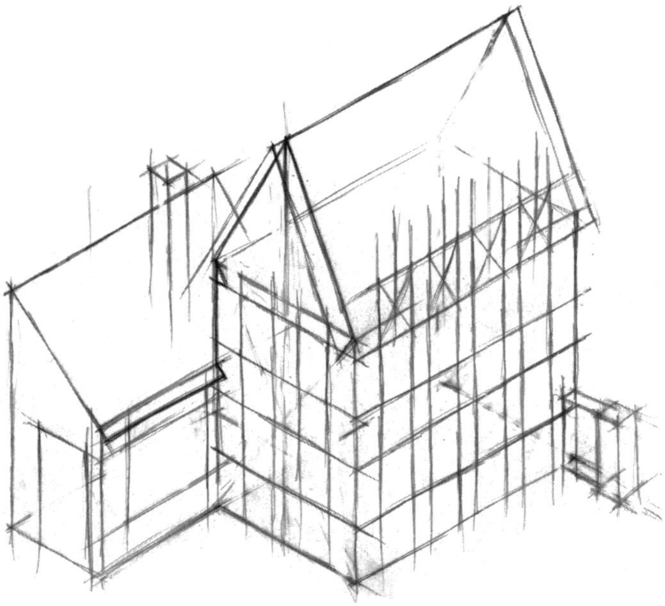

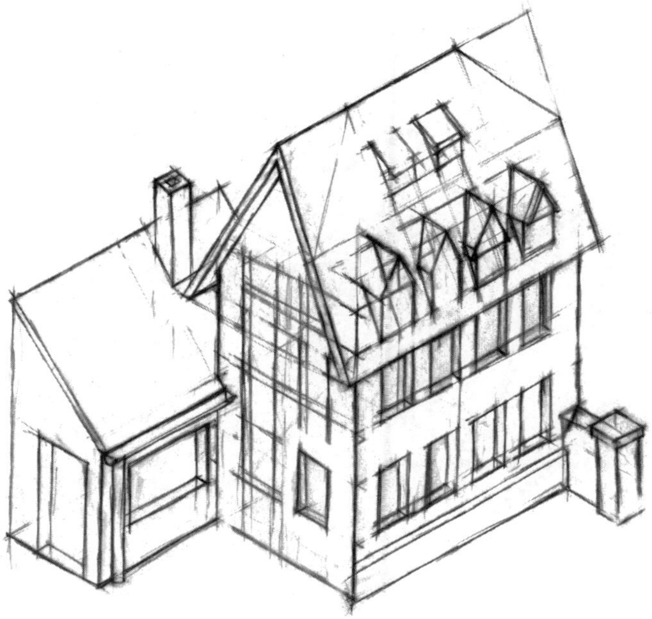

Oft stehen Dächer über Giebel- und Seitenwand (Traufseite) hinaus. Im Schrägbild wird das Dach einfach parallel nach den Seiten und nach unten erweitert (siehe Abb. oben links).
Um die Lage der Fenster zu erhalten, wird ein Liniennetz – auch wieder parallel zu den Grundrißlinien – über die Hauswände gelegt. Mit ihm sind Höhe, Breite und Abstand der Fenster festgelegt.
Das Liniennetz wird in die Dachzone fortgeführt, sie gibt die Breite der Dachgauben an, die im vorliegenden Beispiel direkt über den Fenstern liegen. Der Werkstattkamin schwebt noch über dem Dach. Mit zwei Schrägen kann er festgemacht werden: der Fallinie und der Parallelen zum oberen Dachabschluß, der seinerseits auch parallel zur Grundriß-Seitenlinie verläuft. Wo der Kamin steht, am unteren oder oberen Teil des Daches, wird auf diese Weise festgelegt.
Nur in seltenen Fällen befinden sich die Fenster in derselben Ebene wie die Außenfläche der Wand. In der Regel sind sie in der Mauer zurückversetzt. Diese Wandeinschnitte nennt man Leibung. Auf der Giebelseite ist gezeigt, wie auch die Leibung des einzelnen Fensters durch das Liniennetz festgelegt wird. Wenn man die Hilfslinien wegradiert, ist die Fensterleibung fertig gezeichnet, wie es beim rechten unteren Fenster der Giebelwand vorgeführt ist.

Sehr oft wird die Leibung an der falschen Seite eingezeichnet. Für wen dies zum Problem wird, sollte einfach immer wieder Fenster an den realen Häusern beobachten und studieren. Es ist eine wichtige Übung für die Fähigkeit der räumlichen Vorstellung. In der oberen Hälfte des Daches sind zwei einfache Dachgauben gezeichnet. Sie sollen das Verständnis für die Konstruktion der unteren Gauben erleichtern.
Die unteren vier Gauben setzen nicht am Dachrand an, da dieser ja über die Hauswand hinaus fortgeführt wird. Man muß die Fensterseiten der Gauben als Fortsetzung der Hauswand sehen. Sie setzten deshalb an der oberen Kante dieser Wand an, welche man in der ersten Abbildung dieser Bildreihe noch deutlich erkennen kann. Durch grundrißparallele Linien werden Wandhöhe und Giebelhöhe aller vier Gauben festgelegt und die Giebel eingezeichnet.

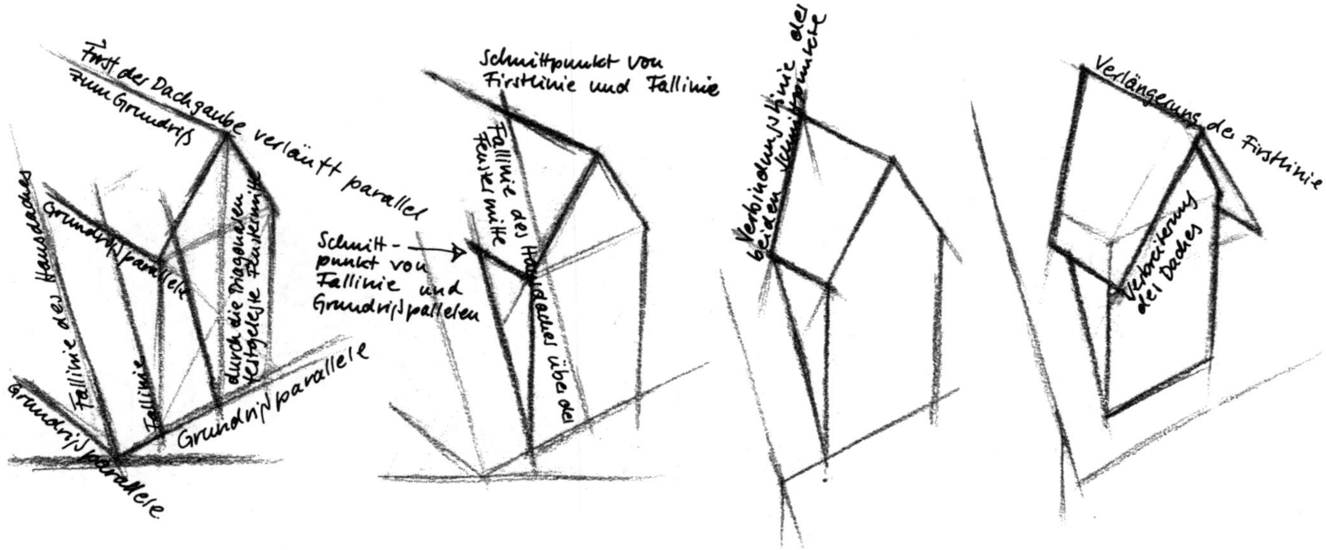

Bei der Zeichnung der Dachgauben richtet man sich nach jener des Hauses: Senkrechte Linien bleiben senkrecht, die Richtung der Schrägen verläuft parallel zu jenen des Haus-Grundrisses. Als zusätzliches Element tritt lediglich die Schräge der Fallinie des Daches auf. Sie bestimmt die Schnittkante von Seitenwand und Dach der Gauben mit dem Hausdach.

Von den sichtbaren Eckpunkten des Gaubendaches werden grundrißparallele Linien zum Hausdach geführt. Die Fallinie des Hausdaches wird vom Fußpunkt der Gaubenwand hochgeführt und schneidet die Linie des Gaubendaches. Von der Mitte der Fensterwand wird ebenfalls die Fallinie des Daches eingezeichnet, sie schneidet die Firstlinie des Gaubendaches. Werden die beiden Schnittpunkte miteinander verbunden, wie es bei der zweiten Gaube (Seite 35) der Fall ist, haben wir die Linie, auf der sich Hausdach und Gaubendach treffen.

Bei der dritten Gaube (Seite 35) ist das Dach verbreitert, bei der vierten Gaube nach vorne verlängert.

Die rechte Seite des Hauses (Abb. Seite 35 rechts) zeigt ein Walmdach. Am First wird die Tiefe, an der Fallinie die Höhe des Walms eingezeichnet und beide Markierungen miteinander verbunden. Auf der linken Seite sind erst die Markierungen notiert.
Der Mauerabschluß rechts wird abgeschrägt. Der Pfosten erhält eine Platte, wobei er lediglich geringfügig und an

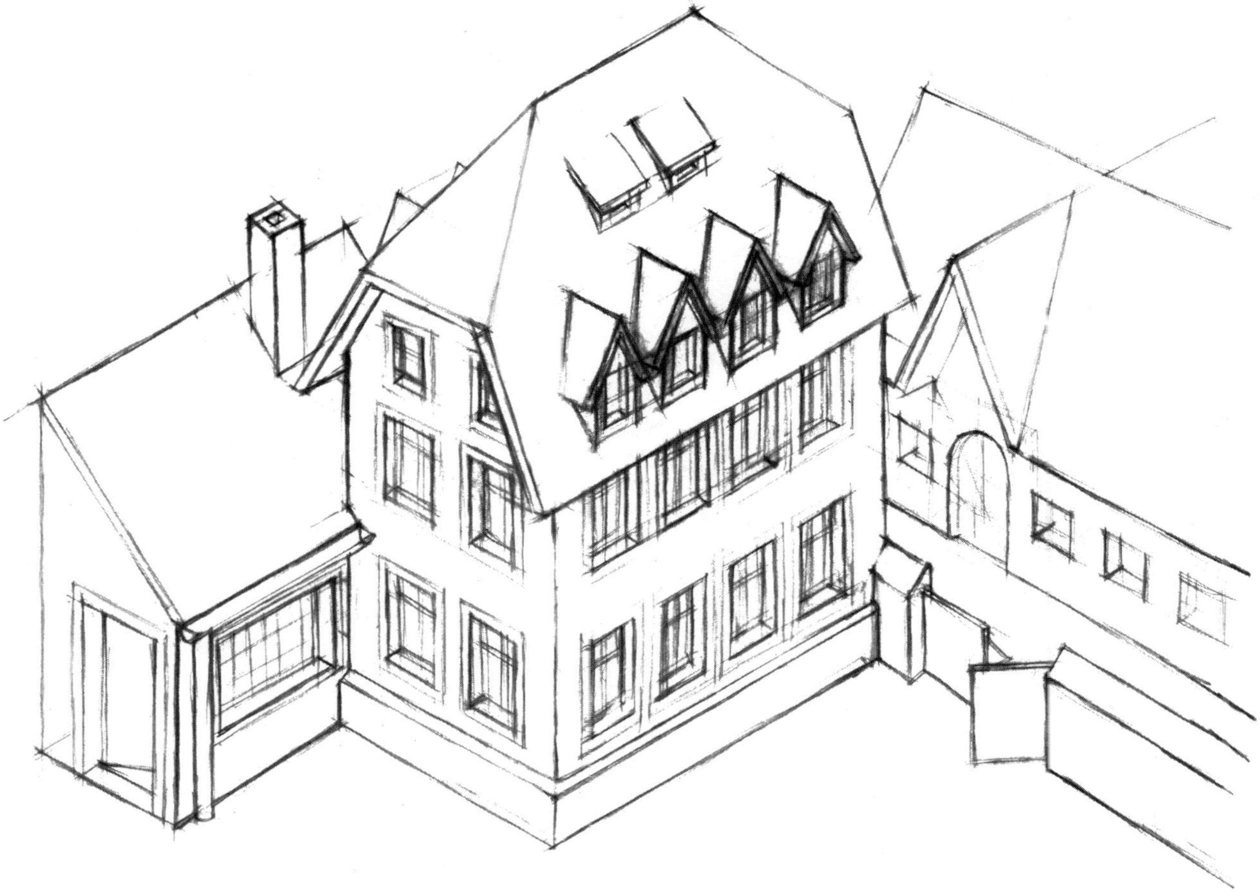

allen Seiten gleichmäßig verbreitert wird. Mit kurzen Senkrechten und den Grundrißparallelen ist die Deckplatte schnell konstruiert.
Der rechten Hauswand wird ein schmaler Sockel vorgesetzt. An der kleinen Mauer sieht man, wie die Wand um die Sockelstärke verbreitert wird.

Die Abb. oben zeigt das letzte Bild dieser Reihe. Es handelt sich bei der Abschlußarbeit meist nur um eine weitere Ausstattung, die aber keine neuen perspektivischen Probleme stellt. Der Sockel, die Gauben und Fenster sind jetzt fertig gezeichnet, letztere noch mit einem äußeren Rahmen versehen.
Der vordere Walm wurde eingezeichnet, er gibt den Blick frei auf die Firste der ersten beiden Gauben der Rückseite.
Die Mauer wurde verschmälert und mit einem Tor versehen. Die Konstruktion des rückwärtigen Gebäudes müßte jetzt von jedem gedanklich und zeichnerisch nachvollzogen werden können.

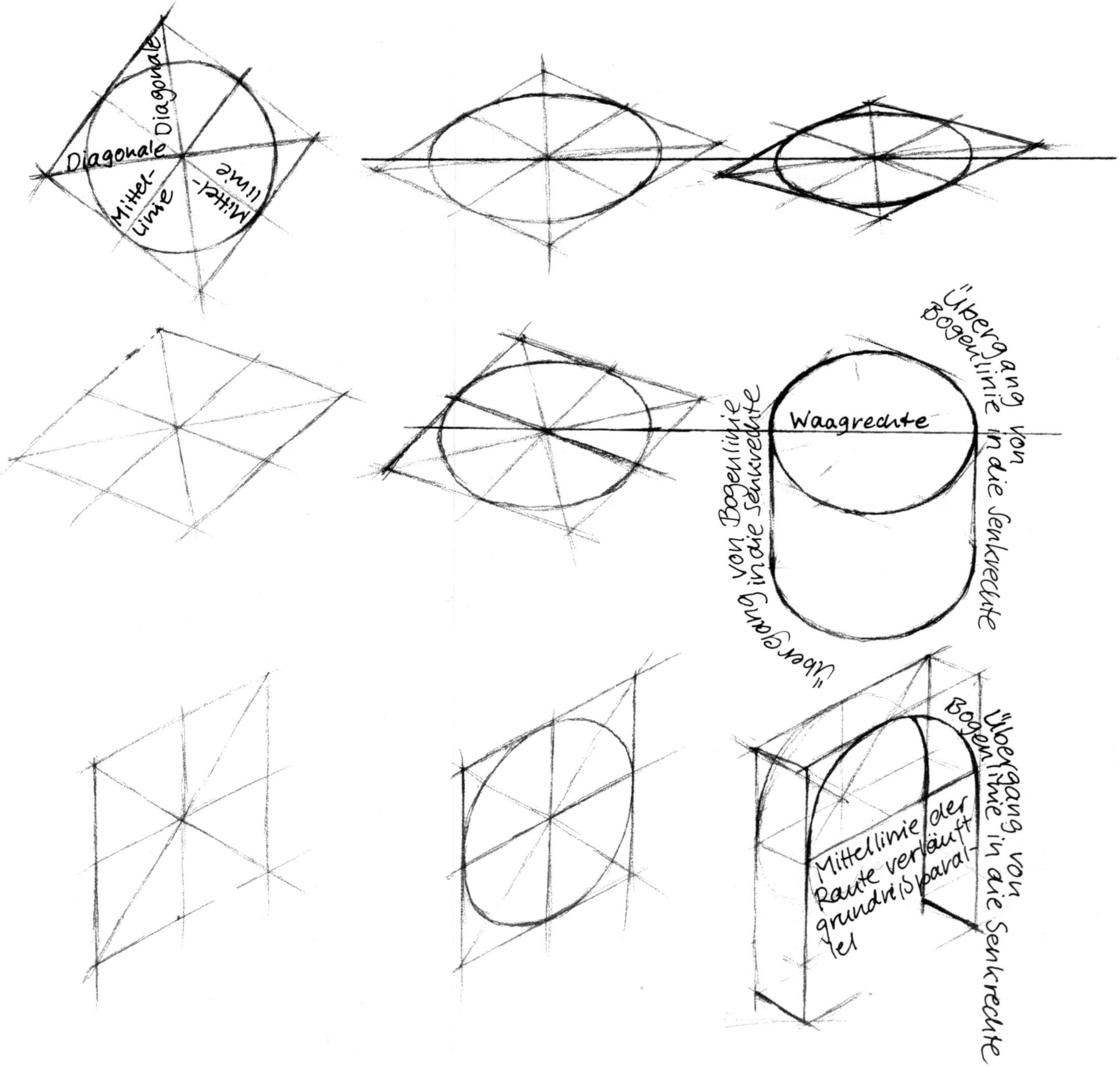
Diagonale
Diagonale
Mittel-linie
Mittel-linie
Übergang von Bogenlinie in die Senkrechte
Waagrechte
Übergang von Bogenlinie in die Senkrechte
Übergang von Bogenlinie in die Senkrechte
Mittellinie der Raute verläuft grundrißparal-lel

Kreise und Bögen

Die im Schrägbild perspektivisch verzerrte Darstellung eines liegenden Kreises ist immer eine waagrecht liegende Ellipse. Ausgangspunkt der Konstruktion ist der in ein Quadrat eingeschriebene Kreis (1. Bild oben). Das Quadrat wird je nach Bedarf oder Augenschein perspektivisch dargestellt. In die so entstandene Raute (2. und 3. Bild oben) wird die Ellipse eingezeichnet, welche die Raute an den Schnittstellen der Mittellinie berührt. Die Eckpunkte der Raute sind von der Ellipse am weitesten entfernt, befinden sich aber bei der Schrägdarstellung jeweils in derselben Distanz.

Um einen Turm oder einen ähnlichen Gegenstand über dieser Ellipse zu errichten (mittlere Reihe), legt man die Senkrechten durch die Schnittpunkte von der Waagrechten und Ellipsenbogen. Man wiederholt den Ellipsenbogen in der gewünschten Höhe, verstärkt die sichtbaren Linien und löscht die nichtsichtbaren, wie es die abgebildete Trommelform zeigt.
Ellipsenbogen und Senkrechte laufen bruchlos ineinander. *Niemals ergibt sich eine Ecke oder ein Knick,* was häufig falsch gemacht wird.

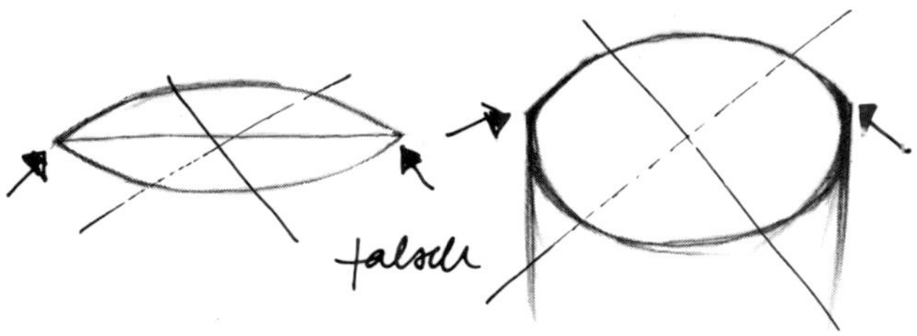

Je nachdem, wie der Blickwinkel gewählt wird, nähert sich die Ellipsenform dem Kreis an oder wird ganz flach. Gerade bei flachen Ellipsen werden oft fälschlicherweise Ecken gezeichnet.

Die perspektivische Darstellung eines stehenden Kreises ergibt eine schräg liegende Ellipse (untere Reihe), deren Achsen von den Diagonalen der Raute gebildet werden. Bei der Darstellung eines Torbogens setzen die Senkrechten bei den Schnittstellen der betreffenden Mittellinie an. Auch hier darf sich *kein Knick* beim Übergang von Ellipsenbogen zur Senkrechten ergeben.

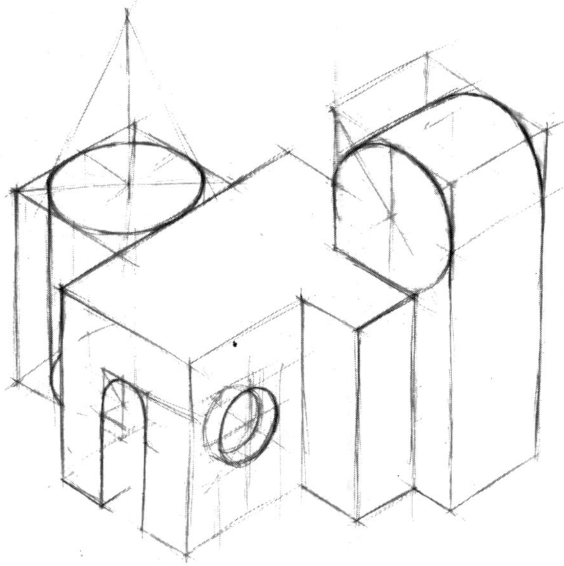

Wie die Konstruktion von Kreisen und Bögen angewandt wird, soll an dem Architekturbeispiel von Seite 33 gezeigt werden.
Die Konstruktion der Kreisbögen, ob sie nun senkrecht stehen, waagrecht liegen oder ob sie Arkaden oder Dächer darstellen, erfolgt immer auf dieselbe Weise.

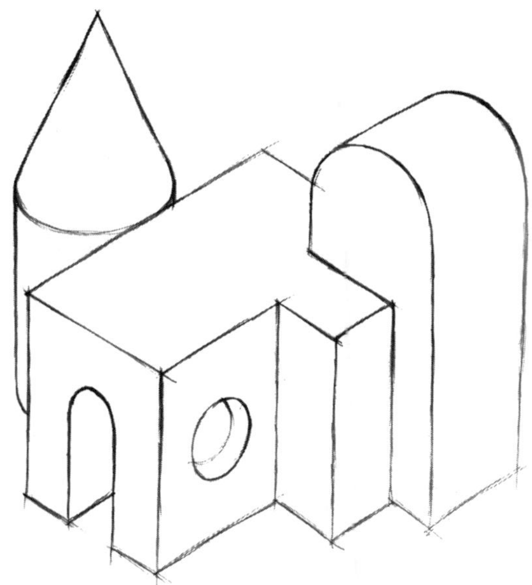

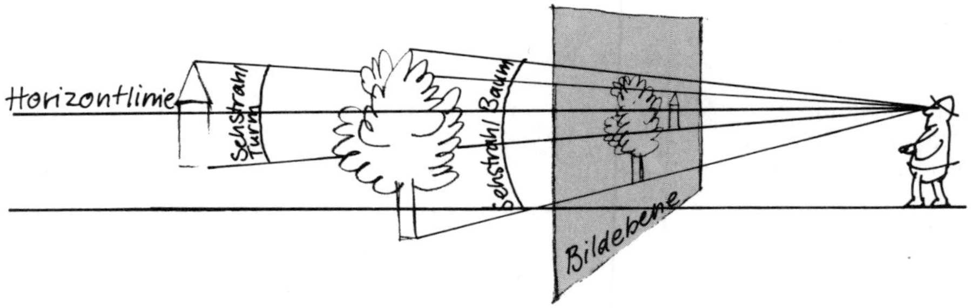

Der Horizont
Die Horizontlinie befindet sich immer auf der Augenhöhe des Betrachters. Bei tiefliegendem Horizont schrumpft die Landschaft zu einem schmalen Streifen zusammen, bei hochliegendem Horizont breitet sich die Landschaft weit aus.
In der Umgangssprache bedeutet Horizont die Grenze zwischen Landschaft und Himmel, also im Gebirge die Silhouette der hohen Berge oder in der Stadt die Skyline. In dem System der Fluchtpunktperspektive meint Horizontlinie (Augenlinie) jene Grenze, in der sich Unter- und Aufsicht trennen. Das bedeutet: Auf alles, was sich unterhalb der Horizontlinie befindet, kann man sehen (Aufsicht oder Draufsicht), alles, was sich oberhalb der Horizontlinie befindet, kann man nur von unten sehen (Untersicht).

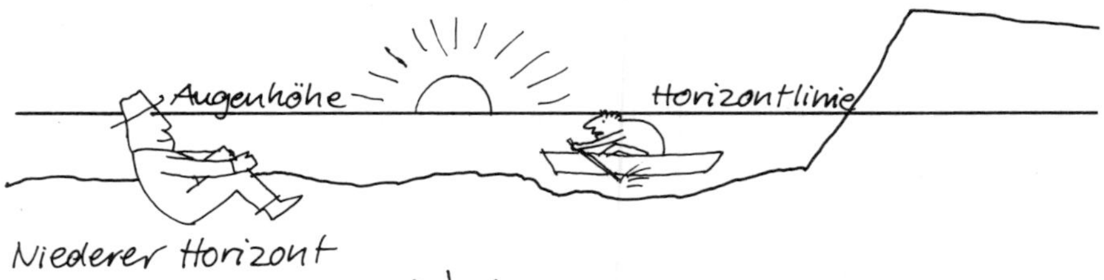

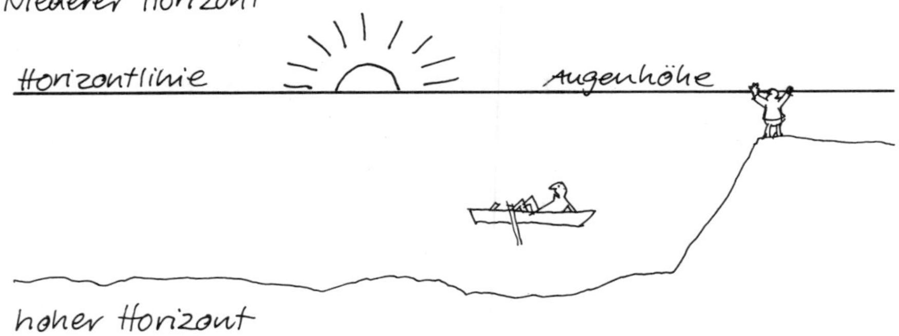

Fluchtpunktperspektive

ZENTRALPERSPEKTIVE

Die Bildebene
Der Begriff „Perspektive“ kommt vom lateinischen perspicere = durchschauen. Gemeint ist damit eine Sicht, die den Raum mit seinen Gegenständen durch einen Bildschirm hindurch – durch die Bildebene – wahrnimmt. Was im Raum durch räumliche Entfernungen getrennt ist, findet sich auf der Bildebene in einer Fläche beisammen.

Fluchtpunkt
Der Fluchtpunkt befindet sich immer auf der Horizontlinie, d. h. in Augenhöhe des Betrachters. Der Fluchtpunkt befindet sich bei der Zentralperspektive immer auf der Achse des Standortes, den der Zeichner innehat. Er ist das „Zentrum“ der Perspektive.
Die Linien eines Gegenstandes, der in die Tiefe verläuft, in unserem Bildbeispiel die Linien der Straße, werden in den Fluchtpunkt geführt. Das heißt: fluchten.

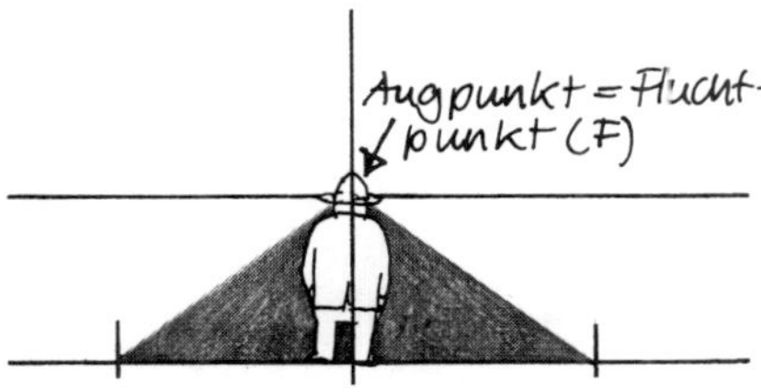

Ein Mann steht genau in der Mitte einer schnurgeraden Straße, die in die Tiefe verläuft. Der Fluchtpunkt ist direkt vor seinem Gesicht, seinem Auge. Deswegen spricht man auch vom Augpunkt.

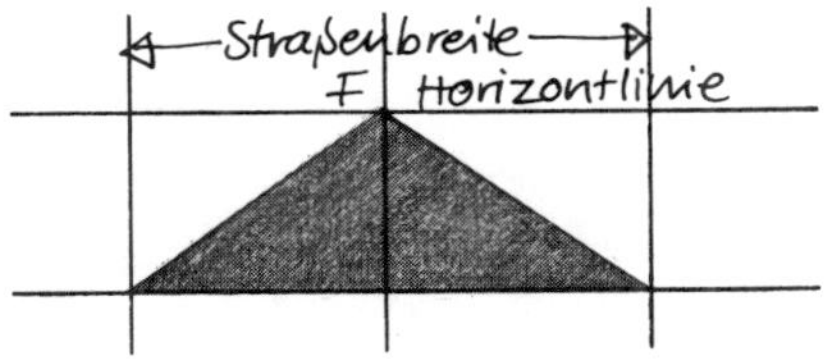

Die gleiche Raumdarstellung ohne Betrachter.

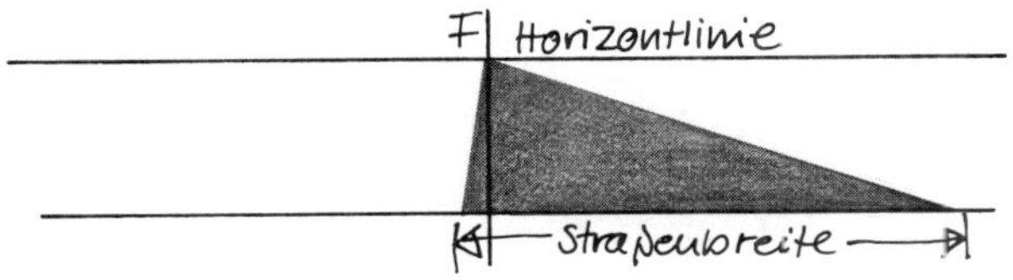

Dieselbe Horizontlinie, dieselbe Straßenbreite. Der Standpunkt ist jetzt jedoch auf der linken Straßenseite.

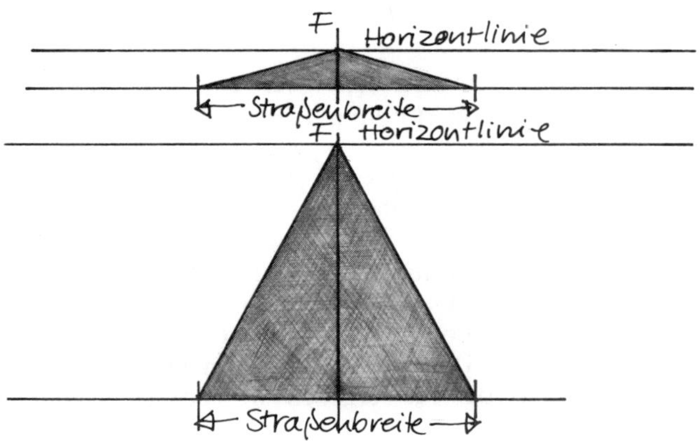

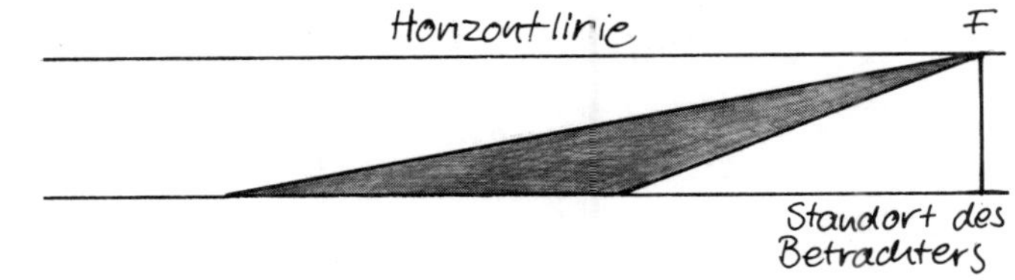

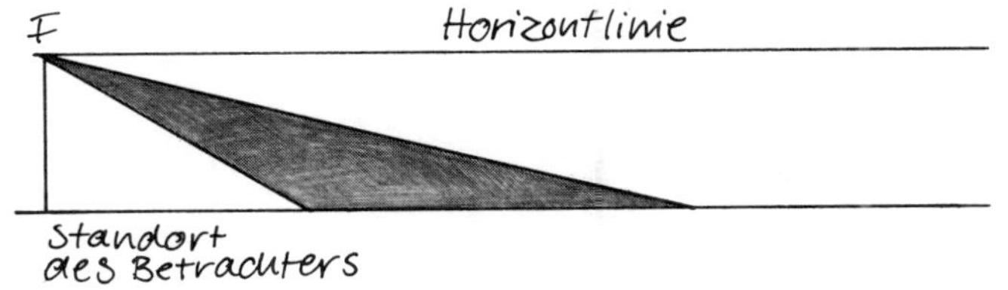

In der zentralperspektivischen Darstellung sind alle Linien, die in der Wirklichkeit senkrecht sind, auch in der Zeichnung senkrecht. Alle Waagrechten, die vom Betrachter weg in die Tiefe laufen, treffen sich im Fluchtpunkt. Alle anderen Waagrechten sind in der Zentralperspektive auch waagrecht.

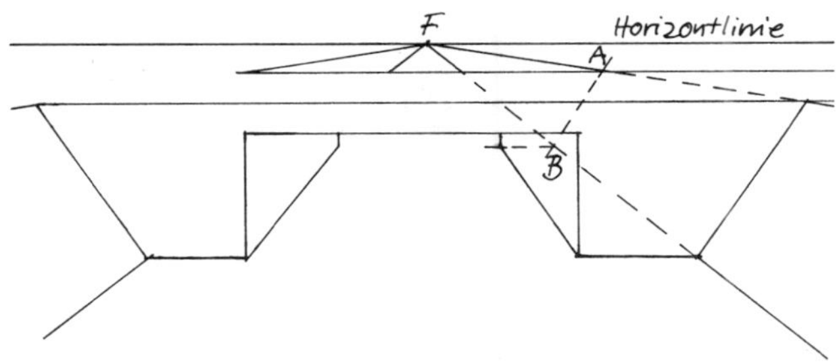

Das Bild einer Brücke soll dies veranschaulichen. Hier sieht man, daß schräge Linien, die parallel zur Bildebene verlaufen (Böschung), ebenfalls nicht verzerrt werden.
Die Konstruktion der Brückentiefe wird an der rechten Seite gezeigt. Die Breite der Brücke ist hier willkürlich festgelegt. Von Punkt A läuft die Parallele zur Böschungsschräge und trifft die Fluchtlinie in Punkt B. Die Waagrechte markiert den Brückenfuß, die Senkrechte den hinteren Wandabschluß.

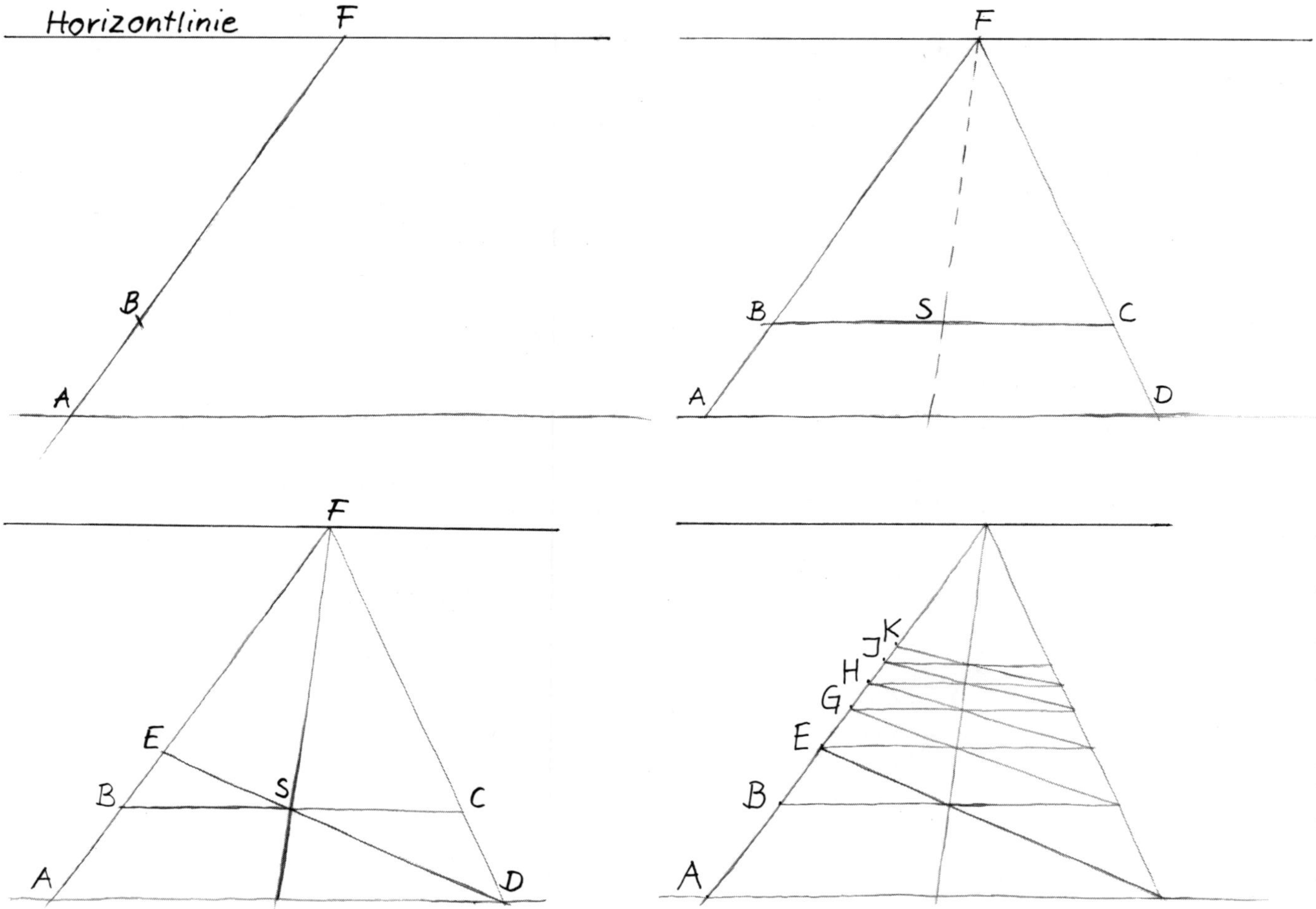

Perspektivische Darstellung regelmäßig gegliederter Strecken und Flächen
Es ist kaum möglich, zumindest für den ungeübten Zeichner, die zunehmende Verkürzung einer regelmäßig gegliederten Strecke mit den Augen zu erfassen. Zwei Methoden haben sich bei der perspektivischen Konstruktion solcher gegliederten Linien als sinnvoll und praktisch erwiesen.

1. Methode: Auf der Linie, die von A nach F läuft, sollen gleichmäßige, aber perspektivisch zunehmend verkürzte Teilstrecken eingetragen werden. Die erste Teilstrecke AB wird nach Augenmaß vor dem Motiv geschätzt oder, falls es sich um eine Bilderfindung handelt, festgelegt.
Ein Rechteck ABCD wird perspektivisch verkürzt festgelegt und die Mittellinie (gestrichelte Linie) eingezeichnet. Mittellinie und hintere Begrenzungslinie des Rechtecks schneiden sich in S.
Von D wird eine Verbindungslinie zu S gezogen und darüberhinaus bis zur Linie AF fortgeführt. Der so erzielte Schnittpunkt E markiert die verdoppelte Strecke AB, oder AB entspricht BE. Dieses Verfahren kann nun beliebig oft angewendet werden. Es ergeben sich so die weiteren Punkte G, H, J, K.

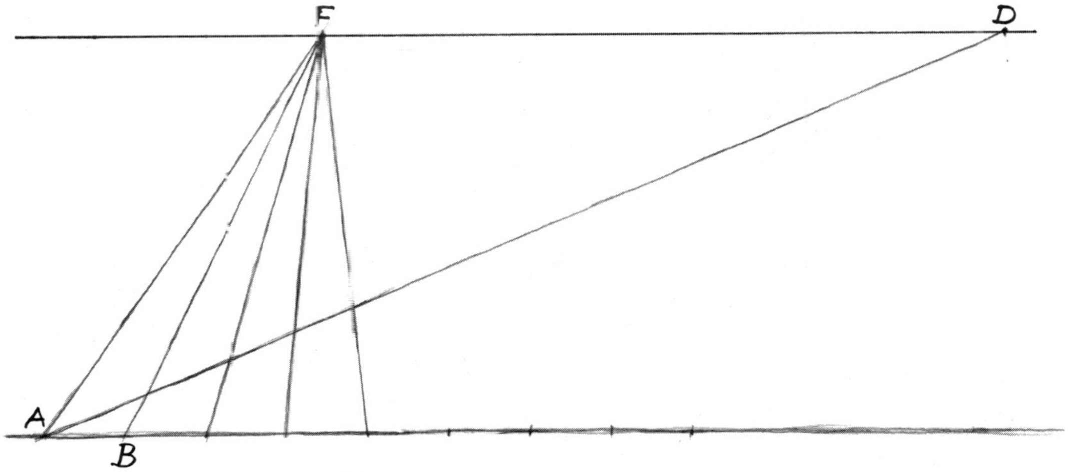

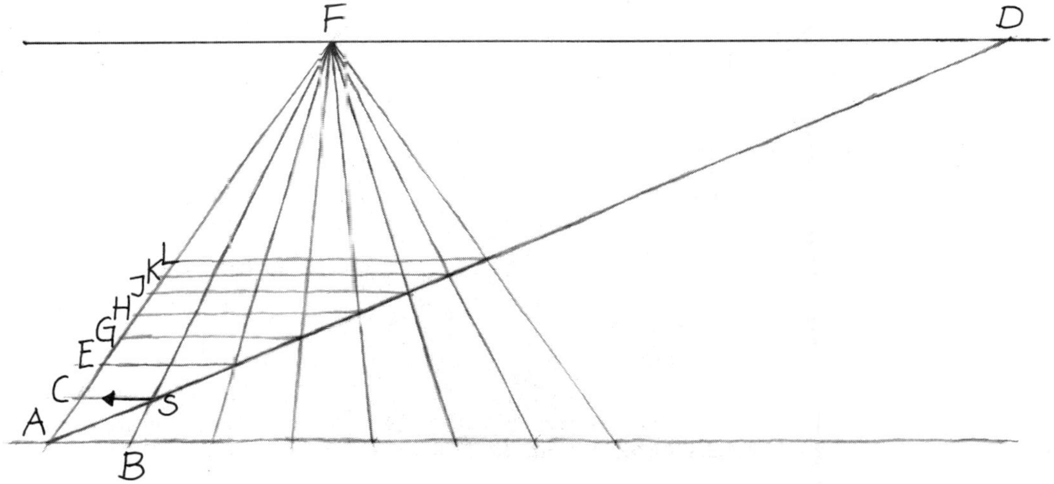

2. Methode (Distanzpunktverfahren):

Diesem Verfahren liegt als wichtigstes Maß die Distanz des Betrachters zur Bildebene zugrunde (siehe Seite 40, oberes Bild). Da der Fluchtpunkt bei der Zentralperspektive mit dem Augpunkt des Betrachters zusammenfällt, bedeutet die Strecke FD in der oberen Abbildung den Sehstrahl des Betrachters, der im rechten Winkel auf die Bildebene fällt, in der Zeichnung von Seite 40 also waagrecht verläuft.

Von F aus wird die angenommene Distanz abgemessen (D). Auf der Waagrechten, die durch A und B läuft, werden die gleichmäßigen Teilstrecken eingezeichnet und die betreffenden Punkte mit F verbunden. Von A aus wird eine Linie zu D gezogen.

Die Schnittpunkte auf den in die Tiefe laufenden Linien mit der Linie AD werden in horizontalen Linien zur Strecke AF geführt. Die Schnittpunkte A, C, E, G, H, I, K, L teilen die Strecke gleichmäßig, wobei die einzelnen Teilstrecken perspektivisch verkürzt werden, d. h. der Tiefe zu allmählich an Länge einbüßen.

Obwohl bei der Demonstration beider Verfahren (Seite 42 und hier) der Horizont etwa gleich hoch liegt und die Ausgangslinie AF etwa in der gleichen Richtung verläuft, fällt

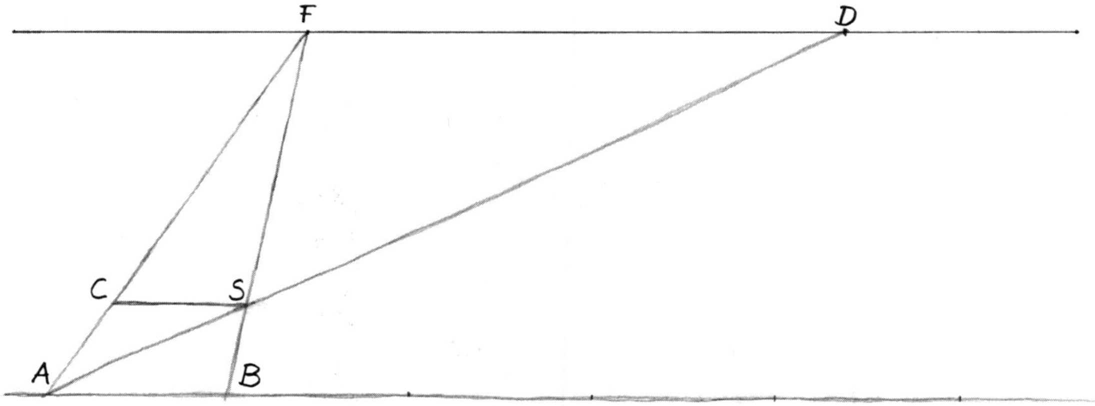

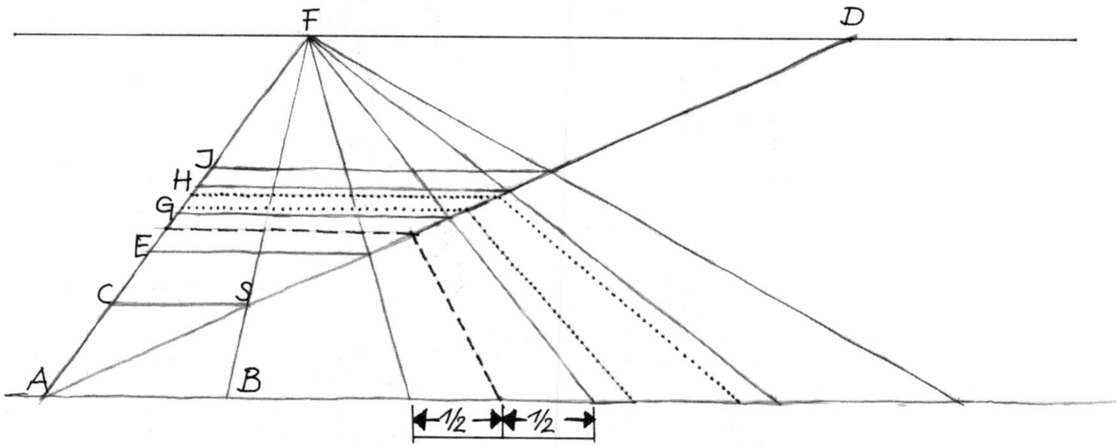

das Ergebnis der Teilung völlig unterschiedlich aus. Der Grund liegt in der unterschiedlichen Entfernung des Distanzpunktes. Im folgenden Beispiel wird eine Kombination beider Verfahren vorgestellt.

AB ist das Grundmaß, nach dem die Linie von A zu F gleichmäßig geteilt werden soll. Dieses Grundmaß wird auf der unteren Waagrechten (= untere Begrenzung der Bildebene) gleichmäßig abgetragen (schwarze Punkte in der Abb. oben und Seite 45).
AC wird vor dem Motiv nach Augenmaß geschätzt, bzw. bei einer Bilderfindung willkürlich festgelegt. Die Horizontale vom Punkt C aus und die gefluchtete Linie von B aus schneiden sich in S. Zieht man nun von A aus eine Linie durch S bis zur Horizontlinie, so trifft man dort auf den Distanzpunkt (D). Jetzt kann das Distanzpunktverfahren, wie es auf Seite 43 vorgestellt wurde, angewandt werden.
Es ist durchaus möglich, die auf der unteren Waagrechten eingetragene Gliederung beliebig zu variieren. So wird z. B. eine Teilstrecke halbiert. Diese Teilung findet man auf der gefluchteten Linie auf der Teilstrecke EG in perspektivischer Entsprechung (gestrichelte Linie). Die gepunkteten Linien zeigen eine andere mögliche Teilung.
Das Distanzpunktverfahren wurde im 16. Jahrhundert entwickelt, um vor allem Plätze oder Böden wiederzugeben, die mit Platten oder Kacheln belegt sind. Man braucht nur die bis jetzt als Konstruktionslinien benutzten Hilfslinien ergänzen und zeichnerisch betonen (siehe Abbildung Seite 45).
Dieses Liniennetz eignet sich auch besonders gut dazu, Standorte und Begrenzungen von Architektur festzulegen.

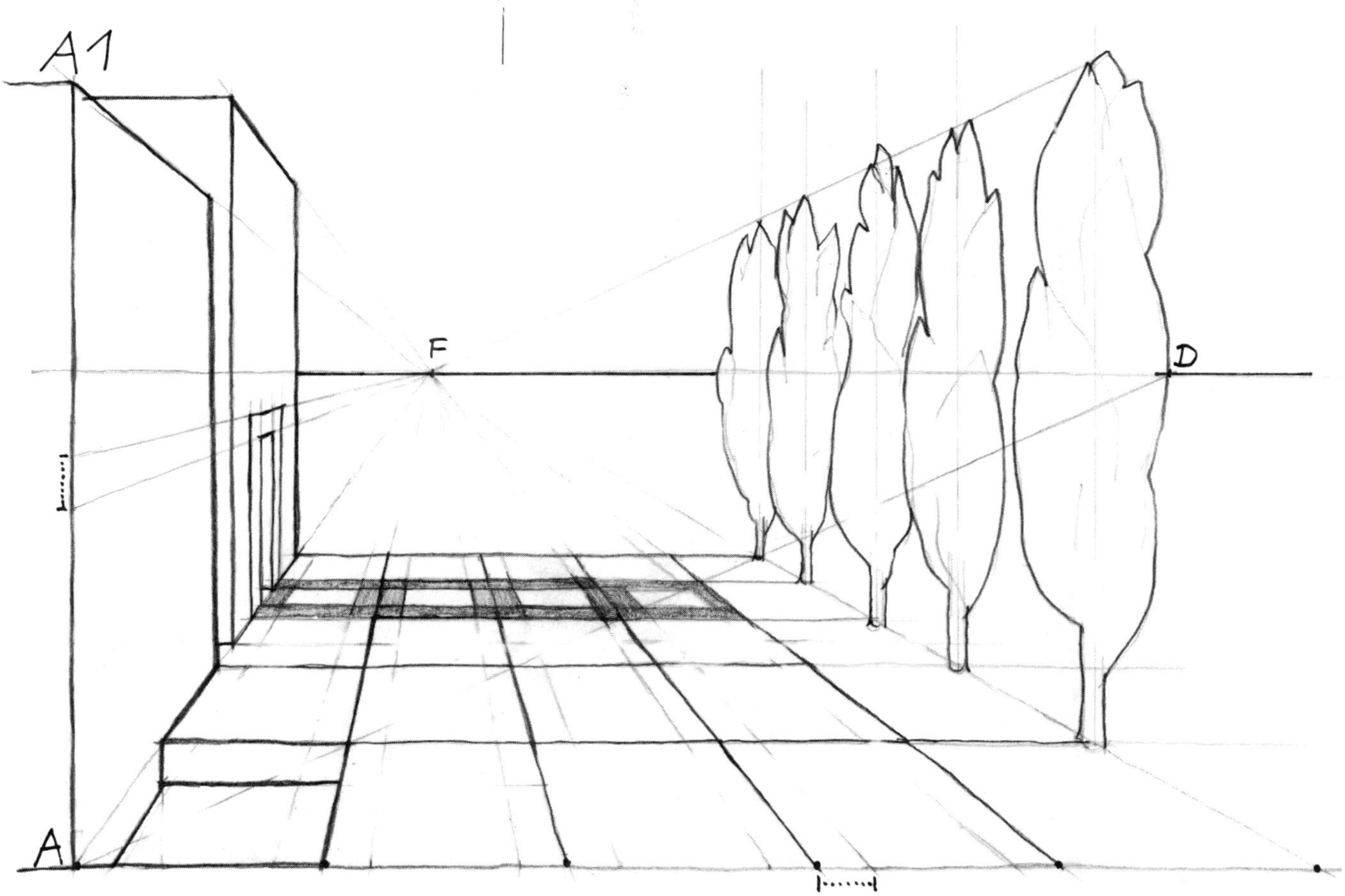

So beanspruncht das vordere Haus links zwei Teilstrek-ken. Die vordere Kante des zweiten Hauses befindet sich auf der Mitte der Teilstrecke EG. Die Breite des Türrahmens wird durch die gepunktete Linie bestimmt. Das Originalmaß der gepunkteten Linie wird auf der Senkrechten AA_1 eingetragen. Die entsprechenden Punkte werden gefluchtet. Die gepunkteten Linien legen auch die Ausmaße des Plattenrahmens fest (graue Bänder in der vierten Plattenreihe). Auch der Standort von Bäumen kann auf diese Weise bestimmt werden. Da Bäume unterschiedlich hoch sind, durchbrechen bzw. unterschreiten sie gelegentlich die hier lediglich zur Orientierung gezogene Fluchtlinie.

Bei der Abbildung des Weinbergs sind die Konstruktionslinien völlig getilgt und dennoch bestimmen sie das Bild im wesentlichen.

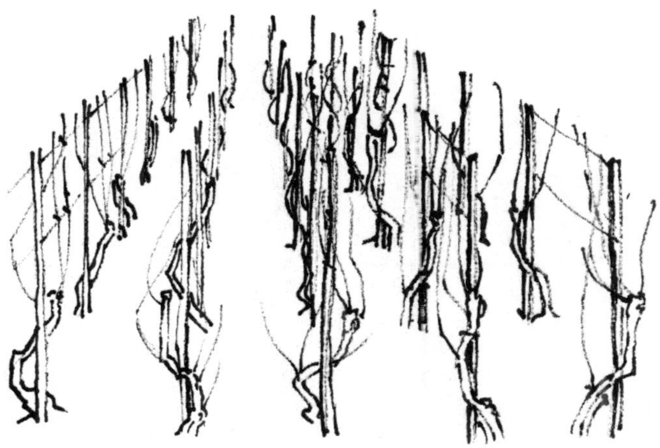

Innenraum

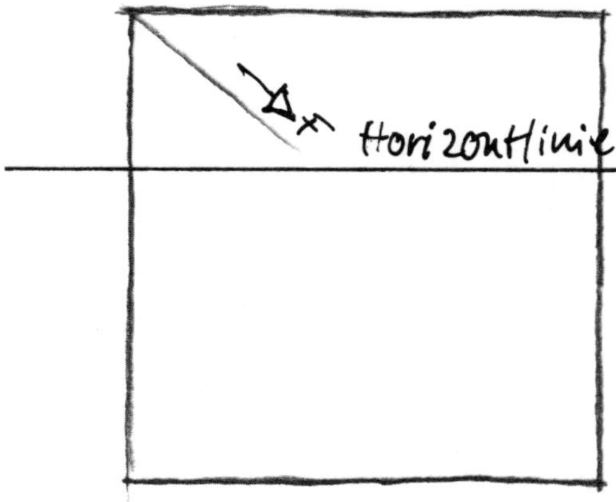

Auf der Horizontlinie wird der Fluchtpunkt (F) festgelegt. Die Ecken des Quadrats werden mit dem Fluchtpunkt verbunden.

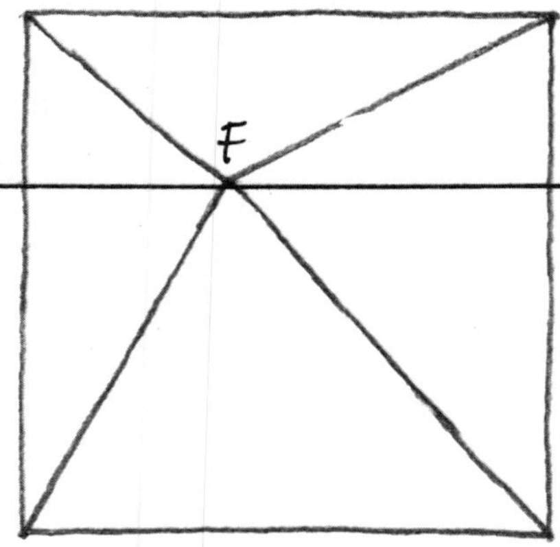

Es entsteht der Eindruck eines endlos erscheinenden Ganges.

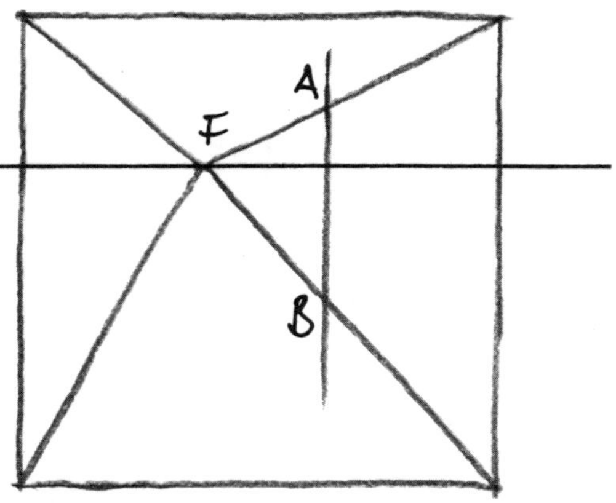

An einer Stelle wird die Senkrechte durch zwei Fluchtlinien gezogen. Es entstehen zwei Schnittstellen A und B. Mit ihnen ist die Tiefe des Raumes festgelegt.

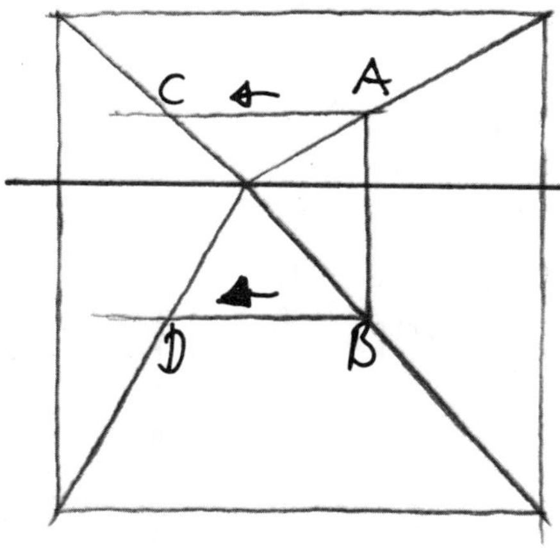

Von A und B werden waagrechte Linien zu den anderen beiden Fluchtlinien gezogen. Es ergeben sich die Schnittstellen C und D.

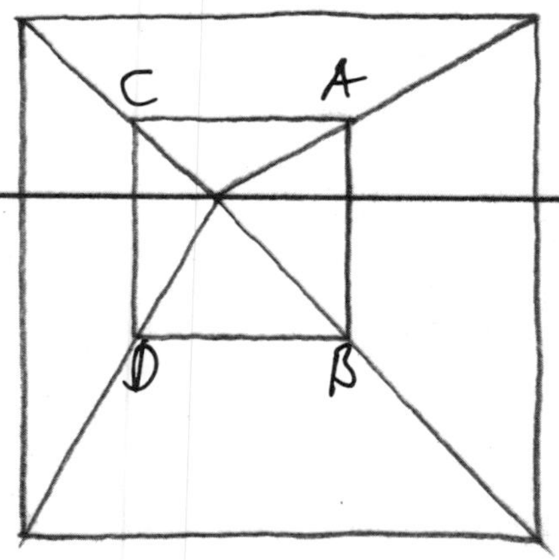

Die Verbindung von C und D schließt das Quadrat.

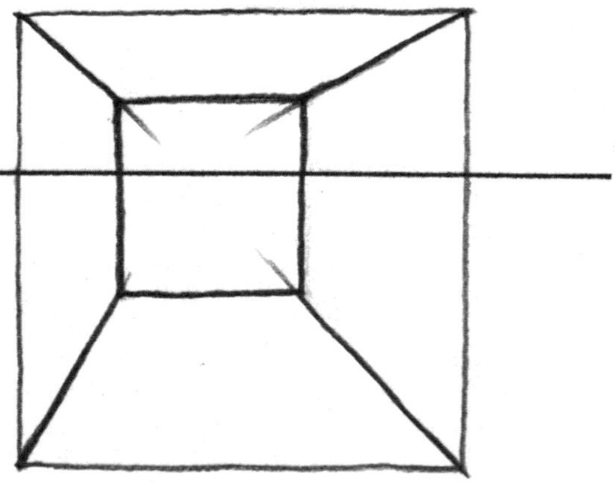

Radiert man die Fluchtlinie in dem hinteren Quadrat aus, so wirkt das kleinere Quadrat wie die Rückwand eines Raumes.

Der Raumeindruck verändert sich, sobald man den Horizont senkt oder anhebt. Standort-Achse, Raumtiefe und Rückwand bleiben in den beiden Bildbeispielen unverändert. Liegt der Horizont tief, hat man einen Raumeindruck, als ob man in einem Sessel sitzen würde.

Liegt der Horizont hoch, hat man einen Raumeindruck, als ob man auf einer Stehleiter im Raum stehen würde.

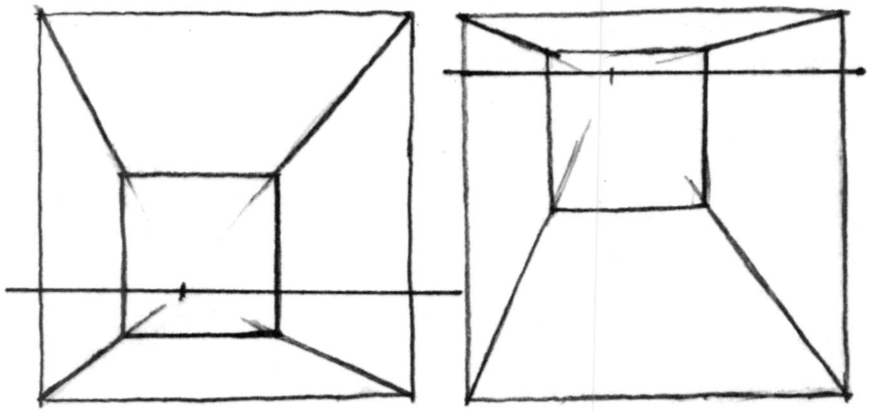

Am nachhaltigsten bestimmt die Raumtiefe den Raumeindruck. Während man in der oberen Reihe von einem Zimmer sprechen kann, machen die beiden Beispiele mit ausgesprochen geringer bzw. großer Raumtiefe eher den Eindruck eines Ganges bzw. einer Mauernische.

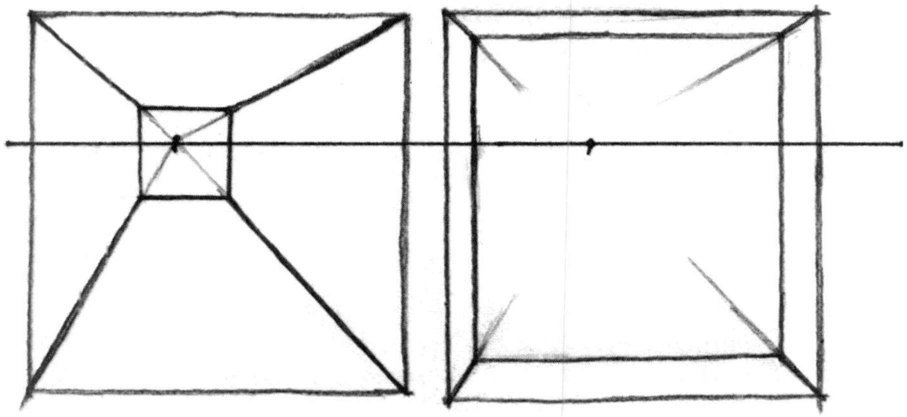

Die hintere Wand eines in Zentralperspektive dargestellten Raumes hat immer dieselbe Form wie der Rahmen, von dessen Ecken aus die Fluchtlinien gezogen werden. Wurden bisher quadratische Wände gewählt, sieht man in den Abbildungen hier einen hochformatigen und einen querformatigen Ausgangsrahmen.

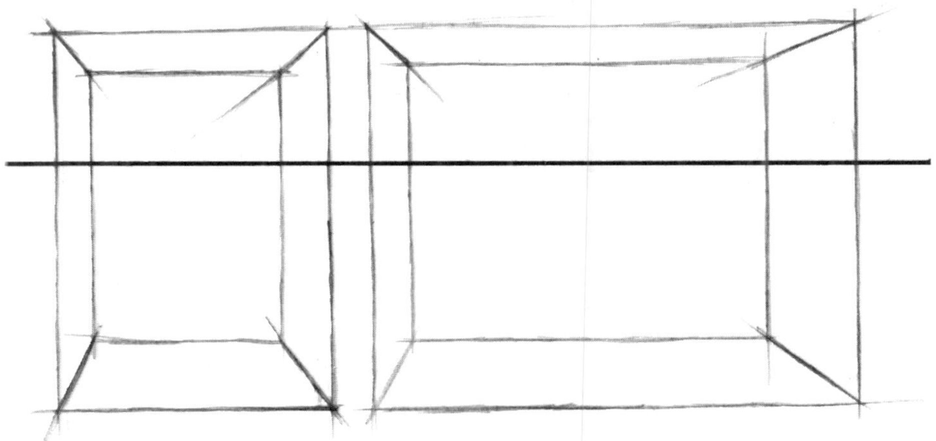

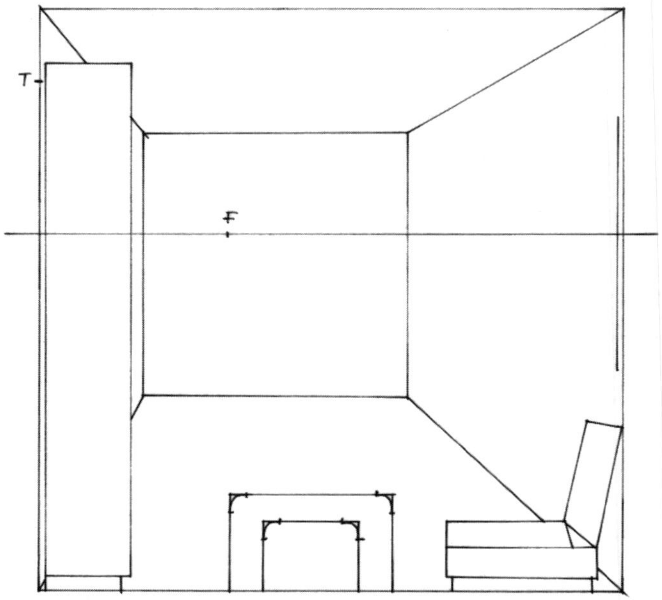

Um eine maßstabsgerechte perspektivische Verkürzung und Verkleinerung von Möbeln in einem Innenraum zu erreichen, zeichnet man zuerst einen Querschnitt des Raumes, bei dem die Möbel in einem unverzerrten realen Größenverhältnis zueinander stehen. Dieser Querschnitt ist die vorderste Ebene des Raumes, von der aus die Form der Möbel in den Raum gefluchtet wird.

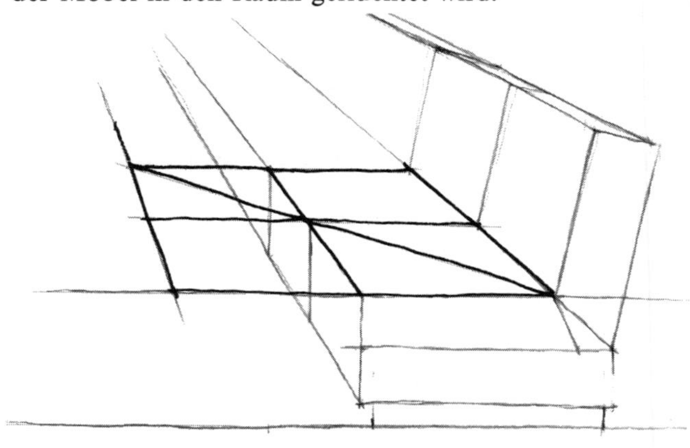

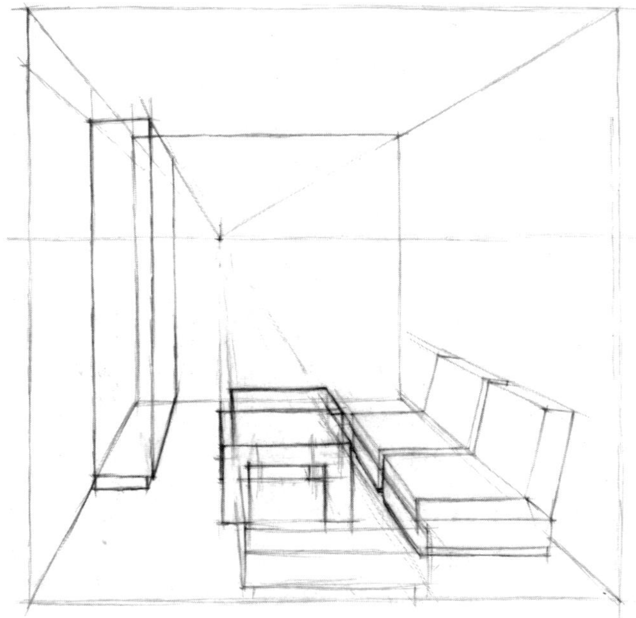

Die Tiefe von Tisch und Sessel wird festgelegt, bevor diese Möbel in den Raum hineingeschoben werden.
Die perspektivische Verkürzung der gleichgroßen Sessel erfolgt nach der auf Seite 42 dargelegten Methode. Ausgangsmaß ist die quadratische Sitzfläche.

Die Möbel stehen jetzt an ihrem Platz im Raum. Alle Linien, die vom Betrachter weggehen, sind gefluchtet, alle Linien, die quer verlaufen, sind als Waagrechte wiedergegeben mit Ausnahmen der Schrägen im Sitzmöbel.
Die Konstruktionslinien sind getilgt, um bei der weiteren Zeichnung nicht zu stören. Die Konstruktionslinien im Vordergrund wurden für die Zeichnung des Polsterhokkers benötigt, der hinter dem Tisch eingezeichnet ist.
Man muß darauf achten, daß die Gegenstände in einem glaubhaften räumlichen Verhältnis zueinander stehen. Dies kann man, wenn man nicht gerade ausgesprochen schwierige Konstruktionen scheut, nur mit dem Augenmaß entscheiden. Methoden der perspektivischen Konstruktion können uns also nicht von dem Zwang zur genauen Beobachtung befreien.

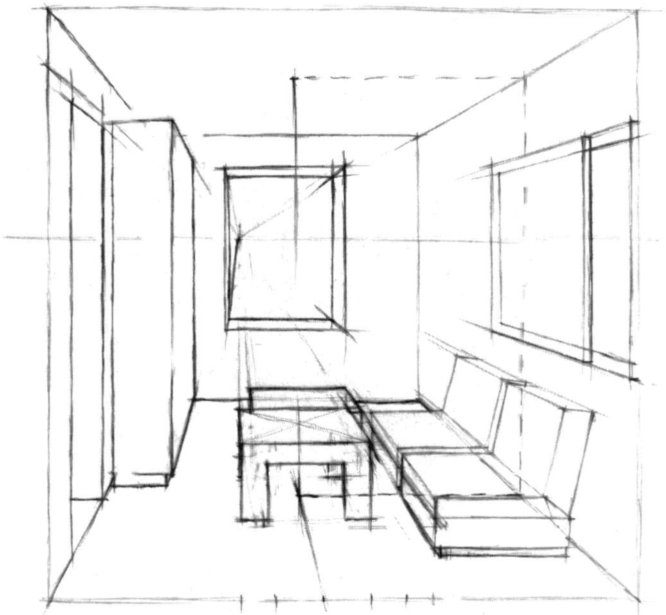

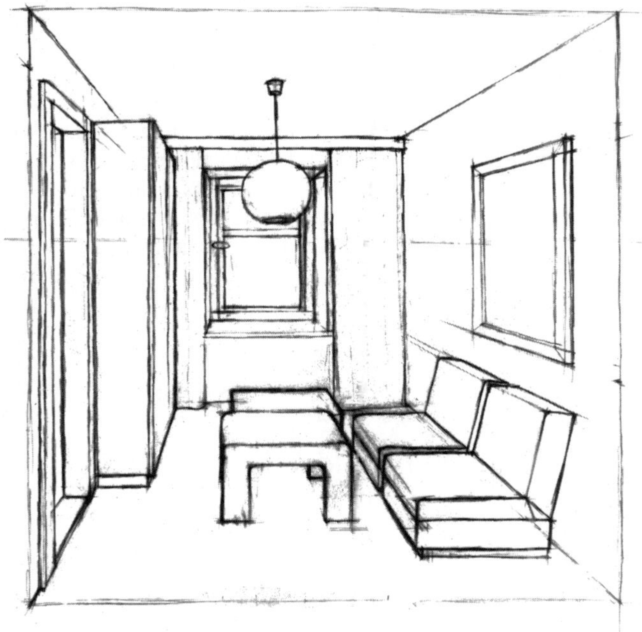

In kaum einer perspektivischen Darstellung eines mit vielen Dingen gefüllten Raumes ist es zu vermeiden, daß einzelne Gegenstände direkt unter dem Fluchtpunkt oder sehr nahe an dessen Achse liegen. Das hat den Nachteil, daß die Seitenwand kaum oder überhaupt nicht zu sehen ist, wie bei Tisch und Hocker in unserem Beispiel.

Um die Lampe genau über der Tischmitte anzubringen, müssen wir den entsprechenden Punkt an der Decke ermitteln: Mit den gekreuzten Diagonalen haben wir die Tischmitte, durch die wir eine Senkrechte ziehen, die bis zur Decke und den Boden reicht. Die zweite Linie, die wir für den Schnittpunkt an der Decke benötigen, geht von der Tischmitte am Fußboden aus. Dazu benötigen wir noch die von vorn gefluchtete Linie, welche ebenfalls die Mitte der Tischbreite bezeichnet. Die Markierungen des Tisches sind an der unteren Linie angegeben. Von dem so erreichten Schnittpunkt ziehen wir die Parallele zum Raumquerschnitt (gestrichelte Linie) über Boden, Wand und Decke. Diese trifft dort auf die Senkrechte über der Tischmitte an der Stelle, wo die Lampe aufgehängt ist.

Der Raum besitzt jetzt noch Türe, Fenster und ein Bild über der Sitzecke. Die Maße der Türhöhe und des Bilderrahmens sind vorne angegeben und gefluchtet, wobei beim Rahmen das Profil, das von der Wand absteht, berücksichtigt wurde. (Das Bild klebt ja nicht wie eine Briefmarke auf der Wand.) Die Breite von Tür und Bild sind frei gewählt. Dabei wurde darauf geachtet, daß sich das Bild in einem sinnvollen räumlichen Verhältnis zu den Sitzmöbeln befindet. Die Breite der Türe wurde gefühlsmäßig bestimmt. Auf der stark verkürzten Wand kann sie nur schmal ausfallen.

Auch die Höhe der Fensterbrüstung sollte unter dem Gesichtspunkt festgelegt werden, ob sie der Wirklichkeit entspricht. Ist sie zu niedrig, droht man hinauszufallen, ist sie zu hoch, kann man nur schwer hinausschauen.

Oft wird bei Raumdarstellungen vergessen, daß die Dinge selbst körperhaft sind. Der Bilderrahmen weist eine gewisse Stärke auf, außen mehr als innen, da ja das Bild auch Platz beansprucht.

Auch die Dünnwandigkeit des aus Kunststoff geformten Tisches ist an den Tischbeinen rechts abzulesen. Die Türe wurde nachträglich mit einem Rahmen versehen, der von der Wand absteht. Auch eine Türschwelle, die sich vom Boden abhebt, und das Türblatt sind eingezeichnet. Die Maße wurden nach der Vorstellung festgesetzt. Vor Ort entscheidet darüber die Beobachtung. Die Stärke der Schranktüre ist an der Schmalseite des Schrankes eingezeichnet, die Türflügel teilen den Schrank in der Mitte. Diese wurde mittels des Kreuzungspunktes der Diagonalen gefunden.

Die Vorhangschiene steht etwas ab. Die Deckenlinie rechts läuft über sie hinweg. Der Vorhang steht von der Bodenkante ab. Selbst solche Details, die man nur beim genauen Hinsehen entdeckt, sind für eine in sich schlüssige Raumdarstellung wichtig.
Der Lampen-Ballon ist unten mit einer Ellipse geöffnet. Diese ist in ihrer schmalen Form vorstellungsmäßig der perspektivischen Situation angeglichen.

Die Tische und Polstermöbel sind abgerundet und ihrem Erscheinungsbild angenähert. Die Rundungen können ebenfalls konstruiert werden, worauf die erste Abbildung dieser Bildreihe auf Seite 48 hinweist. Man kann den Raum mit einem Teppich ausstatten, Bretterfugen in den Fußboden einzeichnen oder diesen auskacheln.
Empfehlenswert ist es auch, die Abbildung auf Seite 48 links auf Transparentpapier zu übertragen und den Raum ganz anders zu gestalten.

Die Perspektive mit zwei Fluchtpunkten

Durch den zweiten Fluchtpunkt verändert sich die Art der Darstellung gegenüber der Zentralperspektive fast völlig: Was in Wirklichkeit senkrecht ist, bleibt zwar auch hier senkrecht. Es gibt aber keine Waagrechten mehr. Alles, was in Wirklichkeit waagrecht ist, verläuft jetzt schräg, wird zu jeweils einem der beiden Fluchtpunkte gefluchtet. Wie beim Schrägbild zeigt eine Kante eines kubischen Körpers nach vorne. Der Unterschied zum Schrägbild besteht darin, daß alle „Parallelen“ jetzt aufeinander zulaufen und sich in einem der Fluchtpunkte treffen. Die Konstruktionsprinzipien – z. B. bei Dachgauben, Fenster oder Bögen – sind genau dieselben, jetzt ergibt sich durch den Bezug auf die Fluchtpunkte nur eine andere Art der Verzerrung. Die geeignetste Vorübung zur Fluchtpunktperspektive ist das Schrägbild.

Die Abbildungen zeigen das Grundprinzip der Zweifluchtpunkt-Perspektive. Auch hier gilt: Die jeweils erste der beiden Richtungen legt den betreffenden Fluchtpunkt auf der Horizontlinie fest. Wie diese verlaufen, entscheidet man nach dem Augenmaß vor dem konkreten Gegenstand oder nach der Vorstellung. Legt man Fluchtpunkte nahe zueinander, ergibt sich eine starke Verzerrung und Verkürzung, die im Einzelfall dem Erscheinungsbild widerspricht.
Man wird die Fluchtpunkte beim Zeichnen vor dem Motiv außerhalb des Zeichenblocks annehmen müssen. Das erfordert einige Übung im Augenmaß.

Mit zwei Fluchtpunkten kommt man nur dann aus, wenn alle Häuser in genau derselben Richtung stehen. Das scheint auf der Skizze von Seite 52 der Fall zu sein. Wenn man die Richtungen aber genau verfolgt, dann merkt man, daß das Haus links mit Turm in einer anderen Richtung steht als alle anderen Häuser. Auf der nächsten Abbildung ist das Haus vorne gedreht worden, d. h. es ist aus der Gesamtrichtung der Häuserzeile geschert und besitzt nun eigene Fluchtpunkte. Ferner wurde einer Hausecke ein Vorbau angefügt, der wieder in eine andere Richtung verläuft. Wir besitzen also jetzt insgesamt acht Fluchtpunkte.

Wie Fenster eingezeichnet werden, ist angedeutet und auf Seite 53 im Detail genauer beschrieben.

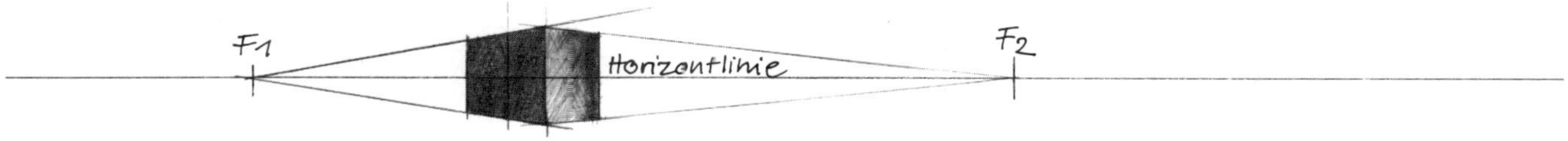

Die Fluchtpunkte liegen nahe beieinander. Die Verkürzung und Verzerrung sind stärker als bei weit auseinanderliegenden Punkten.

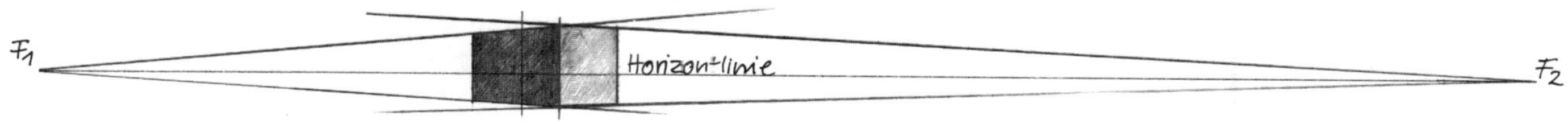

Die Fluchtpunkte liegen weit auseinander. Die Horizontlinie verläuft durch den Körper. Die oberen Kanten des Körpers laufen nach unten, die unteren Kanten nach oben.

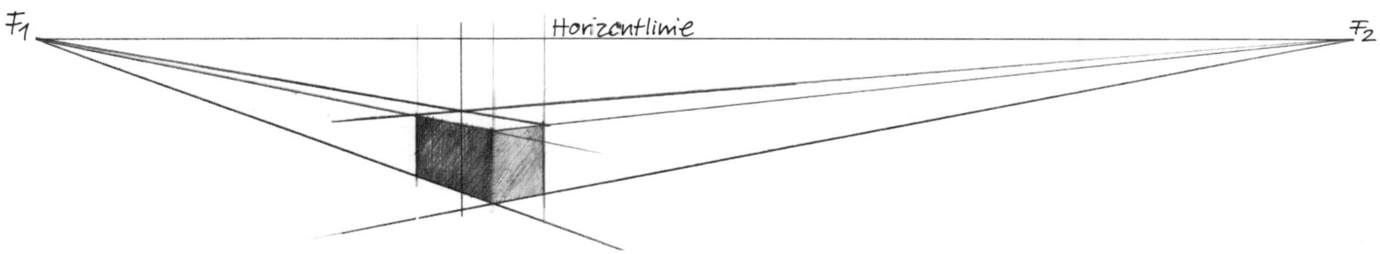

Die Horizontlinie liegt über dem Körper. Man hat Aufsicht auf den Körper. Alle Fluchtlinien laufen nach oben.

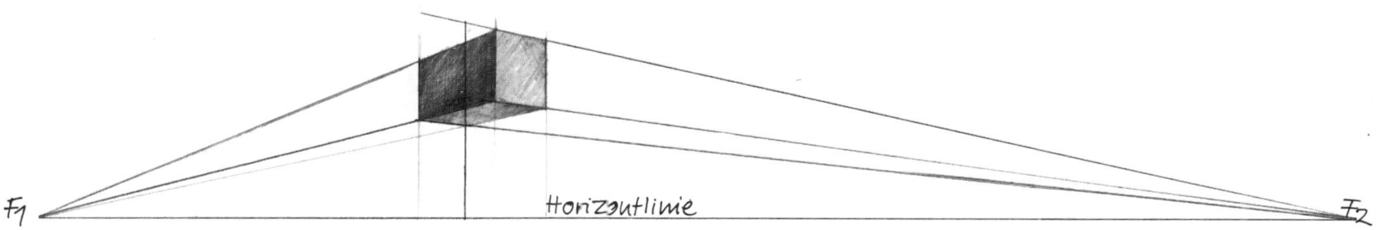

Die Horizontlinie liegt unter dem Körper. Man hat Untersicht (Froschperspektive). Alle Linien laufen nach unten.

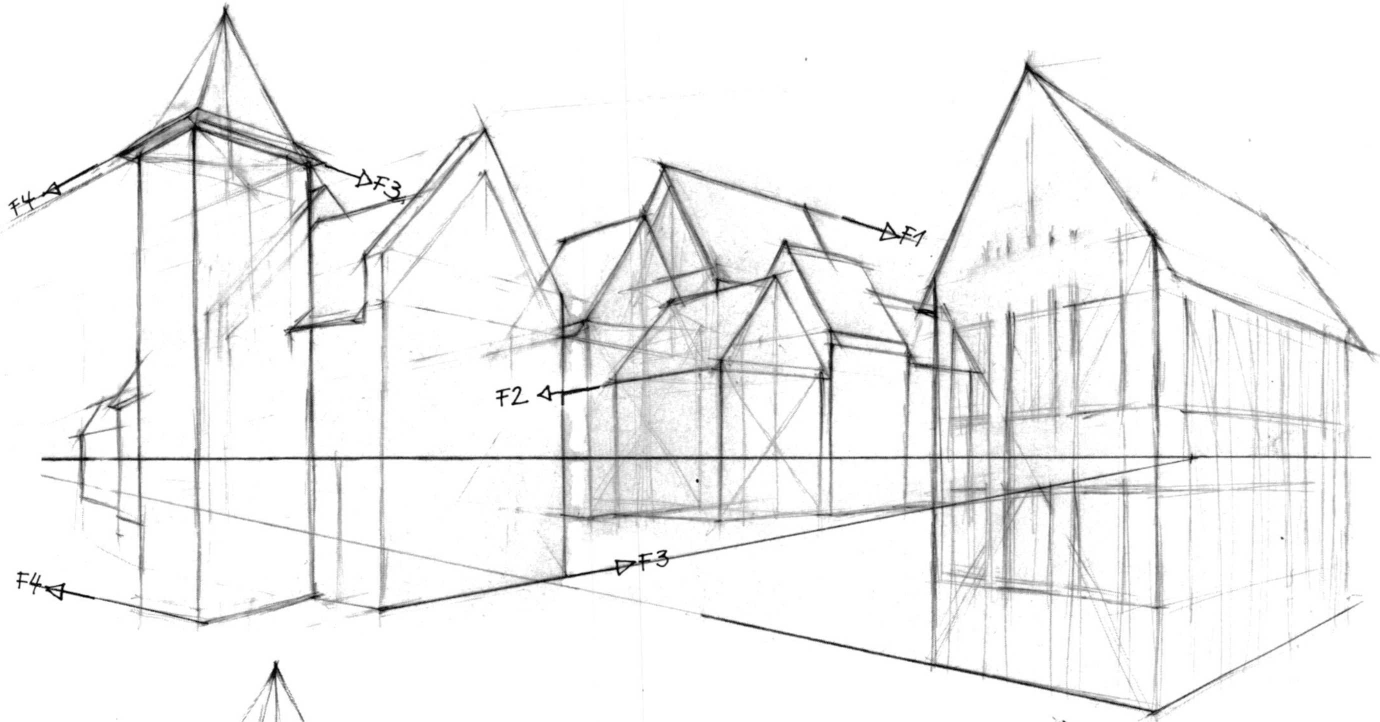
F4
F3
F1
F2
F4
F3

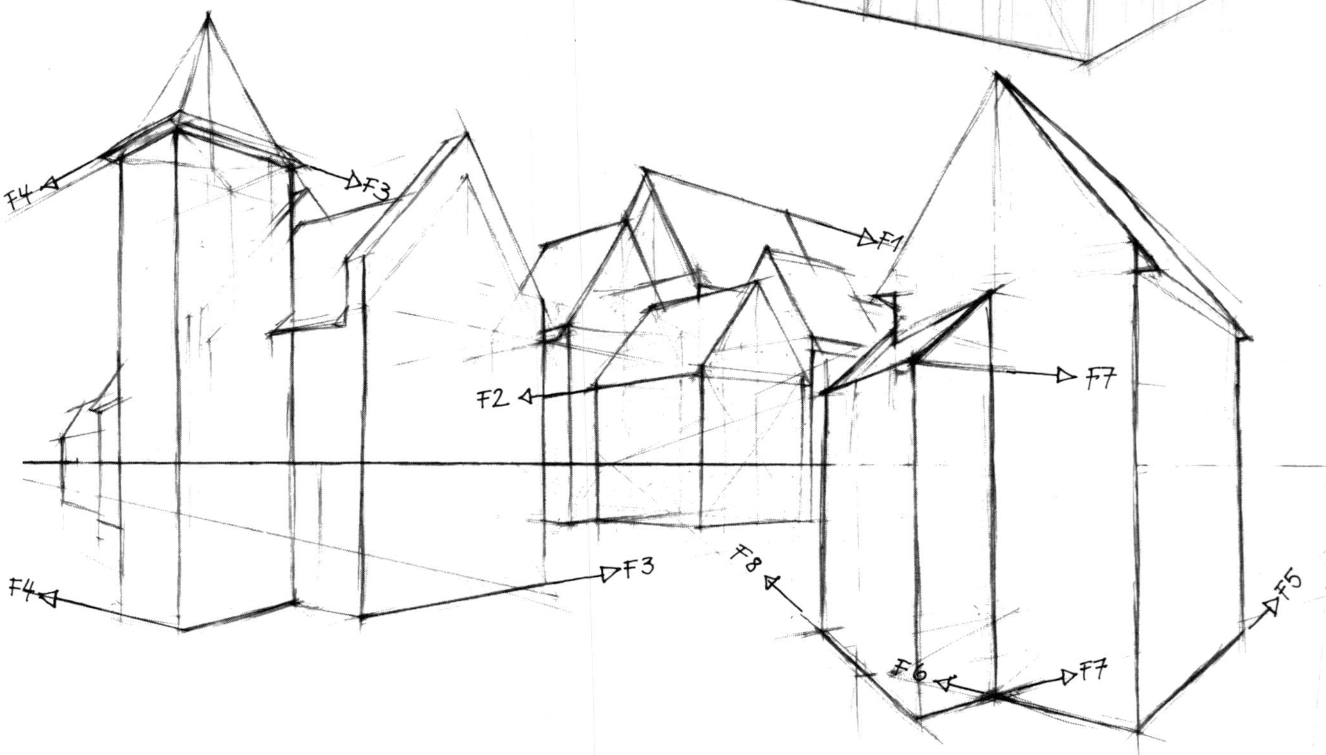
F4
F3
F1
F2
F7
F4
F3
F8
F6
F7
F5

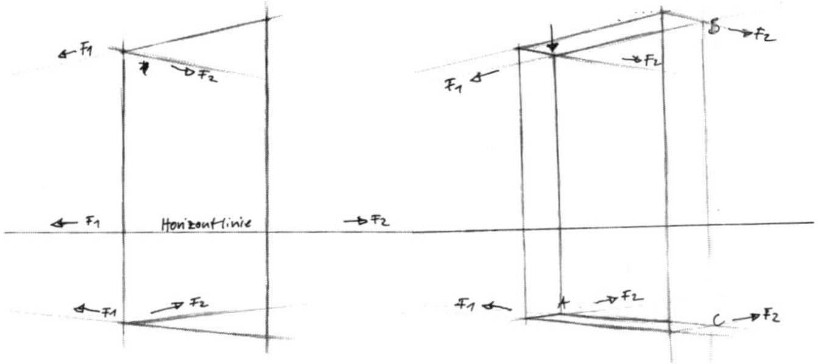

1. Von der vorderen Linie werden Fluchtlinien nach F 1 gezogen, die Breite des Fensters mit der Senkrechten festgelegt, von den Eckpunkten werden Linien zu F 2 geführt. Diese Linien geben die Kanten der Fensterleibung an.

2. Die Tiefe der Fensterleibung wird nach dem Augenschein oder nach der Vorstellung festgelegt.
Von hier aus wird die Senkrechte gefällt und die Fluchtlinie zu F 1 gezogen. Die Linie wird nach rechts über die gesamte Fensterbreite hinaus gezeichnet. Die Senkrechte trifft auf die bereits im vorangegangenen Bild eingezeichnete Fluchtlinie der Fensterleibung in Punkt A. Von den Fensterecken rechts oben und rechts unten wird nach F 2 gefluchtet. Die nach rechts rückverlängerte Fluchtlinie der oberen Leibung trifft die Senkrechte in Punkt B. Durch A wird nach F 1 gefluchtet und in C wird die Fluchtlinie nach F 2 geschnitten. Mit der Verbindung von B und C ist der innere Rahmen fertig.

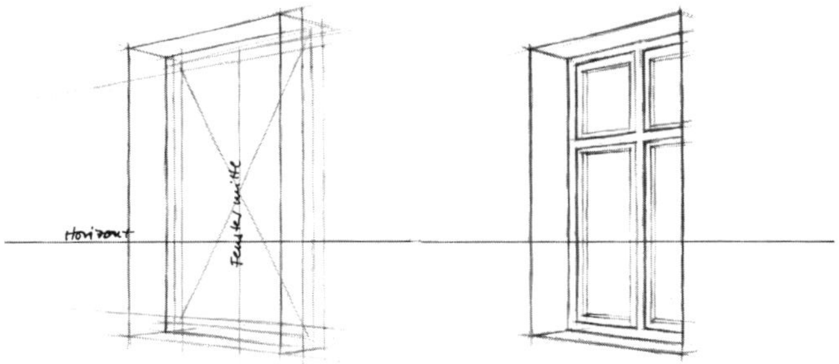

3. Zum inneren Rahmen werden zwei rahmenparallele Vierecke gezogen. Die Diagonalen bestimmen den Mittelpunkt des Fensters.

4. Fensterrahmen, Fensterkreuz und Fenster werden eingezeichnet. Das Profil ist jeweils an einer Seite sichtbar.

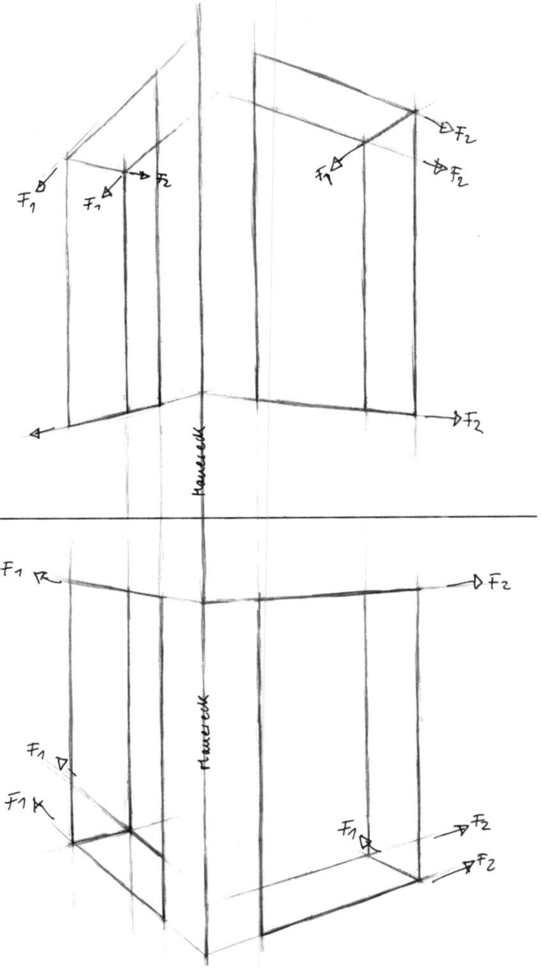

Die beiden Fensterpaare stehen jeweils über Eck. Die Fluchtpunkte befinden sich in unterschiedlicher Nähe von dem vorderen Mauereck. Die oberen Fenster sind in Untersicht, die unteren in Draufsicht wiedergegeben, d. h. oben sieht man in die obere Fensterleibung, unten auf die Fensterbrüstung.
Da sich die rechte Seite der beiden Wände jeweils stärker verkürzt als die linke, sind auch die Fenster schmaler als die Fenster auf der linken Wand. Bei der Leibung verhält es sich gerade umgekehrt: Die Fensterleibung ist breiter, wenn das Fenster selbst schmäler ist, da diese Seite uns stärker zugewandt ist.

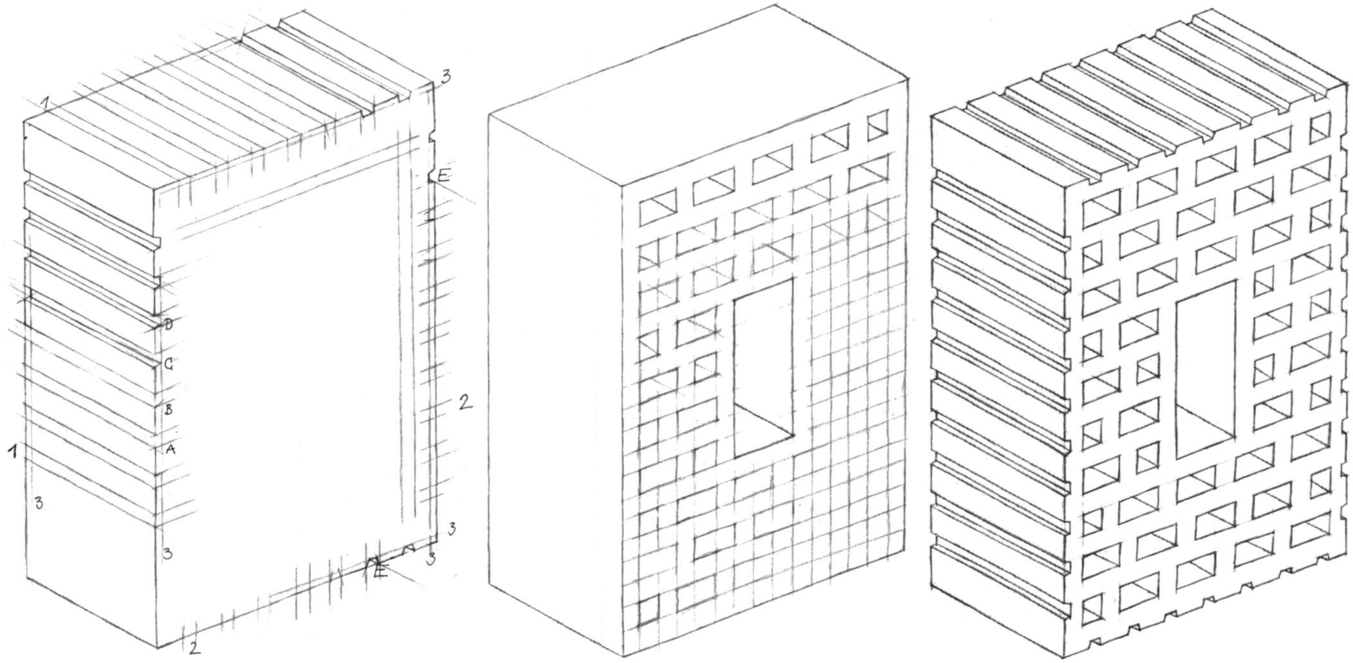

Körperhafte Darstellung

Was heißt eigentlich „körperhaftes Zeichnen"? Das Zeichnen des menschlichen Körpers etwa? Nein, das ist damit nicht gemeint, obwohl der menschliche Körper durchaus „körperhaft" dargestellt werden kann.
Jedes Ding und jedes Lebewesen besitzen Körper, d.h. Masse und somit eine Ausdehnung in Breite, Höhe und Tiefe, sei es nun ein Haus, ein Tier oder eine Frucht. Selbst das Blatt Papier, auf dem wir zeichnen, weist Masse auf, obwohl diese sehr gering sein kann. Für das Zeichnen steht uns jedoch nur eine Seite des Papiers, die Zeichenfläche mit Höhe und Breite zur Verfügung.
Mit körperhafter bzw. körperillusionistischer Darstellung ist nun jene Zeichnung gemeint, die den Eindruck von scheinbar greifbarer Körperhaftigkeit bzw. Plastizität hervorruft. Bei Motiven, die einen konstruktiven Charakter aufweisen, bedient man sich der perspektivischen Methoden, wie sie auf den vorangegangenen Seiten beschrieben worden sind. So greift die Zeichnung des Ziegelsteins (Abb. oben) die perspektivische Konstruktion von Seite 32ff. auf. Die Zeichnung der Profile des Ziegelsteines erfolgt in der durch die Buchstaben A, B, C, D, E angegebenen Methode. Die Ziffern 1, 2, 3 zeigen, wie das Profil auf die anderen Seiten übertragen wird. Die mittlere Abbildung demonstriert die perspektivische Zeichnung der Löcher, ausgehend von dem Raster rechts unten über die Zeichnung der Lochrahmen bis zur endgültigen Form in den oberen beiden Reihen. Um die Illusion von Körperhaftigkeit zu erzielen, bedient man sich zusätzlich des bildnerischen Mittels des Hell-Dunkels.

Hell-Dunkel

Im Kapitel „Zeichnerische Mittel" sind einige Möglichkeiten, Hell-Dunkel mit zeichnerischen Mitteln zu erzielen, beschrieben worden (Seite 21 bis 23). Im folgenden werden deshalb nur drei Möglichkeiten vorgestellt, den Ziegelstein mit unterschiedlichen Formen des Hell-Dunkels in seiner Körperhaftigkeit zu steigern:

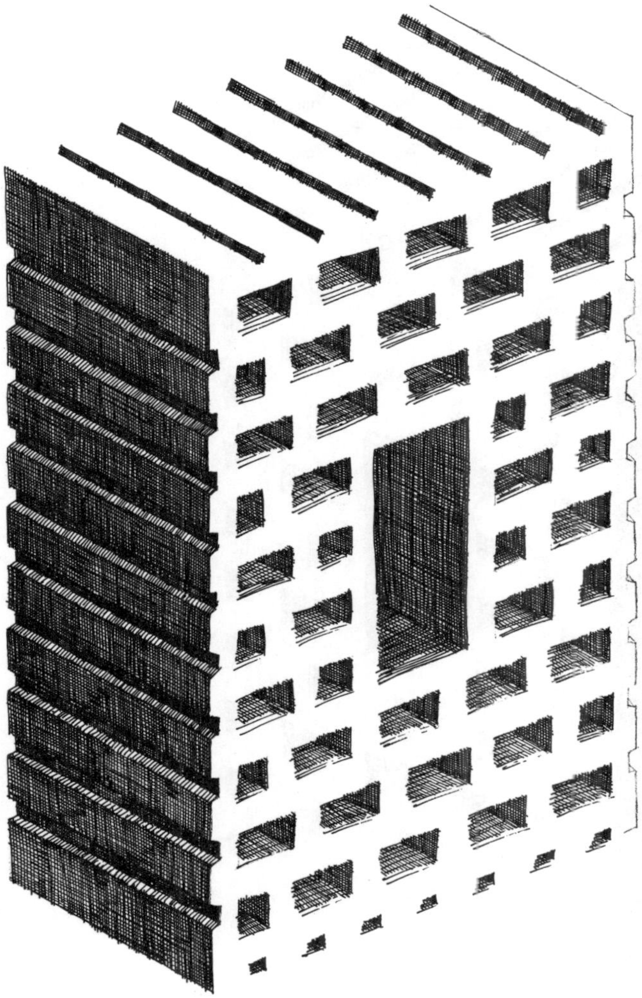

Oberflächentastlinien
(auch Körpertastlinien oder Formlinien)
Sie nehmen die Richtung der Oberflächenform auf, verlaufen parallel zu den Linien der Konstruktionszeichnung. Es empfiehlt sich, die einzelnen Teilformen, wie z. B. die dunkle Schmalseite, jeweils für sich durchzuarbeiten, um so die Klarheit der Zeichnung zu erhalten. Die unterschiedlichen Dunkelwerte erzielt man durch Überlagerung von zwei oder mehr Strichlagen oder durch unterschiedlich schmale Striche. Es wäre noch durchaus möglich, der breiten Seite mit ausgesprochen feinen Strichen einen hellen Grauwert zu verleihen.

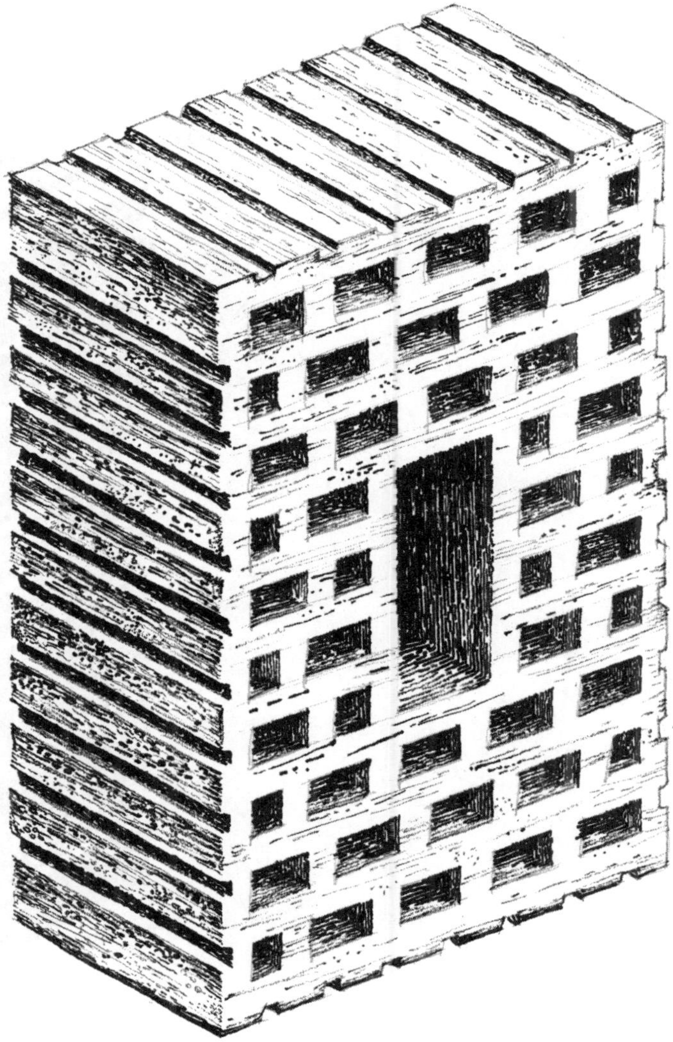

Oberflächenstruktur
Sie lenkt die Aufmerksamkeit auf die stoffliche Eigenschaft des Materials. Der nasse Ton, aus dem die Ziegelsteine gepreßt werden, enthält Schamottkörnchen. Beim Pressen hinterlassen diese Körnchen Schleifspuren oder kleine Löcher und verleihen dem Stein eine poröse, körnige Oberfläche. Pünktchen und Striche rufen eben diesen Eindruck hervor. Die Rohrfederzeichnung auf Ingrespapier mit ihren Unterschieden des nassen schwarzen und des „trockenen“ grauen Striches kommt dieser Absicht sehr entgegen.

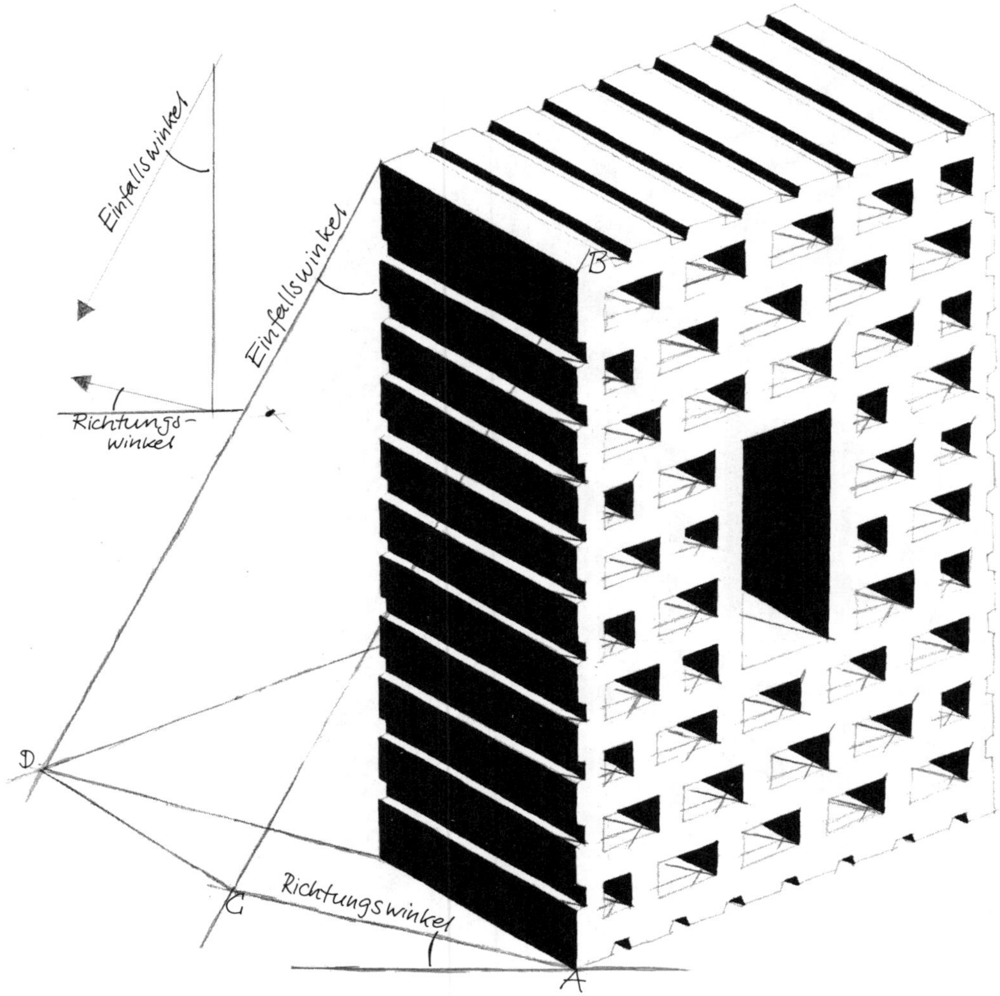

Schwarz-Weiß (Eigen- und Schlagschatten)
Mit der ausschließlichen Verwendung von Schwarz und Weiß werden die Grautöne auf die zwei Grenzwerte reduziert. In der ersten Phase sieht man den Schatten nur auf den dem Licht abgewendeten senkrechten Flächen. Die weißen Seitenflächen der Einschnitte betonen die Profilgliederung der Schmalseite.

Um die Löcher auf der Breitseite zu verdeutlichen, benötigt man den Schlagschatten. Dazu wird der Ort der Lichtquelle mit dem Lichteinfallswinkel (wie hoch steht das Licht?) und mit dem Lichtrichtungswinkel (von welcher Seite – von vorn oder von hinten – kommt das Licht?) festgelegt. Von dem Fußpunkt der vorderen Eckkante (A) führt eine Linie im Richtungswinkel, vom oberen End-

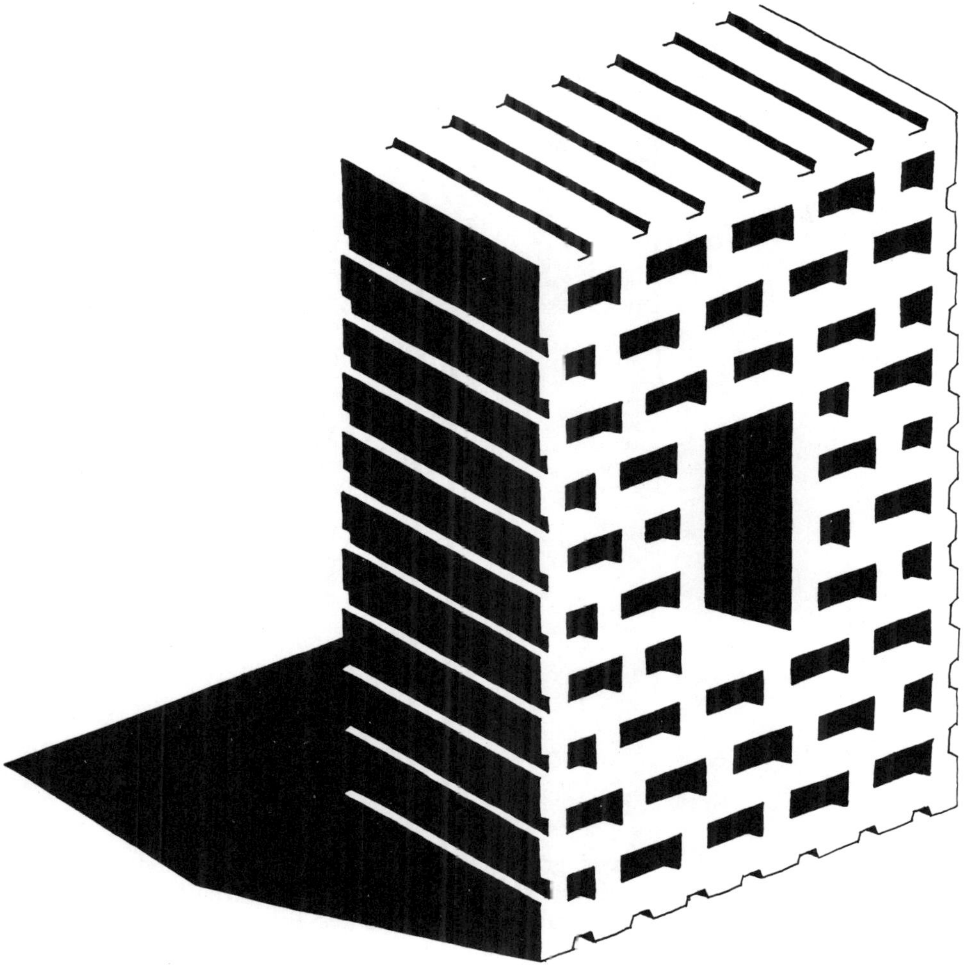

punkt (B) eine Linie im Einfallswinkel weg. Beide treffen sich im Punkt C. Dasselbe Verfahren an der hinteren Kante ergibt D. Die Verbindung von C und D ist parallel zur Seitenlinie des Steins. Mit den Parallelen zur Breitseite des Steines von D aus ist die Form des Schlagschattens fertig. Dasselbe Verfahren wird bei den Löchern angewandt.

Die Abbildung oben zeigt den ausgeführten Schlagschatten. Obwohl die Streifen an der aufrechten Schmalseite gemäß einer konsequenten Schlagschattenkonstruktion schwarz sein müßten, wurden sie weiß belassen, um die Gliederung nicht zu zerstören. Die weißen Flächen sind konturiert oder mit kurzen Strichen versehen, um die Klarheit der Form zu gewährleisten.

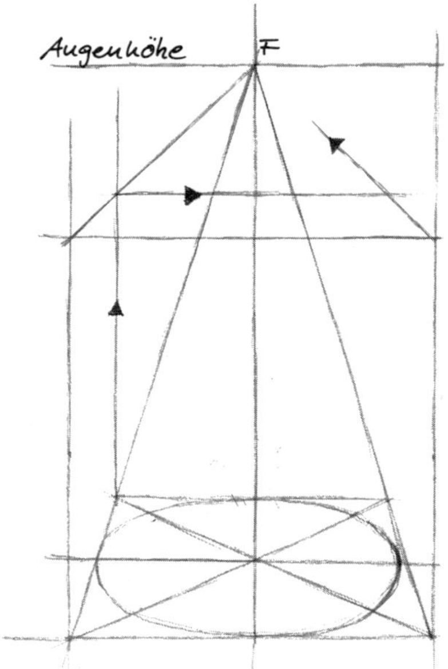

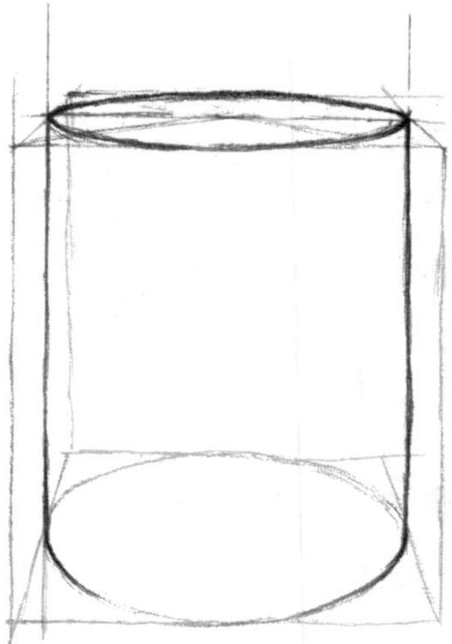

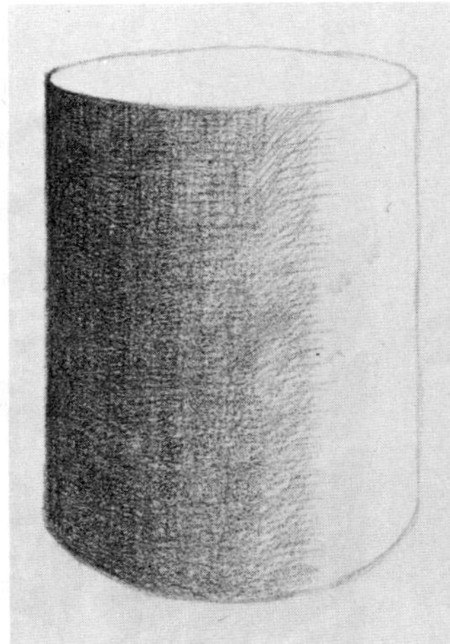

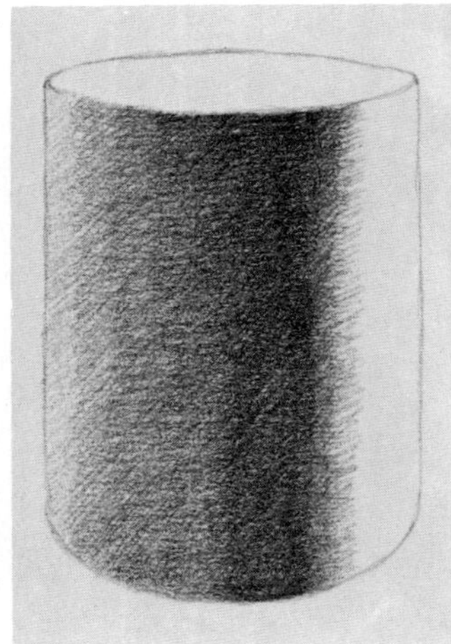

Runde Körper

Lineare Konstruktion
Um einen Zylinder nach dem Prinzip der Zentralperspektive zu konstruieren, zeichnet man zuerst einen Kubus, wie es auf Seite 53 dargelegt wurde. Die Tiefe dieses Kubus wird so festgelegt, daß die Grundfläche den Eindruck eines perspektivisch verkürzten Quadrates ergibt. In dieses wird eine Ellipse eingeschrieben. In das obere Viereck, das wesentlich schmaler ist, wird ebenfalls eine Ellipse eingezeichnet. Geht man von einem konkreten Objekt aus, legt man die Form der Ellipsen nach Augenmaß fest.

Hell-Dunkel
Anders als bei kubischen Gegenständen gibt es bei runden Objekten keine gleichmäßigen Schattenflächen. Vielmehr geht die beleuchtete Seite mehr oder weniger kontinuierlich in die Schattenzone über. Dabei gibt es zwei grundsätzlich unterschiedliche Lösungen: 1. Der Übergang von Licht zu Schatten verläuft kontinuierlich. Die dem Licht abgewandte Seite ist am dunkelsten. Zwischen ihr und der Lichtseite vermittelt eine Zone des Übergangs (Abbildung links). 2. Auf die beleuchtete Seite folgt relativ schnell die dunkelste Zone, die dann allmählich wieder aufgehellt wird. Diese Art der Hell-Dunkel-Gestaltung entspricht der Erscheinungswirklichkeit am ehesten. Denn von der Umgebung wird das Licht auf den Gegenstand zurückgeworfen und hellt die Schattenzonen etwas auf. Fotografen pflegen auf die Schattenseite Licht zu spiegeln. Damit wird zugleich vermieden, daß diese dunkleren Stellen im Schwarz „versaufen" oder „versumpfen".

Will der Zeichner die harte, eindeutig körperhafte Form, wird er sich wohl für die erste Lösung entscheiden, strebt

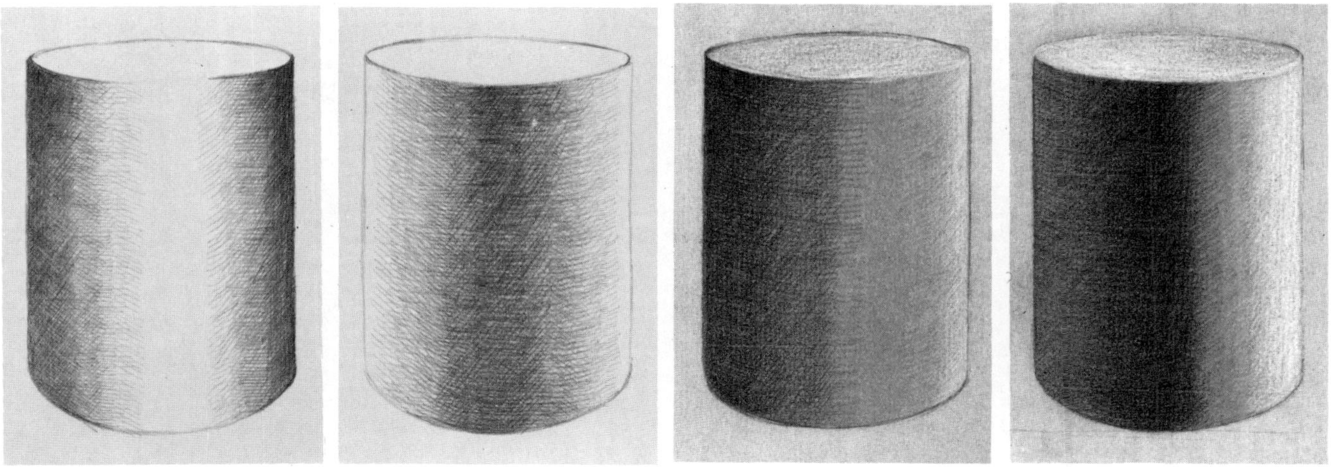

er dagegen eine wirklichkeitsgetreue Abbildung an, wird er die zweite bevorzugen.
In den gegenständlichen Beispielen dieses Heftes werden diese beiden Formen der Schattengestaltung demonstriert.

Die Bildbeispiele auf Seite 58 nehmen eine Lichtquelle an, die sich an der rechten Seite befindet. Sollte jedoch das Licht von vorne einstrahlen, befindet sich die hellste Zone in der Mitte des Zylinders, der nach beiden Seiten abgedunkelt wird. Die körperhafte Illusion stellt sich ebenfalls ein. Befindet sich das Licht jedoch hinter dem Zylinder (Gegenlicht), wird die Mitte von einer Schattenzone bestimmt, die sich zu den Seiten hin aufhellt (Bildbeispiele oben). Der Eindruck körperhafter Rundung will sich kaum oder gar nicht einstellen. Im Gegenlicht erscheinen die Gegenstände flach.

„Höhen“
Bei allen bisher gezeigten Beispielen wurde nur der Schatten gezeichnet. Die beleuchteten hellen Stellen wurden einfach freigelassen. Anders sieht es dagegen aus, verwendet man getöntes Papier. Die beiden Bildbeispiele von Seite 58 werden in den Abbildungen oben wieder aufgenommen. Die Gestaltung der Schattenzonen ist dieselbe. Das Licht wird dagegen mit weißem Farbstift hell mit allmählichem Übergang eingezeichnet. Man nennt diese Art der Lichtzeichnung „Höhen“. Sie ist seit dem ausgehenden Mittelalter bekannt, also einer Zeit, in welcher sich das Interesse zunehmend der Erscheinungswirklichkeit zuwandte. Neben Zeichnungen oder Graumalereien (Grisaillen) wurde diese Form körperhafter Darstellung als Temperauntermalung für eine lasierende, d.h. transparente Ölmalerei benutzt.

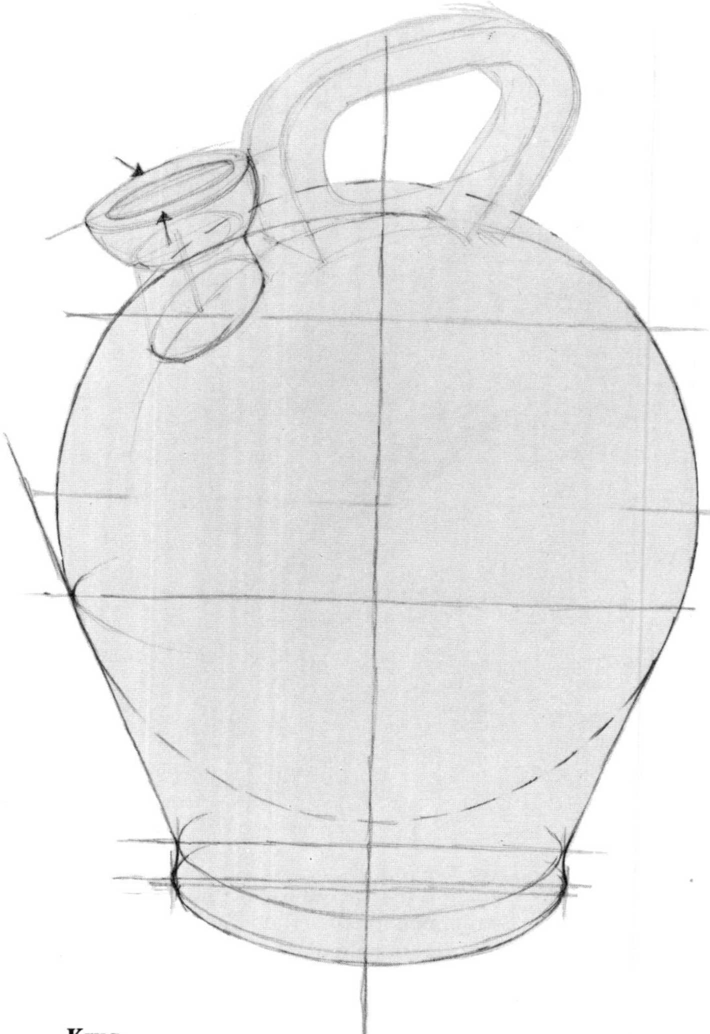

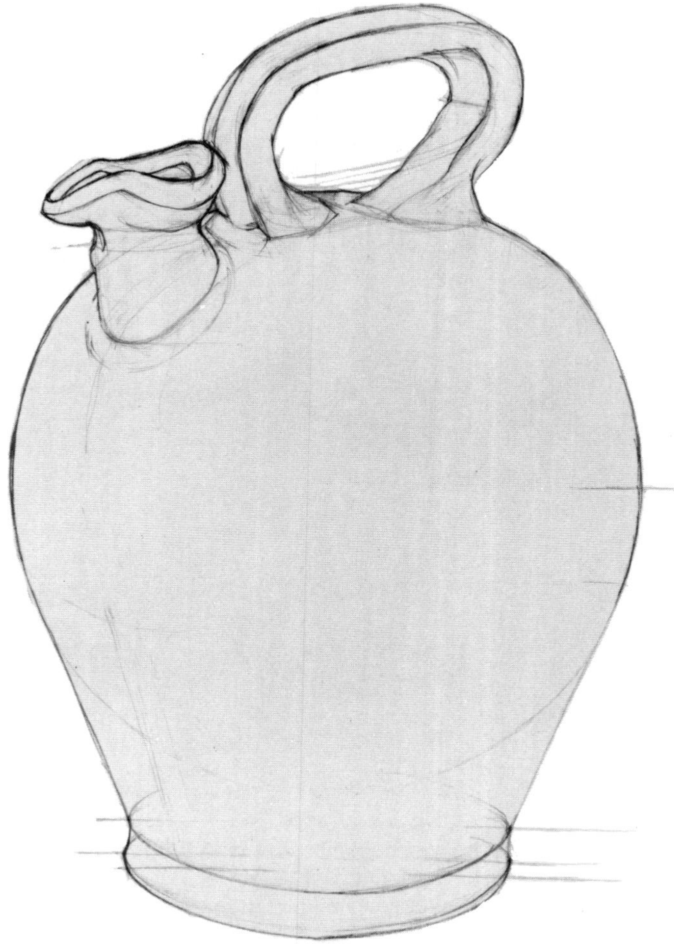

Krug
Beim zeichnerischen Erfassen muß man zuerst die Grundform bzw. die Gesamtform aufspüren. Beim Keramikkrug ist dies relativ einfach, da er auf der Töpferscheibe gedreht ist und somit eine Symmetrie im Gefäßkörper aufweist. Unserem Beispiel liegt eine Kugelform zugrunde (gestrichelte Linie), die oben leicht abgeplattet ist und unten in einen konischen Fuß übergeht. Eine leichte Kehlung mit geringfügiger Abschrägung bildet den unteren Abschluß. Die perspektivische Verzerrung (Ellipsen) wurde hier nicht durch eine Konstruktionszeichnung gewonnen, sondern durch genaue Beobachtung festgestellt. Auch bei den angesetzten Teilen – Henkel und Ausguß – wird zuerst die Ausgangsform gesucht. Der Ausguß besteht aus einer kleinen, konischen Röhre mit schalenförmiger Öffnung, die ebenfalls gedreht wurde. Wichtig sind Richtung der Röhre und Schräglage des Ausgusses. Die Pfeile geben die Stelle an, wo der Töpfer die Schalenform eingedrückt hat. Die Zeichnung vollzieht auf diese Weise die Entstehung des Kruges nach und klärt am sichersten die Form des Erscheinungsbildes. Dasselbe gilt auch für die Teilform des Henkels. Zuerst wird die Grundform

festgelegt, erst dann werden die spezielle Erscheinung mit Profil und die Verformungen bei den Ansatzstellen differenzierter wiedergegeben.

Der Hell-Dunkel-Gestaltung liegt der von der Kontur ausgehende Eigenschatten zugrunde.
Auch wenn diese Art der Schattendarstellung nicht völlig dem Erscheinungsbild entspricht, kann nicht auf die Beobachtung verzichtet werden. Das gilt für die Stellen, wo der „Bauch" des Gefäßes in den Fuß übergeht, aber besonders für den Ausguß, wo ausnahmsweise der Schlagschatten der Schalenform auf der Röhrenform berücksichtigt wird. Der Schlagschatten trägt hier zur Klärung der Form bei. Das gilt auch für die linke Seite des Henkels. Dort wirkt der Schlagschatten als dunkler Gegensatz zur beleuchteten Stelle des Ausgusses. Auf der rechten Seite würde er jedoch die Klarheit der Zeichnung zerstören.
Da der Henkel eine offene Form ist, dringt Licht von beiden Seiten ein. Aus diesem Grund wurde in der Innenseite des Henkels die Kontur an der Schattenseite aufgehellt.
Die eher fleckige Schattierung auf dem Gefäßkörper verweist auf die kleinen Unregelmäßigkeiten der Oberfläche, die jede handwerklich hergestellte Keramik besitzt.
Schlagschatten auf der Standfläche und deren Begrenzungslinie haben die Aufgabe, den Gefäßkörper der hellen Umgebung etwas einzufügen.
Das Bildbeispiel belegt, daß man die Schattengebung nicht mechanisch nach einem einmal gewählten Prinzip vornehmen sollte. Formale Notwendigkeiten legen es nahe, hin und wieder vom Grundkonzept abzuweichen.

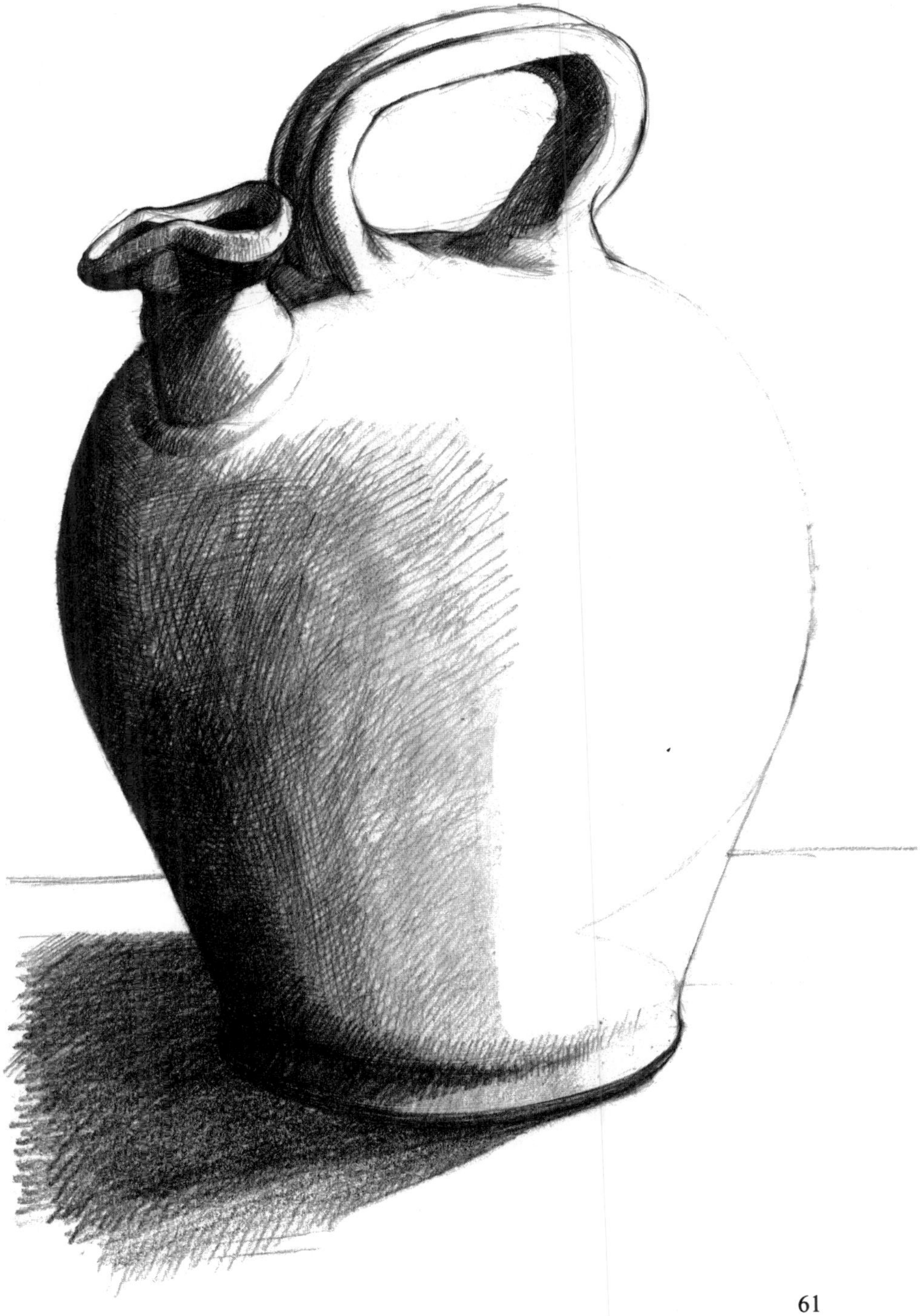

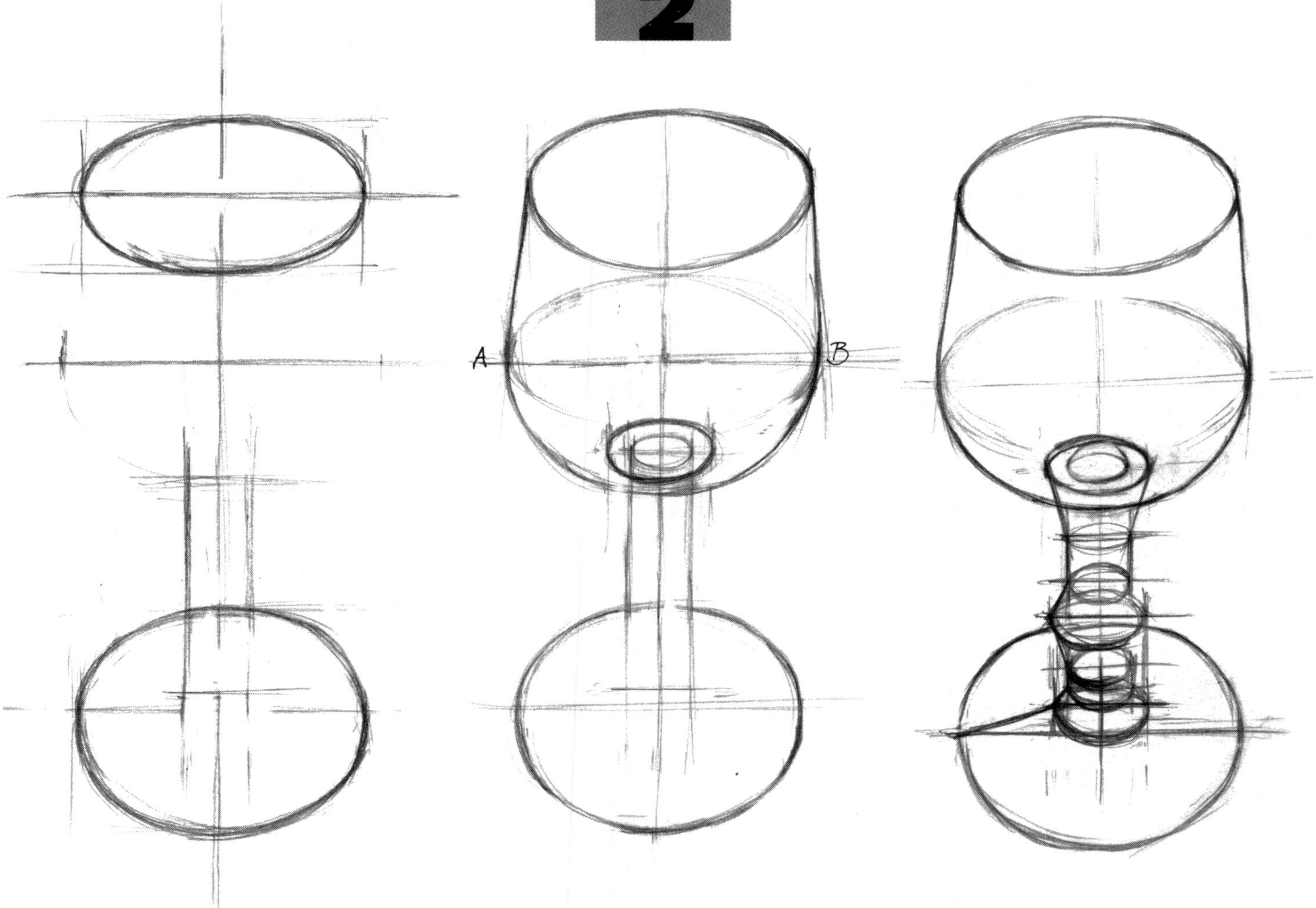

Weinglas
Das Motiv des Weinglases soll neben dem neuen Gesichtspunkt eines durchsichtigen Gegenstandes auch eine andere Vorgehensweise vorstellen.
Zuerst werden die Proportionen eingetragen, d.h. das Verhältnis von Höhe zu Breite und die Untergliederung in Gefäßteil, Stiel und Fuß. Die Ovalformen – Öffnung und Fuß – werden unter Beobachtung festgelegt, wobei man diesmal ständig mit dem Bleistift herumfährt, um sich allmählich der vorgegebenen Form anzunähern.
Man verwendet hierzu am günstigsten einen weichen Bleistift (B2–B4), weil dieser selbst bei leichtestem Druck eine sichtbare Spur hinterläßt. Die Lockerheit des Striches ist somit gewährleistet, außerdem lassen sich die störenden Striche nachher mühelos wegradieren.

Mit dem weichen Bleistift läßt sich im entschiedenen Strich auch die Glätte des Glases am besten veranschaulichen, wie die nächsten Bilder belegen.
Die Trinkschale verbreitert sich nach unten etwas. Am Schnittpunkt von gerader Wand und rundem Bogen (AB) wird das Oval eingezeichnet, das als Orientierung für die weitere Zeichnung gilt. Auch hier werden die runden Formen durch mehrmaliges Herantasten an die endgültige Form gefunden.
In der Mitte des Bodens ist der Stielansatz durch das Glas der Schale sichtbar. Das Äußere der beiden Ovale erscheint etwas gestaucht, da hier die runde Form des Stiels an den runden Wänden der Schale etwas hochgezogen ist.
Die dritte Zeichnung befaßt sich mit der Untergliederung von Stiel und Fuß. Obwohl die Teilformen einen weichen

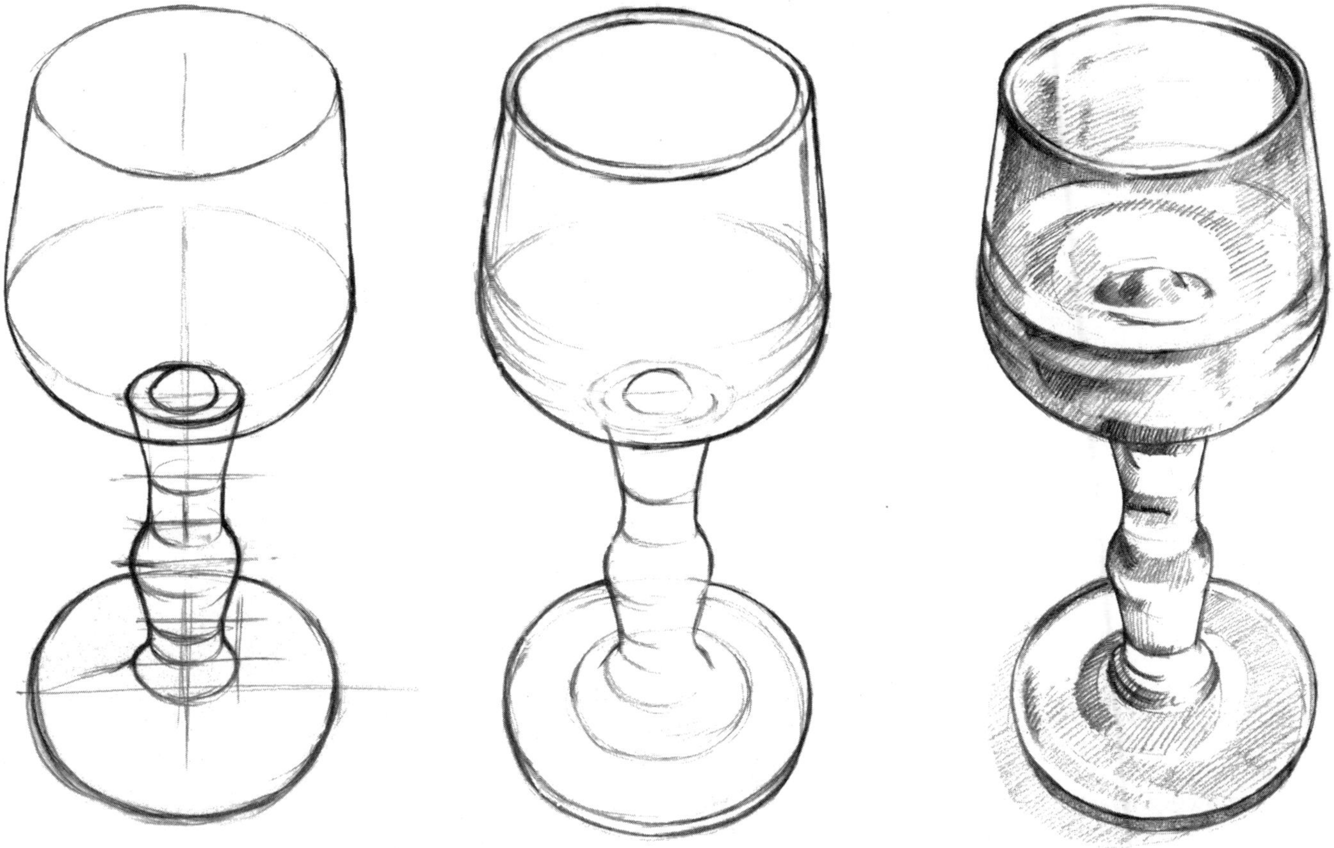

Linienfluß besitzen, sollte man die einzelnen Abschnitte mit einer Linie und dem dazugehörigen Oval eindeutig markieren. Auf der linken Seite des Stiels ist die Kontur bereits eingezeichnet, auf der rechten Seite ist die ursprüngliche Konstruktion noch erkennbar.
Das Glas, das als Vorlage benutzt wurde, läßt den Stiel durch den Boden der Schale durchdringen. Er endet mit einer Halbkugel, die jetzt eingezeichnet ist. Die Linie in der linken Seite des Fußes zeigt, daß dieser leicht zum Stiel ansteigt.
Auf dem vierten Bild ist die Umrißlinie des Stieles entsprechend dem Vorbild mehr abgerundet.
Die fünfte Zeichnung zeigt die fertige Linienzeichnung. Der Rand des Glases und die Dicke des Fußes sind berücksichtigt. Der Rand des Fußes ist leicht abgeschrägt.
Auch die Linien, die bei undurchsichtigen Gegenständen wegradiert werden, können hier stehenbleiben. Sie sind mit dem Radiergummi aufgehellt, was auch dem optischen Eindruck entspricht.
Einige Linien, die sich nach dem Oval der Linie AB richten, geben die leichte Struktur wieder, die in dem vorliegenden Weinglas vorhanden ist.
Die Schattierung des Glases unterstützt den körperhaften Eindruck nur unwesentlich, manchmal wird dieser sogar dadurch aufgehoben. Die Lichtreflexe, die Spiegelungen und Brechungen im Glas, das hier zur Hälfte gefüllt wiedergegeben ist, lassen eindeutige Hell- und Dunkelzonen nicht festlegen. Die Halbkugel ist durch die Brechung im Glas und Wasser sogar von ihrem „richtigen“ Ort versetzt und widerspricht der hergeleiteten Konstruktion.

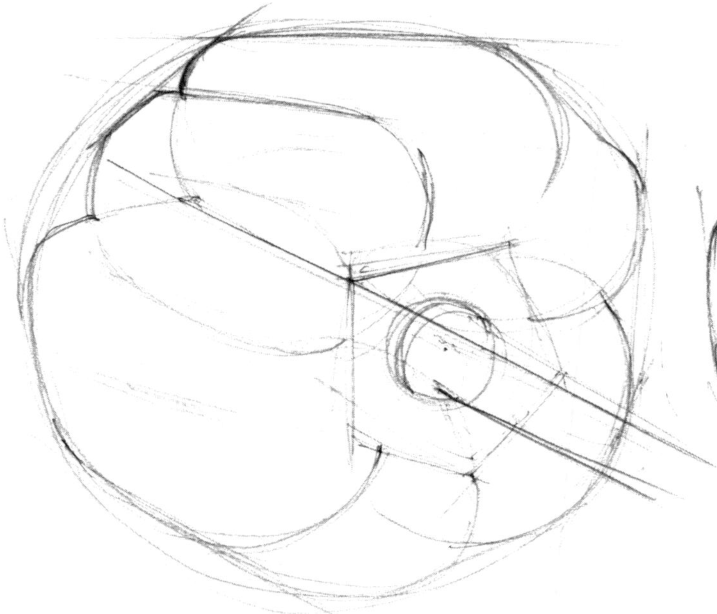

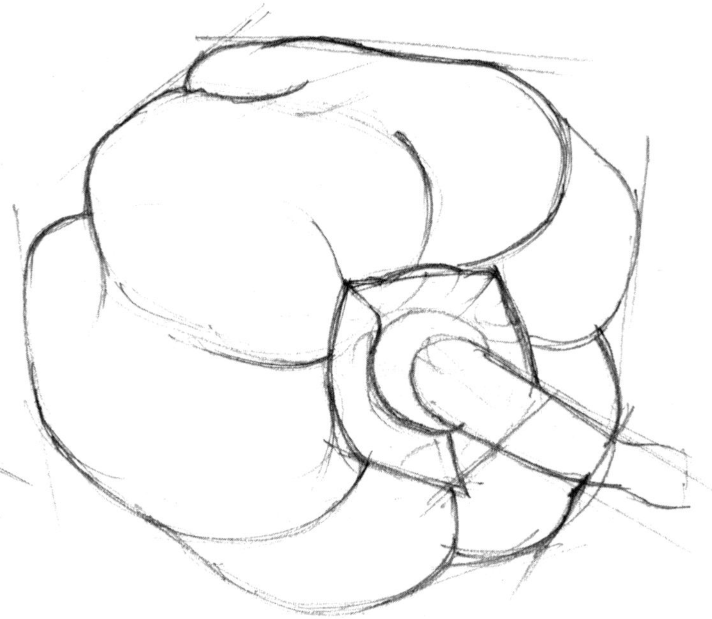

Paprikaschote mit Stiel

Im vorliegenden Beispiel wird eine schräg im Raum liegende Paprikaschote von einem Oval umschlossen, das an manchen Stellen abgeflacht ist. Die Hauptachse ist eingezeichnet und bestimmt auch die Richtung des Stiels. Die Teilformen sind länglich-runde Körper, die um die Mitte angeordnet sind. Ihre Kontur ist über den sichtbaren Teil fortgeführt und vermittelt jetzt bereits den Eindruck einer prallen Körperlichkeit. Bevor diese Grundform nicht eindeutig erfaßt ist, lohnt es sich nicht, weiterzuzeichnen. Die Abweichungen von der Grundform sind, wie das zweite Bild zeigt, erstaunlich gering.

Das Hell-Dunkel wird vorerst global angelegt. Die zu kleinteilige Schraffur würde die Einheit der Form zerstören. Die Grenzzonen der Schatten sind hier mit leichten Strichen gekennzeichnet, sie trennen beleuchtete und schattige Teile. Bildhauer pflegen in diesem Grenzbereich sogenannte Lichtkanten einzuplanen, die das Licht einfangen und die Licht- und Schattenzone noch eindeutiger voneinander abzusetzen vermögen.

Nach der Festlegung der gesamten Schattenzonen werden die vertieften Stellen, sofern sie in der Schattenzone liegen, dunkel eingezeichnet. Die Teilformen heben sich auf diese Weise stellenweise voneinander ab, während sie von den hellgrauen Flächen und den Lichtpartien zusammengefaßt werden.

Die fertige Zeichnung zeigt innerhalb der großflächigen Schattenzone weitere Differenzierungen in der Art, daß jeweils den hellsten Stellen die dunkelsten benachbart sind. Auch was vorher einheitlich graue Fläche war, wird jetzt durch verstärkten Schatten körperhaft rund. Die helleren Stellen werden hier durch die zuerst angelegte hellgraue Schraffur gebildet.

Die endgültige Form des Stieles zeigt, daß zeichnerische Einzelformen nicht notwendigerweise schon in der Linienzeichnung vorhanden sein müssen, sondern erst in der Phase des Durchschattierens berücksichtigt werden können.

Die glänzende Haut der Paprikafrucht nimmt die Helligkeit der Umgebung intensiv auf. Es lohnt sich deshalb, der stark differenzierten Hell-Dunkel-Situation studienhalber an mehreren unterschiedlich geformten Früchten und in veränderter Umgebung nachzuforschen.

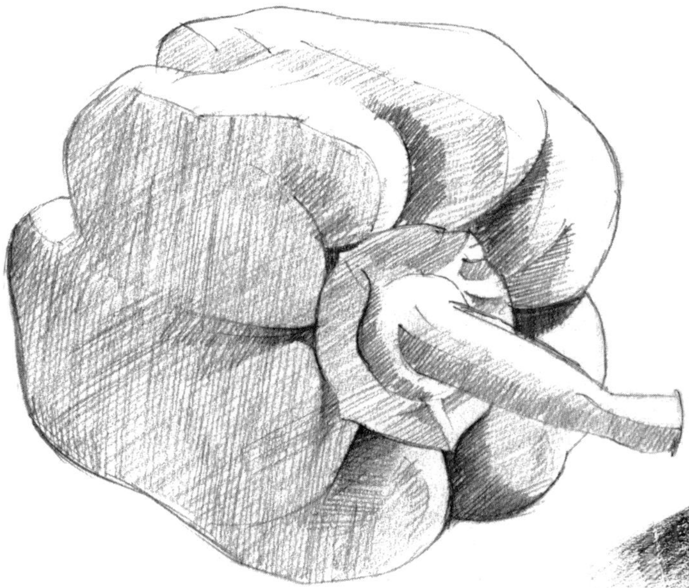

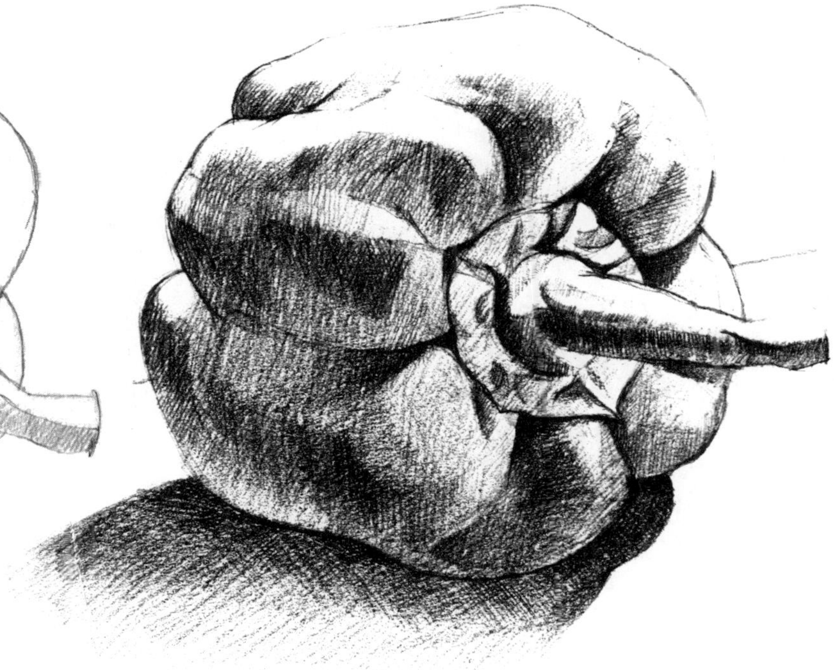

Höhen
Auch eine vermeintlich einfach darzustellende Frucht wie die Zitrone bedarf des Ausgangspunktes einer Grundform. Die Abbildung zeigt die fertige Zeichnung, doch stellt sich die Grundform, wenn man die geringfügigen Unregelmäßigkeiten des Konturs wegdenkt, schnell ein. Die auf Seite 59 beschriebene Methode des Höhens wurde nun auf die organische Form einer Frucht übertragen. Die Schattengestaltung wurde wie bei der eben beschriebenen Darstellung der Paprikaschote gehandhabt. Die Lichtstellen dagegen wurden hier mit weißem Farbstift bezeichnet in der Weise, daß die am hellsten beleuchteten Stellen auch am intensivsten mit Weiß gekennzeichnet wurden. Zu den Schattenzonen nimmt das Weiß ab. Das Grau des getönten Papiers stellt den Mittelwert der hellsten und dunkelsten Töne dar.
Die fleckhaft gesetzten Helligkeiten geben die bucklige Oberfläche der Zitronenschale wieder. Dadurch kann leicht die Einheitlichkeit der Gesamtform aufgelöst werden. Aus diesem Grund sollte man eine größere Fläche mit Weiß, das in sich durchaus unterschiedlich sein kann, zusammenfassen.

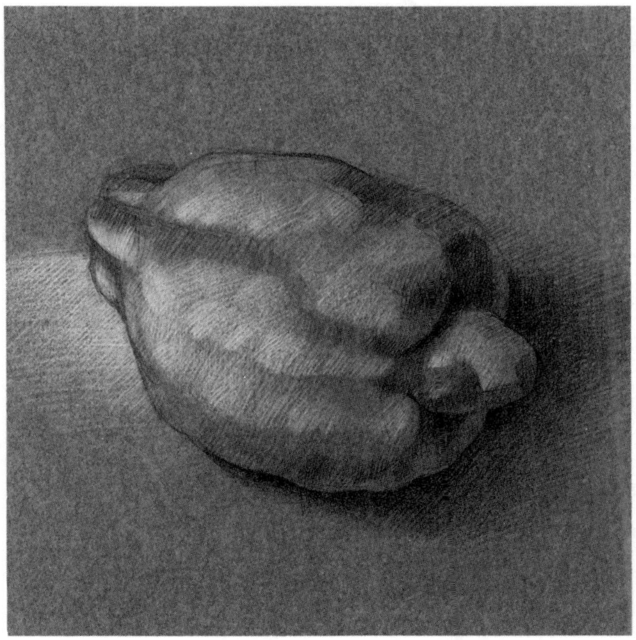

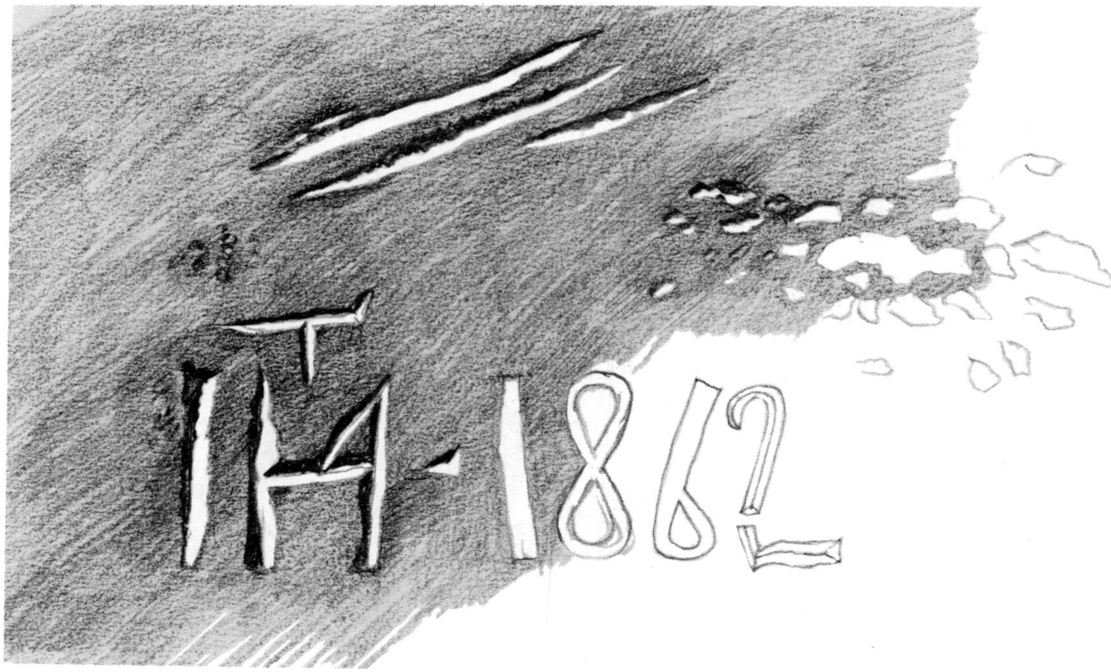

Relief: Alte Steinwand

Es gerät zum aufregenden Erlebnis, Spuren der Verwitterung und der menschlichen Hand, Verletzungen und Ausbesserungen an alten Mauern nachzuspüren. Diese Spuren sind die Geschichte einer Mauer. Manchmal sind sie eindeutig wie die Monogramme, manchmal rätselhaft. Phantasie entzündet sich daran. Solche Zeichnungen fordern auf und regen an, eine längst vertraute Umgebung einmal mit anderen Augen zu beobachten.

Die Motive des Bildbeispiels stammen vom Freiburger Münster. Neben Schleifspuren befinden sich Erosionslöcher. Darunter belegt eine grob eingeritzte Schrift, wie schon früher Touristen ihre Präsenz dokumentieren wollten. Auch Landsknechte und Soldaten aus früheren Zeiten, welche die Zeit mit Wachestehen verbringen mußten, haben sich mit ihrem Monogramm verewigt. Die alten Schriften üben auf uns heute einen besonderen Reiz aus. Das scharf eingemeißelte Zeichen auf Seite 67 unten rechts stammt von einem mittelalterlichen Bildhauer, der damit seine Arbeitsleistung bei der Abrechnung vorweisen konnte. Links daneben verschließt eine Mörtelplombe ein tieferes Loch.

Die Reliefwirkung stellt sich nur ein, wenn man ein extremes Seitenlicht annimmt. Die Mauer stellt einen neutralen Grauwert dar, eine Seite der Vertiefungen ist dem direkten Licht ausgesetzt und bleibt weiß, die andere liegt dagegen im Schatten. In der Abbildung oben zeigen die Ziffern 1 und 8, daß mit der weißen Schrift allein noch keine körperhafte Wirkung erzielt wird, wie man es auch auf dem fertigen Bild an den schwarzen Buchstaben L A erkennt, die lediglich auf die Mauer geschrieben sind. In die Ziffer 2 (Abb. oben) ist die Trennungslinie von Licht und Schatten eingezeichnet. Die beabsichtigte Wirkung sieht man oben bereits im Monogramm.

Die Zeichnung ist mit einem weichen Bleistift ausgeführt worden. Es eignen sich jedoch genausogut andere weiche Stifte wie Polychromos, Pitt- und Wachskreide dazu. Von Kohle muß abgeraten werden, da mit ihr nur schwer die exakten Grenzen der Meißel- und Ritzspuren angemessen charakterisiert werden können.

Einen besonderen Reiz bietet die Technik des Höhens. Der getönte Grund stellt den Hell-Dunkel-Mittelwert der Mauer dar, mit Weiß werden die Lichter, mit Schwarz die Schatten eingetragen.

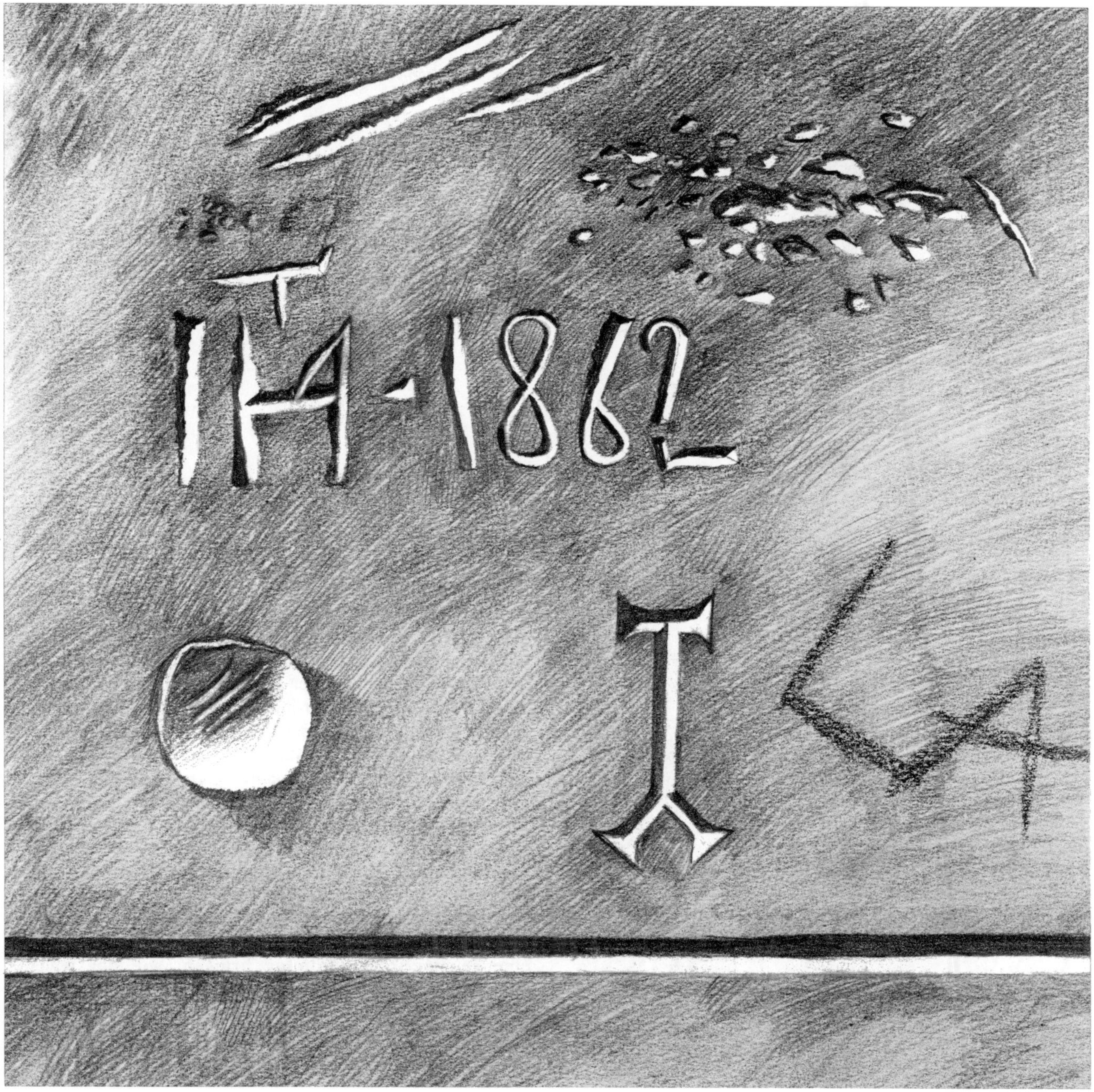
1862

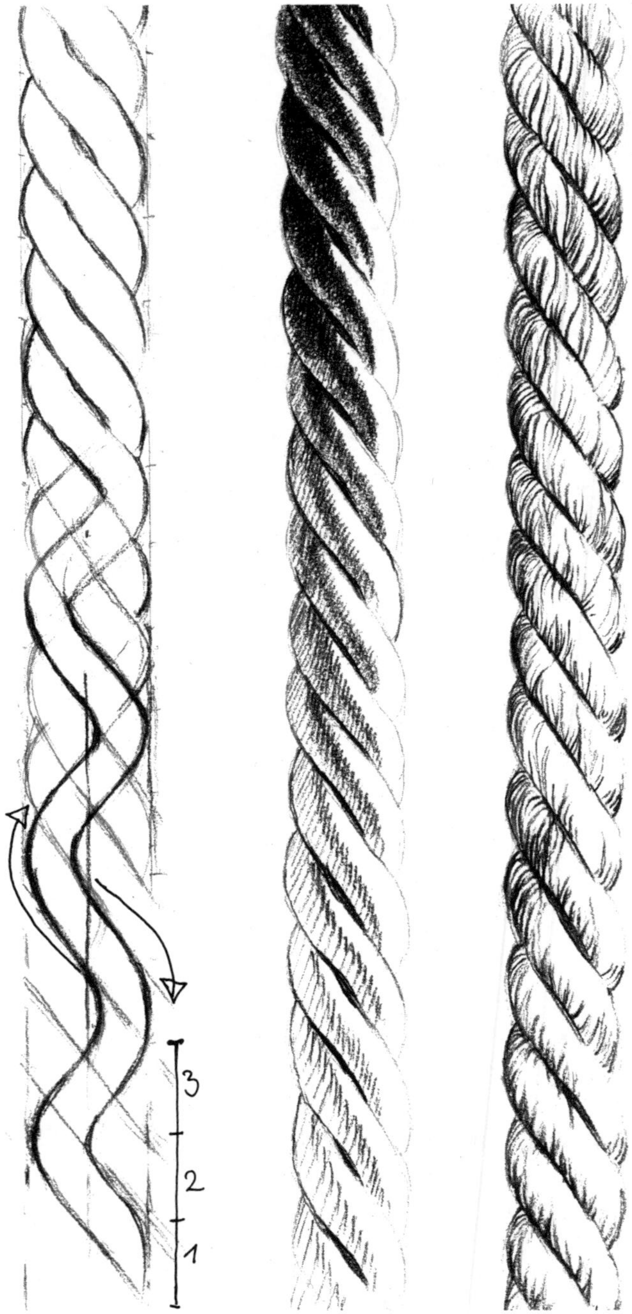

Korbgeflecht

Die Abbildungen zeigen verschiedene Verarbeitungsformen von Bast, die von einem relativ kleinen Ausschnitt eines Einkaufskorbes stammen.

Die Abbildung links zeigt die Tragekordel. Sie ist aus drei Kordeln gedreht. In der Konstruktion muß die Breite der einzelnen Kordel und der Winkel zur Laufrichtung der Tragekordel beachtet werden. An der Mittellinie wechselt jeweils die Drehung (siehe Pfeile). Das mittlere Beispiel zeigt eine Schraffur mit Aufhellung in der Schattenzone. Der unterschiedliche Dunkelwert belegt, daß man nicht unbedingt sehr dunkel schraffieren muß, um körperhafte Wirkung zu erzielen. Das rechte Beispiel gibt die Baststruktur wieder, sie wirkt hier fast wie eine Körpertastlinie, abgesehen von den Unregelmäßigkeiten des Materials (siehe auch Beispiel auf Seite 69 unten).

Die beiden Bildbeispiele auf Seite 69 zeigen unterschiedliche Flechtformen. Man muß die Flechtstruktur zuerst in eine zeichnerische Ordnung bringen, wie der jeweils obere Teil der Zeichnung darzulegen versucht. Die geringfügigen Abweichungen von dieser Ordnung beleben die Struktur. Die Schraffur bzw. Struktur gehorchen demselben Prinzip, wie sie bei der Kordelzeichnung angewandt wurde.

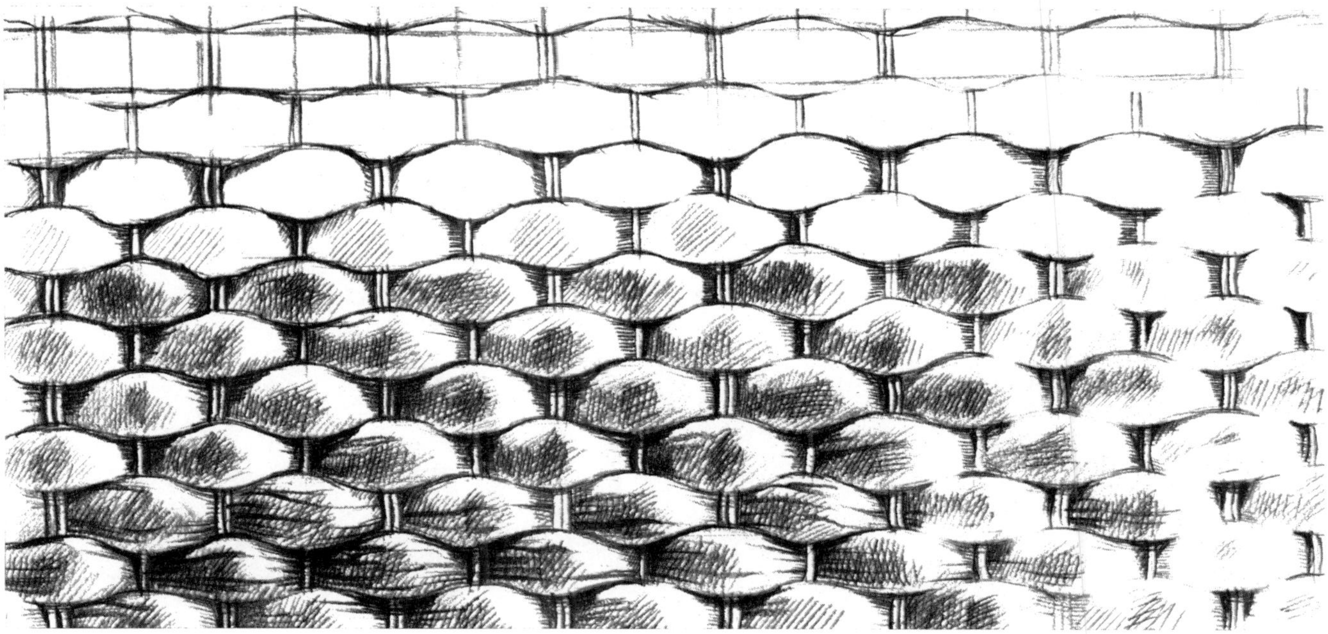

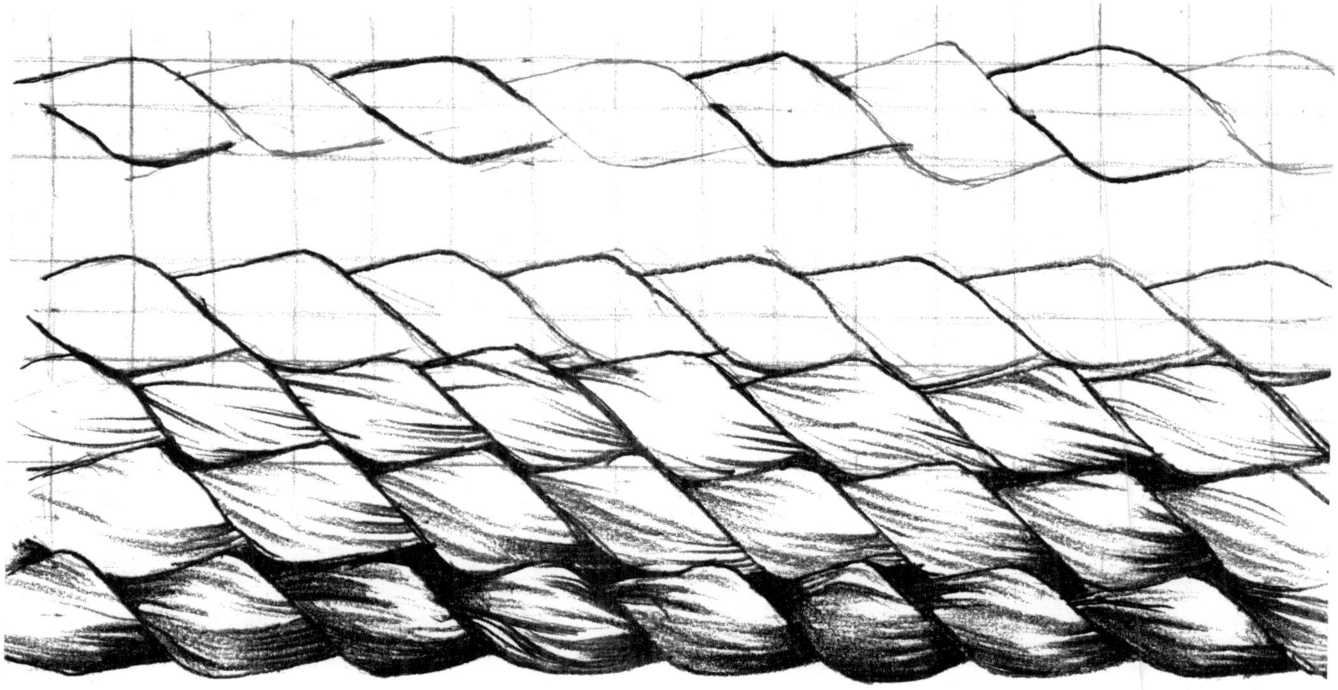

3

AKTSTUDIEN UND FIGUREN ZEICHNEN

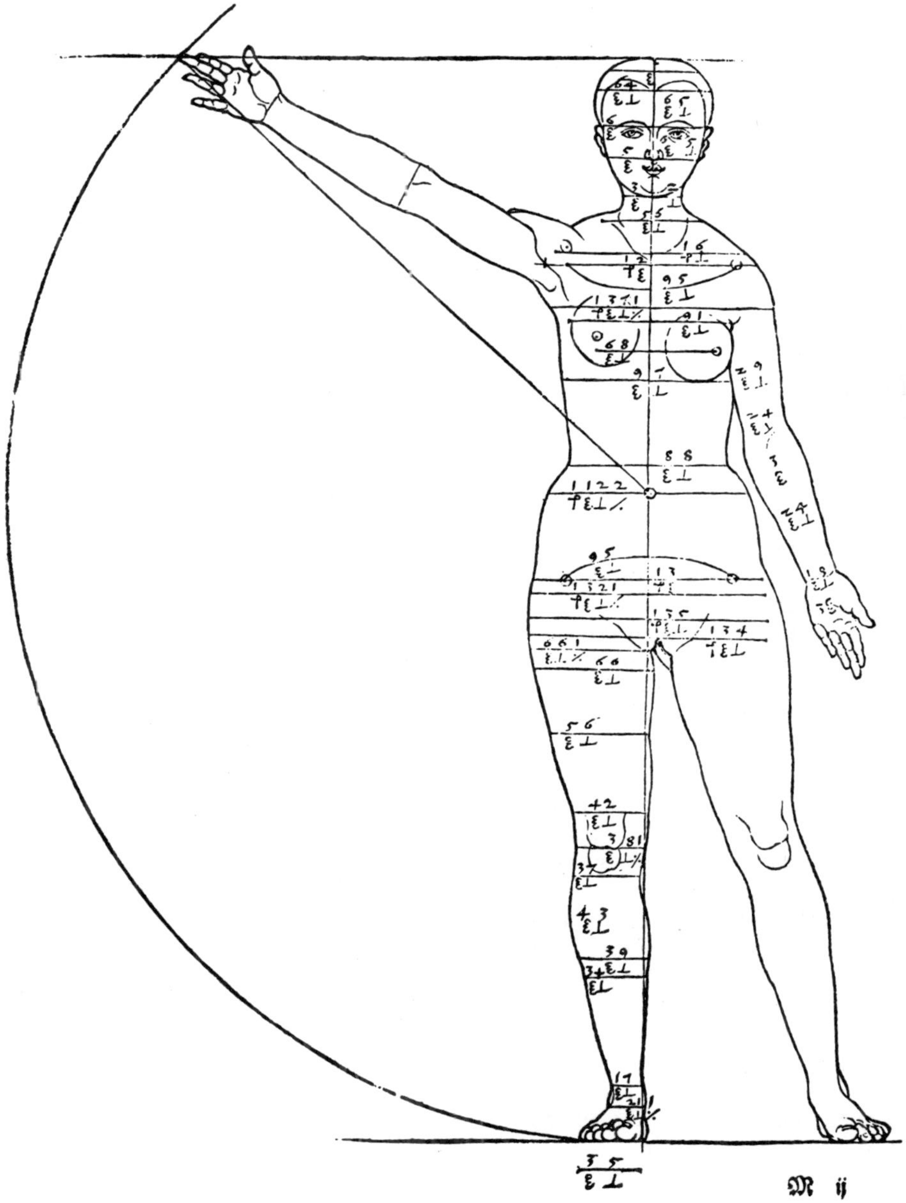

ALBRECHT DÜRER (1471–1528): FIGUR AUS DER PROPORTIONSLEHRE.

3

Das Aktstudium

Der Mensch ist das häufigste Motiv in der Geschichte der Bilder und Plastiken seit der Steinzeit bis zum heutigen Tag. Wir finden seine Darstellung in allen Erdteilen bei allen Kulturen, mit Ausnahme jener, welche aus religiöser Überzeugung die menschliche Figur aus ihrer Bilderwelt verbannten, wie z. B. die islamische.
So lang und universal die Geschichte der menschlichen Darstellung ist, so unterschiedlich und von staunenswerter Vielfalt sind auch die Formen der Gestaltung. Sie geben zugleich Auskunft über die Rolle und Stellung von Frau und Mann in der jeweiligen Gesellschaft.
Die Aktdarstellung sagt auch viel über das Verhältnis des Menschen zu seinem eigenen Körper aus. In Kulturen, aber auch bei einzelnen Künstlern, die den Körper als Gefängnis der Seele empfinden, taucht die Aktdarstellung kaum oder zumindest in einer ausgesprochen unsinnlichen Form auf. Picasso und Matisse dagegen sahen im Körper, d. h. in der Erotik, einen wesentlichen Bestandteil menschlichen Lebens. Die meisten ihrer Aktdarstellungen sind Ausdruck von Lebensfreude.
Das Studium des menschlichen Körpers schult wie kein anderes Motiv das Sehen. Alle Körper sind verschieden, und, wenn sich einmal zwei Modelle gleichen, so sind es gerade die kaum merklichen Unterschiede, die unsere Wahrnehmung schärfen und verfeinern helfen.
Überschneidungen und Verkürzungen des Körpers und seiner Glieder sind so vielfältig, daß man kaum einmal exakt dieselbe Situation wieder vorfindet.

Spielerischer Zugang
Aller Anfang ist schwer. Man sollte ihn nicht noch schwerer machen. Die ersten Versuche zielen darauf, die Gesamtform der Figur zeichnerisch zu ertasten. Dazu fährt man mit dem Zeichenstift, ohne abzusetzen (!), über das Blatt, vom Kopf zum Fuß, vom Arm zum Rumpf, möglichst schnell, um nicht doch an einem Körperteil „kleben“ zu bleiben. Anfangs gleitet der Stift ganz leicht über das Papier. Später, wenn einzelne markante Formen bzw. Formbezüge erkannt sind, können wichtige Linien verstärkt werden. Zu einer Stellung des Modells sollte möglichst eine Serie einiger solcher Versuche hergestellt werden.
Für die linke Figur wurde ein Graphitstift mit stumpfer Spitze verwendet. Er gleitet besonders leicht über das Papier. Die vielen „falschen“ leichten Striche zeigen ein tastendes, annäherndes Erfassen der Figur. Die beiden anderen Figuren stellen bereits den vierten bzw. den fünften Versuch dar. Sie weisen deshalb weniger annähernde Linien auf. Für die mittlere Figur wurde ein Wachsmalstift, ebenfalls mit stumpfer Spitze, für die rechte Figur eine Pittkreide mittleren Härtegrades verwendet. Der Wachsmalstift ist dem Graphitstift vergleichbar, gestattet aber dunklere Striche. Die Kreide ergibt relativ schnell einen dunklen Strich, weshalb man sie erst gegen Ende einer Serie einsetzen sollte.
Wegen der etwas frühen Verfestigung der Zeichnung durch den weichen Kreidestrich wird nämlich die allmäh-

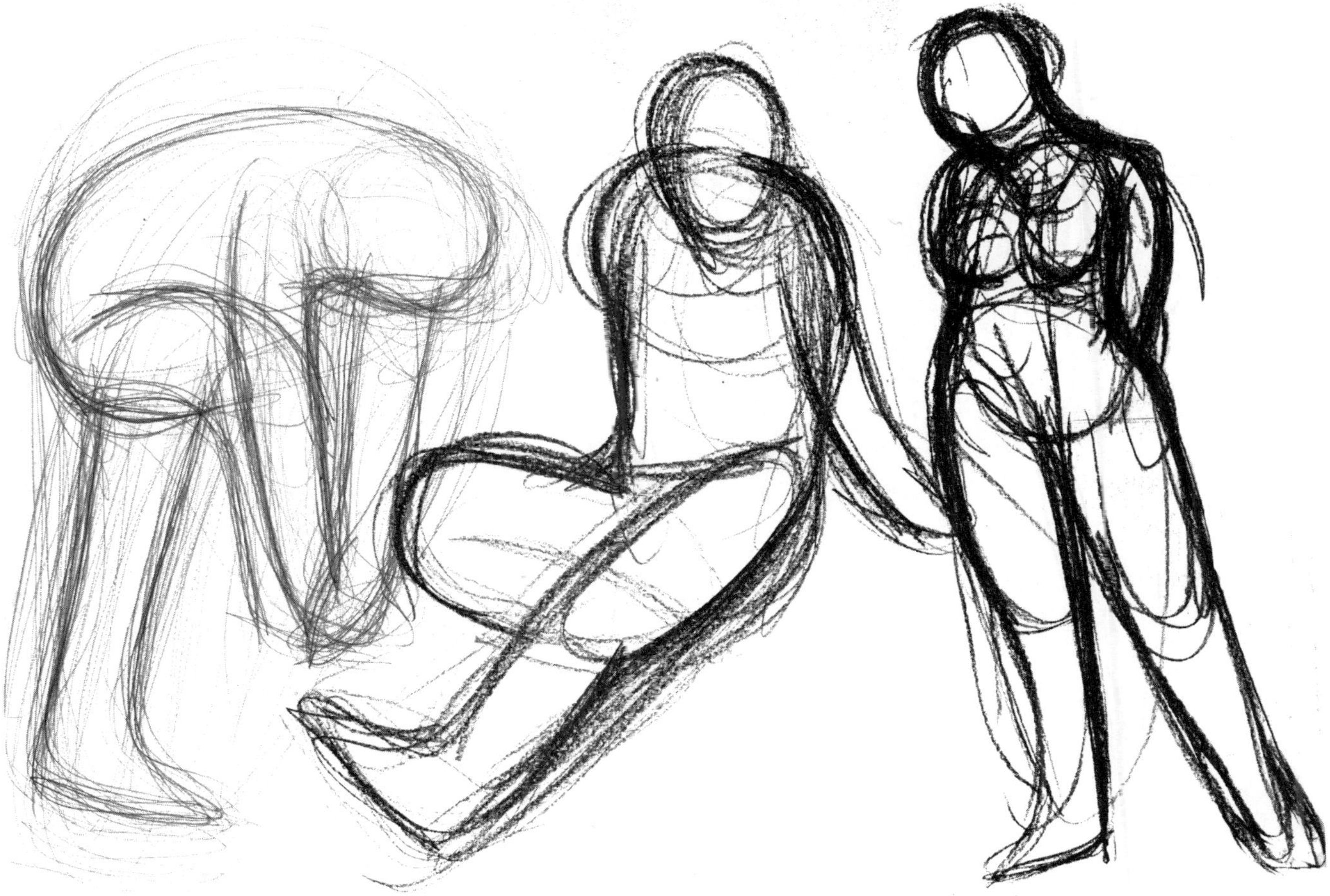

liche zeichnerische Annäherung an die richtige Form vorzeitig unterbrochen. Pitt-Reißkohle eignet sich ebenfalls vorzüglich für solche Skizzen. Ein dünner Kohlestift kann, um ein Abbrechen zu vermeiden, nur mit leichtem Druck aufgesetzt werden. Die Zeichenbewegung gerät deshalb großzügiger, der Strich wird flüssiger, die Zeichnung erscheint insgesamt frischer. Da sich Kohle mit einem Lappen wegwischen läßt, können störende Linien später rasch getilgt und die endgültige Form mit entschiedenen Kohle- bzw. Kreide-Strichen betont werden.

Die Zeichnungen sind relativ groß, etwa 60 cm hoch. Größeres Format ist ebenfalls zu empfehlen. Kleines Format – warum nicht auch auf Briefumschlägen, Bierdeckeln, Rechnungsrückseiten usw. zeichnen? – ist genauso brauchbar, wenn einem sozusagen unterwegs, in der Kneipe, auf einer Parkbank plötzlich eine Gelegenheit zum Figurenzeichnen reizt. Solche Skizzen sollen jedoch die Funktion und den Charakter von Übungen behalten, zu leicht könnte sonst daraus ein schematisches Vorgehen, eine „Masche“, werden.

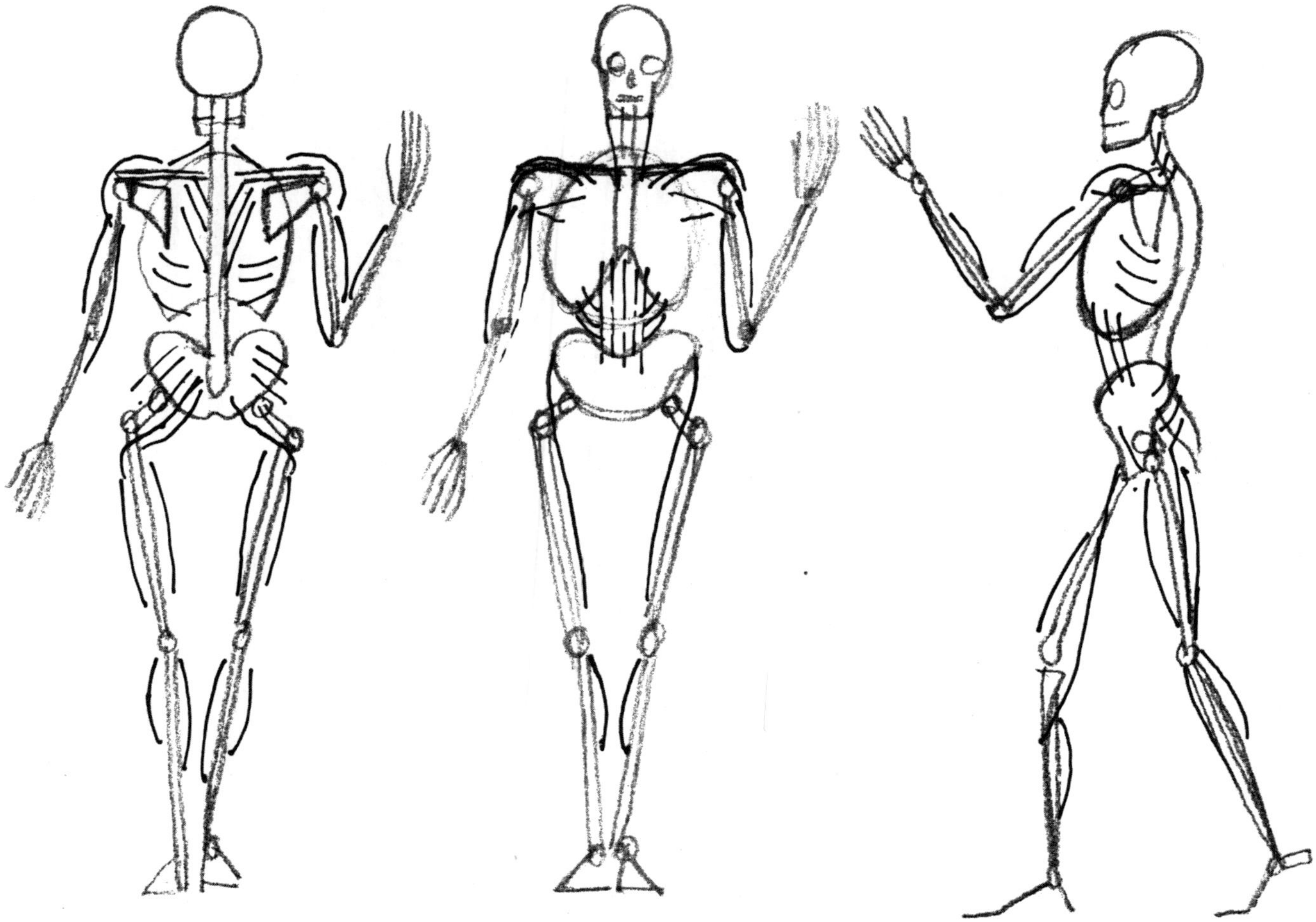

Anatomische Schemata
In der Abbildung sind das Skelett mit Bleistift und einige wichtige Muskelstränge mit Tusche eingezeichnet. Wichtigster Ausgangspunkt ist der Rumpf. Brustkorb und Becken sind mit dem Rückgrat fest verbunden und erhalten durch dessen Bewegung ihre Richtung.

Die Beine fügen sich mit einem Kugelgelenk dem Becken ein. Die Stellung der Beine bestimmt somit auch die Lage des Beckens.

Die Arme fügen sich in ein aus Schulterblättern und Schlüsselbeinen gebildetes Gelenk ein. Da Schulterblatt und Schlüsselbein gegenüber dem Brustkorb beweglich sind, ist ihre Richtung nicht völlig von jener des Brustkorbs abhängig (siehe dazu Seite 75, rechts).

Die Hauptmuskelstränge, die schematisch mit Tusche eingezeichnet sind, verbinden die einzelnen Skeletteile.

Einzelne Gelenke, über die ja keine Muskeln, sondern nur Sehnen laufen, sind deutlich erkennbar: Schulter, Ellbogen, Handgelenk, äußeres Oberschenkelgelenk (Rollhügel), Knie, Knöchel. Auch der obere Beckenknochenrand und die untere Brustkorbgrenze sind mehr oder weniger deutlich zu erkennen. Gerade diese Teile sind für die zeichnerische Konstruktion des Rumpfes außerordentlich wichtig.

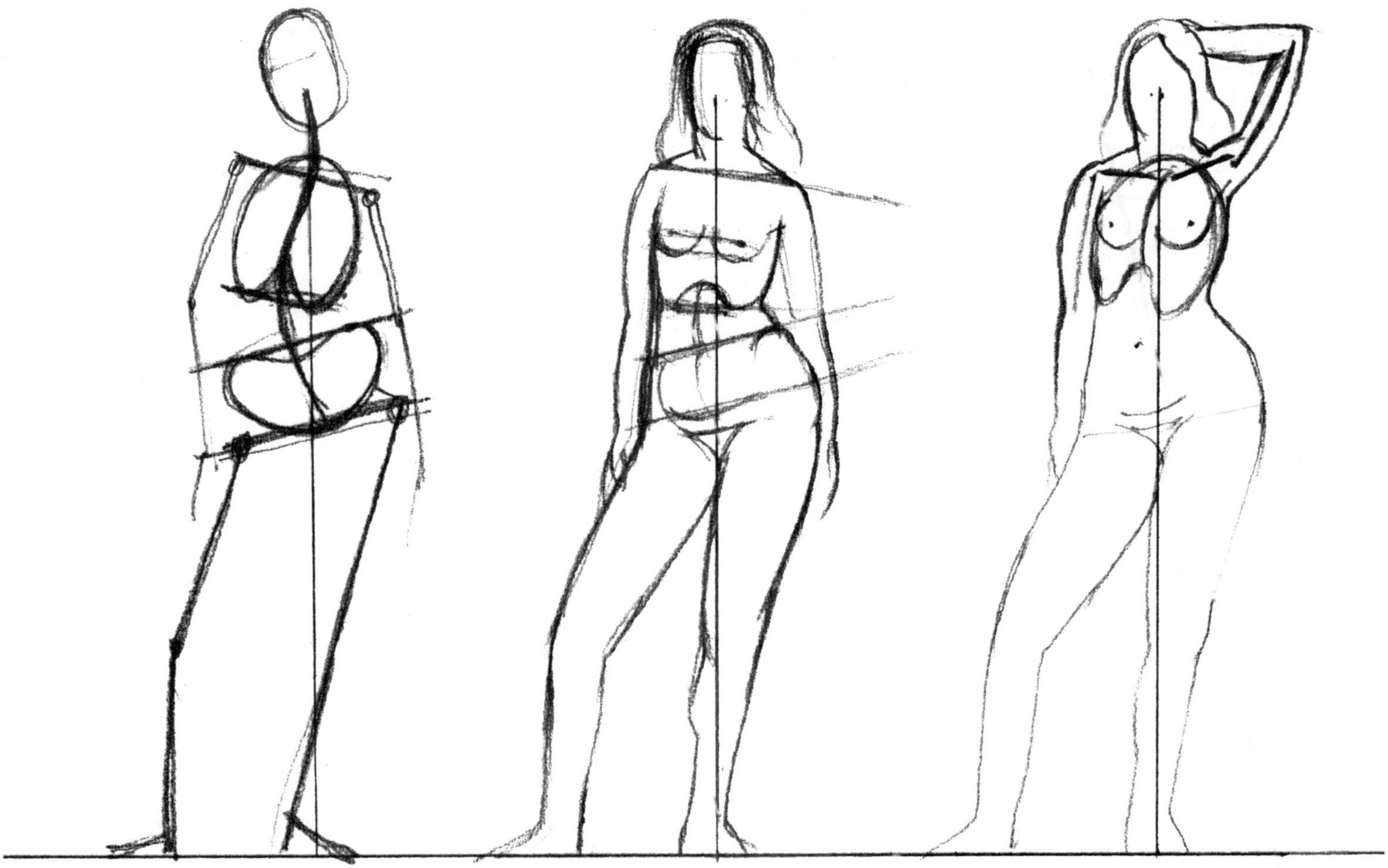

Kontrapost
Die natürliche Haltung des Menschen ist durch den Kontrapost bestimmt. Ausschlaggebend dafür ist die Stellung der Beine. Normalerweise liegt die Hauptlast des Körpers auf einem Bein, dem Standbein, während das andere vor allem abstützende Funktion übernimmt (Spielbein). Das stehende Bein drückt das Becken hoch, während dieses sich auf der Seite des Spielbeins neigt. Diese Grundstellung von Standbein, Spielbein und Becken bestimmt nun die Haltung des übrigen Körpers.
Der Brustkorb verlagert sein Gewicht auf die Seite des Standbeins, d.h. er neigt sich auf dieser Seite, während der Kopf, um in die Senkrechte zu gelangen, wieder in die andere Richtung zeigt. Diesen Ausgleich der Gewichte nennt man „Ponderation".
Die Neigung des Brustkorbes ist am deutlichsten am Verlauf der Schulter und den Schlüsselbeinen zu erkennen. Da jedoch die Schlüsselbeine gegenüber dem Brustkorb eine gewisse Unabhängigkeit besitzen (siehe Abb. rechts), bilden die untere Brustkorbgrenze und der Verlauf des Brustbeins (in der Abb. rechts als Bogen eingezeichnet) die letztlich sicherste Orientierung. Selbst bei einem korpulenten Menschen zeichnen sich diese Teile erstaunlich deutlich ab.

Proportionen
Feststehende, für alle Aktdarstellungen gleichermaßen anwendbare Proportionen gibt es nicht. Alle Versuche, solche Gesetzmäßigkeiten zu ergründen, ergaben nur Annäherungswerte, wobei nebenstehendem dargestellten Modell zusätzlich noch die Idealvorstellung der Renaissance von Harmonie zugrundeliegt. Als kleinste Maßeinheit (Modul) wird dabei die Kopfhöhe angenommen. Sie stellt ein Achtel der gesamten Körpergröße dar. Auch der Franzose Richer legt seiner Einteilung die Kopfhöhe zugrunde, setzt aber zwischen dem vierten Teilstück von unten und dem dritten von oben eine halbe Kopfhöhe dazwischen, wodurch sich eine Körperlänge von insgesamt 7½ Kopfhöhen ergibt. Es ist durchaus reizvoll, diese Maßsysteme an eigenen Aktzeichnungen nachzuprüfen, vielleicht auch einmal eine Zeichnung mit einer solchen Konstruktion zu beginnen. Man sollte sich aber nicht zum Sklaven dieser oder anderer Proportionssysteme machen. Eine andere, praktikablere und für die Sehschulung sinnvollere Art, die Proportionen zu erfassen, ist in der Abbildung Seite 77 rechts aufgeführt. Die Maßeinteilung rechts der Figur richtet sich noch nach dem System Richers. Die Maßeinteilung links (Pfeile) geht nicht von einem einmal festgelegten System aus, sondern verweist auf prägnante Gliederungspunkte des menschlichen, hier des weiblichen Körpers: 1. Kinn, 2. Schulter, 3. Brustwarzen, 4. Taille, 5. Schambein, 6. Rollhügel, 7. oberes Kniegelenk, 8. unteres Kniegelenk, 9. Knöchel. Hier kann man sich noch genauer am äußeren, tieferliegenden und inneren, höher liegenden Knöchel orientieren.

Diese markanten Punkte stellen sozusagen ein Orientierungsfeld dar. Sie werden durch Visieren abgeschätzt und abgemessen. Visieren: Man hält mit ausgestrecktem Arm einen Stift senkrecht in der Blickrichtung zum Modell. Mit dem Daumen kann man nun die Distanz, z. B. zwischen Knie und oberem Knöchelgelenk, so wie sie dem Auge erscheint, auf dem Stift festhalten. Da alle Distanzen auf diese Weise gemessen werden, stimmen die Maßverhältnisse untereinander; d. h. die solchermaßen gewonnenen Längendistanzen zwischen Knöchel und Knie, Schulter und Taille, Rollhügel und Knie sind in derselben Weise verkleinert. Die am Stift abgenommenen Maße der optischen Erscheinung des Modells können entsprechend der Darstellungsabsicht verdoppelt, verdreifacht, also beliebig vergrößert, aber auch verkleinert werden.

Klassische Einteilung
1. Scheitel, 2. Kinn,
3. Brustwarzen,
4. Nabel, Ellbogen,
5. Schamfuge = Körpermitte,
6. Oberschenkelmitte, Fingerspitzen,
7. unteres Kniegelenk,
8. Unterschenkelmitte,
9. Sohle
beim Mann:
Schulterbreite = doppelte Kopfhöhe, breiter als die Hüfte

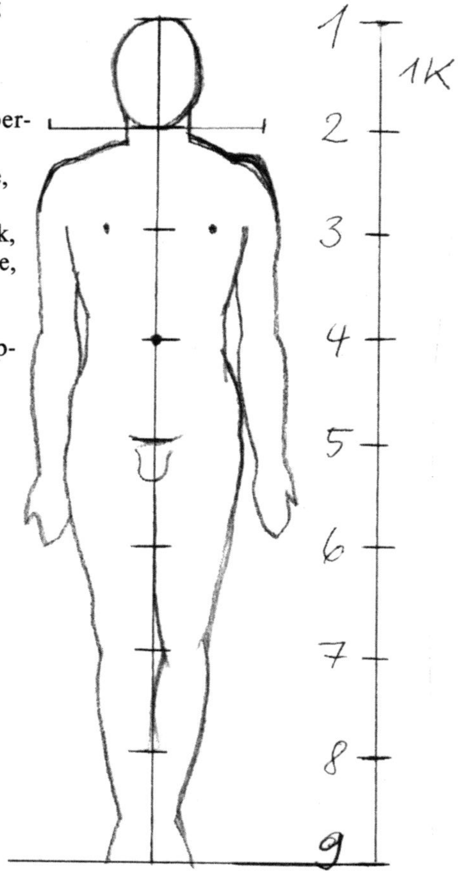

Diese Vergrößerung bzw. Verkleinerung muß dann aber durchgängig für alle Maße gelten. Diese Vorgehensweise richtet sich also nicht nach einem System, bei dem die Maßverhältnisse (Proportionen) von vornherein feststehen, sondern sie ist eine Methode, bei der lediglich der Orientierungsrahmen gegeben ist. In ihm werden die individuellen Maße der Modelle jeweils neu eingetragen. Auf diese Weise differenziert sich die eigene Wahrnehmung. Außerdem wird man der individuellen Erscheinung des einzelnen Modells eher gerecht, dies umso mehr, als auch extreme Körperformen, schlanke oder breite, in sich immer eine gewisse Ausgeglichenheit aufweisen.

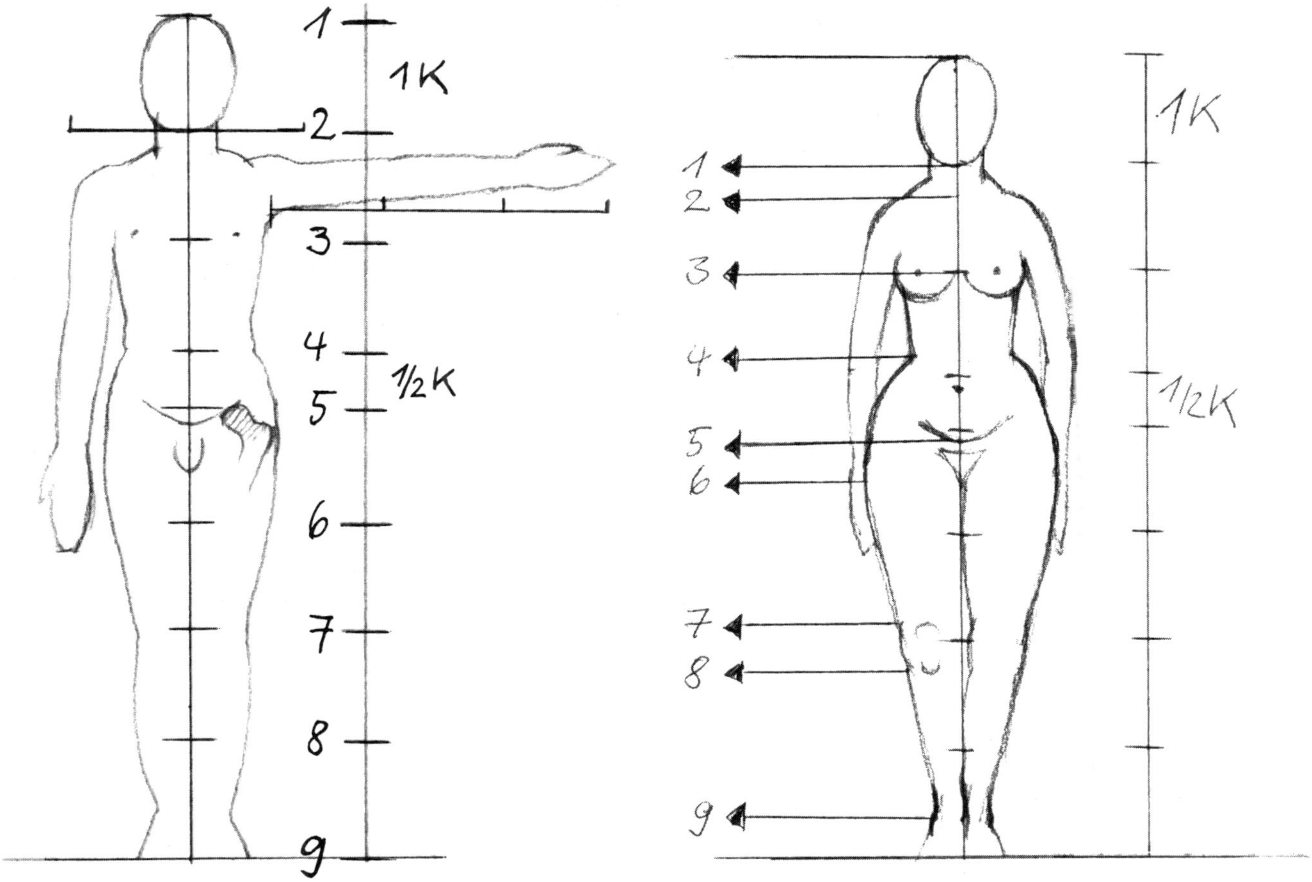

Einteilung nach Richer
1. Scheitel, 2. Kinn, 3. Brustwarzen, 4. etwas über dem Nabel, 5. Mitte der Leistenbeuge, Gelenkkopf des Oberschenkelknochens (in der Zeichnung des Mannes als schraffierte Fläche eingetragen), 6. Oberschenkelmitte, 7. Knie, 8. Unterschenkelmitte, 9. Sohle
Schulterbreite = doppelte Kopfhöhe
beim Mann: Schulter breiter als die Hüfte
bei der Frau: Hüfte breiter als Schulter, teilweise bis zur doppelten Kopfhöhe
Die Breitenmaße gelten jedoch nur bei Vorder- bzw. Rükkenansicht.

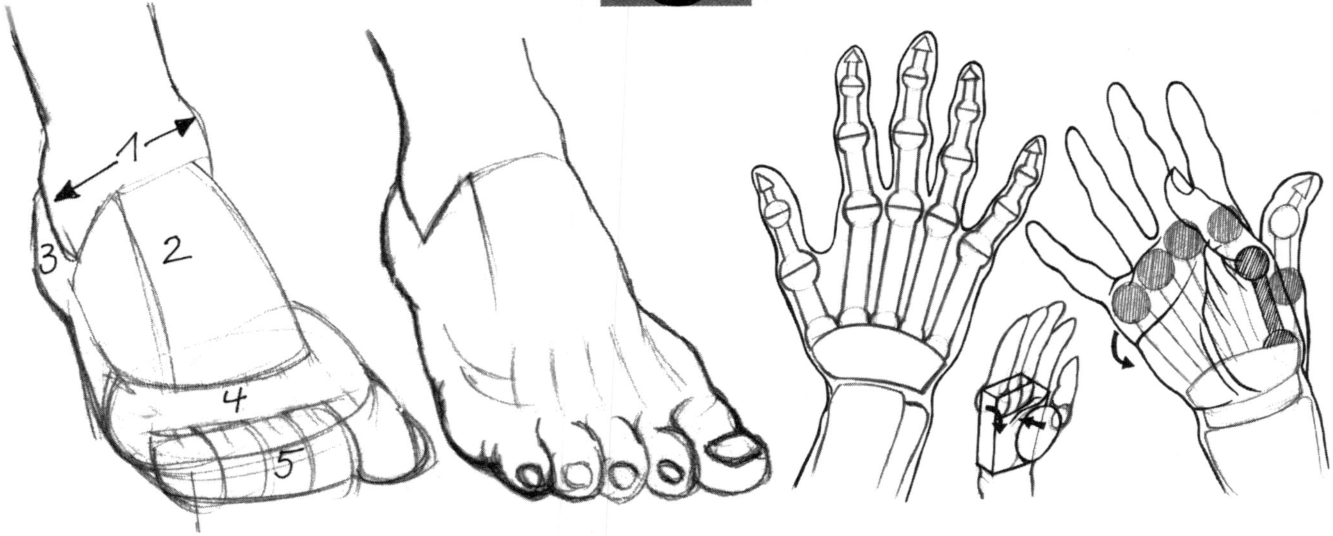

Der Fuß besteht aus dem inneren, höher gelegenen und äußeren, tiefer gelegenen Sprung – oder Knöchelgelenk (Abb. links ←1→), der Fußwurzel (2), der Ferse (3), dem Mittelfuß (4) und den Zehen (5). Füße sind individuell recht unterschiedlich, weswegen die hier wiedergegebenen Maße nicht einfach übernommen werden können. Außerdem kann sich der Mittelfuß unter Belastung (z. B. bei auf den Zehen-Stehen) etwas auseinanderspreizen, bzw. zusammengedrückt werden, hat jedoch bei weitem nicht die Beweglichkeit der Mittelhand.

Die Hand ist jenes Körperglied, das in sich am meisten veränderlich und beweglich ist. Der einfachste Weg, dieses komplizierte Gebilde zu begreifen, ist das einfache Umreißen der auf ein Papier gelegten Hand (siehe Abb. oben Mitte rechts). Selbst, wenn man das Skelett nur schematisch einzeichnet, begreift man schon Wesentliches. Abbildung rechts zeigt einmal die auf das Papier flach gelegte Hand und zugleich den nach innen gelegten Daumen mit dem Mittelhandknochen des Daumens (mit Tusche gezeichnet). Die mit Bleistift schraffierten Gelenke kennzeichnen jenen Teil des Handtellers, der nach innen geklappt werden kann (Pfeil). Die schematische Skizze zwischen den Umrißzeichnungen zeigt die Trägerform des Handtellers und Daumenballens mit ihrer jeweiligen Bewegungsrichtung (Pfeile). Hat man diese Grundform erfaßt, dürfte man jede Handstellung zeichnen können.

Die Darstellungsreihe der einen Aschenbecher haltenden Hand beginnt mit der konstruktiven Erfassung des schalenförmigen Handtellers, dem die Fingergelenke eingezeichnet sind. Erst nach der Darstellung der Finger (2. Bild) wird der Daumen mit Ballen eingezeichnet (3. Bild). Die fertige Zeichnung läßt kaum noch etwas von der ursprünglichen Konstruktion erkennen.

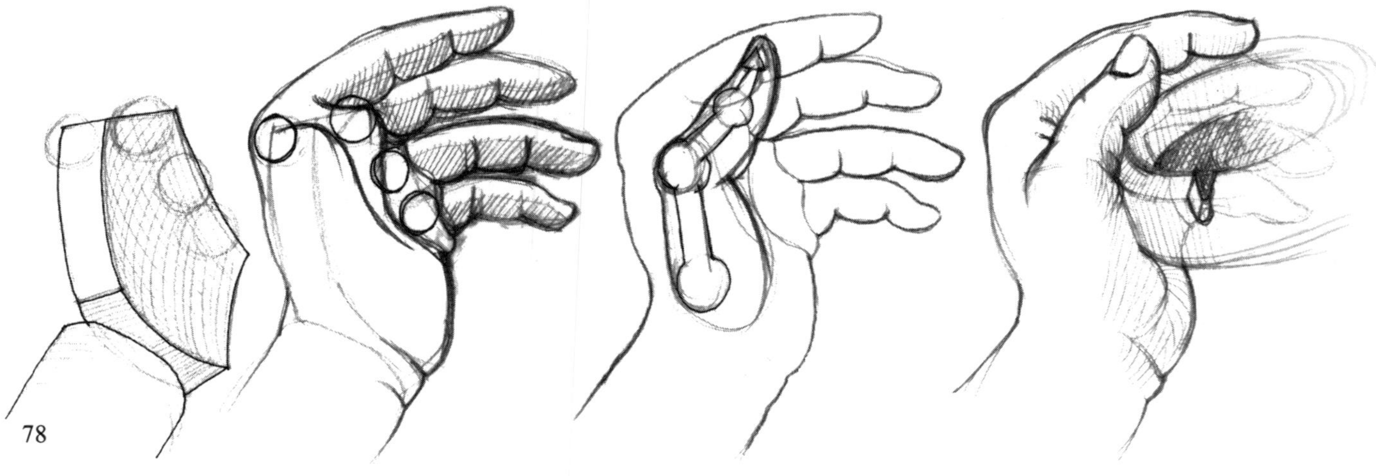

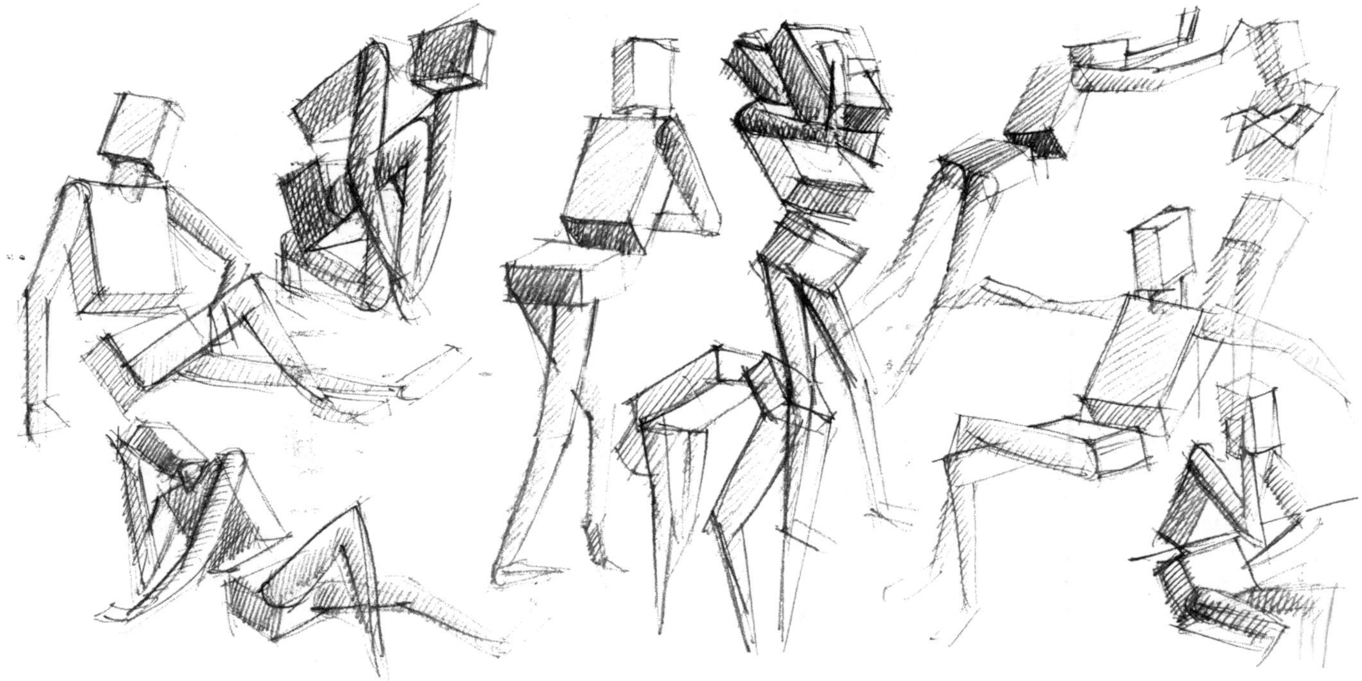

Zeichnen nach der Vorstellung: Der Kastenmensch

Seit dem 16. Jahrhundert haben Künstler immer wieder den Körper in Kuben und Röhren umgesetzt. Diese Art von Zeichnungen dienen vor allem dazu, die Empfindung für die Richtungsunterschiede und Drehungen der einzelnen Körperteile bei verschiedenen Haltungen zu steigern. Ohne nach Modell zu zeichnen, ist hier sogar von Vorteil. Man muß sich die Haltung ausdenken und nachempfinden, ertappt sich dabei auch gelegentlich, wie man unwillkürlich die betreffenden Bewegungen nachzuvollziehen beginnt. Auf diese Weise entwickelt man ein zunehmend differenziertes Körpergefühl. Ob nun die einzelnen Kuben bis ins Detail perspektivisch richtig gezeichnet sind, sollte einen dabei nicht bekümmern. Man verdirbt sich sonst den Spaß, den man bei aller Anstrengung mit dieser Übung hat.

Es ist im Anschluß an solche Skizzen durchaus sinnvoll, während einer Aktzeichnung nach Modell zumindestens den Rumpf nach diesem kubischen Prinzip aufzubauen. Zwar haben Brustkorb und Becken runde Formen, die bereits in den Kuben berücksichtigt werden können. Die Kastenform hat aber den Vorteil, daß sich der körperhafte Eindruck eher und schneller einstellt als bei Rundformen. Auch Arme und Beine lassen sich so leichter dem Rumpf zuordnen. Der Körper wird auf diese Weise sozusagen von innen, vom Kern aufgebaut. Die Konturlinie ist mehr oder weniger das Ergebnis dieser Konstruktion.

Zeichnen nach dem Modell

Die Figur der in fast kauernder Stellung sitzenden Frau läßt zwar die anatomische Gliederung recht gut erkennen, der Reiz liegt aber hier vor allem in der Spannung der sich abschließenden Form (Rumpf, Kopf) zur raumgreifenden Form (gestrecktes Bein), wobei das angewinkelte Bein mit dem umfassenden Arm zwischen diesen beiden Formen vermittelt. Erkennt man einen solchen eher formalen Gedanken in einer Figur, sollte man sich nicht scheuen, ihn zeichnerisch besonders zur Geltung zu bringen.

Die erste Abbildung weist noch jenes skizzenhafte Erfassen auf, wie es an den vorangegangenen Beispielen schon demonstriert wurde.

Die zweite Abbildung rahmt den Rumpf mit einem stehenden Rechteck und das angewinkelte Bein mit Arm in ein sich nach unten verbreiterndes Band ein. Die wie Tangenten an den runden Rücken angelegten Geraden sollen verhindern, daß diese äußerst gespannte Form zu weich gerät. Die geraden Striche klären die formalen Bezüge der einzelnen Körperteile, z. B. in welcher Richtung der Brustkorb im Vergleich zum Oberschenkel verläuft.

Die Skizzen wurden nachträglich angefertigt, um die formalen Überlegungen zu veranschaulichen, die zur Zeichnung auf Seite 81 unten geführt haben. Das Bemühen um eine erscheinungsgetreue zeichnerische Wiedergabe geht immer auf Kosten des Ausdrucks. So sind die abstrakten Formen der vorangestellten Studien ungleich ausdrucksstärker. Dennoch kommt der formale Gedanke in der fertigen Zeichnung zur Geltung, nicht zuletzt auch durch die Vernachlässigung der anatomisch richtigen Proportionen. (Die Beine sind zu lang!) Eine nachträgliche Korrektur würde jedoch den Verlust des angestrebten Ausdruckswertes bedeuten. Die eigentümliche Tatsache, daß die verzerrte Form auf den ersten Blick nicht stört, liegt in der dargelegten formalen Idee, welche in dieser Aktzeichnung größere Wirkung ausübt als die anatomisch richtige Wiedergabe. Die Zeichnung wurde mit einem schwarzen Wachsmalstift ausgeführt, welcher außerordentlich leicht und beweglich zu handhaben ist und damit den fließenden Charakter der Darstellung noch unterstützte.

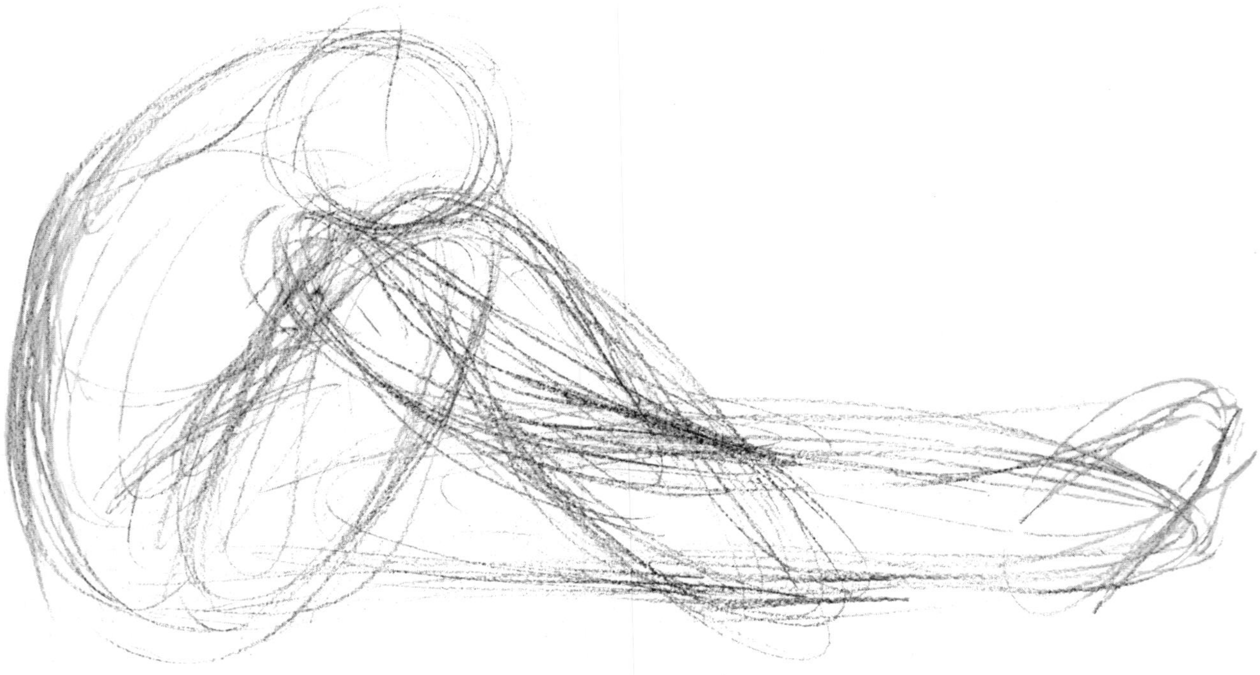

3

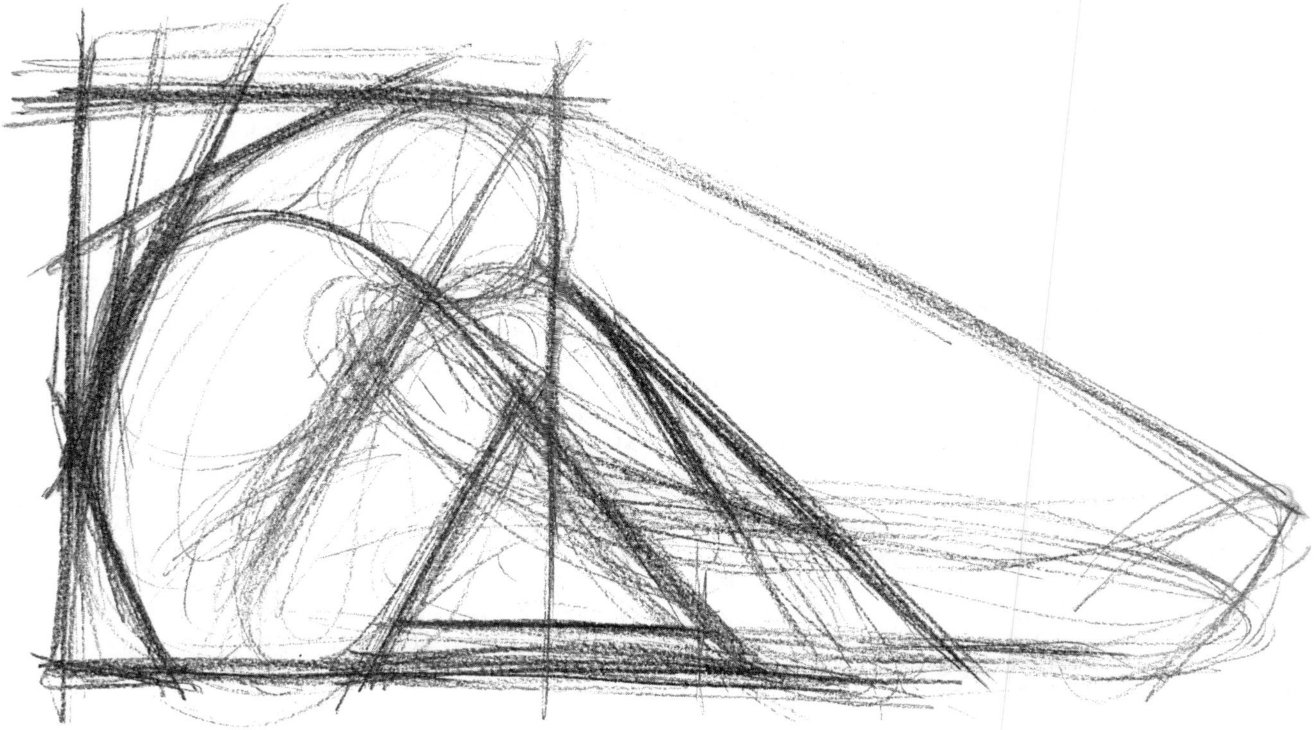

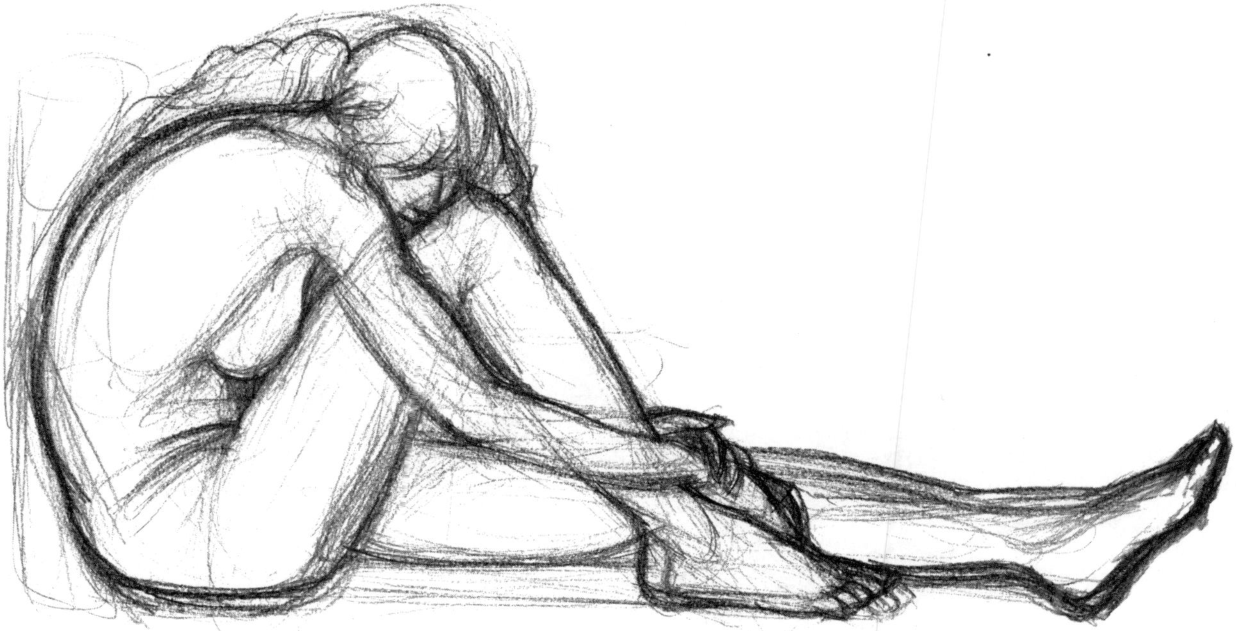

Ein korpulenter Körper verleitet dazu, den klaren Aufbau zu vernachlässigen, da die weichen Körperformen den optischen Eindruck übermäßig bestimmen. Wenn man aber von vornherein bemüht ist, die Formen von Becken und Brustkorb zu erfassen, merkt man recht schnell, wie deutlich sich diese auch bei etwas beleibten Modellen abzeichnen. Es sind eigentlich nur zwei Stellen, an denen sich Korpulenz in überdeutlicher Form bemerkbar macht: der Bauch und die Fettpolster über dem Becken. Der Bauch beginnt am unteren Brustkorbrand und macht ihn dadurch eigentlich noch deutlicher, als es bei schlanken Körpern sonst der Fall ist. Die Fettpolster über dem Bekken verunklaren in der Regel zwar den klaren Aufbau, bei der Stellung des hier abgebildeten Aktes wird jedoch das Becken hoch- und herausgedrückt.
Zwischen den unterschiedlichen Richtungen von Brustkorb und Becken vermittelt die Mittellinie des Bauches, die sich deutlich, vor allem am Nabel, abzeichnet. Gerade sie steigert den Eindruck einer starken Drehung. Die Wölbung über dem Brustkorb links vom Nacken kommt durch das vom abgestützten Arm hochgedrückte Schulterblatt zustande. Hier wird, wie bereits auf Seite 74 erwähnt, sichtbar, daß das Schulterblatt nicht starr mit den Rippen verbunden ist. Gerade das hochgedrückte Schulterblatt, das die Umrißlinie des Rückens wesentlich mitbestimmt und auch für den Ausdruck eines aufgestützten Oberkörpers wichtig ist, verunklart zugleich auch die Form des Brustkorbes. Deshalb wurde die den Brustkorb bezeichnende Linie stärker als sichtbar bis fast zum Nacken durchgezogen.
Zur Verdeutlichung der Körper-Raum-Beziehung wurde die horizontale Linie gezogen, die das Knie rechts berührt. An ihr ist nachprüfbar, wie weit die einzelnen auf dem Boden aufliegenden Teile des Körpers vom vordersten Punkt entfernt sind, das bedeutet auch, in welcher Weise der Akt Platz beansprucht und Raum einnimmt.
Man sollte sich bei der Einschätzung der räumlichen Lage des Modells einmal die Ansicht direkt von oben vorstellen, um sozusagen einen „Grundriß" des Körpers auf dem Boden gedanklich zu konstruieren. Auf diese Weise werden einem die Richtungen des Körpers im Raum und vor allem die unterschiedlichen Entfernungen, die z. B. Knie oder Ellenbogen zum Betrachter haben, deutlicher bewußt. Die Vorstellung stellt sich eher ein, wenn man um das Modell herumgeht, und von mehreren Ansichten die Lage des Modells prüft.

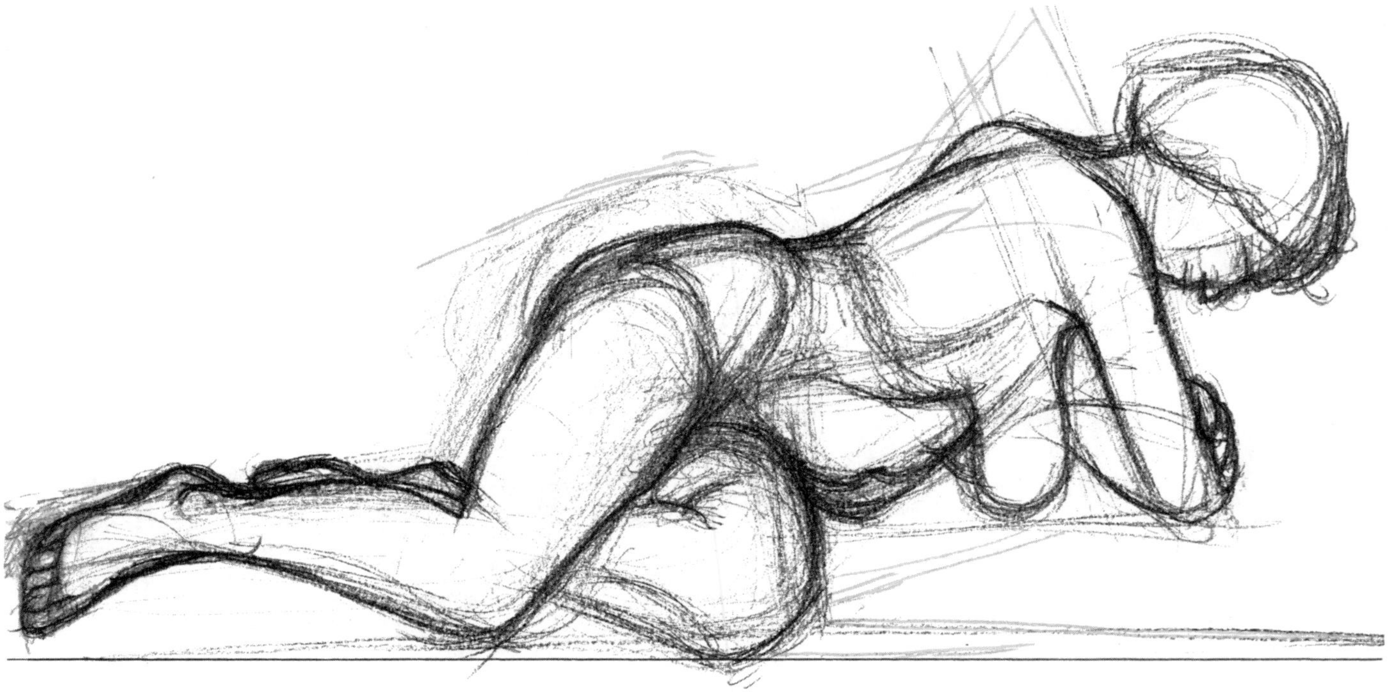

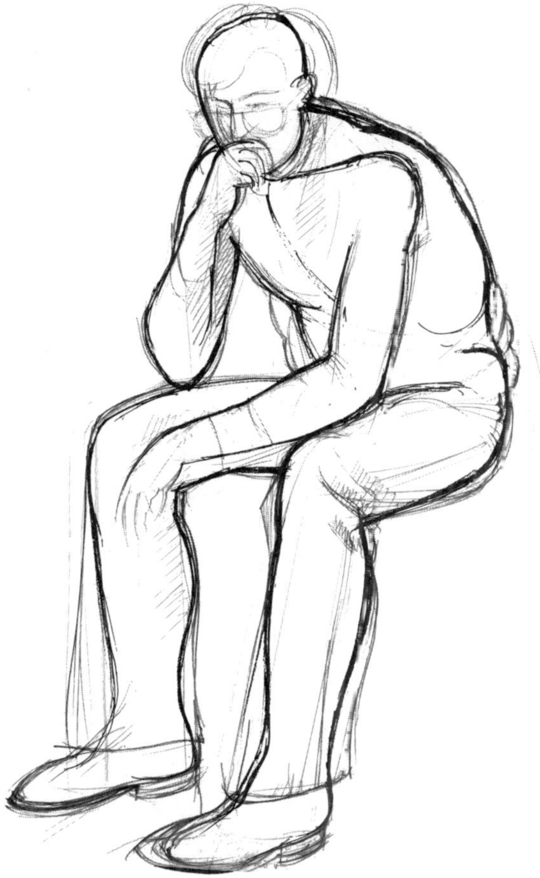

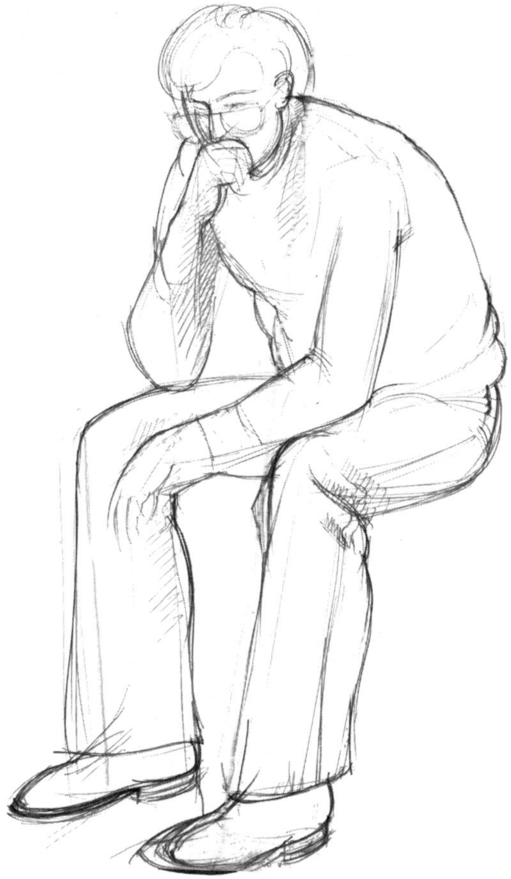

Die bekleidete Figur

Beherrscht man den Akt einigermaßen, erscheint einem jede bekleidete Figur als ein Akt in Hülle. Die dargelegten Hauptelemente wie Becken und Brustkorb und andere Gliederungspunkte, wie z. B. die Gelenke, zeichnen sich mehr oder weniger deutlich ab, ob sie nun durch die betreffende Kleidung betont werden, wie z. B. durch Gürtel, Manschetten o. ä., oder ob sie sich durch den Stoff hindurch abzeichnen.
Die dargestellte männliche Figur wurde als bekleidetes Modell gezeichnet. Die enganliegende Kleidung läßt den Aufbau des Körpers weitgehend deutlich ablesen bis auf die Brust, über die der Pullover frei fällt. Die nachträgliche Zeichnung des darunterliegenden Aktes – hier aus Demonstrationszwecken mit Tusche/Feder ausgeführt – kann zur Korrektur dienen. Die Skizzen von Seite 174/175 könnten einmal unter dem Aspekt betrachtet werden, inwieweit der menschliche Körper trotz Bekleidung sichtbar bleibt.

3

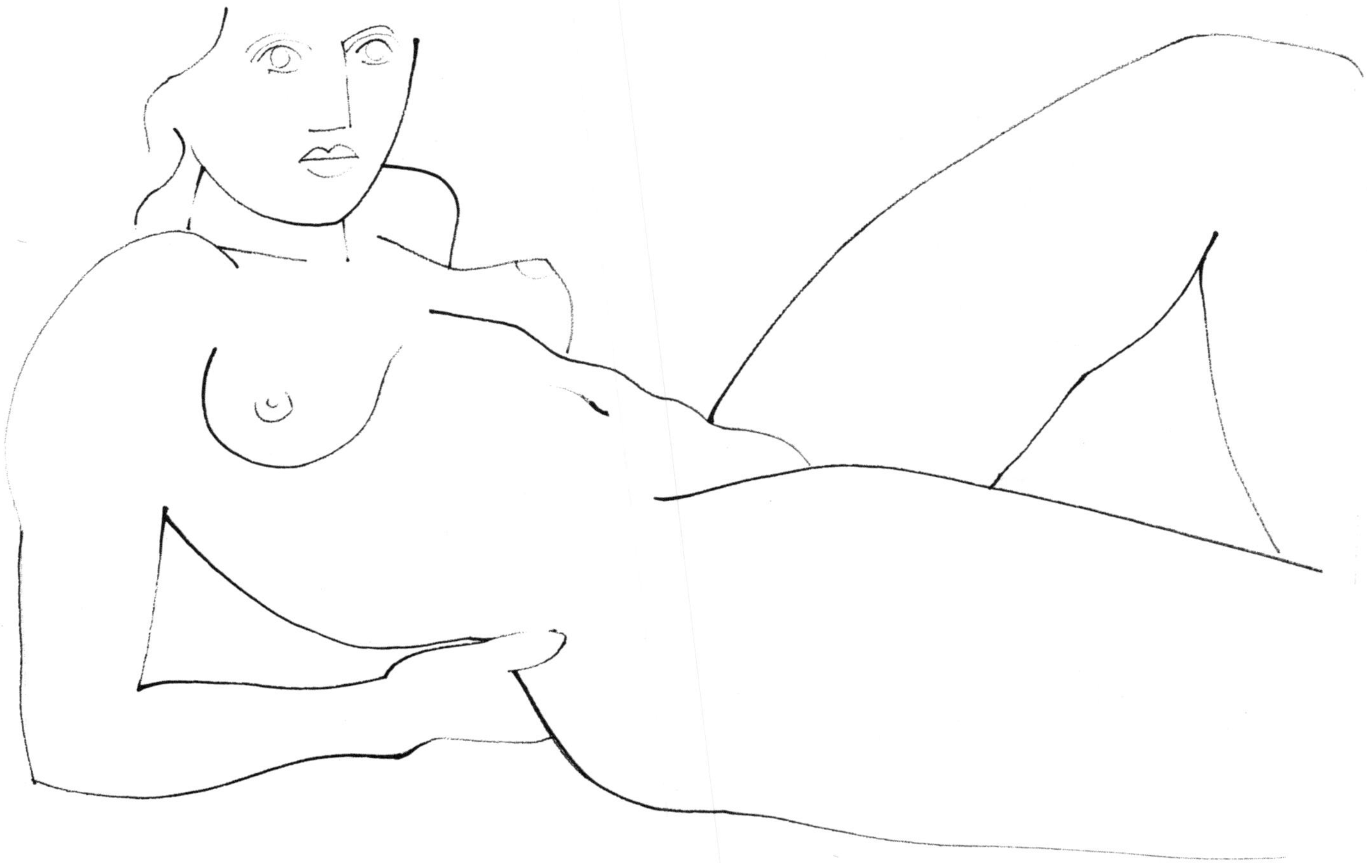

Lineare und malerische Zeichnung

Es gibt zwei extreme Künstlertypen, die linearen und die malerischen. Die einen gestalten ihre Bilder allein aus der formbezeichnenden Linie, die anderen bauen sie aus Flekken und Flächen auf.

Picasso und Matisse – letztgenannter Vorbild für die oben abgebildete Zeichnung – gehören dem Typ des Linearen an. Die Linie fungiert als Umriß und ist zugleich Ausdrucksträger, d.h. sie wird möglichst frei, trotz höchster Konzentration auf den Gegenstand, hier das Aktmodell, spontan gezogen. Daß bei diesem Vorgehen die anatomischen Gegebenheiten kaum jemals exakt getroffen werden, scheint nicht zu verwundern.

Die oben abgebildete Zeichnung wurde mit Rohrfeder und Tusche auf Ingrespapier gezeichnet. Ihr liegt eine Bleistiftstudie zugrunde, die ebenfalls ausgesprochen linear ist. Das abgebildete Blatt ist das letzte einer Serie von neun Versuchen, die alle als mißglückt gelten müssen.

Zum malerischen Stil zählen Künstler wie Rembrandt, Rubens, im 20. Jahrhundert Lovis Corinth, Nolde unter vielen anderen. Diese Künstler beginnen sofort mit dem Hell-Dunkel und erzielen im Nebeneinander der Grautöne eine ausgesprochen malerische Wirkung.

Für die Abbildung auf Seite 85 wurden schwarze und weiße Pitt-Zeichenkreiden auf Tonpapier verwendet. Die Kreiden lassen sich mit Lappen, den Fingern und dem Handballen leicht verwischen. Es ist so möglich, immer wieder neu zu beginnen und die Wischtöne in die Gestaltung miteinzubeziehen.

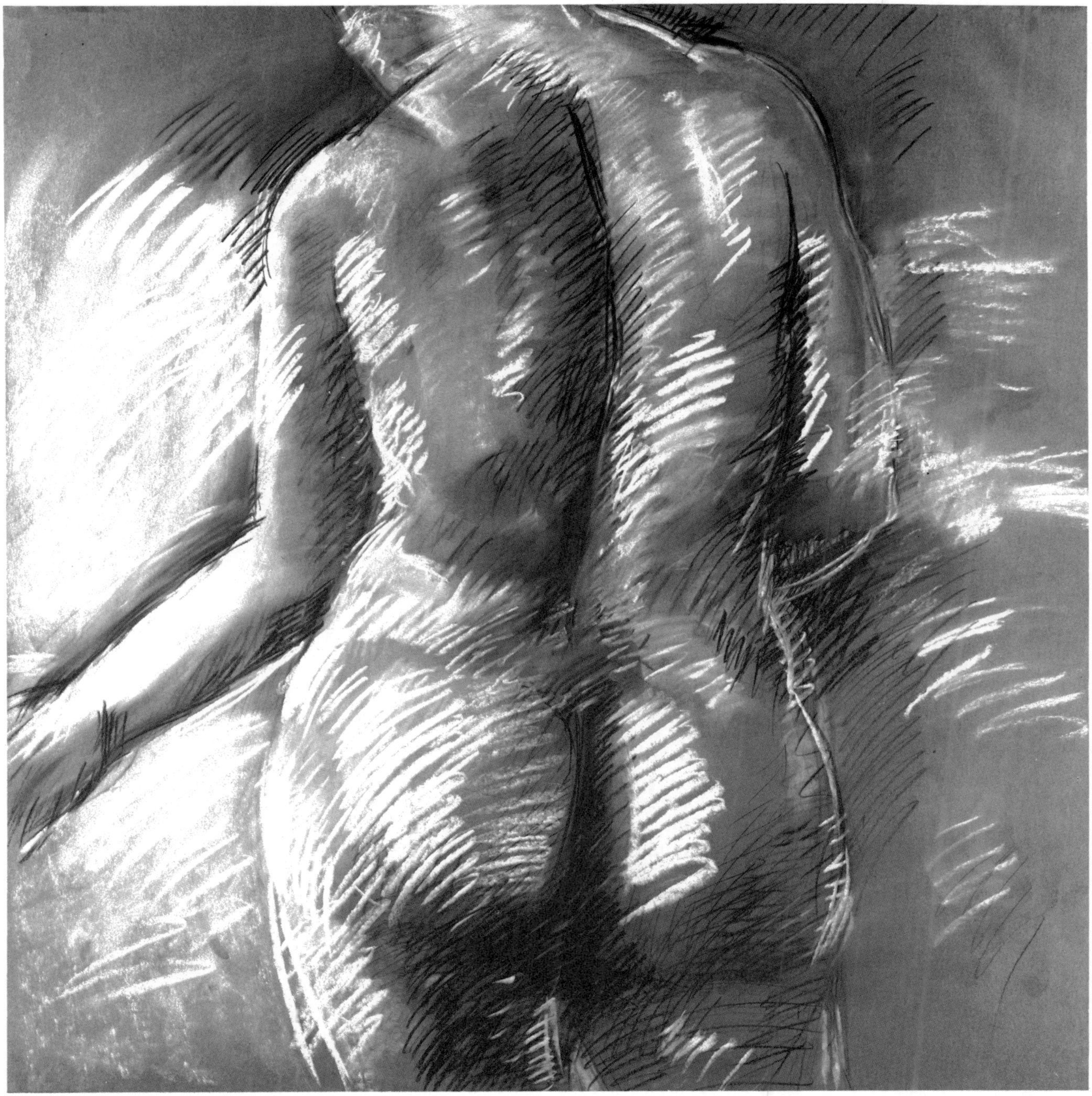

Bewegungsskizzen
Bereits am Anfang des Aktstudiums ist die Zeichnung des Aktes in Bewegung aus mehreren Gründen sinnvoll. Man ist mehr als bei einer Stellung, die über einen kurzen oder langen Zeitraum vom Modell gehalten wird, gezwungen, das Bezeichnende einer Haltung und einer Ansicht möglichst schnell zu erfassen, sich einzuprägen und „niederzuschreiben". Wichtigster Beobachtungsgegenstand sind vor allem die Richtungen von Armen und Beinen und deren Beziehungen zueinander. Die Arme neigen, wenn das Modell im Kreis geht, dazu, etwas seitlich auszuladen, zu „rudern", während sie beim Geradeaus-Gehen parallel zu der Schrittrichtung schwingen.
Der Vorteil der gleichen Bewegung besteht auch darin, daß man an zwei oder drei Ansichten auf einem Blatt gleichzeitig zeichnen kann.
Auf anatomische Einzelheiten und richtige Proportionen sollte möglichst nicht zu sehr geachtet werden. In der Figur, Abbildung Seite 87 rechts, sind die ursprünglichen, vereinfachten Formen noch zu erkennen. Die Abbildung gibt denn auch mehr den Eindruck von Bewegung wieder als den von anatomisch korrekt durchgearbeiteten Studien.
Es ist – jedenfalls zu Beginn des Aktstudiums – unmöglich, eine flüchtige Haltung sofort zu erfassen und zeichnerisch festzuhalten. Deshalb ist es ferner ratsam, nachdem man eine Haltung zumindest ungefähr mit den Augen erfaßt hat, die wichtigste Umrißlinie mit einem klaren Strich zu zeichnen und diese mit anderen Strichen solange zu korrigieren, bis sie dem beobachteten Verlauf angenähert ist. Dieser Vorgang ist am deutlichsten an der linken Seite der linken Figur zu erkennen. Die ersten, vorläufigen Striche zeigen diesen Vorgang der zeichnerischen Formerfassung am deutlichsten.
Der Wechsel von Großformat zur kleinen Skizze und die Verwendung unterschiedlicher Materialien sind zu empfehlen. Man sollte jedoch gerade bei letzteren unbedingt folgendes berücksichtigen: Entweder sollte das Zeichenmaterial ein rasches, unabgesetztes Zeichnen ermöglichen, wie z. B. Pitt-Zeichenkreide, Pitt-Reißkohle, Pitt-Rötelkreide, Wachsmalstift, bei Kleinformat auch einmal Kugelschreiber, oder es sollte eine zu detaillierte Zeichnung erst gar nicht ermöglichen, wie z. B. ein dicker Pinsel mit Tusche, quergelegte Pitt-Zeichenkreide oder stumpfer Graphit-Stift.
Die Abbildung auf dieser Seite zeigt eine Kreidezeichnung.

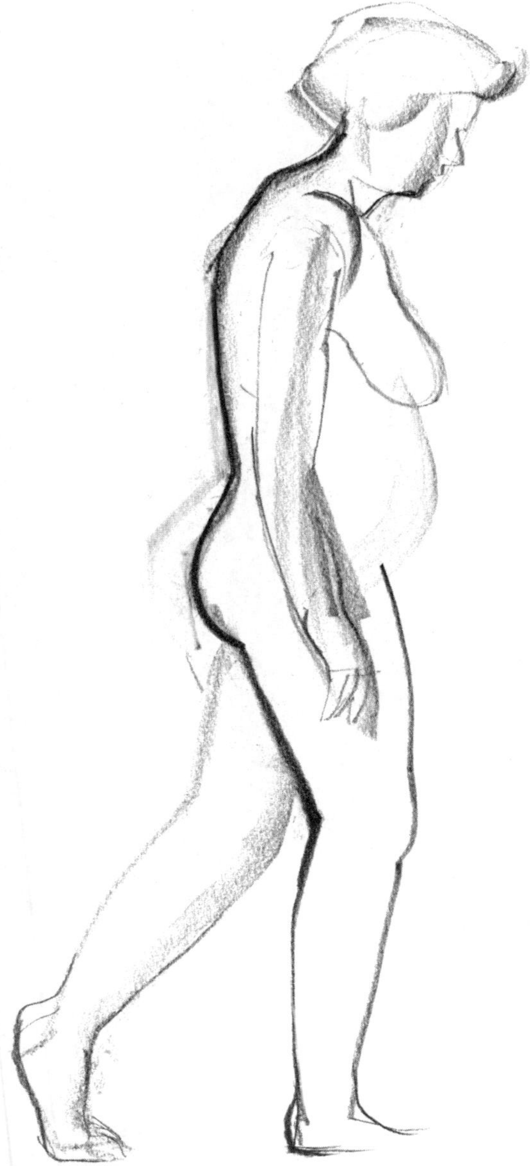

Während man Kohle recht schnell mit einem Lappen wegwischen kann, haftet Kreide fester auf dem Papier. Es wurde deshalb versucht, auf Anhieb die Linien zu „treffen", die eine Figur in Bewegung kennzeichnen. Die tragenden Körperteile wurden dabei mit breiteren Strichen markiert.

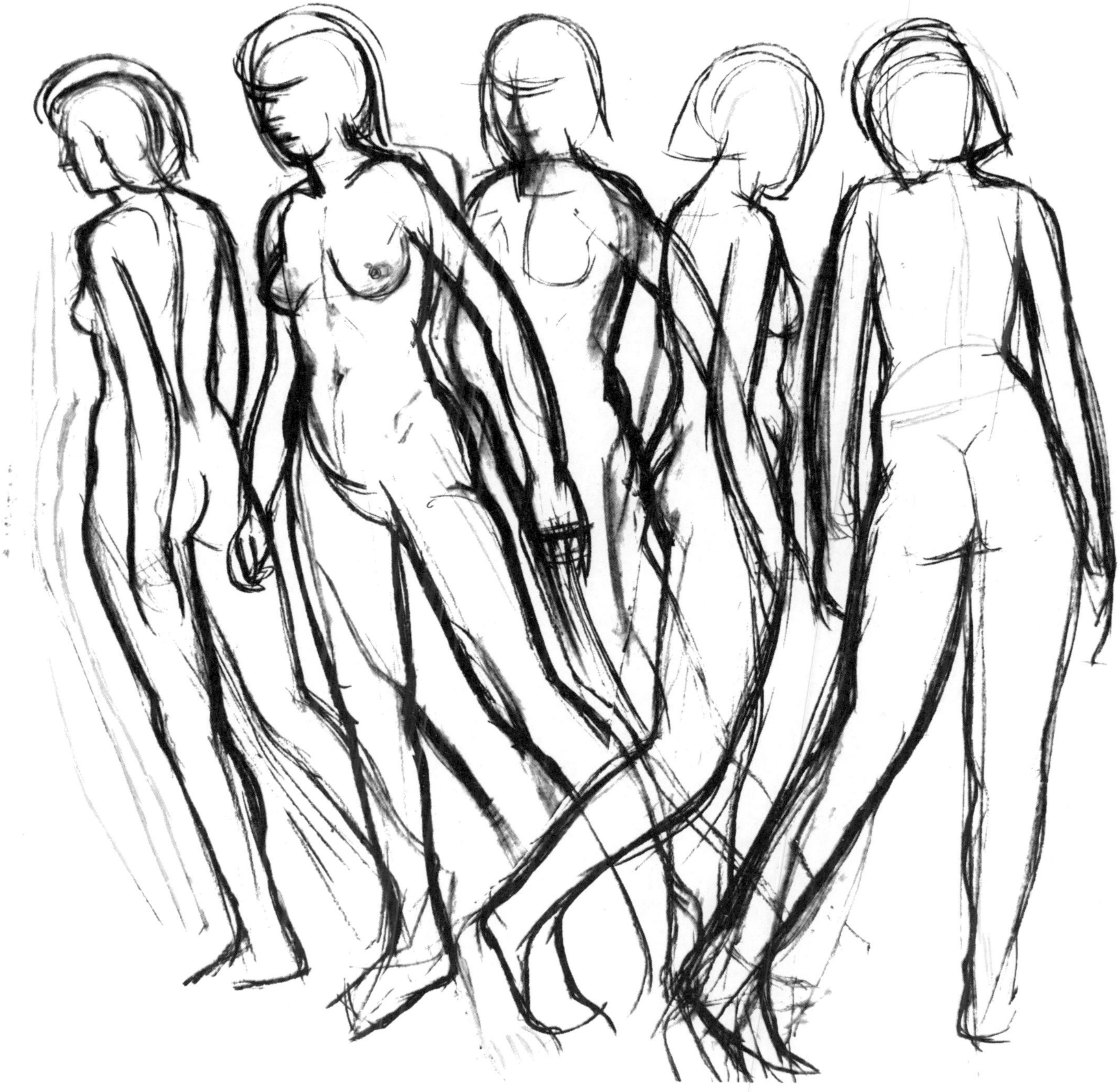

4

DAS PORTRÄT

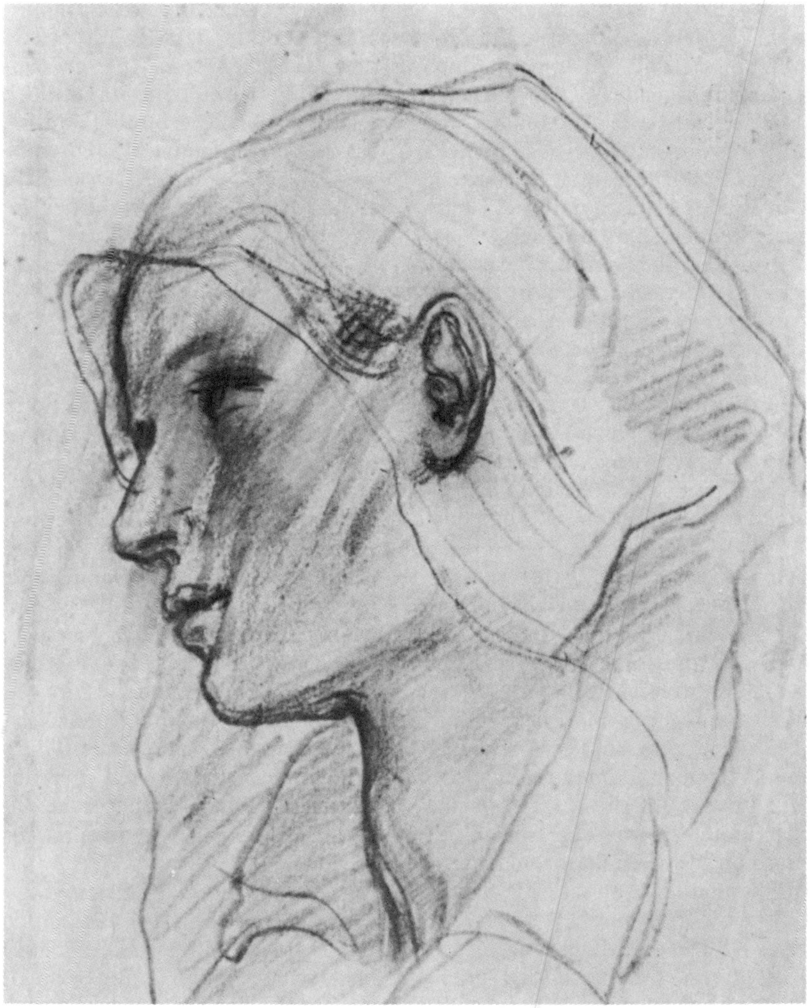

Jacopo Da Empoli (um 1551–1640): Kopf einer verschleierten Frau.

Formen des Porträts

Der Begriff des Porträts bzw. des Bildnisses meint die mehr oder weniger ähnliche Wiedergabe des äußeren Erscheinungsbildes einer bestimmten Person. Vom „guten" Porträt erwartet man aber zusätzlich, daß auch der Charakter und die Persönlichkeit des Dargestellten erfaßt und „getroffen" sind. Nun ist die Persönlichkeit nicht etwas Meßbares wie z. B. die Länge der Nase im Vergleich zur Höhe des Kopfes. Sie wirkt ganz subjektiv auf jeden einzelnen. Dies bedeutet zugleich, daß der Begriff „Persönlichkeit" auch die Wirkung und den Eindruck meint, den der Porträtierte auf den Künstler ausübt. Sicherlich, ein stolzer, selbstbewußter Mensch wird allen als solcher erscheinen. Aber dennoch wird der subjektive Eindruck nicht unerhebliche Nuancen bei den einzelnen Menschen bzw. Künstlern zeigen. Das bedeutet also, daß nicht nur die äußere Erscheinung des Dargestellten und seine Persönlichkeit, sondern in geringem, gleichem oder hohem Maß auch die Meinung des Künstlers über den Porträtierten in dem Bildnis zum Ausdruck kommt. Bei Porträts, die zu Repräsentationszwecken gezeichnet oder gemalt werden, wird der Künstler dagegen eher geneigt sein, sich mit seiner persönlichen Meinung über den Auftraggeber zurückzuhalten. Als die große und wohl einzige Ausnahme muß Goya erwähnt werden, der als Auftragsmaler des spanischen Hofes die königliche Familie in der Pracht kostbarer Gewänder, aber schonungslos in ihrer Häßlichkeit malte.

Je nachdem, auf welchen Aspekt der Künstler jeweils Wert legt, verhält er sich auch entsprechend gegenüber seinen Modellen: Von Beckmann weiß man, daß er sie aufforderte, ruhig im Zimmer herumzugehen oder sich zu setzen, eben das zu tun, wozu sie gerade Lust hatten. Während sie saßen, unterhielt er sich ständig mit ihnen. Er erreichte damit zwei Ziele: Erstens „verkrampften" sich die Modelle nicht, sondern gaben sich zunehmend natürlich. Zweitens boten sich dem Künstler auf diese Weise mehrere Ansichten des zu zeichnenden Kopfes dar. Das heißt, er lernte die einzelnen Formen des Gesichtes von unterschiedlichen Blickwinkeln kennen, mit anderen Worten: Er hatte eine exakte plastische Vorstellung. Otto Dix äußerte dagegen die Ansicht, er wolle die Menschen, die er porträtierte, persönlich möglichst weder kennen noch kennenlernen. Mit einer kompromißlosen Haltung hielt er das, was er sah, mit seinem Bleistift oder Pinsel fest und betonte dabei eher noch die Mängel, als daß er sie vertuschte.

Es gibt recht unterschiedliche Formen des Porträts: Das Einzelporträt, das Doppelporträt, das Familienbild und das Gruppenporträt. Je nach Ausschnitt spricht man vom Bildniskopf (Kopf und Hals sind wiedergegeben), von der Bildnisbüste (mit dem oberen Teil der Brust), dem Brustbild bzw. dem Bruststück (mit der ganzen Brust), der Halbfigur oder dem Kniestück (Darstellung des betreffenden Menschen vom Knie ab), von der Ganzfigur und in der Bildhauerei vom Standbild. Alle diese Formen des Porträts stellen besondere Anforderungen, jedoch im Erfassen der genauen physiognomischen Züge und Formen sind sie sich gleich. Dieses Erfassen der Gesichtszüge steht auch im Mittelpunkt des vorliegenden Kapitels.

Methodisches Vorgehen

Der Wahrnehmungspsychologe Rudolf Arnheim beschreibt ein Phänomen, das sicher jeder schon öfters erfahren und erlebt haben dürfte: Am Strand, auf der Straße, im dichten Gedränge oder in einer relativ verlassenen Gegend fällt einem plötzlich eine Person auf, die sich zudem noch in einiger Entfernung befindet. Man ist sich sicher, einen Menschen wiederzuerkennen, den man schon längere Zeit, oft Jahre nicht mehr gesehen hatte. Und tatsächlich, beim Näherkommen wird der erste Eindruck bestätigt. Das Eigentümliche bei der Wahrnehmung liegt in der Tatsache, daß man Dinge und Menschen als einheitliche Gestalt erfaßt und wiedererkennt. Sollte man nun aber beispielsweise das Gesicht, die Farbe der Augen und Haare eines Bekannten oder gar Freundes beschreiben, stellen sich plötzlich ungeahnte Schwierigkeiten ein. Man glaubt, einen Menschen ganz genau zu kennen und ist sich dessen Aussehens doch nur vage bewußt.

Die hier abgebildete Zeichnung des zeichnenden Mädchens wurde von allen Bekannten sofort als die fünfjährige Nora identifiziert. Die Frisur mag beim Wiedererkennen eine wichtige Rolle gespielt haben. Entscheidend dürfte jedoch der Gesamteindruck der Figur gewesen sein, denn Details sind recht sparsam wiedergegeben.

Vom Gesicht sind nur die Nase und Stirn eingezeichnet, während das Auge lediglich angedeutet bleibt.

Für das Studium der Porträtzeichnung sind daraus zwei Schlüsse zu ziehen:
1. Man muß, zumindest beim Beginn des Studiums des Porträtierens, zuallererst einmal die Gesamtform von Kopf und Gesicht erfassen. Gelegentliche Skizzen der gesamten Figur wie die Abbildung des zeichnenden Mädchens sind eine sinnvolle Ergänzung der zeichnerischen Versuche.
2. Die unverzichtbaren Detailstudien sollten immer wieder auf die Gesamtform bezogen werden.
Der häufigste Fehler beim Porträtzeichnen liegt gerade in der Vernachlässigung der eben beschriebenen Gesamtform. Man erkennt dies daran, daß zwar das Gesicht gezeichnet, die Kopfform jedoch vergessen wird. Auch wenn gelegentlich einzelne Künstler aus gestalterischen Überlegungen heraus die Kopfform ebenfalls weglassen, *gilt für den Anfänger grundsätzlich immer die Forderung, das Gesicht als einen Teil des Kopfes zu verstehen, d. h., zuallererst den Kopf als die wesentliche und für das Porträt entscheidende Grundform festzulegen.*

Ein anderes Verhalten, sich mit Erfolg das Erlernen des Porträtzeichnens zu erschweren, wenn nicht gar völlig zu verhindern, ist das krampfhafte Bemühen um Ähnlichkeit. Geringfügige Besonderheiten der Nasen- oder Mundform z. B. erhalten in der Regel dann ein solches Gewicht, daß alle anderen wichtigeren Gesichtspunkte vernachlässigt werden. Damit wird keineswegs dem nur großzügigen, womöglich spontanen Zeichnen das Wort gesprochen. Im Gegenteil, die genaue Beobachtung, das Messen, Schätzen und das exakte Erfassen von Formbeziehungen sind eine unerläßliche Voraussetzung des Porträtzeichnens. Werden diese Aspekte berücksichtigt, dann stellt sich nach einer Weile der Übung die Ähnlichkeit wie von selbst ein.

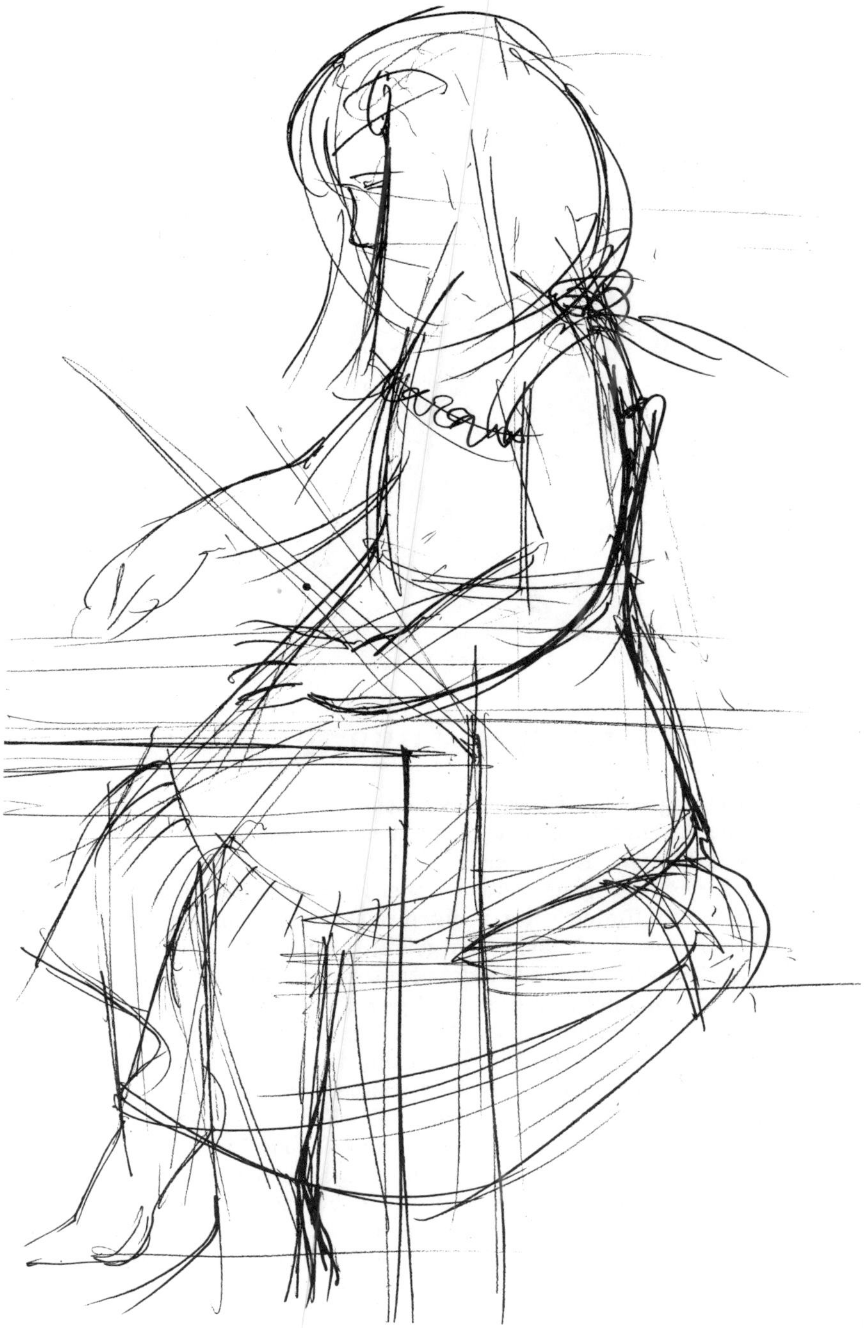

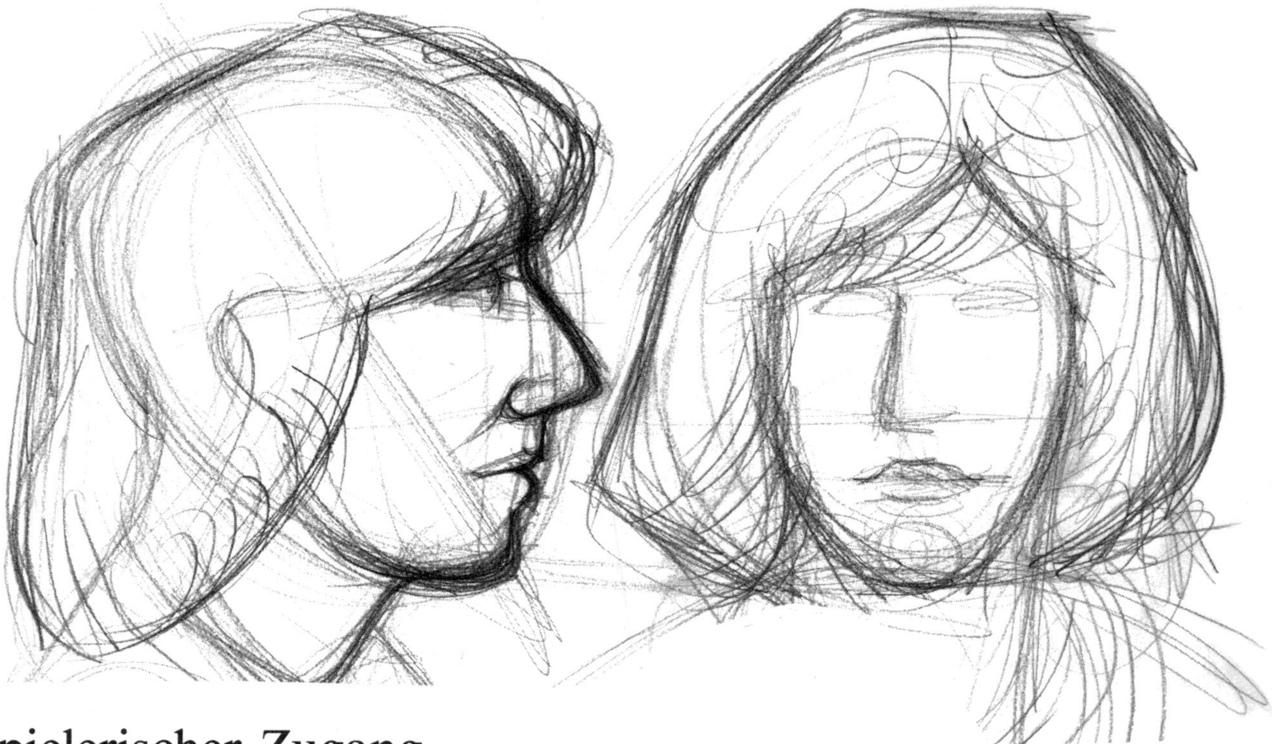

Spielerischer Zugang

Durch großzügiges schnelles Zeichnen
Die Aufmerksamkeit wird bei dieser Übung auf die Gesamtform des Kopfes gelenkt. Man wählt ein Zeichenmittel, das ein zügiges Zeichnen nicht nur gestattet, sondern geradezu fördert wie z. B. einen schwarzen Wachsmalstift oder einen im Minenhalter gefaßten oder auch ungefaßten Graphitstift. Beide Stifte benütze man möglichst ungespitzt, also mit abgerundeter Spitze.
Ein großes Format, etwa DIN A 2, und glattes Papier unterstützen ein schnelles Zeichnen, das jedoch nicht als flüchtig oder oberflächlich verstanden werden darf.
Man versuche mit großzügigen Zeichenbewegungen die typische Kopfform des Modells zu erfassen. Dabei kann man anfangs von einer Ovalform ausgehen, deren schräge Lage durch die Achse verdeutlicht werden kann (siehe dazu Abb. oben links!). Man beachte, daß die runden Formen so „rund" eigentlich nicht sind. Sie weisen erstaunlich gerade, teilweise sogar angenähert geometrische Eigenschaften auf. Man wird, um die eher geraden Formen, die leichten Knicke und den differenzierten Richtungswechsel genauer erfassen zu können, allmählich vom großzügigen schnellen Zeichnen zu einem zwar immer noch großzügigen, d. h. hier die Gesamtform beachtenden, aber zunehmend behutsameren Zeichnen überwechseln.

Durch Schattenrisse
Das Spiel ist bekannt und beliebt. Mit einer Lampe, am günstigsten mit einem Diaprojektor wird der Schatten eines Modells auf ein schwarzes oder weißes Papier geworfen und mit Bleistift festgehalten. Die Papiere können nun ausgeschnitten und auf weißem bzw. schwarzem Papier aufgeklebt werden.
Im folgenden versucht man, erstens die Kernform des Schädels zeichnerisch zu ertasten und festzulegen, und zweitens Binnenformen wie Ohren, Augen und Mund zu lokalisieren. Die Abbildung oben links zeigt den Schattenriß einer jungen Frau auf schwarzem Papier. Das ge-

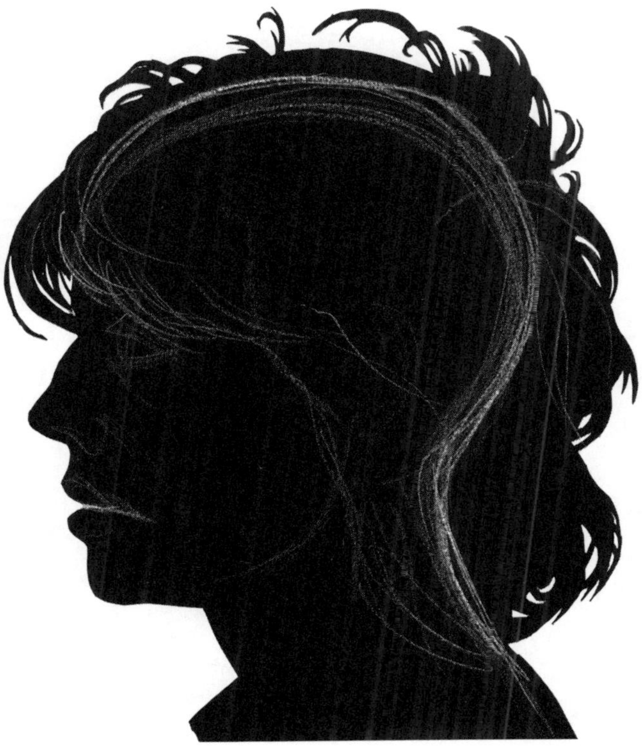

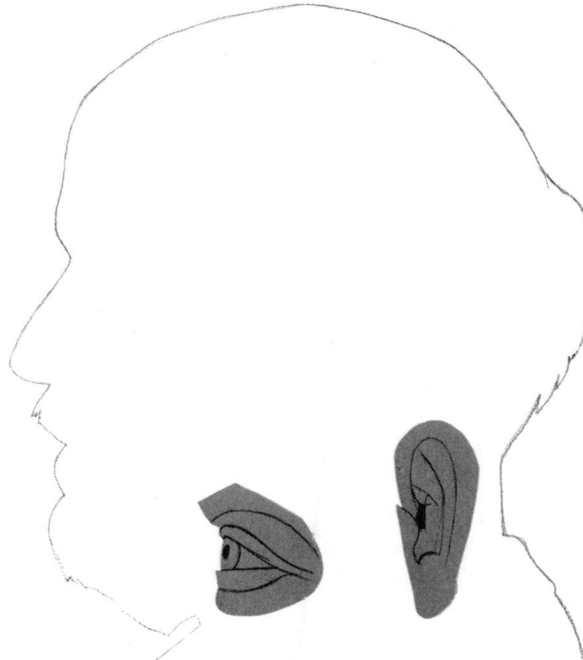

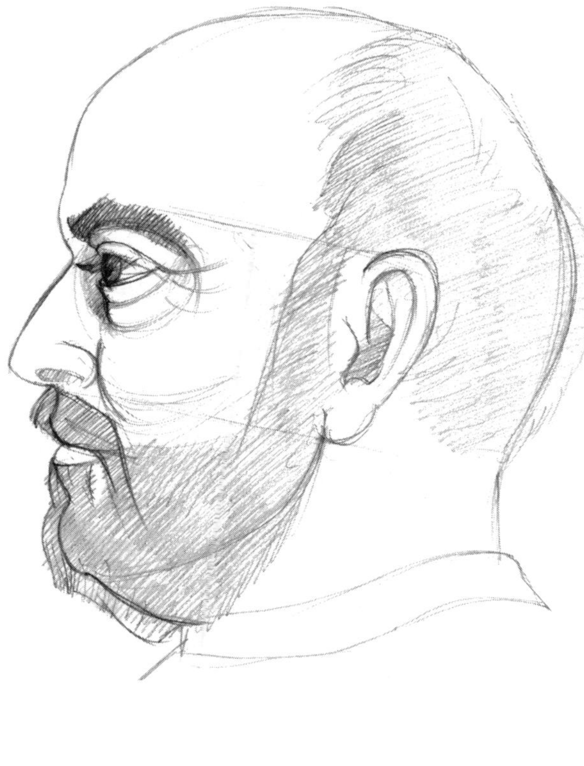

lockte Haar umspielt den Kopf frei, so daß die Schädelform nicht eindeutig festgestellt werden kann. Mit einem weißen Wachsmalstift wird nun auf gleiche Weise, d. h. in großzügigen Zeichenbewegungen die Schädelform festzulegen versucht. Kommt die modellsitzende Dame bzw. der betreffende Herr nicht gerade direkt vom Friseur, dann ist es recht hilfreich, mit beiden Händen unter dem Haar die Schädelform zu ertasten.

Eine andere Möglichkeit zeigt auf dieser Seite die Abbildung des Herrn mittleren Alters, bei welchem Frisurprobleme sichtlich immer geringer werden. Die Schattenlinie ist mit Bleistift auf weißem Papier festgehalten. Auge und Ohr sind in entsprechender Größe, die geschätzt werden muß, ausgeschnitten und können nun auf der Silhouette so lange herumgeschoben werden, bis man entweder gefühlsmäßig oder durch exaktes Messen die richtige Stelle und Richtung findet. Danach den Bart, restliches Haupthaar, Gesichtsfalten und Nasenflügel einzuzeichnen, ist relativ einfach.

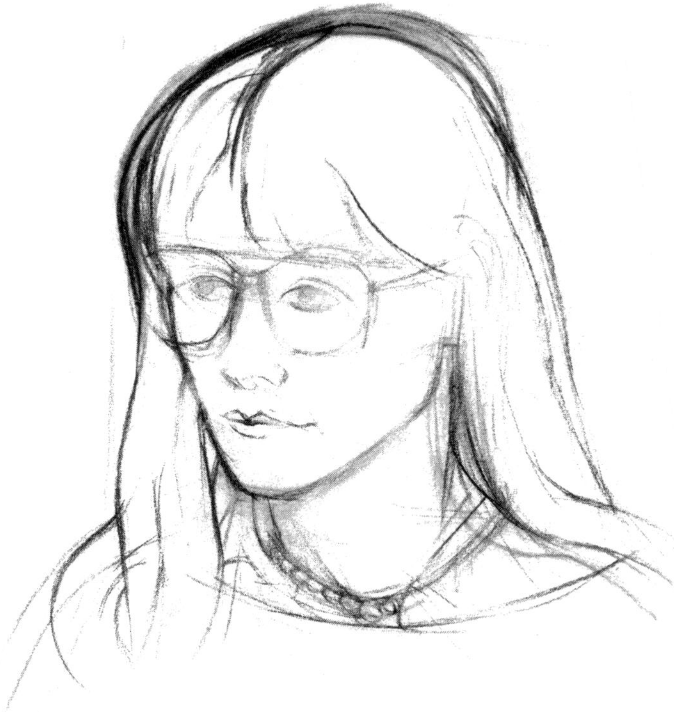

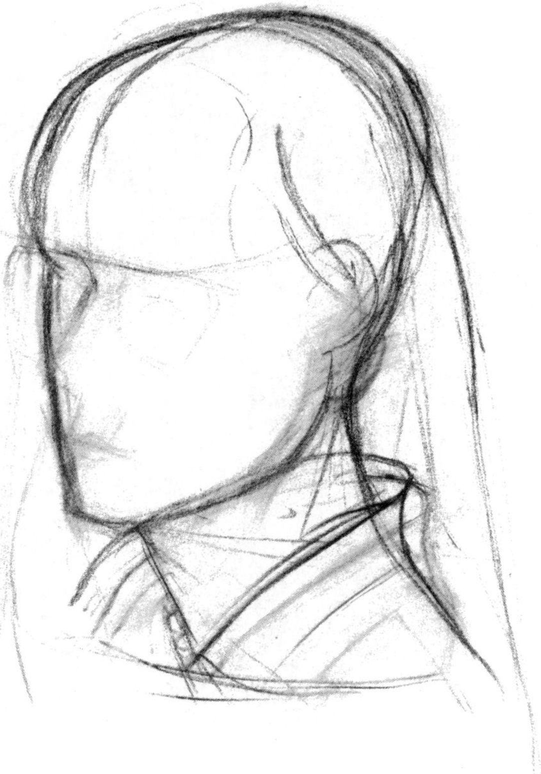

Erfassen der Kopfform
Ein Modell wird von verschiedenen Blickwinkeln aus mit Zeichenkohle und auf möglichst großem Format, etwa DIN A 2, porträtiert. Es wird an der Staffelei sowohl im Stehen (beim rechten Bild auf Seite 95) wie im Sitzen (bei den übrigen Beispielen) *mit ausgestrecktem Arm* gezeichnet. Dadurch behält man stets die Gesamtform auf dem Zeichenpapier im Auge. Man verliert sich auf diese Weise nicht zu schnell in Details, wozu die Zeichenkohle ohnehin nicht besonders verleitet. Ferner erlaubt die Kohle eine schnelle Korrektur, da sie sich mit einem Lappen recht schnell abklopfen oder wegwischen läßt.

Wie die vorangegangenen Übungsbeispiele zielt die hier vorgestellte Übung auf das Erfassen der Schädelform. Das Porträt auf Seite 95 rechts ist zwar auch im Profil dargestellt, der Zeichner blickt jedoch auf die junge Frau hinab. Auf diese Weise entsteht wieder ein plastischer bzw. räumlicher Eindruck, was am deutlichsten in der Schräglage der Brille zu erkennen ist.
Bei manchen Menschen ist die Kopfform unter der Fülle von Haaren kaum auszumachen. Brillen, die wie am Beispiel der hier dargestellten jungen Frau noch besonders großflächige Gläser besitzen, verstecken mehr oder weniger stark die Form des Kopfes bzw. einen Teil des Gesichtes. Die Aufgabe besteht nun darin, die Schädelform mit der Zeichenkohle ertastend einzugrenzen und allmählich festzulegen. Es sollte der Eindruck entstehen, als ob sich die Haare wie eine Schalenform, ein Tuch oder eine Haube um die Kernform des Schädels herumlegen würden.
Die Abb. oben rechts zeigt eine Studie, bei welcher der Kopf als Kernform in der weiteren Zeichnung noch erhalten bleibt. Augenbrauen, Nase und Mund sind nur minimal angedeutet, und dennoch läßt sich allein schon von der Gesamtform her ein bestimmter Typ erkennen. An

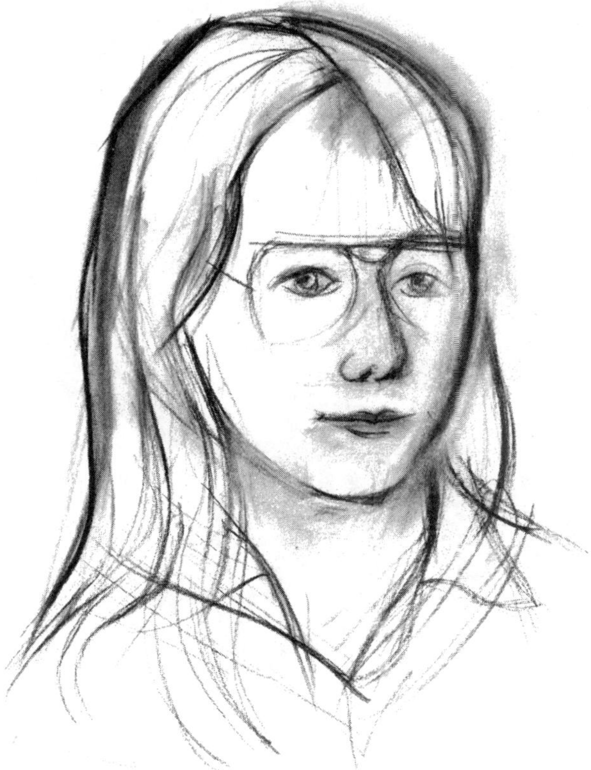

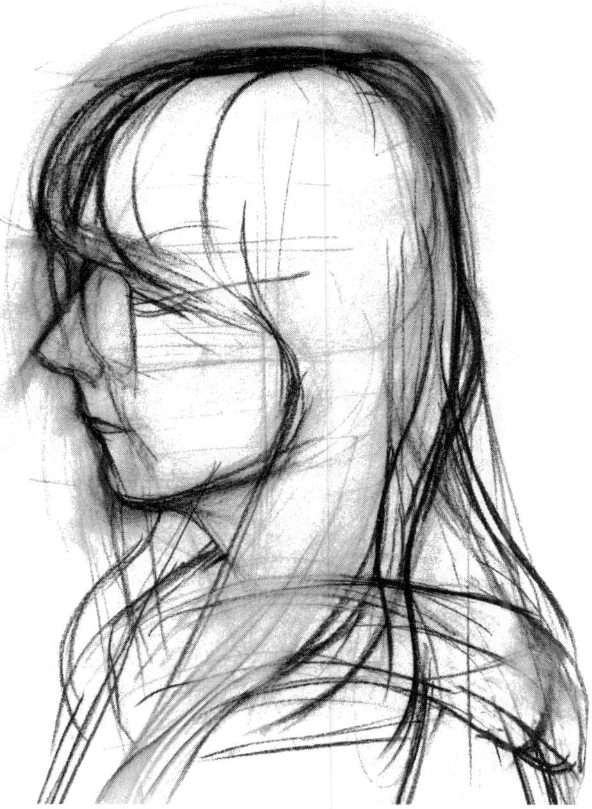

den beiden Abbildungen auf Seite 94 läßt sich auch belegen, daß die Lage von Augen, Nase und Mund wie von selbst gefunden werden können, wenn die große Form, die Gesamtform stimmt. Diese Einsicht soll ein weiteres Mal mehr die Wichtigkeit belegen, die dem Studium der Gesamtform beigemessen wird. Manche Anfänger scheuen sich vor der Darstellung der Haare. Geht man jedoch beim Zeichnen mit dem Haar genauso um wie beim Kämmen, Bürsten, also beim Ordnen der Frisur, so erscheinen die vermuteten Schwierigkeiten auf einmal recht gering. Man scheitelt das Haar. Das bedeutet für die Zeichnung, man gliedert die Kopfform durch eine Zäsur und legt zugleich zwei, vielleicht auch mehr Richtungen fest, in der die Haare verlaufen. Striche bedeuten hier also eher den Richtungsverlauf der Haare als die Haare selbst: man bündelt Haare, toupiert, legt Locken usw. Schon allein diese Begriffe machen deutlich, daß es sich beim Zeichnen der Haare um Formen und Teilformen handelt, die eine mehr oder weniger klar ablesbare Kontur aufweisen. So bilden die Haare nicht nur eine Schalenform, sondern gliedern auch den Kopf klein- oder großförmig in klar ablesbaren Frisurelementen oder auch in einer scheinbar wirren Struktur, hinter welcher aber auch eine Gesetzmäßigkeit gesucht werden sollte.

Da die Zeichnungen an verschiedenen Tagen entstanden sind, wechselt die Kleidung von Zeichnung zu Zeichnung. Dabei stellen die verschiedenen Kragen von Bluse und Pullover eine jeweils andere formale Lösung beim Übergang von Hals bzw. Nacken zu den Schultern dar. Die Abbildungen auf Seite 95 betonen den räumlichen Charakter des Kragens, der sich weiter oder enger um den Hals herumlegt. Auf der Abbildung links von Seite 94 ist der Kragen nur beiläufig und skizzenhaft angedeutet. Der Verlauf der Halskette unterstreicht dagegen die runde, d.h. die plastische Form des Halses, wodurch auch dessen Ansatz auf den Brustkorb deutlich markiert wird.

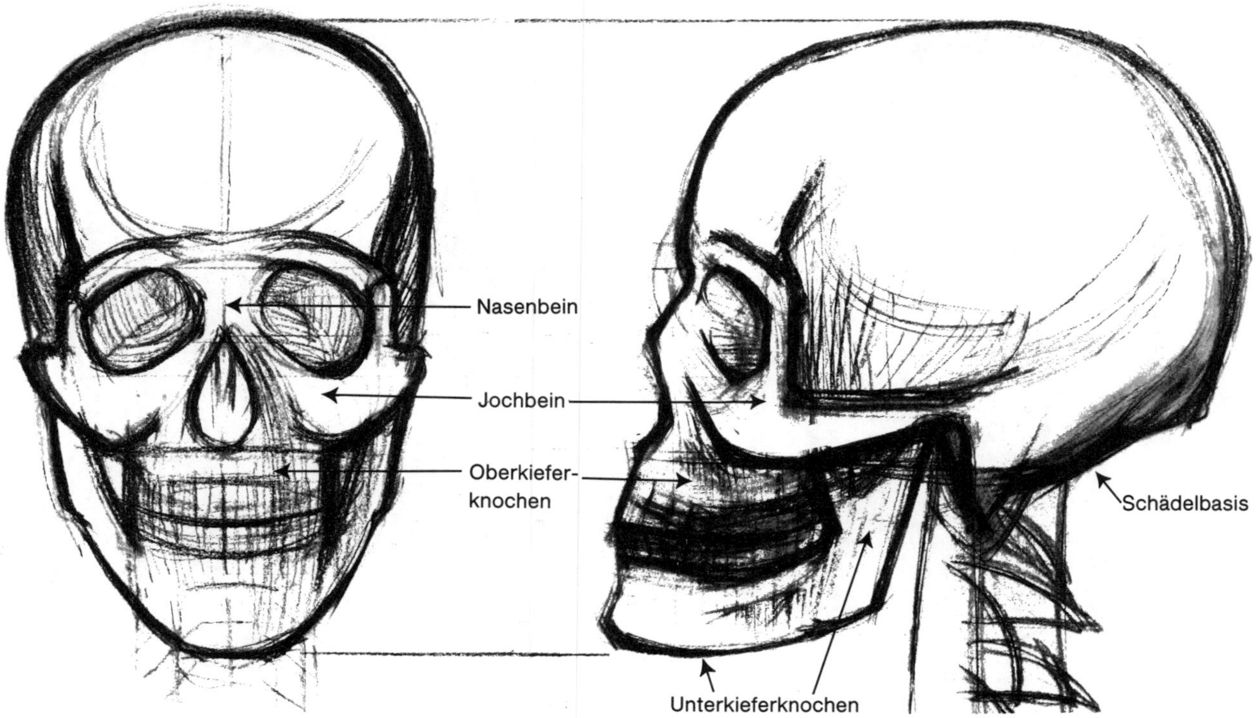

Kopfstudien

Der menschliche Schädel

Der menschliche Schädel ist die „Kernform“ von Kopf und Gesicht. Man sollte die wichtigsten Teile und vor allem deren Beziehungen zueinander kennen. Ein exaktes anatomisches Wissen ist indessen nicht nötig.

Der Schädel besteht aus dem Gehirn- und dem Gesichtsschädel. Aus dem Gehirnschädel, diesem stabilen Gefäß für das empfindliche und leicht verletzbare Gehirn, wächst über einzelne Knochen der Gesichtsschädel heraus. Gerade am menschlichen Schädel erkennt man, wie eng und wie vielfältig das Gesicht mit dem Gehirnschädel verwachsen und nicht bloß wie eine Maske vorgesetzt ist. Wenn man die Funktionen bedenkt, welche die beiden Schädelteile erfüllen, wird man sich erlebnishaft der Einzigartigkeit des Schädels bewußt: Im Gehirn werden alle Informationen unterschiedlichster Art, die aus dem gesamten Körper hier zusammenlaufen, bewußt, unbewußt und „automatisch“ verarbeitet. Demgegenüber ist das Gesicht „geöffnet“ zur Außenwelt, nimmt Wahrnehmungen über Auge, Nase, Mund auf. (Das Ohr ist beim Schädel nicht zu erkennen.)

Der Kopf sitzt mit der Schädelbasis des Gehirnschädels auf der Halswirbelsäule in der Höhe des Backenknochens auf, d. h. schon allein um den Hals richtig einzuzeichnen, benötigt man die Lage und Form des Schädels bzw. die Gesamtform des Kopfes. Anhand der Abbildung oben rechts wird auch klar, warum sich der hintere Halsansatz (Nacken) an einer höheren Stelle am Kopf befindet als der vordere Halsansatz, der über Muskeln und Haut mit dem Unterkiefer verbunden ist.

Um diese hier dargelegten Sachverhalte zu verstehen, ist es keineswegs notwendig, einen Schädel zu zeichnen.

Wenig sinnvoll ist es gar, die Abbildungen des Schädels in diesem Heft oder aus Naturkundebüchern abzuzeichnen. Dagegen sollte man jede Chance zum Zeichnen nützen, wenn ein Totenschädel oder ein Kunststoffabguß eines solchen zur Verfügung stehen. Für die Zeichnungen des menschlichen Schädels (Abb. oben) wurde Zeichenkohle

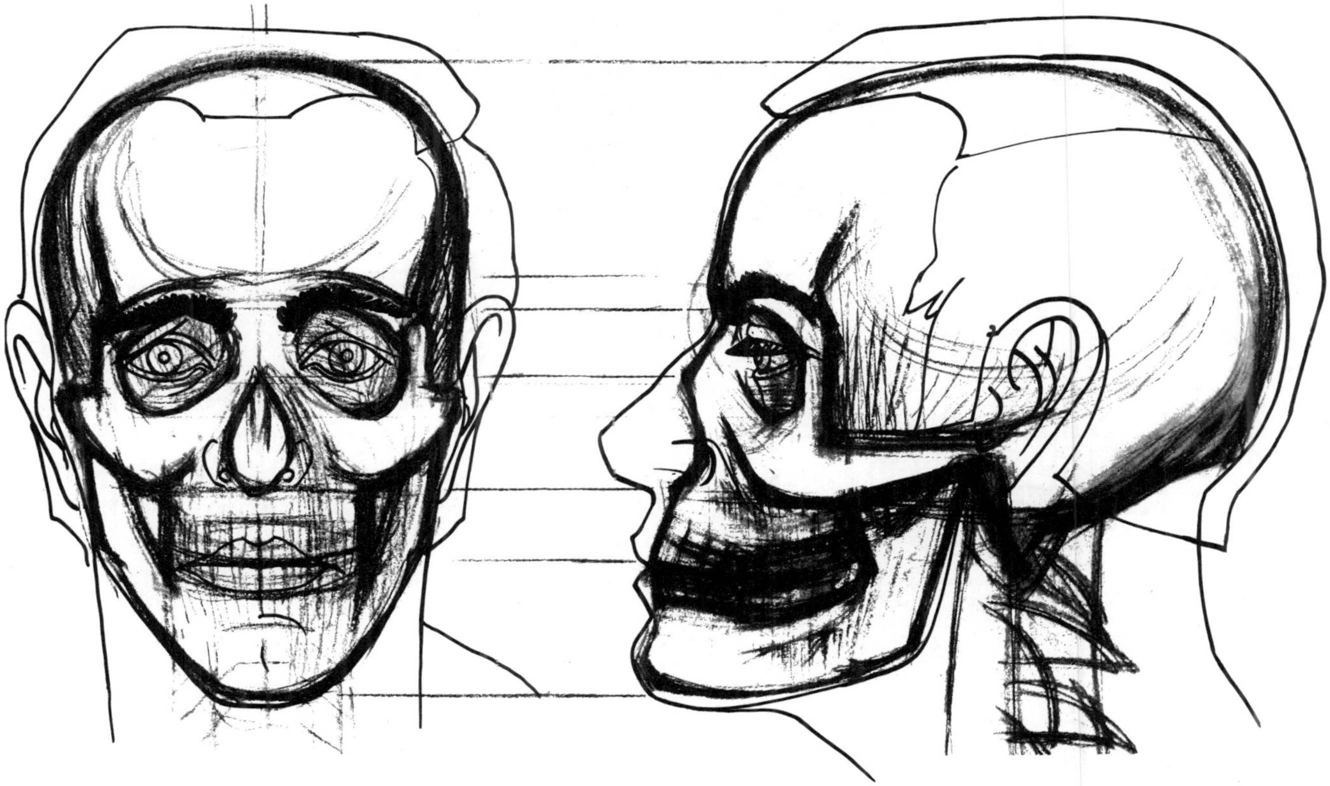

verwendet, die ein schrittweises Herausarbeiten der Schädelformen erleichterte.
Die Abbildungen lassen unschwer erkennen, daß das Interesse bei den Zeichnungen in keiner Weise auf die detaillierte, anatomische Wiedergabe gerichtet ist. Vielmehr ist die Aufmerksamkeit vorwiegend auf das Erfassen von Formeigenschaften und von Formbeziehungen gerichtet. Als Formeigenschaft wäre zuerst und vor allem die runde, aber teilweise abgeflachte Umrißlinie des Gehirnschädels zu nennen. Formbeziehungen bestehen in vielfältiger Weise, z. B. zwischen Jochbein und Nasenbein bzw. zur Augenhöhle und zum Oberkieferknochen. Gerade bei der Zeichnung der Gesichtsknochen erscheinen die Formbeziehungen wichtiger als die Formen selbst, d. h. die Frage, in welchem Winkel die Teile zueinanderstehen und welches Größenverhältnis zwischen ihnen besteht.
Die zwei Abbildungen oben zeigen skizzenhaft, wo sich Augen, Nase, Mund und Ohren am menschlichen Schädel befinden. Es handelt sich um eine schematische Darstellung, an der man sich grob orientieren sollte, da es doch recht individuelle Unterschiede gibt. Die Ohren z. B. befinden sich in der Regel auf der Höhe der Nase, sind jedoch bei einzelnen Menschen recht unterschiedlich groß, manchmal wesentlich kleiner als die Nase.
Die Augen liegen in den Höhlen, deren Ränder bzw. Knochenwülste an und unter der Augenbraue und dem Jochbein spürbar bleiben.
Um die Plastizität des Kopfes zu erfahren, ist es sinnvoll und wirkungsvoll, den eigenen Kopf abzutasten, am besten mit beiden Händen. Man bewege den Kiefer, während man die Hände an den unteren Ohransatz hält, taste die Ränder der Augenhöhle, das Jochbein usw. ab. Vollzieht man diese Untersuchungen vor einem Spiegel, wird man sich der komplexen Beziehungen noch deutlicher bewußt. Diese Art der eigenkörperlichen Erfahrung vermittelt mit Sicherheit tiefere Einsichten in die anatomischen Gegebenheiten und plastischen Beziehungen des Kopfes als das blose Literaturstudium.

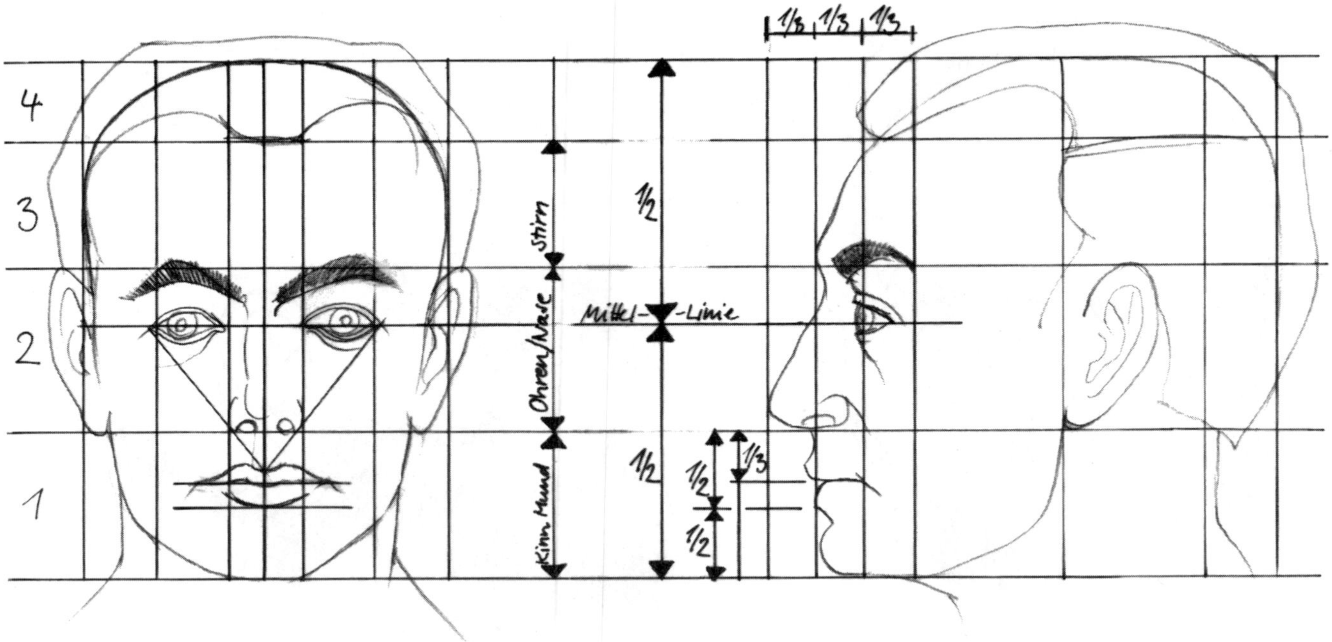

Die Proportionen

In früheren Zeiten hielten sich die Künstler meist streng an festgelegte Proportionen, die sie entweder übernommen oder wie Dürer und Leonardo da Vinci selbst entwikkelt hatten. Die Proportionen spiegelten im Verständnis der jeweiligen Zeit die Weltordnung wider und galten deshalb oft als die Grundlage für das Schönheitsideal.

Heute verwendet man festgelegte Proportionen nur noch zur Orientierung, d. h. man zeichnet die Proportionen relativ früh ein und ändert anschließend die Einteilung nach der individuellen Erscheinung ab. Das bedeutet: *Die Proportionslehren sind als Schemata zu sehen, die nicht als Norm gelten, sondern allein der Erleichterung des Porträtzeichnens dienen.* Im folgenden werden zwei der gängigsten Lehren vorgestellt. Grundmaß der ersten Methode ist die Länge der Nase einschließlich der Brauen oder, was nicht immer eindeutig festzustellen ist, die Stirnhöhe. Diese Länge wird am Kopf dreimal abgetragen. Es ergeben sich so die Strecken „Kinn bis zum unteren Nasenende, dem sogenannten Nasensporn" (1), „Nasensporn bis Augenbrauen" (2) (diese Strecke bestimmt zugleich die Größe der Ohren) und die Stirn (3). Die Hälfte des Grundmaßes wird an die Stirn angesetzt (4). Diese Strecke ist der in der Vorderansicht sichtbare Teil des Gehirnschädels.

Die Augen liegen auf der Mittellinie des Kopfes. Zwei in der Literatur unabhängig voneinander empfohlene Einteilungen der Kinn-Mund-Partie werden hier zusammen verwendet, was ohne Probleme möglich ist: Die Mitte des Mundes liegt auf der Trennlinie zwischen dem oberen und mittleren Drittel der Mund-Kinn-Partie, an die Mittellinie grenzt die Unterlippe.

Der Gesichtsbreite liegt das Grundmaß 2 ½-fach zugrunde. Man entschließe sich, statt des 2 ½ Maßes, die Strecke gleich in fünf gleiche Teile zu gliedern. Die Größe des Auges entspricht jeweils einem Fünftel der Gesichtsgesamtbreite, ebenso die Breite der Nase auf der Höhe der Nasenflügel und die Kinnspitze. Dies bedeutet zugleich, daß der Abstand zwischen den Augen der Breite *eines* Auges entspricht.

Eine enorme Erleichterung beim Erfassen der individuellen Proportionen bietet das Dreieck, das von den Eckpunkten „äußere Augenwinkel" und „Oberlippe" gebildet wird, und dessen Seiten die Nasenflügel berühren. Je nach

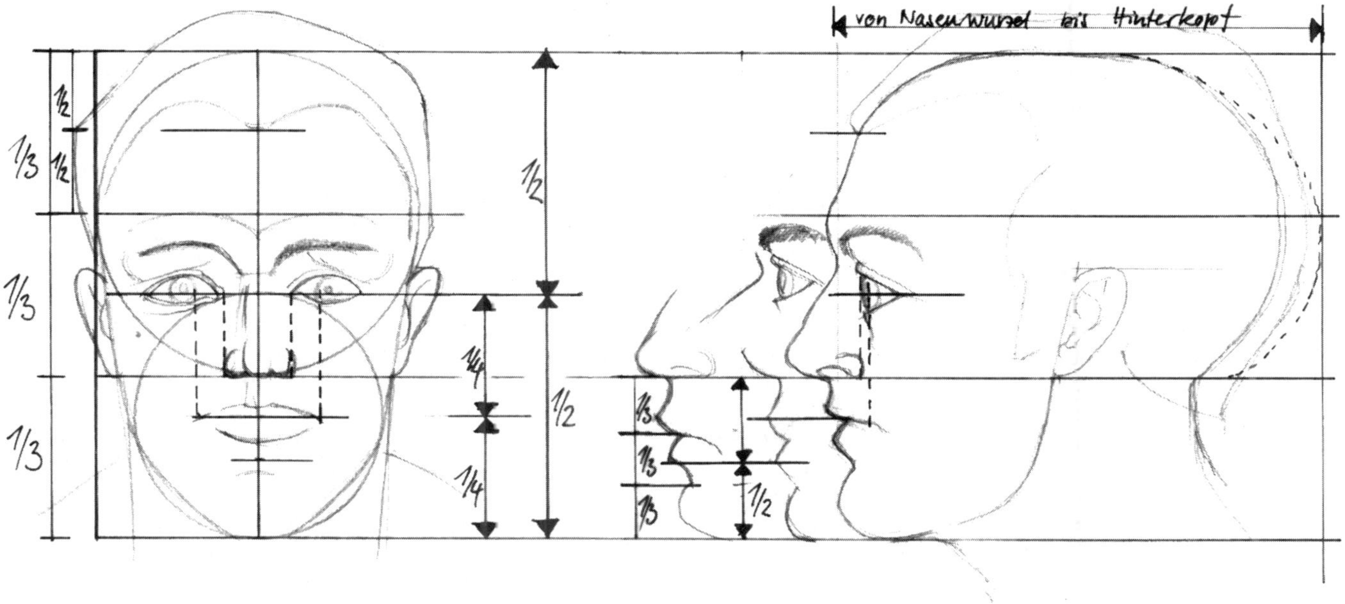

Typ fällt das Dreieck schmal und hoch oder breit und niedrig aus. Der Kopf im Profil weist bei dieser Lehre dieselbe Tiefe wie die Höhe auf, also das 3 ½-fache des Grundmaßes, d.h. auch, daß der Kopf einem Quadrat eingeschrieben werden kann. Deutlich wird in der Abbildung, daß das Ohr so groß wie die Nase ist. Auf stark differierende individuelle Unterschiede muß hingewiesen werden. Die verlängerte Linie „Nase zu Ohrläppchen" bezeichnet auch die Schädelbasis am Hinterkopf.
Der zweiten hier vorgestellten Lehre, jene von Richer, liegen zwei Einteilungen zugrunde, eine Drittelung und eine Halbierung bzw. Viertelung. Gerade die Kopfform wird mit der Kombination beider Maßeinteilungen bestimmt; die Gesamtstrecke (Mittellinie des Kopfes) wird gedrittelt und geviertelt. Mit dem Durchmesser der halben Kopfhöhe wird in der unteren Gesichtshälfte und mit dem Durchmesser von ⅔ der Kopfhöhe in den beiden oberen Dritteln des Kopfes jeweils ein Kreis geschlagen. Die Verbindung beider Kreise ergibt die Kopfform. Die Drittelung ergibt folgende Strecken: „Kinnspitze – Nase", „Nase – obere Brauen oder Überaugenbogen" und „Überaugenbogen – Scheitel". Die Halbierung ergibt folgende Strecken: Auf der Mittellinie liegen die Augen; die Halbierung der unteren Hälfte legt die Mitte des Mundes fest. Die Halbierung des oberen Drittels gibt die Stelle des Haaransatzes wieder.
Die Größe der Ohren wird hier in der Höhe von Nasendorn und Nasenwurzel festgelegt.
Beide Lehren stellen – es wurde bereits erwähnt – lediglich eine Orientierung dar. Die alternativen im Schaubild eingezeichneten Lösungen sollen dies veranschaulichen, vor allem das Beispiel der unterschiedlichen Zuordnung der Lippen in die Mund-Kinn-Partie.
Auch Kopfform und -größe sind recht unterschiedlich. Das im ersten Beispiel zugrundegelegte Quadrat des Kopfprofils geht von dem Fall der größten Kopflänge aus. Im zweiten Bildbeispiel auf dieser Seite ist diese Möglichkeit mit der gestrichelten Linie angegeben. Da die Nasenwurzel recht unterschiedlich tief liegen kann, manchmal nicht einmal ein Übergang zur Stirn zu bemerken ist (bei der sogenannten klassischen griechischen Nase), steht auch das Auge in recht unterschiedlicher Weise zur Nase. Teilweise befindet sich das obere Augenlid auf der Höhe der Nasenwurzel, manchmal liegt das Auge höher.

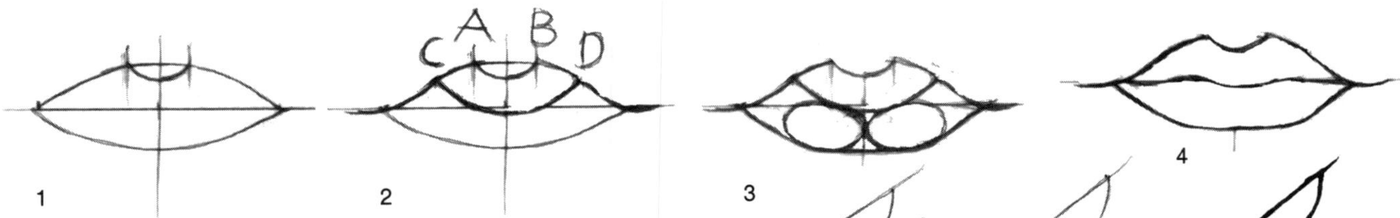

1 2 3 4

Detailstudien

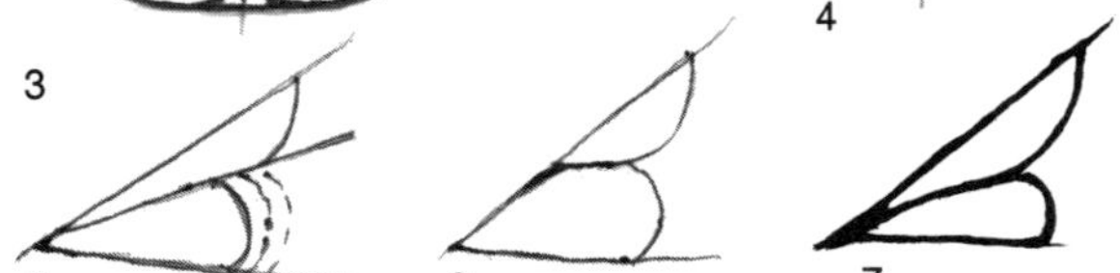

5 6 7

Allgemeine Überlegungen
Wenn bisher ständig betont wurde, daß die Gesamtform des Kopfes Vorrang vor allen anderen Gesichtspunkten habe, so heißt dies keineswegs, daß man die Details vernachlässigen könne. Im Gegenteil: Das präzise Erfassen der Augen, der Nase und des Mundes ist für das Porträtzeichnen eine unerläßliche Voraussetzung. Die Schwierigkeiten liegen vor allem in der Plastizität dieser Details begründet. Selbst unmerkliche Positionswechsel des Zeichners oder des Modells lassen z. B. Auge oder Nase plötzlich anders erscheinen. Auch die individuellen Unterschiede selbst innerhalb derselben Altersgruppe sind sehr groß und erschweren somit den Lernprozeß enorm. Zwei grundsätzlich verschiedene Wege werden vorgestellt. Der erste geht über die „Flächenform". Für das entsprechende Detail wird eine schematische Ausgangsform empfohlen. Mit der anderen Methode – „die plastische Form" – sollen das Verständnis für die spezifische Erscheinungsform z. B. eines Auges und die Einsicht in die plastischen Zusammenhänge vermittelt werden. Der zweite Weg garantiert auf Dauer die souveräne Beherrschung des Porträtzeichnens, während der erste, so sinnvoll er auch während des Studiums sein mag, die Gefahr der schablonenhaften Wiedergabe in sich birgt.

Mund
Die Flächenform des Mundes setzt sich aus mehreren geschwungenen Linien zusammen. Zwei Bögen geben die grobe Form der Lippen wieder (Abb. 1). Die Größenverhältnisse der Lippen bestimmen die individuellen Unterschiede.
Die Oberlippe wird durch eine Rille, d. h. einen kleinen Bogen halbiert (Abb. 2, AB). Dieser Bogen kann individuell recht unterschiedlich sein: flach und tief, breit und schmal, scharf geschnitten oder mit weichen Übergängen. Um diesen Bogen wird ein weiterer gezogen, der die Mittellinie schneidet (Abb. 2). Der große Oberlippenbogen schlägt in den Punkten CD in einen leichten Gegenbogen um. (Vergleiche auch Abb. Seite 101 rechts Mitte!) Der Unterlippe werden zwei längliche Ovale eingefügt (Abb. 3). Die Verbindung dieser beiden Formen flacht in der Regel die Unterlippenaußenform ab. Die Bögen werden über die seitliche Begrenzung hinausgeführt. Die auslaufenden Linien bestimmen die Form der Mundwinkel (Abb. 4).
Im Profil ist am leichtesten zu erkennen, wie weit die Unterlippe hinter die Oberlippe zurückweicht oder ob sie, was recht selten ist, vorsteht. Die schematische Ausgangsform besteht aus drei Linien, die sich vom Mundwinkel aus verzweigen und mit zwei Bögen miteinander verbunden sind (Abb. 5). Die gestrichelten Linien sollen lediglich die Vielfalt individueller Möglichkeiten andeuten. Der Bogen der Oberlippe kann recht unterschiedlich geformt sein, kann sehr schmal sein, aber auch weit vorstehen. Der seitliche Teil der Oberlippe kann völlig unsichtbar bleiben (Abb. 6), ist jedoch bei dicken Oberlippen deutlich zu sehen (Abb. 7).
Die plastische Form des Mundes ist deshalb so schwierig zu erfassen, weil sie wesentlich von der Umgebung von Nase, Kinn und Wangen bestimmt wird. Am wichtigsten ist die plastische Gesamtform, d. h. der Verlauf des Mundes (Berührungslinie der Lippen). Nach dieser Linie, die auf Seite 101 in mehreren räumlichen Situationen dargestellt ist, richten sich die Detailformen. Die beiden oberen Abbildungen links zeigen den Mund in klarer Vorderansicht. Lediglich eine geringfügige Neigung des Kopfes verändert die Form des Mundes schon wesentlich. Ist der Kopf im Halbprofil zu sehen, sollte man daran denken, daß der hintere Teil des Mundes stark verkürzt ist. Man sollte sich mit Skizzen, wie sie neben den Abbildungen zu sehen sind, über die plastische Situation Klarheit verschaffen.

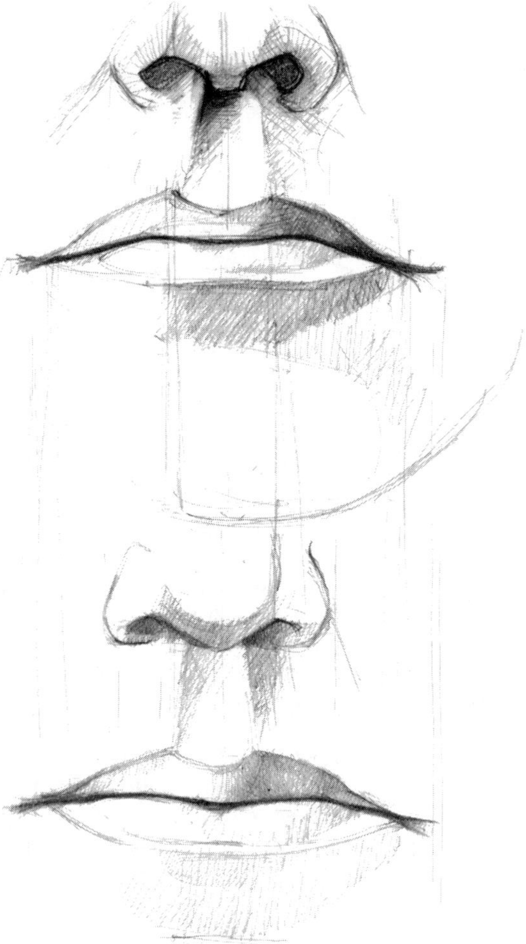

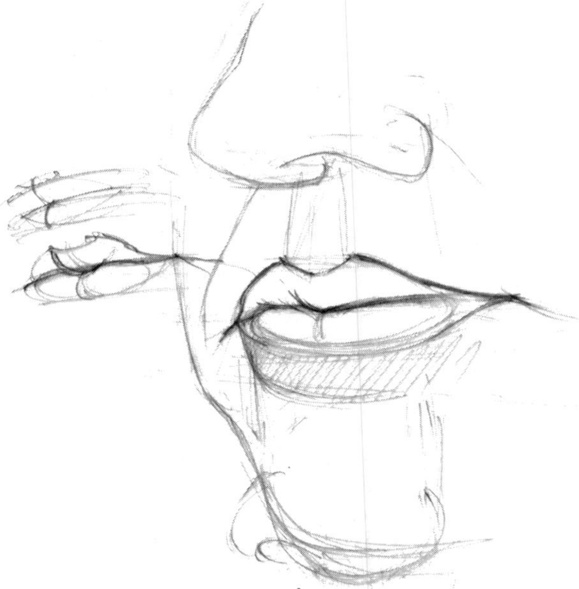

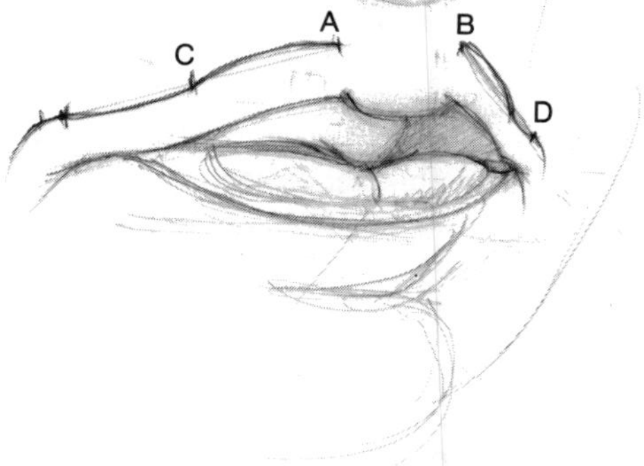
A
B
C
D

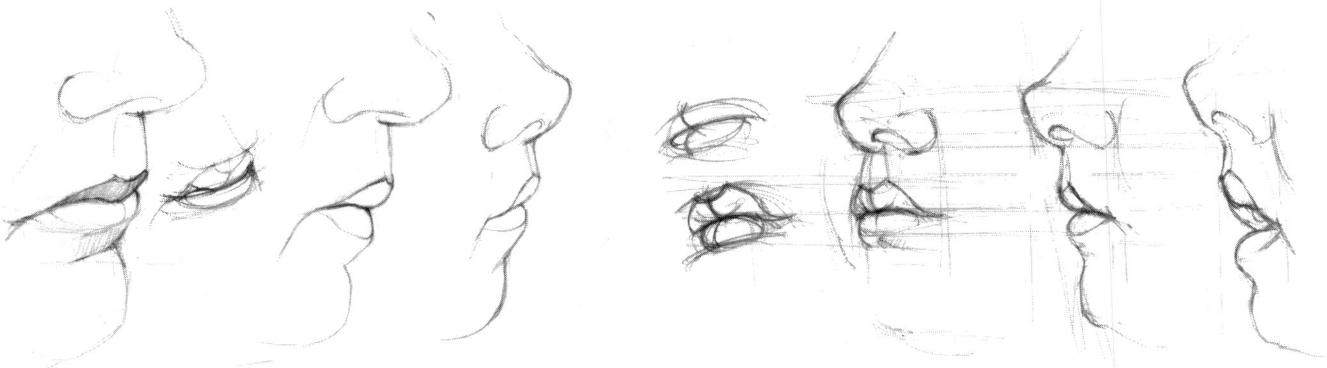

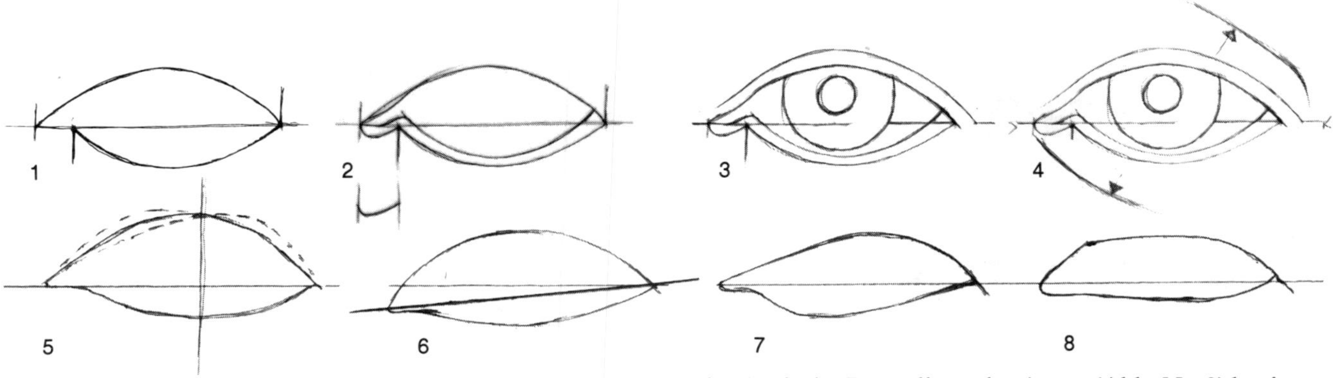

1 2 3 4 5 6 7 8

Die Augen

Die Flächenform des Auges ist relativ einfach zu erfassen. Sie ist eine Mandelform, die von den Lidern bestimmt wird. Dabei ist der untere Bogen kürzer als der obere (Abb. Nr. 1). Die Bögen können auch von der Mittelachse nach rechts bzw. nach links verschoben sein, wie es mit der gestrichelten Linie in Abb. Nr. 5 veranschaulicht wird. Die anderen Beispiele der unteren Reihe stellen eine kleine Auswahl individueller Formen dar.

Der innere Augwinkel wird mit einer Kurve geschlossen, wie sie in Abb. Nr. 2 unterhalb der Zeichnung gesondert dargestellt ist. Die Dicke des unteren Lides ist mit einem schmalen Band Abb. Nr. 2 wiedergegeben. Der Kreis der Iris (Abb. Nr. 3) ist üblicherweise nicht vollständig zu sehen. Der Knochen der Augenhöhlen bestimmt das Umfeld des Auges (siehe Pfeile, Abb. Nr. 4). Von der Seite bestimmt das sichtbare Kreissegment des Augapfels auch die Form der Augenlider (Abb. Seite 103 rechts oben). Individuelle Unterschiede liegen hauptsächlich in den verschiedenen Proportionen, wie sie an den Abbildungen 5 bis 8 untersucht werden können.

Die plastische Darstellung des Auges (Abb. Nr. 9) beginnt mit der Kugel, über welche wie eine Schale Unter- und Oberlider des Auges gelegt werden (Abb. Nr. 10). Die stärker eingezeichneten Bleistiftstriche sollen den plastischen Verlauf betonen. Die letzte Phase (Abb. Nr. 11) zeigt, wie das Auge in der Augenhöhle liegt. Auch hier zeigen Pfeile, wo sich der Knochen der Augenhöhle abzeichnet.

Eine weitere Schwierigkeit liegt in der paarweisen Anordnung der Augen, die sich in einer komplizierten plastisch-räumlichen Beziehung zu ihrer unmittelbaren Umgebung, zu Jochbein, Nase und zueinander selbst befinden. Aus diesem Grund sollte man sich auf alle Fälle die in Abbildung Seite 103 links vorgestellte Übung vornehmen. Die Augen eines Modells werden en-face, im Halbprofil und im Profil dargestellt. In der zweiten Abbildung von unten links sind die zu Kugeln erweiterten Augen mit Linien verbunden. Sie geben die schräge Lage des Kopfes an, nach der sich die Augen ebenfalls richten müssen. Das Auge eines alten Mannes belegt, wie tief der Augapfel hinter den Lidern liegt (Seite 103, Abb. rechte Seite).

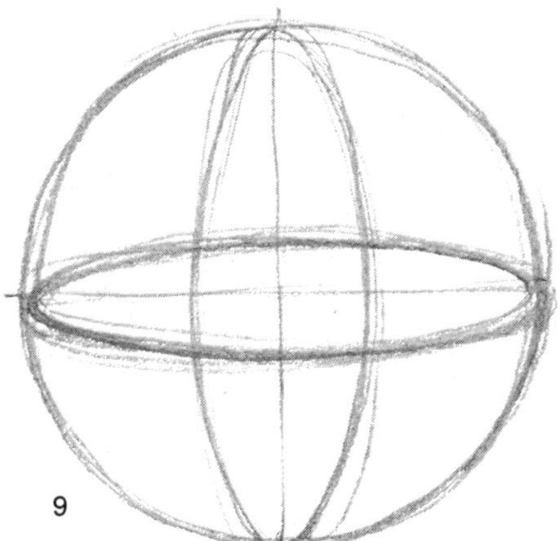

9

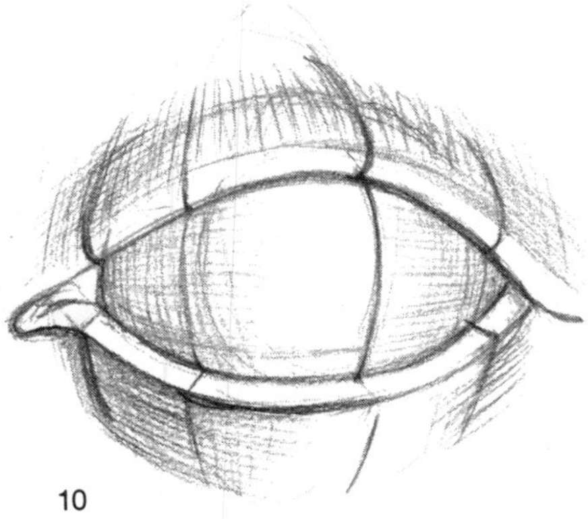

10

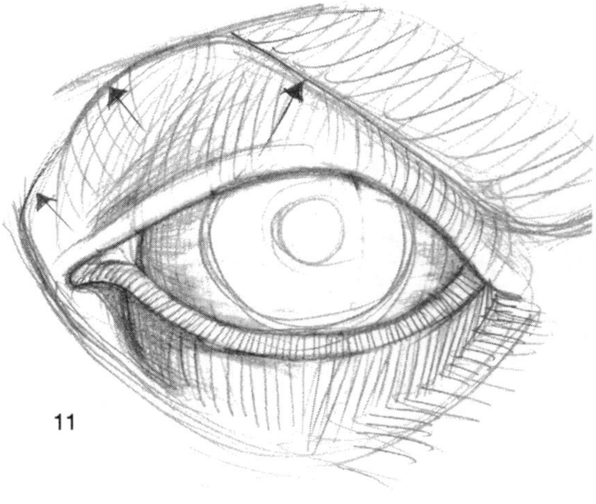

11

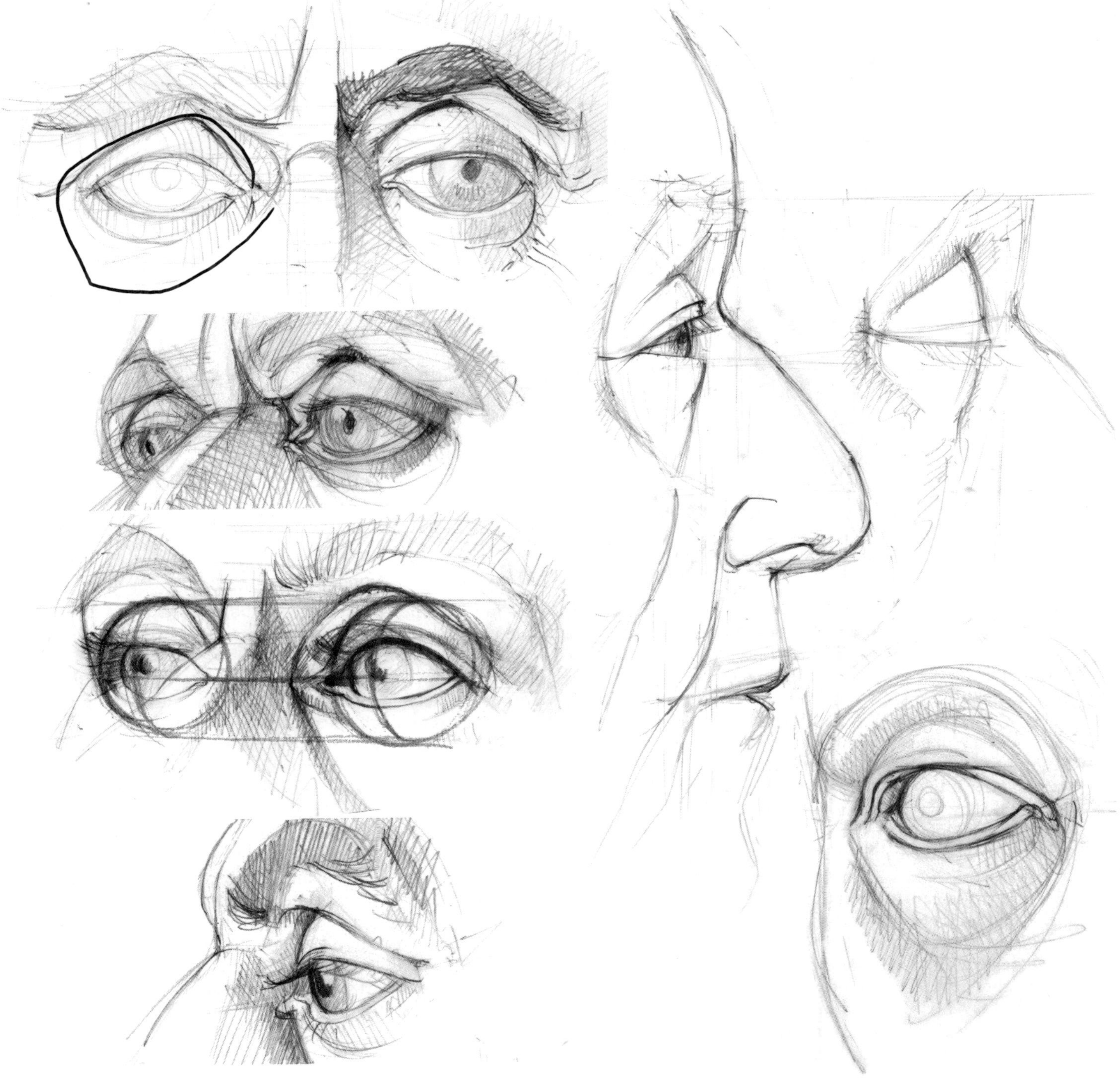

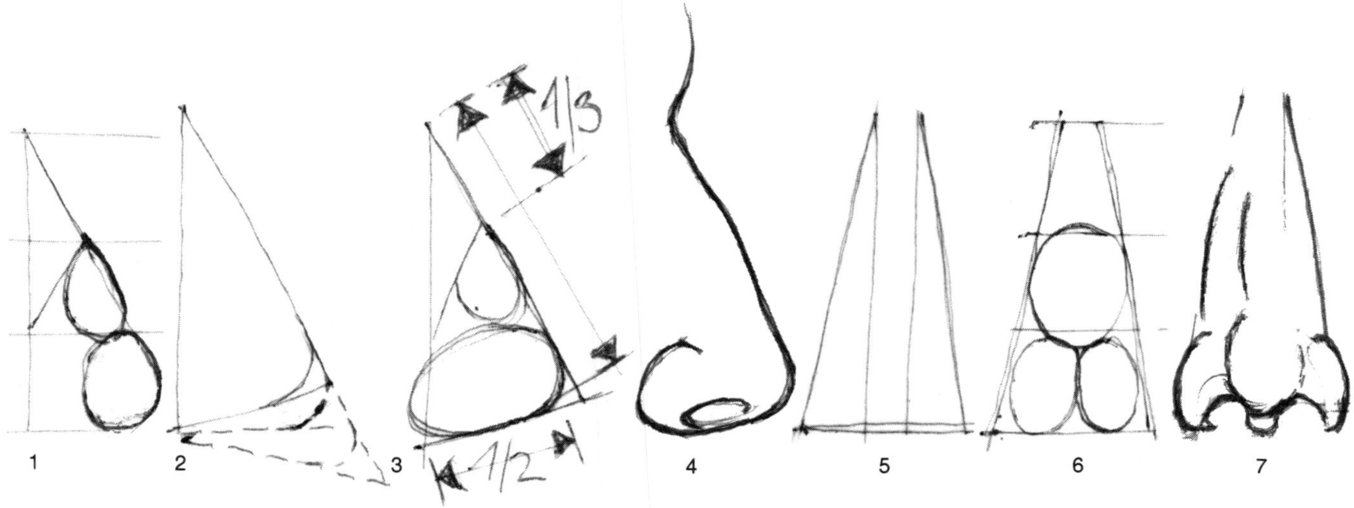

Die Nase

Die Form der Nase wird vom Nasenbeinknochen und von den Nasenknorpeln bestimmt. Da vor allem die Nasenknorpel die individuellen Unterschiede ausmachen, soll hier nochmals ein kurzer anatomischer Hinweis erfolgen (siehe Abb. 1). Der erste Knorpel bildet zusammen mit dem Nasenbein den Nasenhöcker. Je nachdem, wie dieser Knorpel am Nasenbein ansetzt, verläuft die Nase relativ gerade oder bricht zur sogenannten Hakennase ab, wie es auf Abb. Seite 103 rechts zu sehen ist. In selteneren Fällen sind Nasenbein und erster Knorpel ausgeprägt (siehe Abb. Seite 105 rechts unten!).

In einzelnen Fällen kann man die untere Seite (Nasenflügel und Nasenspitze) halb so lang annehmen wie die Seite, auf welcher der Nasenrücken verläuft (Nr. 3). In der Regel ist die untere Seite jedoch etwas länger. Die Lage des Nasenhöckers ist individuell recht verschieden, dürfte aber generell etwa durch das erste Drittel bestimmt sein. Ein Oval wird in den unteren Teil des Dreiecks gezeichnet. Die Höckerlinie und der Übergang zur Stirn werden angegeben. Die gestrichelten Linien verweisen auf individuelle Unterschiede (Abb. Nr. 2). Die Verbindung dieser runden Formen ergibt die Form der Nase (Abb. Nr. 4).

Die Nasenlöcher haben von der Seite gesehen die Grundform eines schmalen offenen Ovals, das individuell auch recht unterschiedlich (ebenso wie die Nasenflügel) ausfallen kann. In der Regel sind die Nasenlöcher eckiger, wie man auf den Abbildungen von Seite 105 erkennen kann.

Am schwierigsten ist die Nase von vorne zu zeichnen, weil lediglich bei den Nasenflügeln klare Formen zu erkennen sind. Die Flächenform setzt sich hier am günstigsten aus einem senkrechten Band, das dem Nasenrücken zuzuordnen ist, und aus achsensymmetrischen Schrägen zusammen (Abb. Nr. 5). In das untere Drittel zeichnet man die Nasenflügel und die Löcher ein (Abb. Nr. 7). Die Nasenspitze, d.h. der zweite Nasenknorpel, wird innerhalb des Bandes über den Nasenlöchern eingefügt. Hat man starke Untersicht, verändert sich die Grundform, wie es in Abbildung Nr. 8 gezeigt wird.

Die plastische Form der Nase ist am besten durch die Darstellung aus unterschiedlichem Blickwinkel zu studie-

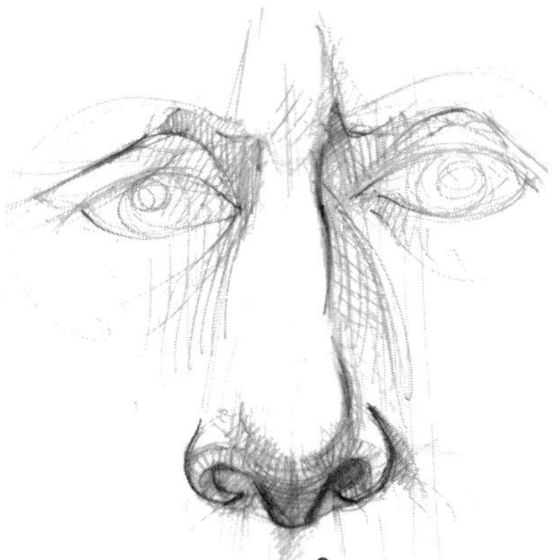
8

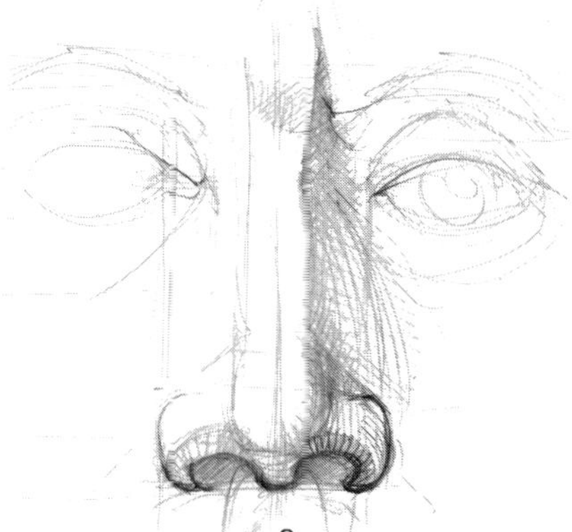
9

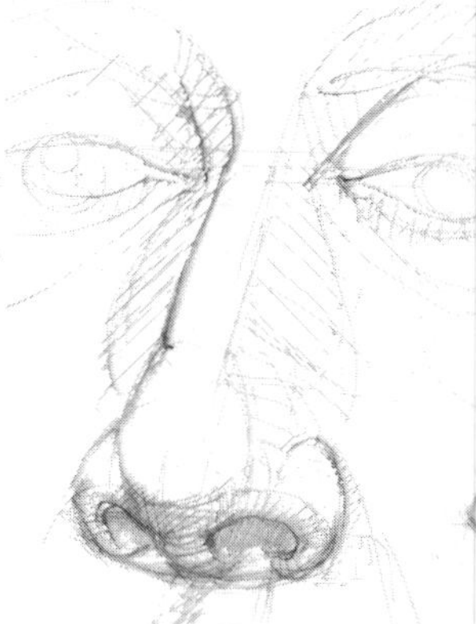
10

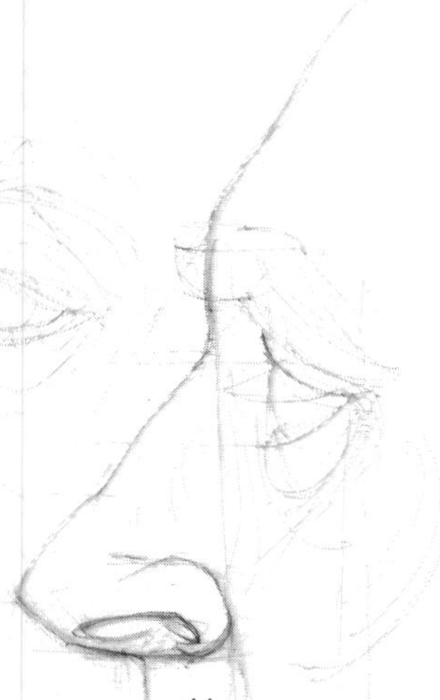
11

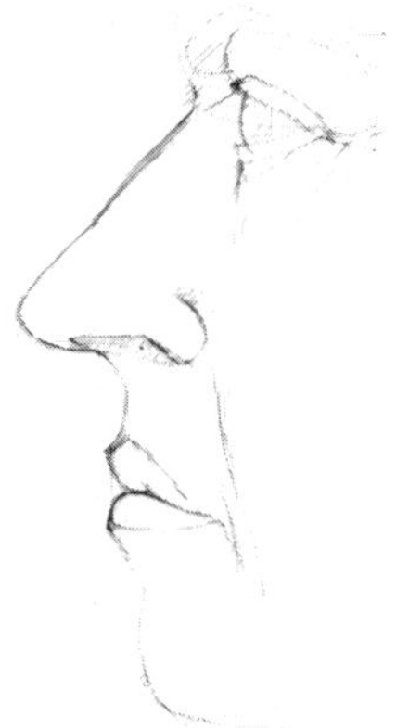

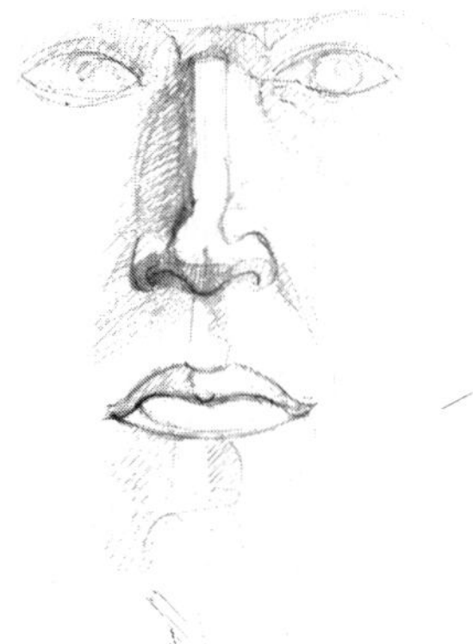

ren. Die obere Reihe zeigt eine solche Übung. Zweimal ist die Nase in totaler En-face-Darstellung wiedergegeben, wobei das Modell bei der zweiten Zeichnung lediglich den Kopf etwas neigte (Abb. Nr. 8 und 9).
Die beiden unteren, bereits oben erwähnten Beispiele belegen, daß die Nase beim Wechsel von der Profil- zur Enface-Darstellung ihren Charakter enorm verändern kann. So erscheint die Nasenwurzel bei Abbildung unten rechts in der Profildarstellung nicht ungewöhnlich, während sie in der Vorderansicht ungewöhnlich breit erscheint. Die Nase von Abbildung Mitte links ist im Profil zwar spitz, aber in sich doch ebenmäßig und von einer klaren Form. In der Vorderansicht zeigt die Nasenspitze eine große Unregelmäßigkeit. Folgende Punkte sollten beim Zeichnen der Nase bedacht werden: Die Nasenspitze (zweiter Knorpel) ist eine plastische Form, welche über den Nasenlöchern sitzt. Die Nasenlöcher reichen bis zu der schmalen Nasenscheidewand.
Die Seitenflächen des Nasenbeins sollten, zumindestens beim Anfang des Porträtstudiums, stets eingezeichnet werden.

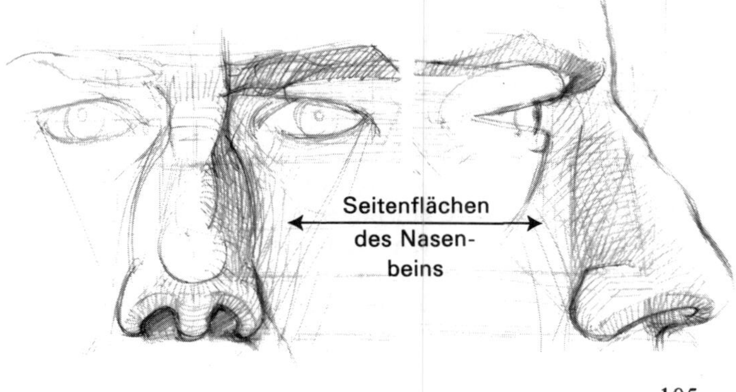

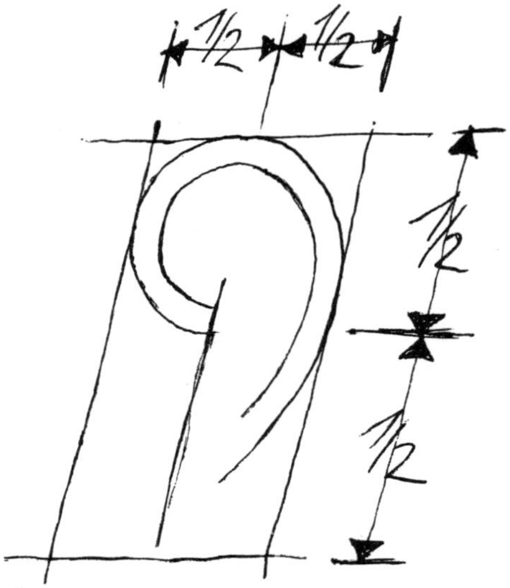

1

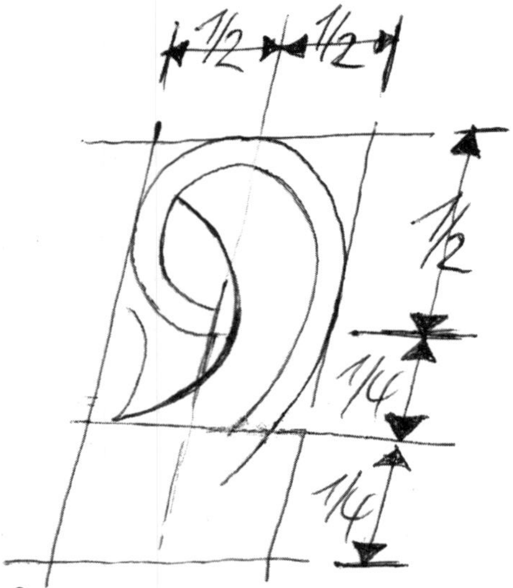

2

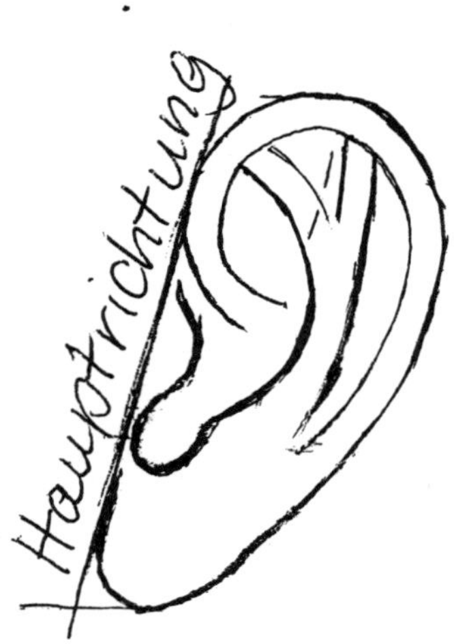

3

Das Ohr

Das Ohr besteht aus einem Knorpel (Ohrmuschel) und einem Fettgewebe (Ohrläppchen), die beide von Haut bedeckt sind. Das Ohr befindet sich genau hinter dem Kiefergelenk. Man erkennt dies am besten dadurch, daß man Ohr, Kiefergelenk und -muskeln abtastet, während man den Mund ständig öffnet und schließt.

Das Ohr besitzt zwar keine so entscheidende Bedeutung für die individuelle Physiognomie wie Augen, Nase und Mund. Dennoch darf es nicht vernachlässigt werden, da das Ohr je nach Alter und Typ des porträtierten Menschen ganz typische und signifikante Merkmale besitzt.

Wie beim zeichnerischen Erfassen von Auge, Nase und Mund kann man auch dem Ohr eine schematische Ausgangsform zugrundelegen, dessen individuelle Erscheinungsform sehr starke Unterschiede aufweisen kann, wie auch die Abbildungen auf Seite 107 zu belegen versuchen. Oben ist das Ohr eines alten Mannes, unten das einer Frau mittleren Alters wiedergegeben.

Die Schemaform wird einem Parallelogramm eingefügt, das die schräge Lage des Ohres festlegt. Von der Mitte des Parallelogramms wird ein Bogen in spiralförmigem Verlauf bis rechts in das untere Viertel gezogen und mit einem parallelen Spiralbogen versehen (Abb. Nr. 1). Dieses Band, die sogenannte Ohrleiste, bestimmt wesentlich die Ohrform. In einem zweiten Schritt (siehe Abb. Nr. 2!) wird ein gegenläufiger Bogen innerhalb des ersten gezeichnet, der von einem kleineren wiederholt wird. Im dritten Schritt (Abb. Nr. 3) wird die Abzweigung innerhalb der Ohrmuschel und das Ohrläppchen hinzugefügt. Man beachte, daß die Form auf der Seite, an welcher das Ohr angewachsen ist, offen ist. Der Ansatz des Ohrläppchens, der Knorpel neben dem Gehörgang (der Tragus) und die Lage der Ohrleiste bestimmen die Richtung, in welcher das Ohr innerhalb des Kopfes verläuft. Man muß schon genau beobachten, da der erste Eindruck eine wesentlich schrägere Lage vortäuscht: Das Ohr ist unten schmaler und die Richtung des unteren Abschnitts der Ohrleiste weicht dementsprechend von der Hauptrichtung ab. Zur Orientierung kann der formale Bezug zur Nase recht hilfreich sein. Die Abbildungen auf Seite 107 sollen als Empfehlung verstanden werden, eine solche Übung selbst zu versuchen. Es handelt sich dabei um eine Art von Abwicklung, d.h. die Darstellung eines Objekts bzw. einer Figur von verschiedenen Standorten aus, beim vorliegenden Fall des Ohres jedoch nur von solchen, die für das Porträt in Frage kommen. Man erfährt dabei, daß das Ohr aufgrund der plastischen Form der einzelnen Teile der Ohrmuschel die Form bei wechselndem Standort erstaunlich stark verändert. Ferner wird man sich der anatomischen Differenzierungen bewußt, z.B. der Unregelmäßigkeiten der Ohrleistendicke.

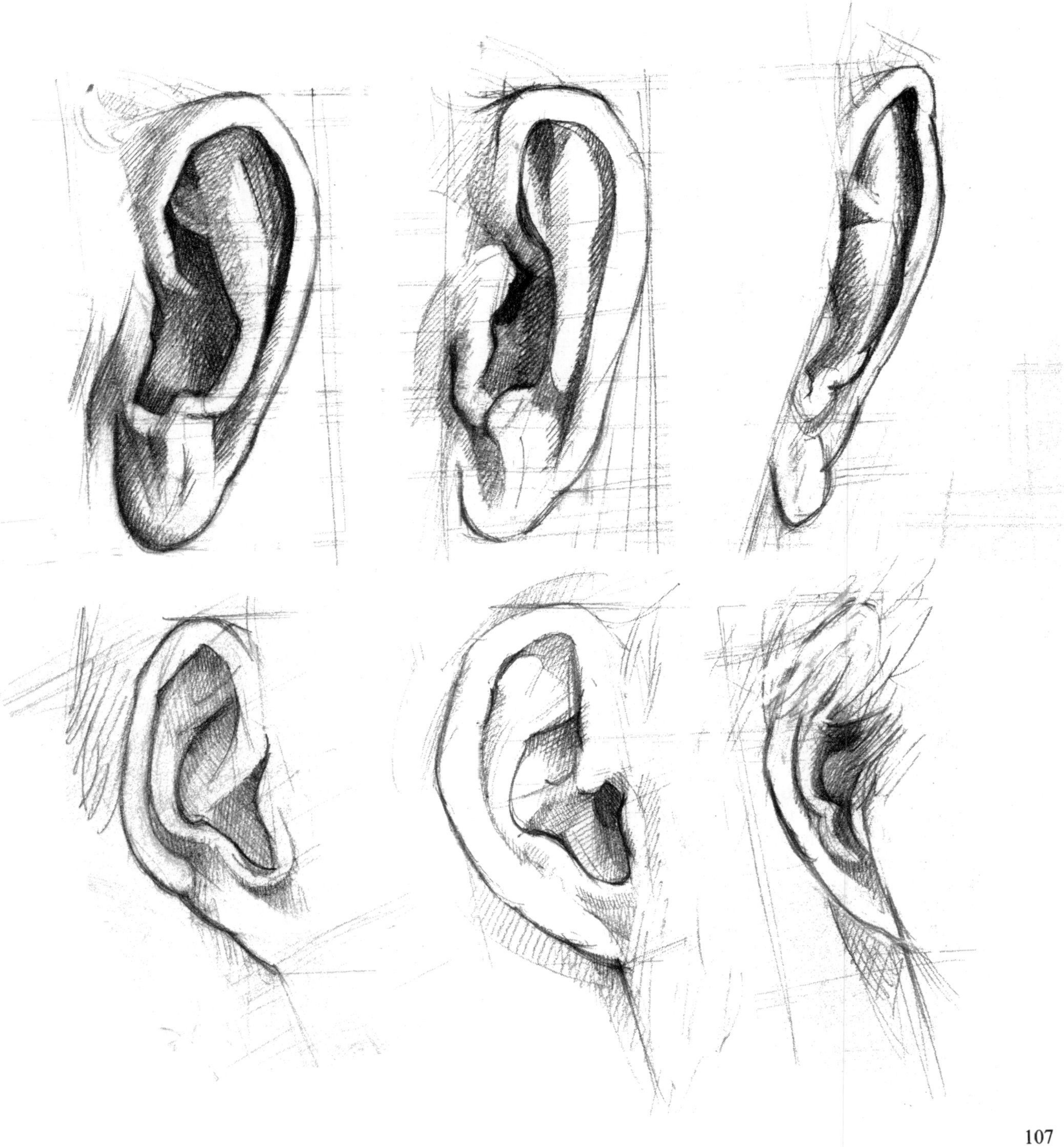

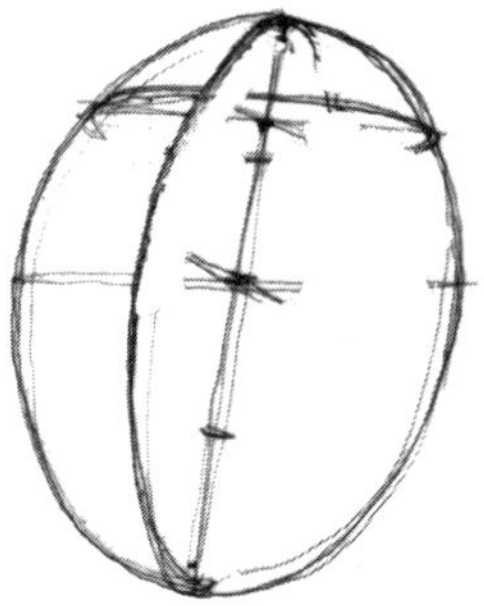

1

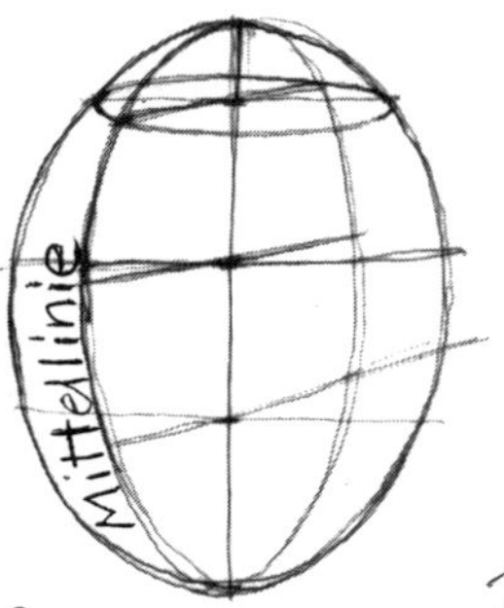

2

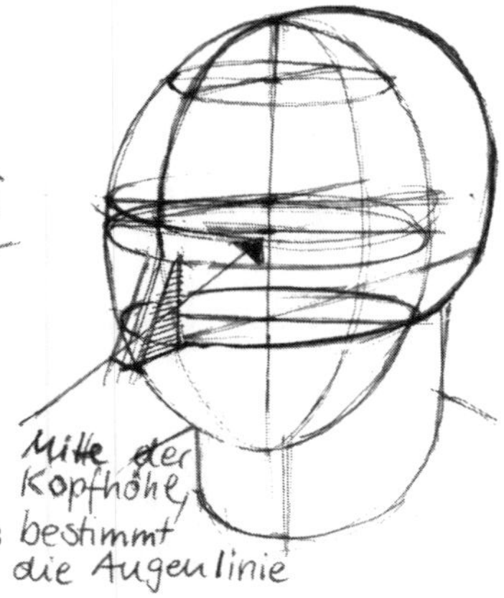

3

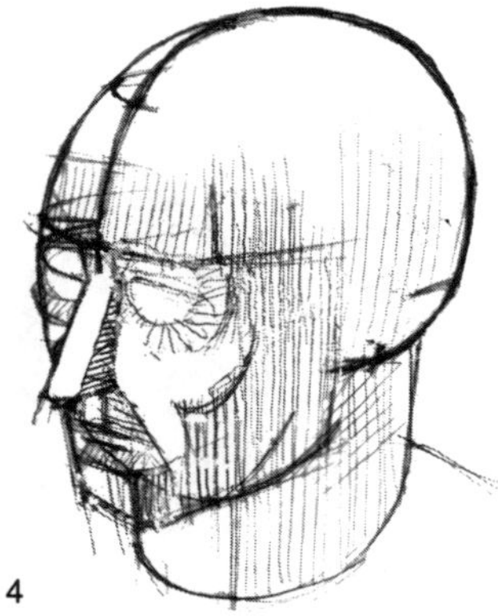

4

Die plastische Gesamtform

Die auf den vorangegangenen Seiten dargestellten plastischen Detailformen müssen nun organisch in die plastische Gesamtform eingefügt werden. Dazu dienen natürlich die Übungen, wie sie auf den Seiten 92–95 empfohlen werden. Um jedoch einen stärkeren organischen Zusammenhang zu erzielen, werden die Übungen der Abbildung oben empfohlen: Der Kopf wird als Ei-Form wiedergegeben, die senkrechte Mittellinie eingetragen und auf dieser die Gliederung (siehe Seite 98) eingezeichnet. In der Höhe der Nasenspitze wird auf der verlängerten Verbindungslinie über das Ohr (äußerer Gehörgang) der Hinterkopf ab der Schädelbasis nach hinten erweitert (Abb. Nr. 3). Es empfiehlt sich, diese weitgehend noch abstrakte Zeichnung des Kopfes in verschiedenen Ansichten darzustellen, da man auf diese Art das Gespür für die Stellung des Kopfes im Raum schult. Ausgangspunkt ist die Richtung der Eiform (Grundform). So zeigen z. B. die Abbildungen 1 und 2 verschiedene räumliche Ansichten dieser Eiform. Beispiel 1 zeigt eine stärker nach hinten geneigte Form.
Der Kopf besitzt nun indessen weder eine eindeutige Ei- noch Kugelform, sondern weist stellenweise relativ klare Flächenseiten auf, wie z. B. die Schläfen- und Wangenpartie. In stark vereinfachter Weise sind solche Flächen in Abb. Nr. 4 eingezeichnet. Es ist sinnvoll, den Kopf auf weitere solche Abflachungen zu untersuchen. Diese Art kubischer Formerfassung fördert die Einsicht in die plastisch-räumlichen Beziehungen, d. h. auch in den natürlichen, organischen Zusammenhang.

Einen weiteren Schritt stellt die Übung dar, wie sie auf der Seite 109 links unten abgebildet ist. Hierbei geht es weniger um die Ähnlichkeit mit dem Porträtierten, sondern um die weitere Ausdifferenzierung der plastischen Formen. Diese Übung sollte man im Gegensatz zu jener von Seite 108 unbedingt vor dem Modell ausführen. Der Strich wird einmal für die Umrißlinie verwendet, welche hier die Detailformen besonders deutlich hervorhebt, zum anderen in der Art geographischer Höhenlinien als sogenannte Körpertastlinie oder Formlinie (siehe dazu das Kapitel „Zeichnerische Mittel", Seite 22). Mit diesen Linien werden die konkaven und konvexen, die zurückweichenden und die hervortretenden plastischen Elemente besonders betont. Um den Zusammenhang aller Teile leichter herstellen zu können, wurde zuvor ein lineares Beziehungsgefüge mittels einer netzartigen Verspannung von geraden Linien hergestellt. Als Beispiel dient die Abbildung auf Seite 109 links oben.

Die Abbildung Seite 109 rechts zeigt den anschattierten Kopf. Das Modell wurde so neben ein Fenster placiert, daß das einfallende Licht direkt von der Seite einstrahlte. So war die eine Seite hell beleuchtet, während die andere starke Schatten aufwies. Auf diese Art zeichnen sich die plastischen Formen immer klar ab. Zu Demonstrationszwecken wurde der Schatten etwas dunkler gehalten als er in Wirklichkeit war. Die hellsten Stellen wurden mit einem Radiergummi herausradiert, so daß sie in der durch das verwischte Graphit etwas schummrigen Fläche wie Lichtreflexe wirken.

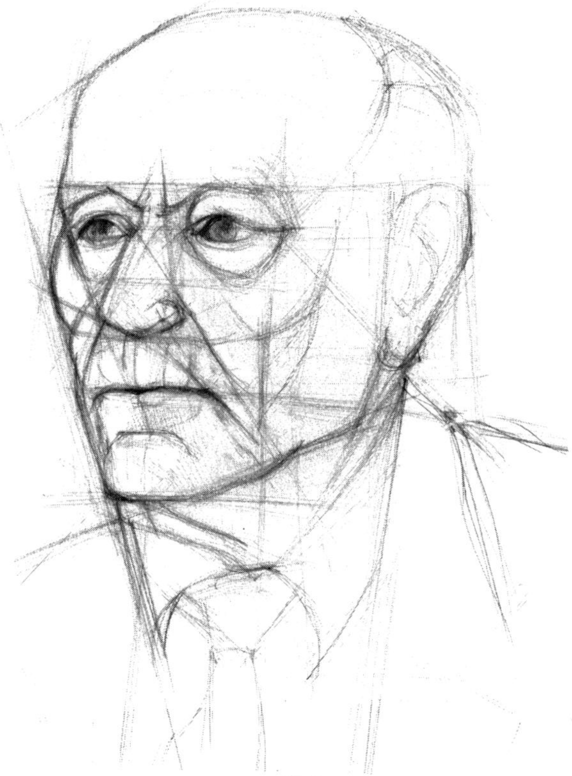

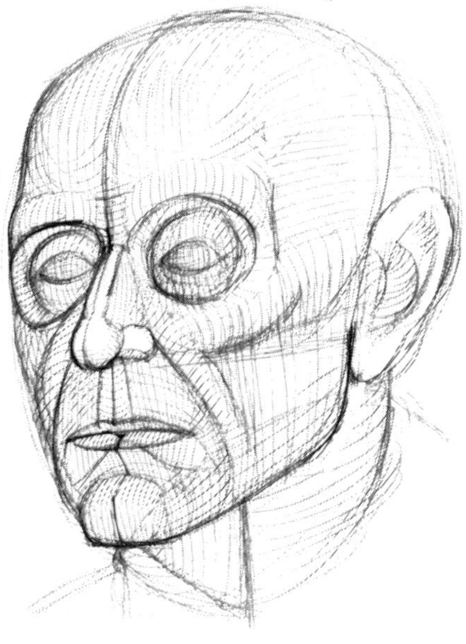

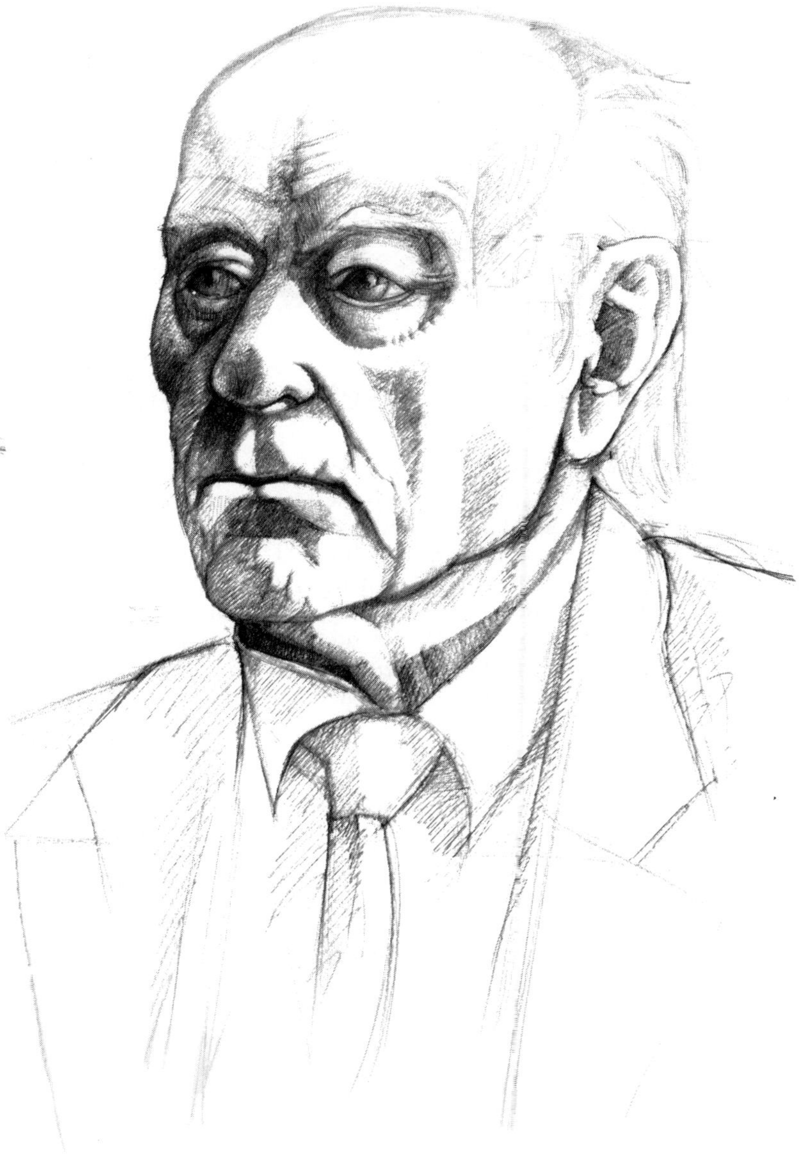

Zeichnerische Umsetzung (zeichnerische Gestaltung)

Mit der erscheinungsgetreuen Wiedergabe, d. h. der Ähnlichkeit der Zeichnung mit dem porträtierten Gesicht, allein sollte man sich nicht begnügen, da erst die zeichnerische Umsetzung die künstlerische Qualität ausmacht. Zeichnerische Umsetzung heißt beim Porträt zuerst einmal, daß man sich für eine Darstellungsart entscheidet, für die Linienzeichnung zum Beispiel oder für die schraffierte Zeichnung, welche die Plastizität zur Geltung bringen oder mehr den malerischen Ausdruck betonen kann. Die gewählte Darstellungsart wird verständlicherweise immer eine sein, die der Begabungsrichtung des Zeichners entgegenkommt. Der ideale Fall ist, wenn der gewählte Zeichenstil auch dem Charakter des Porträtierten weitgehend entspricht. Innerhalb der Darstellungsart besteht ebenfalls noch eine mehr oder weniger große Bandbreite an Variationsmöglichkeiten. So kann z. B. die Linie als spontaner Strich gesetzt sein, wie es bei der Skizze von Seite 91 der Fall ist, oder sie kann als sachter, behutsam gezogener Strich verwendet werden, wie man es auf der Abbildung rechts erkennen kann. Hier wurde das Gesicht des sechsjährigen Jungen mit einem Kontur gezeichnet und lediglich an wenigen Stellen mit sparsamen Schraffuren akzentuiert. Die verwendete Rötelkreide (in der Reproduktion schwarz wiedergegeben) entspricht dem weichen Charakter des Kindergesichts. Die mit dem Finger verwischten Rötelflächen unterstreichen noch zusätzlich diesen Ausdruck. Um jedoch die Darstellung nicht zu weich, zu „teigig“ geraten zu lassen, wurde auf Wischspuren in der Zeichnung der Haare völlig verzichtet. Diese wurden im Kontrast zum Gesicht mit eng gesetzten Strichen, die eine größere Dunkelheit bewirken, wiedergege-

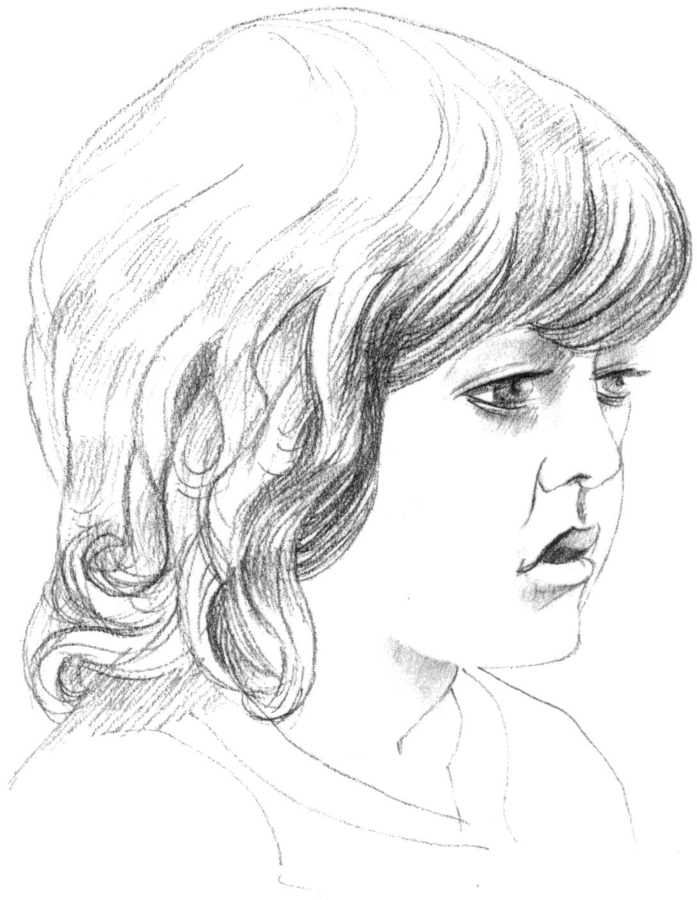

ben. Diese Striche betonen den Verlauf der Haarlocken, wobei diese als mehr oder weniger klare Formen gegeneinander abgesetzt sind. Der Lockenkopf ist nicht völlig und nicht bis ins letzte Detail genau wiedergegeben, sondern weist am Hinterkopf weiße, kaum bearbeitete Stellen auf. Dennoch erscheinen diese Stellen nicht leer, da der kontinuierliche Übergang von den dichten zu den aufgelockerten Partien den Eindruck unterstützen, daß der ganze Kopf mit Locken bedeckt sei.

Das Porträt (Abb. rechts) zeigt eine grundsätzlich andere Auffassung. Hier sind zwar Kopf und Gesicht auch mit Linien angedeutet. Das wichtigste Gestaltungsmittel ist aber die Schraffur, die als heller und dunkler Grauton das Bild, vergleichbar einem Mosaik oder einem Gewebe, aufbaut. Bleistifte unterschiedlichen Härtegrades von HB bis 4B (harter Grad – hellerer Ton, weicher Härtegrad – dunkler Ton) steigern dabei den malerischen Eindruck. Gegenüber der linearen Auffassung, wie sie in der Zeichnung von Seite 110 sichtbar wird, grenzt sich ein im malerischen Stil gezeichnetes Porträt nicht völlig gegenüber dem Umfeld ab. Dunkle Partien des Kopfes können sich einem ebenfalls dunklen Hintergrund angleichen, helle Stellen fließen gelegentlich in den hellen Hintergrund über, wobei manchmal auch der Kontur völlig aufgelöst werden kann. Die scheinbare Flüchtigkeit der Schraffur – sie sollte möglichst in einer rhythmischen Zeichenbewegung gesetzt werden –, verleiht den Bildern solchen Stiles einen hohen Grad an Frische und Lebendigkeit, was ja gerade bei der Porträtzeichnung besonders wünschenswert ist.

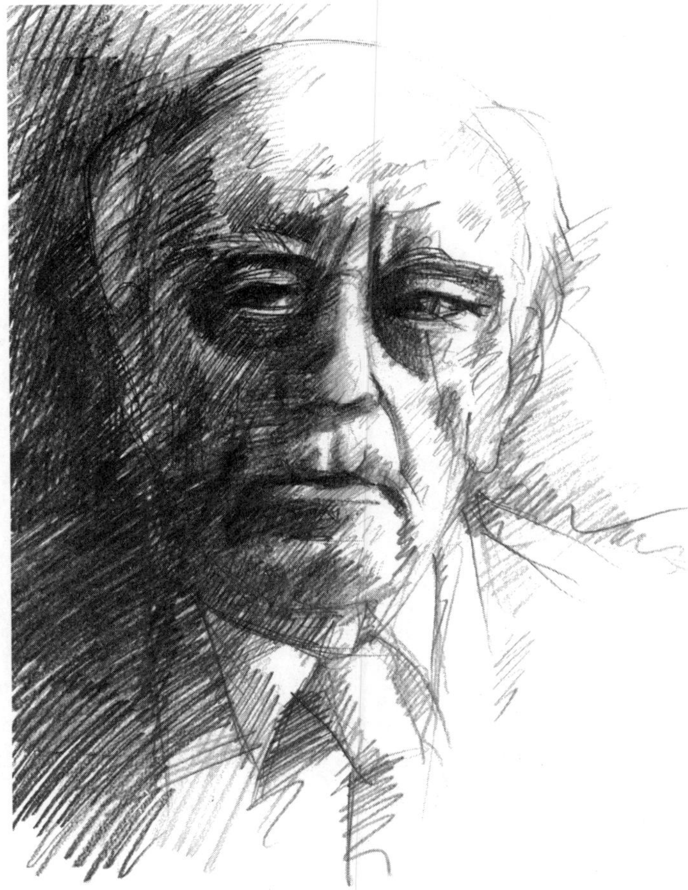

5
TIERE ZEICHNEN

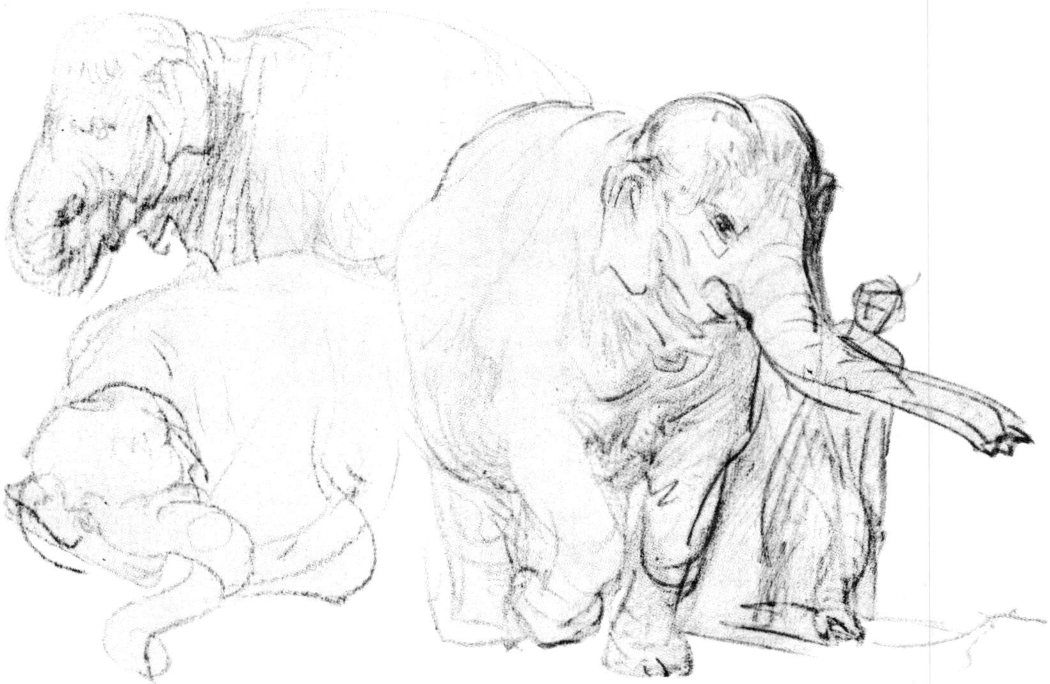

Rembrandt van Rjin (ca. 1606–1669): Drei Elefanten.

5

Besondere Anforderungen beim Tierezeichnen

Wer zum ersten Mal Tiere zeichnet, scheint zu verzweifeln. Die „Biester" halten keine Sekunde still. Und wenn sie ruhen, sind sie meist so zusammengerollt oder in sich zusammengesunken, daß man eine klare Form kaum zu erkennen vermag. Zudem ist der Kopf noch meistens unter Pfoten bzw. Flügeln versteckt. Den einzig möglichen Weg, Tiere zeichnen zu lernen, gibt es nicht. Außerdem hängt die Methode auch von der Absicht des Zeichners ab. Manche wollen sich auf ein Tier oder eine Tiergattung spezialisieren, auf Katzen, Pferde, Vögel usf. Hier dürfte ein intensives Studium entsprechender zoologischer Literatur recht hilfreich sein.

Dieses Kapitel richtet sich jedoch vor allem an jene, die sich allgemein mit der Darstellung und Wiedergabe verschiedener Tiere und Tiergattungen befassen wollen. Ein intensives Studium von Tieranatomie erscheint hier nicht nur wegen des großen zeitlichen Aufwandes wenig sinnvoll. Vielmehr sollte man sich darin üben, Form und Bewegung von Tieren mit den Augen und dem Zeichenstift möglichst schnell zu erfassen bzw. festzuhalten. Hat man diese Fähigkeit geübt, wird man wohl jedes Tier, so fremd es einem auch im Augenblick erscheinen mag, zu zeichnen wagen. Die unmittelbare Beobachtung von Tieren bleibt die wichtigste Voraussetzung für die Darstellung von Tieren. Dennoch sollte man einige wenige anatomische Grundkenntnisse schon beherrschen, die das Erfassen einer Tierform wesentlich erleichtern können. Die hier vorgestellten schematischen Darstellungen (S. 115 bis 117) reichen dabei vollkommen aus. Ein zu intensives anatomisches Studium verhindert in der Regel den eher spontanen und unbekümmerten Zugang. Zu viele anatomische Detailkenntnisse lenken außerdem das Augenmerk des Zeichners viel zu sehr auf eine naturalistische Wiedergabe und weniger auf den Ausdruck. Wen stören schon anatomische Ungenauigkeiten und verzerrte Größenverhältnisse, wenn das Charakteristische gut getroffen ist.

Gerade beim Tierezeichnen bedienen sich viele der Fotografie. Das ist nicht verwunderlich, gibt es doch neben der bereits erwähnten Bewegungsfreude der Tiere auch das Problem der endlos erscheinenden Vielzahl von Erscheinungsformen, die Tausende von Seiten mehrbändiger Tierlexika füllen. Wenn der eine oder andere glaubt, auf eine Fotovorlage nicht verzichten zu können, sollte er dieses Hilfsmittel sinnvoll gebrauchen. Sinnvoller Gebrauch bedeutet hierbei, daß die unmittelbare Beobachtung und das Zeichnen vor der Natur weiterhin im Mittelpunkt stehen sollte. Die Formen von Tieren auf Fotos zu untersuchen, bevor man die betreffenden Tiere anschließend zeichnet, erleichtert das Erfassen manch schwer durchschaubarer Haltung oder eine räumlich ungünstige Lage von Tieren. Fotos von bereits gezeichneten Tieren anzufertigen, um eine geplante Ausarbeitung in einzelnen Details nachträglich noch kontrollieren zu können, mag für den, der Detailskizzen scheut, manchmal ganz hilfreich sein. Es gab und gibt Künstler, die den Fotoapparat für ihre Tierdarstellungen benützten und benützen. Am bekanntesten ist dafür Edgar Degas, der auf seinen Rennplatzbildern Pferde oft in einer für das menschliche Auge kaum wahrnehmbaren Bewegung festhielt. Trotzdem sollte der Anfänger gänzlich auf den Fotoapparat verzichten, wenn er Tiere nicht nur zeichnen will, sondern **lernen** will, Tiere zu zeichnen. Man merkt jedem Bild an, ob der Zeichner eine Tierform zeichnerisch beherrscht, oder ob er sie nur im Sinne einer platten Übernahme kopiert hat. Edgar Degas konnte übrigens auch ohne Fotovorlage sehr gut Pferde zeichnen.

Es gibt noch einen weiteren Grund, dem zeichnerischen Studium den Vorrang vor der Fotografie einzuräumen. Die Fotografie kann niemals die Erkenntnisse vermitteln, die man beim Zeichnen vor dem lebenden Modell erlangt. Beobachtet man nämlich ein Tier längere Zeit, wird einem die typische Bewegungsart allmählich vertraut. Die einzelnen Glieder, sollten sie unter Fell oder Federkleid verborgen sein, werden immer einmal in kurzen Augenblikken klar ablesbar sein. So lernt man das Tier immer besser kennen und vieles, was sich der Erinnerung eingeprägt hat, wird in der Zeichnung seinen Niederschlag finden, auch wenn es in der Haltung, welche das Tier im Augenblick einnimmt, gar nicht sichtbar ist. Dies ist auch der Grund, warum in zoologischen Büchern immer noch nicht gänzlich auf die zeichnerische Darstellung von Tieren verzichtet wird.

5

Pferd

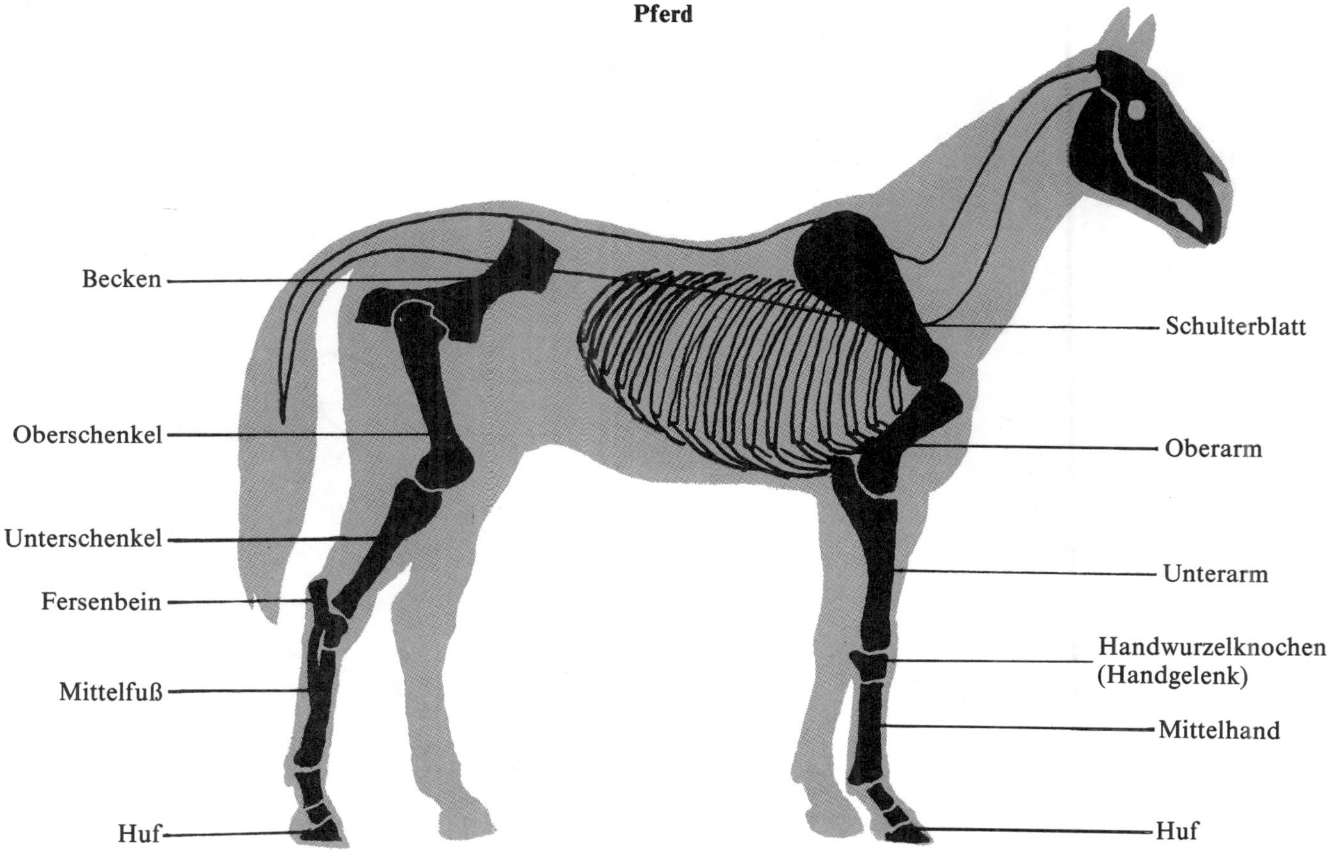

Anatomische Studien

Der Sinn der anatomischen Studien liegt für den Anfänger zunächst einmal nur darin, die Erscheinungsform eines Tieres in dessen unterschiedlichen Haltungen besser durchschauen zu können. Betrachtet man die schematischen Darstellungen, so erkennt man stets dieselbe Grundstruktur: Rückgrat mit Brustkorb, Schulterblatt, Brustkorb und Becken, die Verlängerung des Rückgrates im Schwanz und Hals und die Extremitäten der Beine und Flügel, die dieselben Glieder, wenn auch in unterschiedlichen Ausprägungen, aufweisen. Es sind eigentlich vor allem die unterschiedlichen Größenverhältnisse der anatomischen Teile zueinander und deren Richtungszusammenhang (z. B. ob der Kopf über den Körper ragt, oder nach unten hängt), welche die wesentlichsten Unterschiede zwischen den Tieren ausmachen. Gegenüber der menschlichen Gestalt und jener der Affen ist bei den meisten Tieren der Oberschenkel des Vorderbeins (des Armes beim Menschen) und des Hinterbeines in den Rumpf so eingebunden, daß man ihn nur selten klar erkennen kann, am ehesten noch bei Lauftieren mit kurzem, glattem Fell.

Huhn

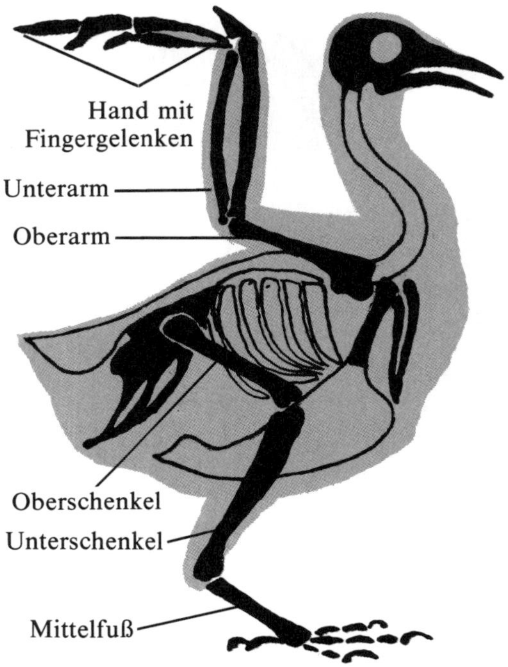

Flügel

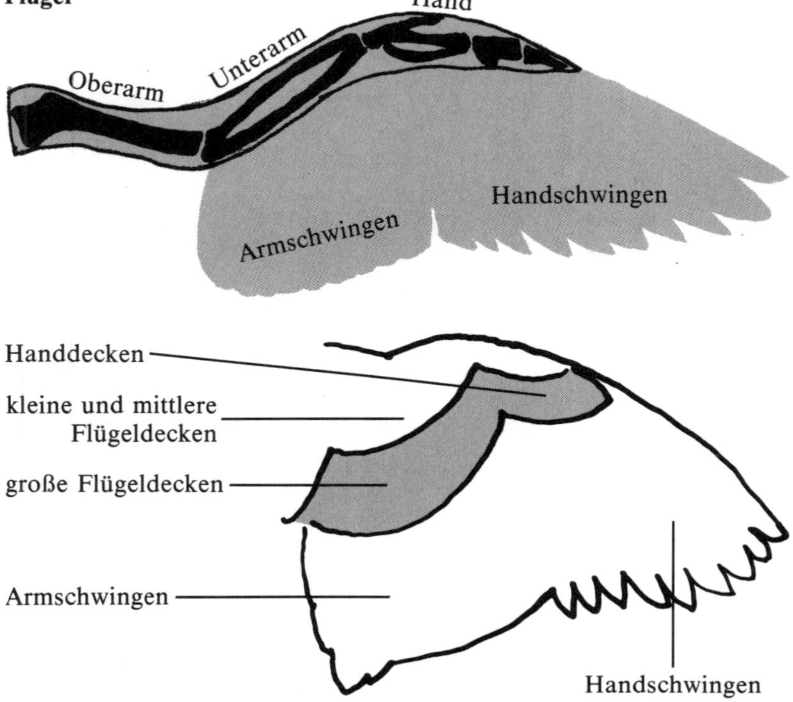

Um die Begriffe der menschlichen Anatomie zu verwenden, Ellenbogen und Knie befinden sich meist auf der Höhe der Rumpfunterseite. Wenn man sich dann noch zusätzlich klar macht, wo sich die Ferse eines Tieres befindet, dürften die Form des gesamten Beines und auch die typische Bewegungsart des betreffenden Tieres im wesentlichen erkannt sein. Mit der Lage der Ferse kann man nämlich auch leicht feststellen ob das Tier auf einer oder zwei Zehen bzw. Hufen (z. B. Pferd, Kuh, Kamel) auf mehreren Zehen (z. B. Hund, Katze) oder auf der Sohle (z. B. Bär) auftritt.
Ausgesprochen schwierig ist es am Anfang, die Teile eines Flügels zu erkennen. Die Hauptunterscheidung in Schwingfedern und Deckfedern (auch kurz „Decken“ genannt) dürfte den Zugang zum Verständnis am ehesten erleichtern. Bei den am Körper angelegten Flügeln werden die Schwingfedern von den Deckfedern gleichsam wie von einzelnen Schilden geschützt. Auf Seite 128 wird anhand einer Storchskizze nachträglich Form und Anordnung der Schwing- und Deckfedern nachgewiesen.
Ob man anatomische Studien betreibt, bevor man Tiere zeichnen will oder nachdem man Tiere gezeichnet hat, muß jeder selbst für sich entscheiden. Der zeichnerischen Gestaltung kommt auf alle Fälle der Versuch zugute, die Anatomie auf den Charakter der Bewegung hin zu untersuchen, oder sich eine bereits beobachtete Bewegung eines Tieres durch dessen Körperbau zu erklären.
Wer eingehende anatomische Studien betreiben will, soll seine alten Schulbücher wieder hervorholen. Diese Darstellungen, meistens ausführlicher als auf diesen Seiten, sind jedoch nicht so komplex wie in wissenschaftlichen Werken. So vermeidet man auch am ehesten den Fehler, sich mit unötigen Details auseinander zu setzen, die eine zeichnerische Gestaltung nur behindern.

Hund

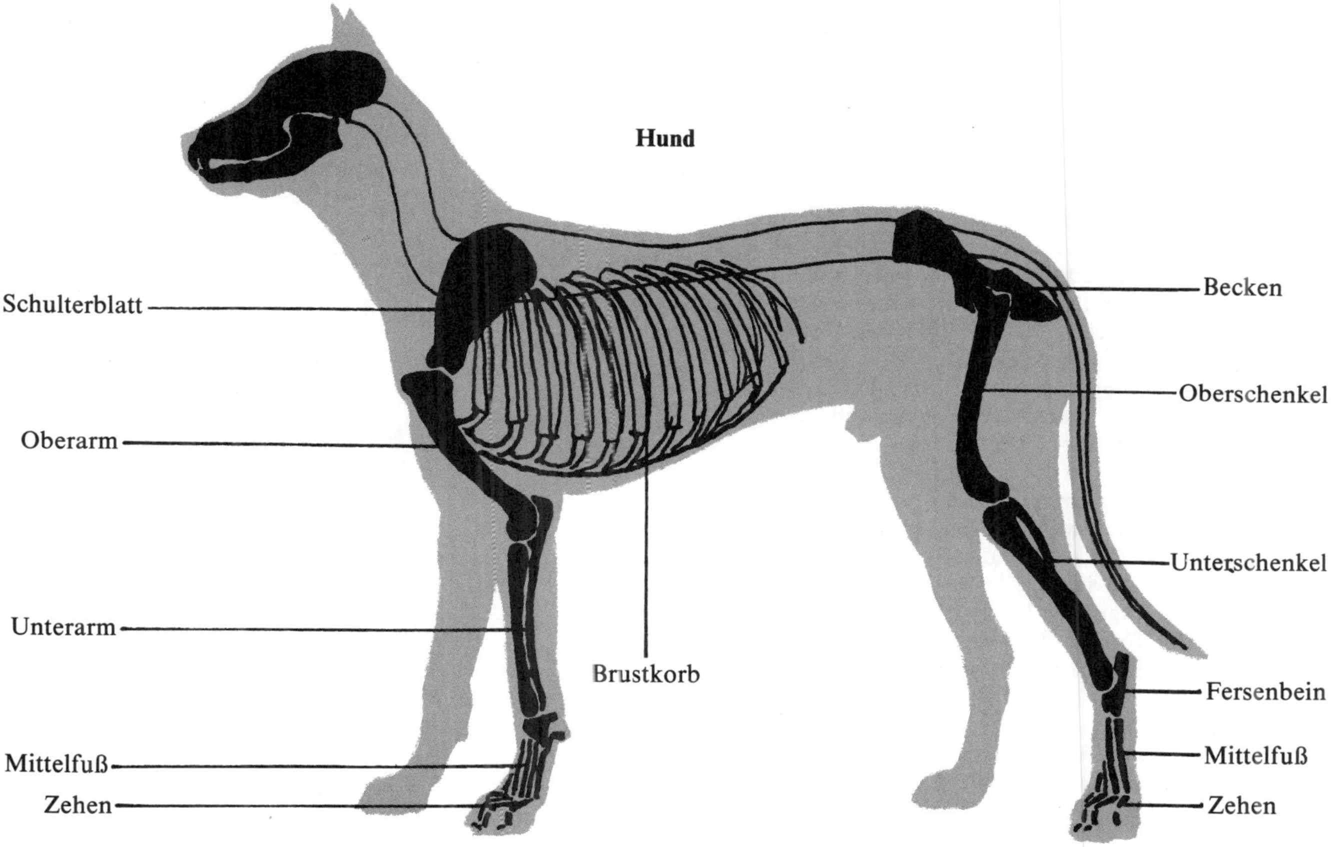
Schulterblatt
Oberarm
Unterarm
Mittelfuß
Zehen
Brustkorb
Becken
Oberschenkel
Unterschenkel
Fersenbein
Mittelfuß
Zehen

Katze

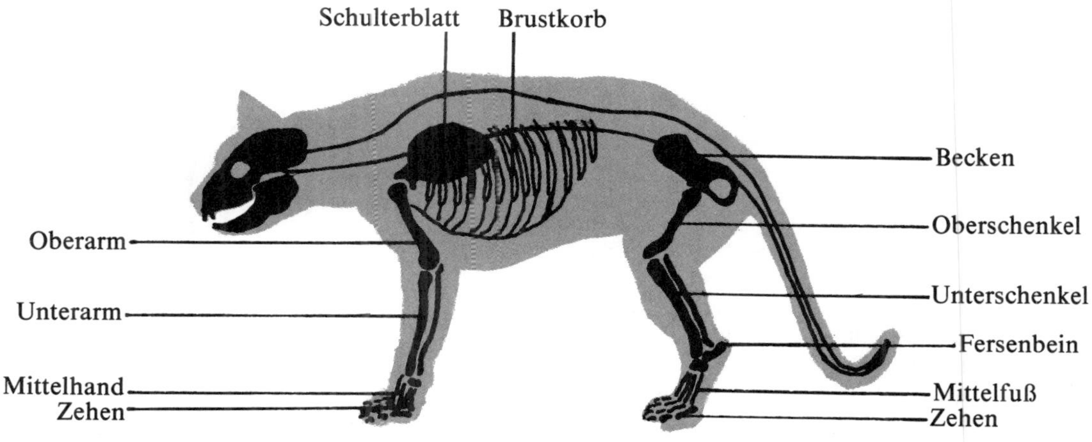
Schulterblatt
Brustkorb
Oberarm
Unterarm
Mittelhand
Zehen
Becken
Oberschenkel
Unterschenkel
Fersenbein
Mittelfuß
Zehen

Studien

Die Situation ist immer dieselbe, die Viecher denken nicht daran, still zu halten, selbst die etwas müden Löwen, die im Zoo von Basel gezeichnet wurden. Also muß man ein Verfahren wählen, das ein Optimum an Erfolg sichert. In diesem Fall wurde im Sitzen gezeichnet. Es wurden Bleistifte in den Härtegraden B und 2 B und ein DIN A 2-Block mit stabiler Rückwand benutzt. Auf dem großen Blatt Papier wurde nun der Kopf des Löwen und der gesamte Löwe in verschiedenen Ansichten vorläufig skizziert. Jeweils an jener Skizze wurde weitergearbeitet, deren Ansicht der Löwe jeweils zu zeigen geruhte. Zwischendurch entstanden Schnellskizzen, wenn sich eine Stellung eingeprägt hatte, wie z. B. der Kopf des gähnenden Löwen in der Mitte der oberen Reihe oder der junge Löwe in der linken Bildhälfte zwischen oberer und unterer Reihe. Drei Gesichtspunkte wurden während der Arbeit ständig beachtet: 1. die große Form bzw. die formalen Beziehungen, 2. anatomische Gliederung, 3. Ausdruck.

Zu 1.: Die nachträglichen Konstruktionszeichnungen machen die Grundformen deutlich, die in dem Löwenkopf entdeckt werden können. Mit wechselnder Ansicht wird man neue Formen bzw. Formbeziehungen aufspüren müssen. Dieser Gesichtspunkt hilft vor allem, den Gesamtzusammenhang nicht aus dem Blick zu verlieren. Obwohl bei den beiden ruhenden Löwen in der unteren Reihe die Hilfslinien nicht eingezeichnet sind, wird der Leser und Betrachter solche Formbeziehungen in den Zeichnungen leicht ausmachen können. Zu 2.: Da der Körper des Löwen platt auf dem Boden aufliegt, werden die Vorder- und Hinterbeine „herausgedrückt". So lassen sich Ober-, Unterschenkel und Pranken deutlich ablesen. Als das Hinterbein zufällig von der Holzplanke abrutschte, wurde diese Gliederung noch deutlicher (links, untere Reihe). Zu 3.: Was dem Löwen den Charakter des Majestätischen verleiht, ist nicht zuletzt in der formalen Strenge seines Kopfes begründet. Hier unterstützt der zuerst genannte Aspekt den Ausdruck. In der Zeichnung der ruhenden Löwen galt das Interesse, das Gelagertsein des Körpers, vor allem des gewaltigen Kopfes, zu veranschaulichen, während die Beine eher entlastet sind. Das geschmeidige Katzenhafte sollte dagegen in der bereits erwähnten Schnellskizze festgehalten werden.

Während dieser Arbeit wurde radiert, die Abbildung zeigt nur die letzte von mehreren Schichten von Skizzen.

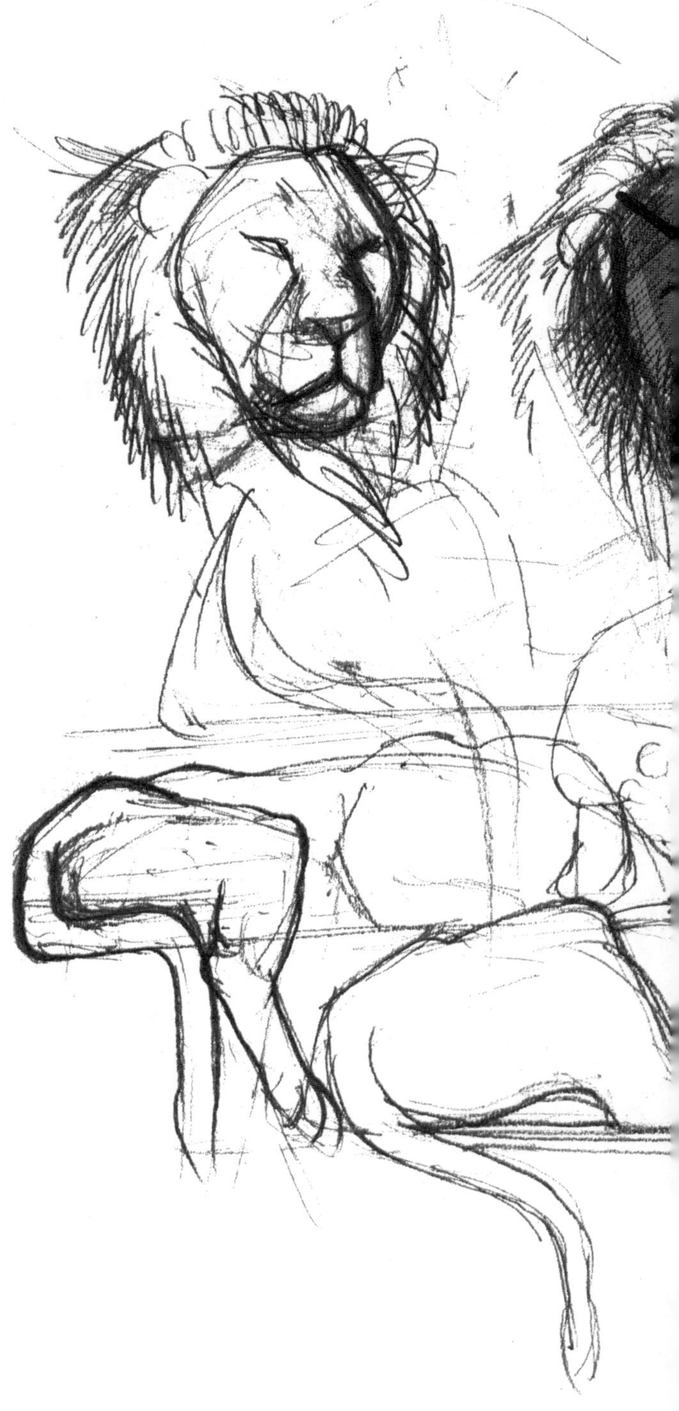

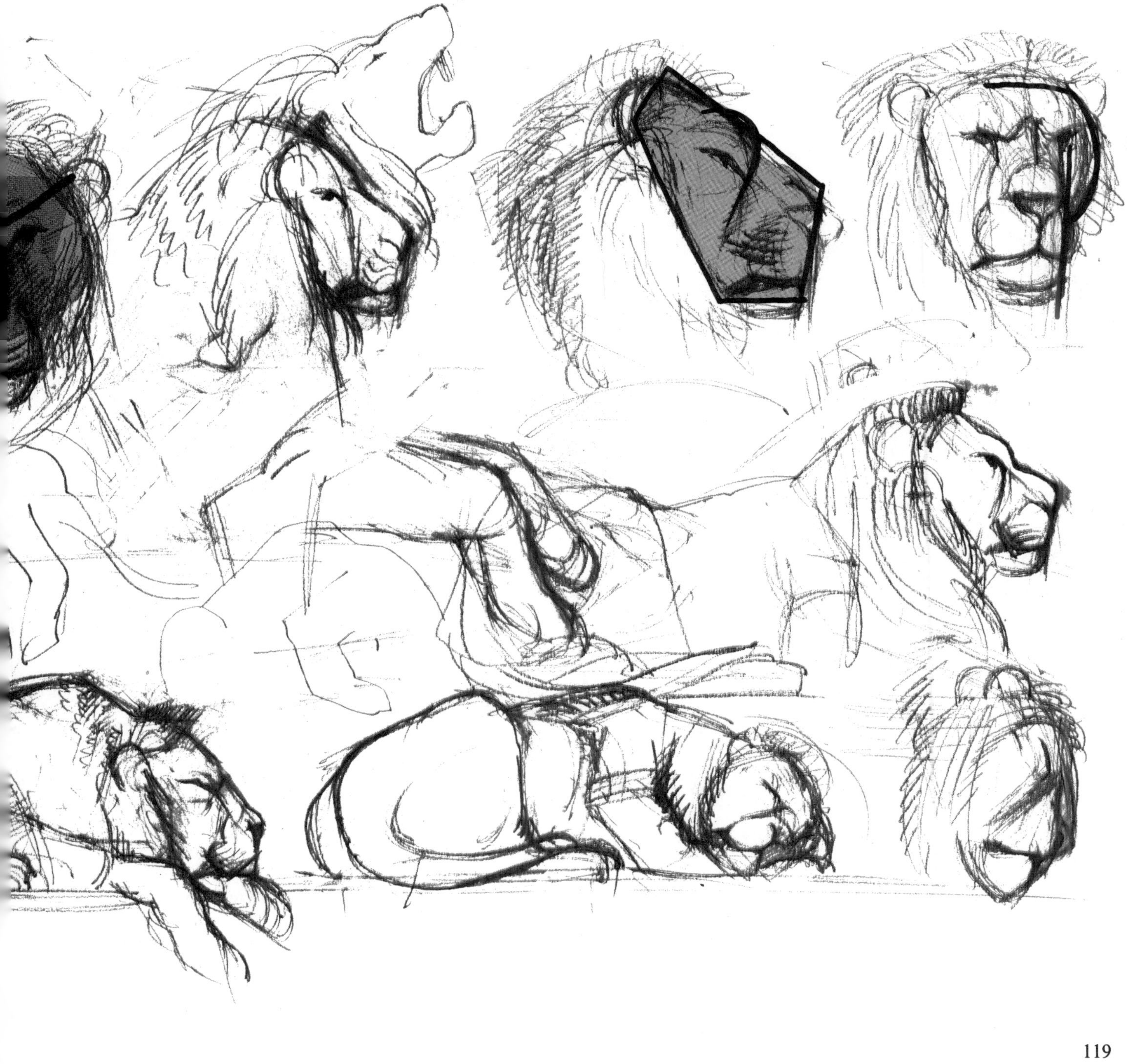

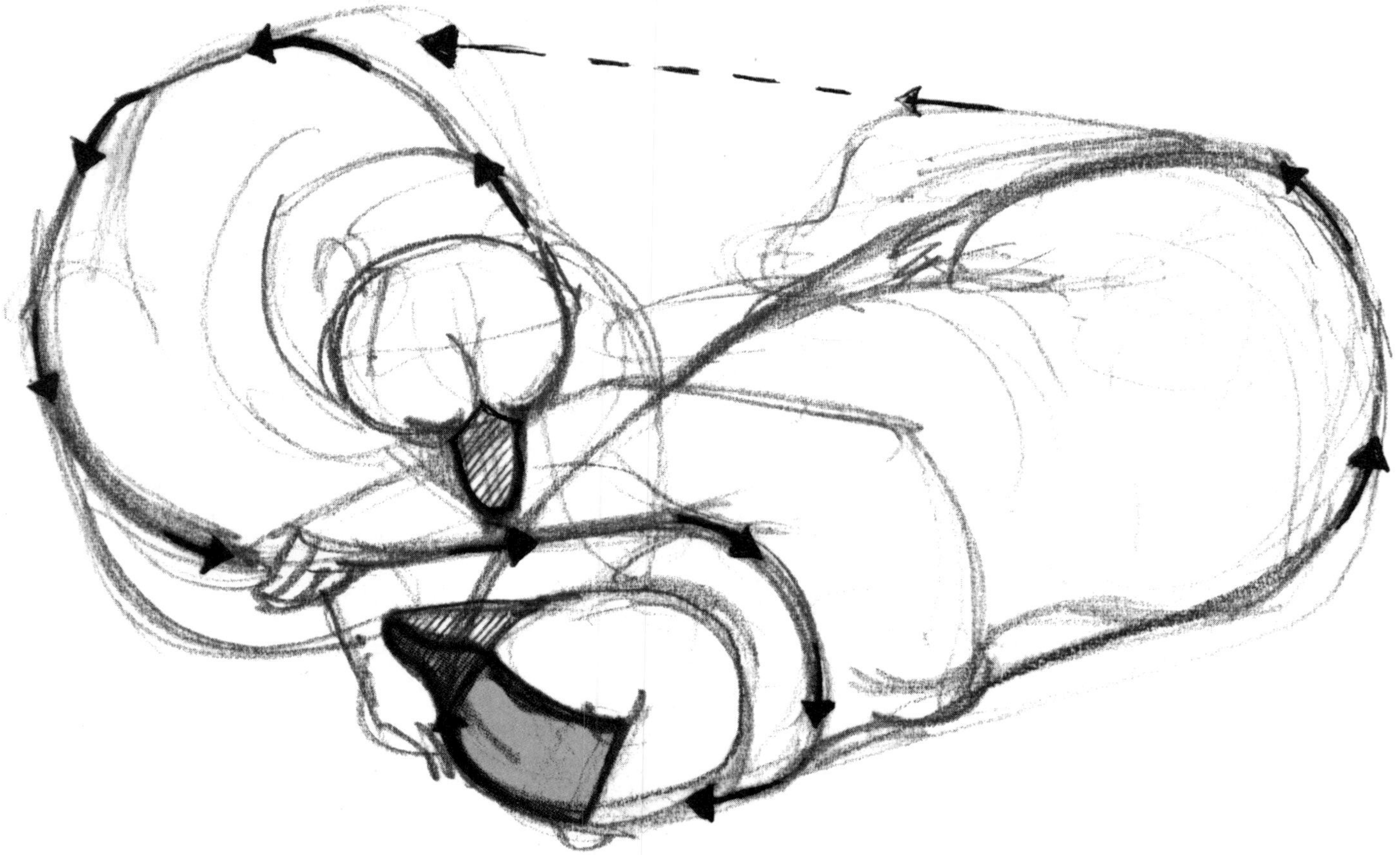

Bei der Durchsicht der Skizzen im Atelier entdeckt man oft formal überzeugende Lösungen, die während des Skizzierens gefühlsmäßig, im Atelier, d. h. in räumlicher und zeitlicher Distanz, dagegen meist bewußt erfaßt werden. Um diese Lösungen zeichnerisch zu gestalten, d. h. die formale Idee noch stärker zum Ausdruck zu bringen, wird man in der Regel die betreffende Skizze mehr oder weniger verändern müssen. Die formale Idee bei der Zeichnung der Bären war die lineare Verbindung der beiden Tiere durch die S-Linie, wie sie in der Abbildung mit den Pfeilen gekennzeichnet ist. Dazu kontrastiert der Richtungsgegensatz der Köpfe (verdeutlicht durch die schraf-

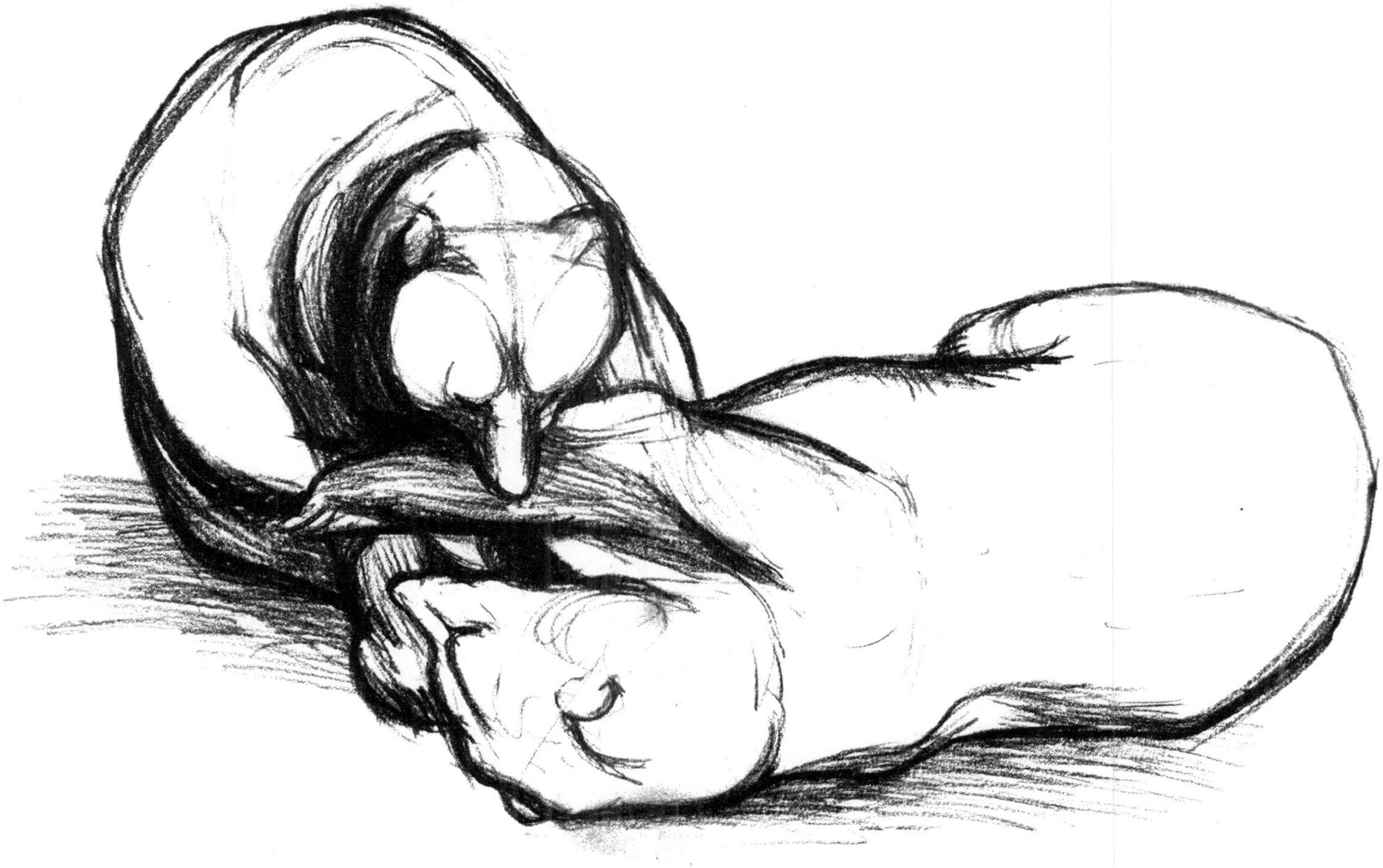

fierten Flächen), die nahezu in einem rechten Winkel gegeneinander stehen, genauso wie die massiven Körper. Das ausgestellte Hinterbein des liegenden Bären wurde in der später ausgeführten Zeichnung näher am Körper wiedergegeben, um die Massigkeit des Körpers zu betonen. Gerade bei Tieren, die unter dichtem Fell kaum eine Gliederung des Körpers erkennen lassen, muß man darauf achten, daß die Formen nicht zu spannungslos, zu „teigig“ geraten. Bei einer räumlich stark verzerrten Ansicht, wie z. B. beim Kopf des liegenden Bären, sollte man sich Klarheit zumindest über eine Form verschaffen, wie z. B. jener von Stirn und Schnauze (graue Fläche).

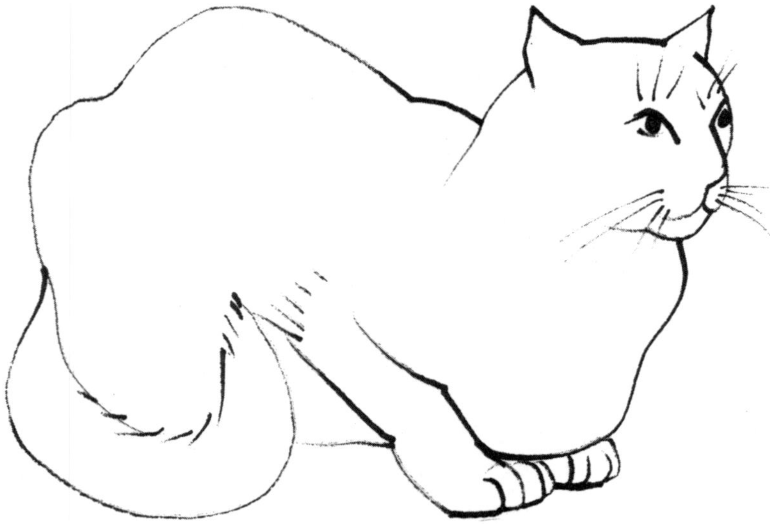

Zeichnerische Umsetzung

Die zeichnerischen Mittel sind Punkt, Linie und Hell-Dunkel (Weiß über Grau bis Schwarz). Diese Mittel kann man in unterschiedlicher Weise einsetzen (siehe Kapitel „Zeichnerische Mittel"). Die Linie kann sowohl eine die Form genau beschreibende Funktion erfüllen, oder als Parallelschraffur einen Grauwert erzielen. Welches Mittel man wählt, hängt von der Entscheidung des einzelnen ab. Mancher beschränkt sich in allen seinen Zeichnungen auf die lineare Formbeschreibung, ein anderer interessiert sich mehr für die Struktur. Entsprechend diesen Vorlieben oder der individuellen Begabungsrichtung werden geeignete Motive ausgesucht. Andere wiederum lassen sich von dem Charakter eines bestimmten Tieres anregen, zeichnen z.B. den geschmeidigen Panther in einem Linienzug, in welchem die Eleganz des Tieres besonders zur Geltung kommt, wählen für zottige Tiere wie Bären, Bisons, Schafe usf. die Struktur. Für den Anfang empfiehlt es sich, sich vom Typischen eines Tieres leiten zu lassen, da man hier unvoreingenommen, ohne festgeprägte Bildvorstellung die Tiere beobachtet, sich in deren charakteristische Verhaltensweisen auch ohne große zoologische Kenntnisse einzufühlen vermag, eine optimale Breite von Erfahrungen sichert und so sich auch über die eigene Begabungsrichtung am ehesten Klarheit verschafft.
Auch die Wahl des Materials bestimmt den zeichnerischen Ausdruck wesentlich. Die auf Seite 121 abgebildete Zeichnung der beiden Bären ist in Pitt-Zeichenkreide ausgeführt worden. Dieses Material gestattet zum einen ein vorsichtiges Herantasten an die Form. Wenn man nämlich zu Beginn den Kreidestift nur unter leichtem Handdruck führt, ergibt sich ein leichter, hellgrauer Strich, der neben den später unter starkem Handdruck erzielten kräftigen, tiefschwarzen Strichen nicht mehr auffällt oder der sich mit dem Radiergummi (Knetgummi) noch relativ leicht tilgen läßt. Zum andern ist es möglich, mit diesem Material die Weichheit des Felles wiederzugeben. Für das abgebildete Beispiel der Bären wurde die weitere Eigenschaft der Kreide zu einer flüssigen Strichführung genutzt. Das optische Zentrum – Köpfe und Tatzen – wurde zusätzlich durch eine dunklere Flächenge-

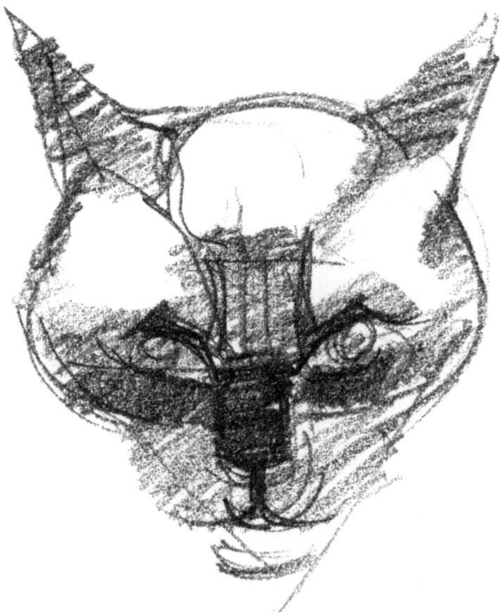

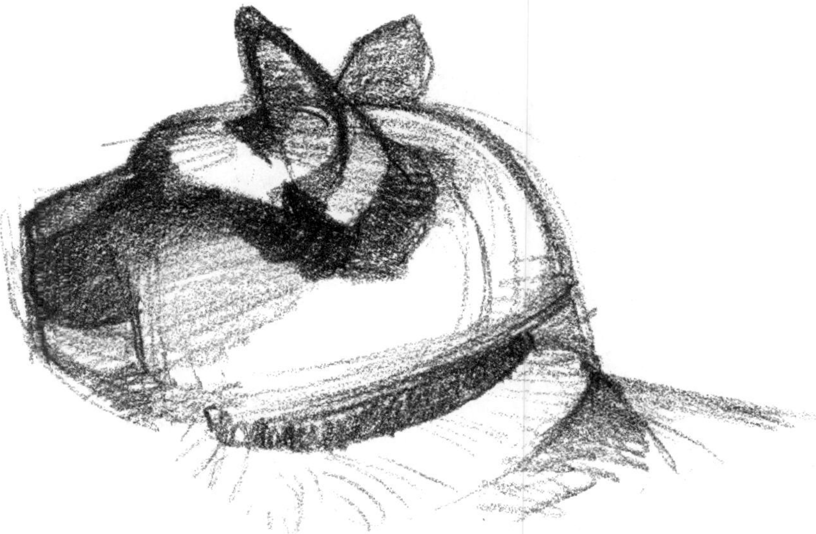

staltung betont. Die dunkleren Flächen wurden jedoch nicht einfach zugestrichen, sondern aus der Linienzeichnung hergeleitet, indem der Verlauf der Kontur auch die Richtung der Schraffur bestimmt.
Unterschiedliche zeichnerische Gestaltungen sollen am Beispiel der Katze vorgestellt werden, wobei erwähnt werden muß, daß damit die Fülle der Umsetzungsmöglichkeiten nur angedeutet werden kann. Denn gerade die Katze zeigt sich nicht nur in erstaunlich vielen Arten, sondern auch in einem unterschiedlichen Verhalten, deren extremen Pole das „liebe" Haustier und das wilde Raubtier darstellen.
Die Abbildung auf Seite 122 zeigt einen der vielen Versuche, nach der Vorlage einer Skizze die Tierform mit einer entschiedenen Linie zu erfassen, wobei andere Skizzen zur Korrektur herangezogen wurden. Die Methode, mehrere Zeichnungen hintereinander anzufertigen, um sich so dem angestrebten Ausdruck immer mehr anzunähern, versucht die Elemente einer Studie und einer schnellen Skizze zu vereinen: der Studie, um die Tierform zeichnerisch richtig wiederzugeben, der Skizze, um eine zeichnerische Frische und Unmittelbarkeit des Eindrucks zu erzielen. Beides wird man in den seltensten Fällen in der erwünschten Form erreichen. Trotz einer nicht exakten Wiedergabe überzeugen jene Zeichnungen dennoch, die mit einem spontanen Strich den Eindruck von Lebendigkeit vermitteln oder durch leichte Formverzerrung einen Charakterzug des Tieres besonders betonen.
Die Abbildungen der beiden Köpfe einer Siam-Katze (Abb. oben) zeigen die Hell-Dunkel-Ausgestaltung einer ursprünglich linearen Studie. Als Zeichenmaterial wurde ein Lumograph (ExExB) verwendet. Die Tönungen im Fell der Siam-Katze richten sich zwar nach den körperhaften Gegebenheiten; eine Zeichnung jedoch, die vorwiegend diese fein abgestuften, von hellem bis fast ins Schwarz übergehende Grau reichende Tönungen wiedergibt, erscheint weitgehend flächig und dekorativ. Der Lumograph ist dafür besonders geeignet, weil mit ihm eine reiche Skala von Grautönen zu erzielen ist. Man verwende am besten rauhes Papier.

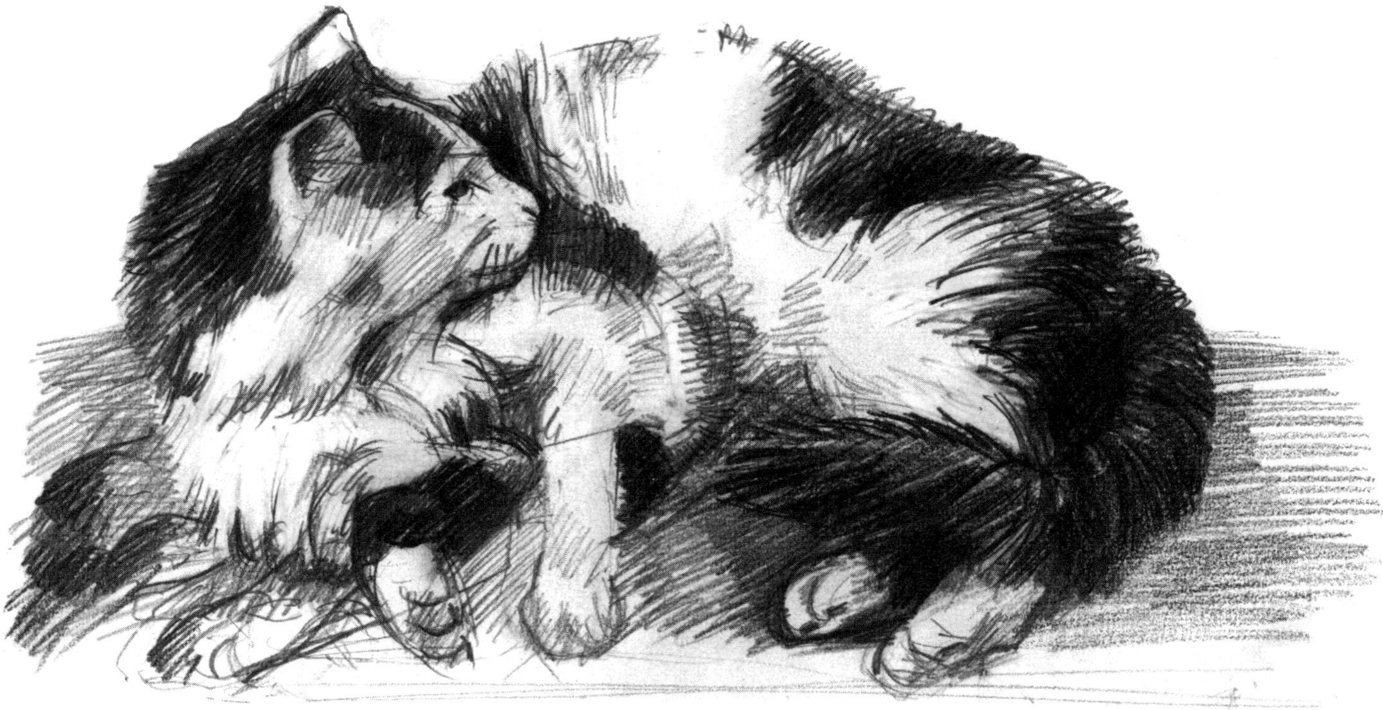

Eine völlig andere Lösung stellen die Zeichnungen eines Katers vor. Man nennt sie malerisch, da nicht die die Form begrenzende Linie, der Kontur, sondern die Grauwerte in kleineren und größeren Flächen oder Flecken die Gesamtform bestimmen. Diese zeichnerische Lösung bot sich aus zwei Gründen an. Erstens war das Fell des dargestellten Tieres, eines verwilderten Katers, so struppelig, daß nur mit Mühe eine klare Form erkennbar war. Das scheckige schwarz-weiße Muster erhöhte zudem noch diese Schwierigkeit. Zweitens war das Tier sehr scheu, so daß man sehr schnell zeichnen mußte, ohne lange anatomische Studien betreiben zu können. Selbst als sich die Gelegenheit bot, versteckt aus einem Parterrefenster zu zeichnen, wurde der Bursche immer wieder aufgescheucht.

Die beiden Zeichnungen sind nachträglich ausgearbeitete Skizzen. Diesmal wurden die Skizzen direkt verändert, wobei andere Skizzen zur Klärung herangezogen wurden. Im Gegensatz zu den Köpfen der Siamkatze lag der Hell-Dunkel-Gestaltung keine fertige Linienzeichnung zugrunde. Vielmehr wurden Formerfassung (Linienzeichnung), soweit möglich, und Hell-Dunkel-Gestaltung von Anfang an abwechselnd berücksichtigt. In der Abbildung S. 125, bei der einige Hilfslinien aus methodischen Gründen stehengelassen wurden, ist dies noch am deutlichsten zu erkennen.
Bei der zeichnerischen Ausarbeitung der Skizzen, die mit einem 3 B-Graphitstift angefertigt wurden, wurde zusätzlich ein 8 B-Stift benutzt. Dessen tiefe Dunkelheiten sorgten für einen größeren Kontrast zum Weiß des Papier-

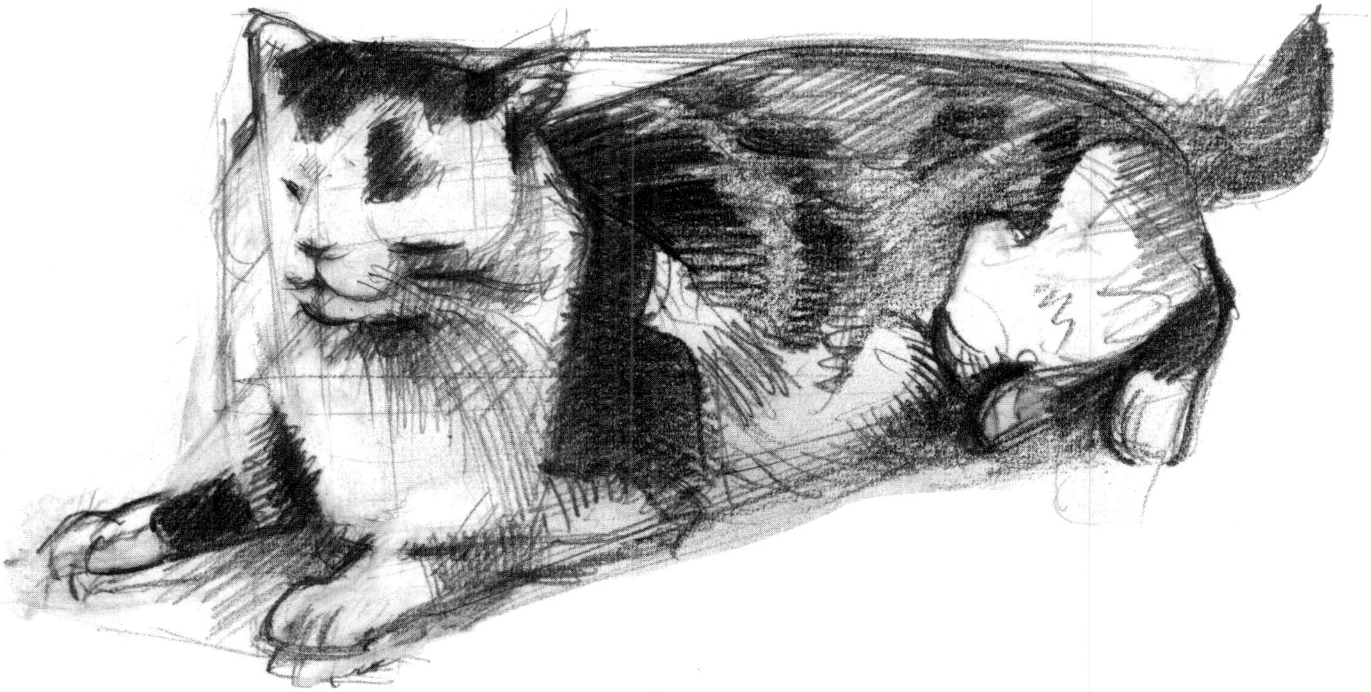

grundes. Auch der Radiergummi konnte diesmal als Gestaltungsmittel verwendet werden, da mit ihm notwendige Helligkeiten durch Wegradieren störender Partien gewonnen wurden. Die Radierspuren unterstützten zudem die durch die Richtung der Schraffur erzielte Wirkung einer Fellstruktur (besonders deutlich in der Abbildung S. 124: Hals, Brustfell über der Vordertatze links, Fell über dem Oberschenkel des Hinterbeins).
Zwei Dinge sollte man bei dieser Art der zeichnerischen Gestaltung beachten, die sich scheinbar widersprechen. Beim fleckhaften Setzen büßt die Gesamtform an Klarheit ein, besonders wenn es sich um ein Tier wie diesen Kater mit seinem zerzausten Fell und dem willkürlichen Muster handelt. Hinter dem malerischen Eindruck sollte eine Grundform erkennbar sein, die nur in Teilen von der Linie bestimmt ist. Eine malerische Lösung stellt sich dagegen in besonderem Maß ein, wenn Hell und Dunkel als Flächen eingesetzt werden. Vorhandene Linien einfach mit dunklen Rändern und Bändern zu verstärken, ist somit keine Lösung. Die oben erwähnten notwendigen Linien sollten als Grenze zwischen hellen und dunklen Flächen verstanden werden. Es fördert den Bildzusammenhang, wenn man die hellen bzw. die dunklen Flächen, wo es möglich ist, so miteinander verbindet, daß das Auge von einer hellen bzw. dunklen Form zur nächsten geleitet wird. Das heißt auch, daß man in helleren Partien auf eine Kontur verzichtet bzw. den dunkleren Stellen einen ebenfalls dunklen Hinter- und Untergrund hinzufügt.

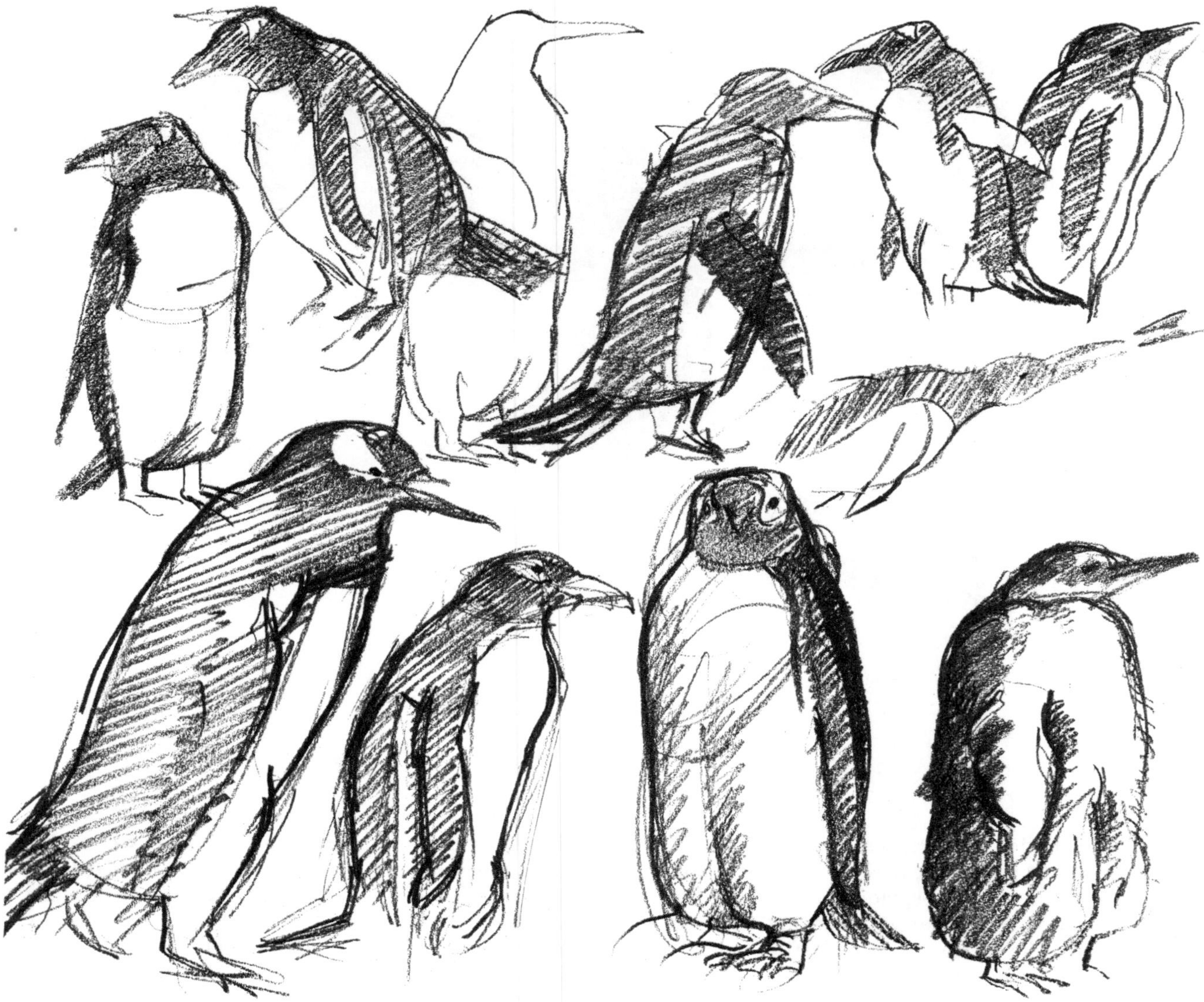

Die Skizzen von Pinguinen wurden mit Zeichenfeder, feinem Haarpinsel und Tusche in schwarze und weiße Flächen umgesetzt. Obwohl die weißen Stellen der Tiere nicht von einer Kontur begrenzt werden, ist der Körper deutlich erkennbar. Für das weitere Vorgehen (2. und 3. Reihe der Abb.) wurden die Tuschezeichnungen auf Transparentpapier fotokopiert. Im spielerischen Experiment ließen sich so die unterschiedlichsten Gruppen zusammenstellen, die dann wieder mit Tusche ausgeführt werden konnten. Der Vorteil des Transparentpapiers besteht darin, daß man die Formen nicht exakt ausschneiden muß, und daß man durch Wenden des Transparentpapieres eine seitenverkehrte Darstellung erhält, also die Zahl der Formen verdoppeln kann.

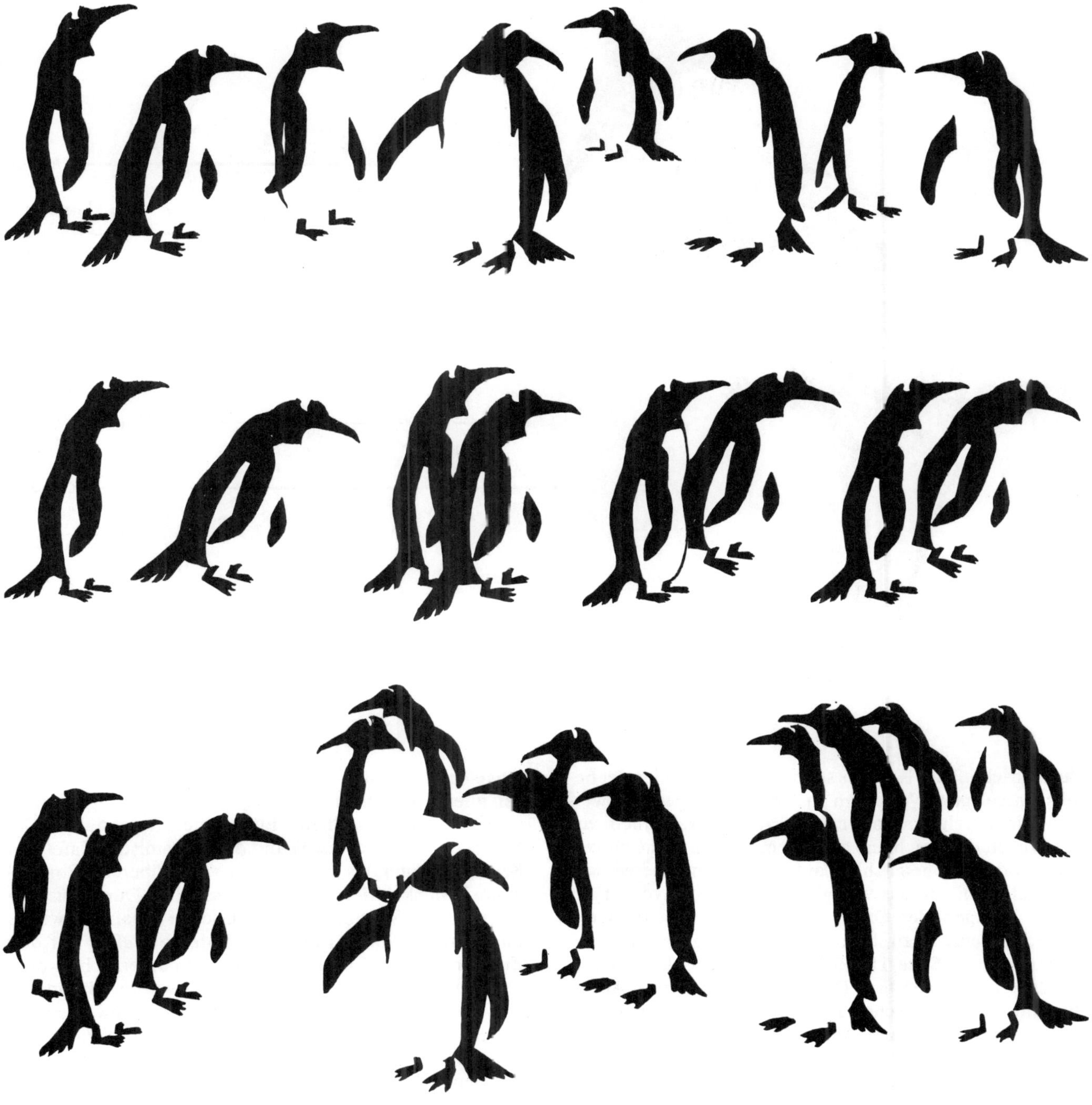

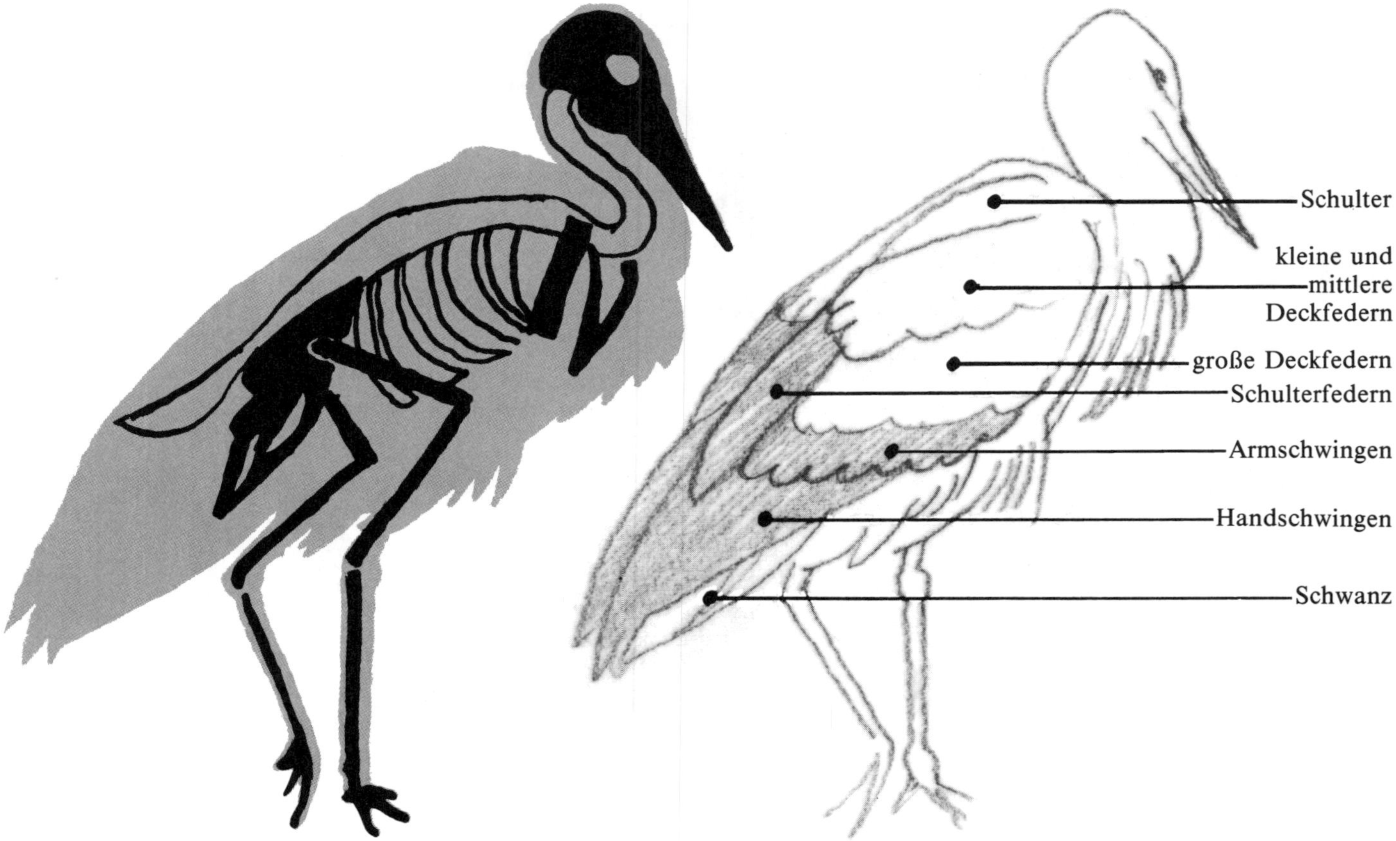

Zum Abschluß des Kapitels sollen nochmals einige der bereits dargelegten Verfahren in Erinnerung gerufen werden. Die Störche im Basler Zoo waren so freundlich, vor den Augen des Zeichners auf einem Bein in Ruhe zu verharren oder sehr gemächlich auf- und abzustolzieren, was eine Fülle von Skizzen ermöglichte. Ein Teil davon ist auf Seite 129 abgebildet. Das Exemplar in der linken oberen Bildecke diente dazu, sich in Übertragung der Schemazeichnung von Seite 116 über die anatomische Struktur Klarheit zu verschaffen. Da eine entsprechende Abbildung in der zoologischen Literatur kurzfristig nicht verfügbar war – und damit sollte man generell rechnen –, stellt die Schemazeichnung oben nur eine Annäherung dar. Doch solche „Annäherungsversuche" schärfen das Auge beim nächsten Mal, wenn man dasselbe Tier wieder zeichnet. Ebenfalls in Übertragung der Schemazeichnung wurden die einzelnen Flügelteile festgestellt. Die Skizze (S. 129 links oben) und die anatomische Tafel von Seite 116 stimmten jedoch nicht völlig überein. Eine erneute Visite bei Meister Adebar war fällig. Durch das vorangegangene Studium der zoologischen Schautafel wurde nun unser geduldiges Storchenmodell bewußter auf den Zusammenbau seines Federkleides hin untersucht, wobei nun endgültige Klarheit gewonnen wurde. Besonders schwierig war übrigens die Gliederung des schwarzen Gefieders zu erkennen, da sich Licht- und Schattenzonen auf dunklem Grund nur undeutlich abzeichnen. Nur durch die Beobachtung der Flügelbewegung, bei welcher man

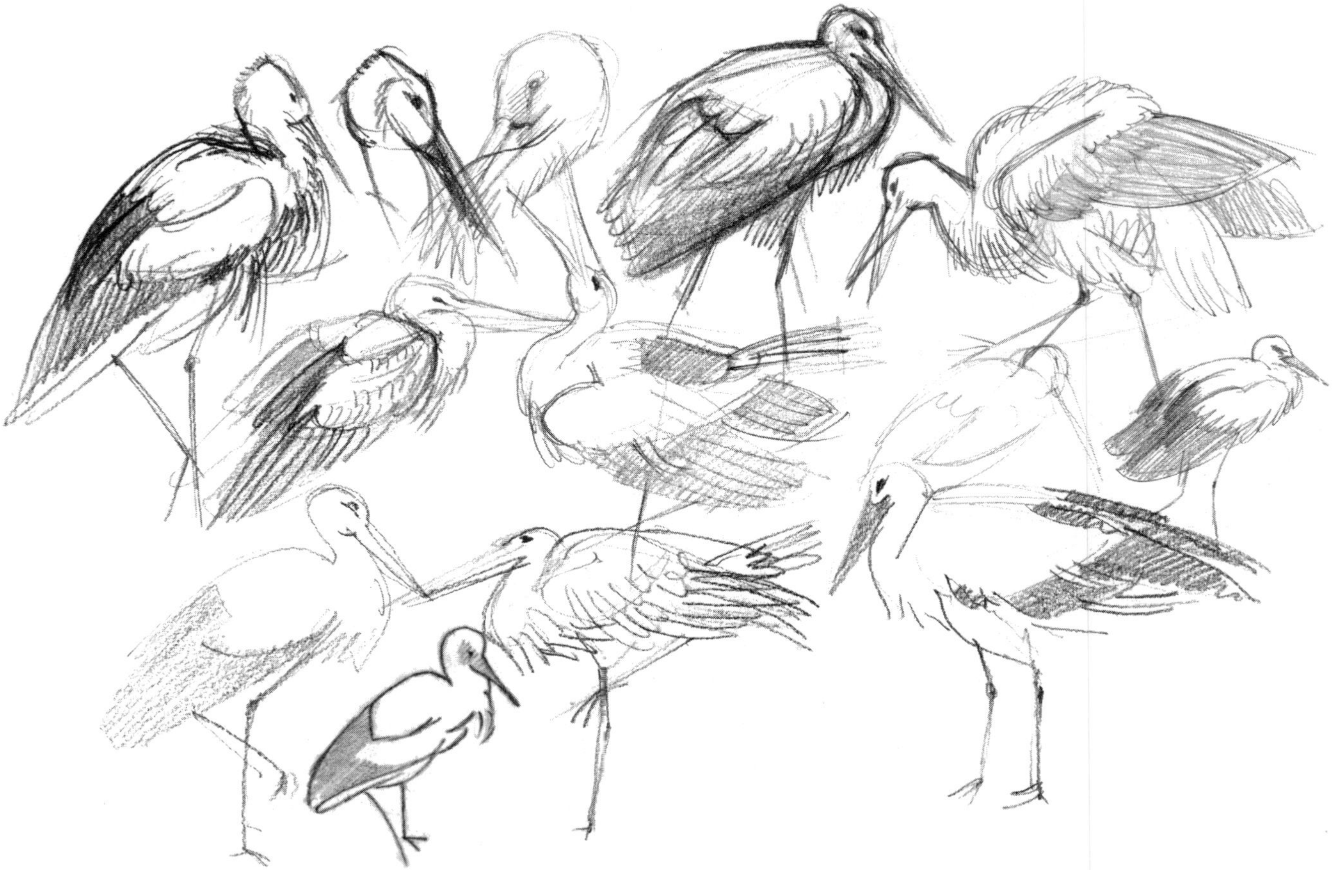

Lage, Anordnung und Form z. B. der großen Deckfedern oder der Handschwingen zunehmend klar entdecken konnte, bildete sich allmählich eine exaktere Vorstellung heraus.
Schon die Skizzen legen einige zeichnerische Umsetzungen nahe. Der Hell-Dunkel-Kontrast von schwarzen und weißen Federn, von dunklem Schnabel und Auge zu hellem Hals und Kopf legen eher malerische Lösungen nahe, das flauschige Gefieder dagegen mehr eine strukturelle Gestaltung. Um die strahlende Helle des weißen Federgewandes angemessen wiedergeben zu können, wäre eine zarte grafische Behandlung zu empfehlen. Die Eleganz der Konturen von Hals, Rücken, Flügel und die zerbrechlich erscheinenden dünnen Beine meint man nur in einer zarten Linienzeichnung angemessen wiedergeben zu können. Teilweise ist der Vogelkörper von einer klaren Umrißlinie erfaßt und in eine relativ einfache Grundform eingebunden (Abb. Mitte oben). Zum Teil ist das Gefieder gespreizt oder zerzaust, sodaß eine klare Konturlinie streckenweise aufgelöst wird. Die Geschlossenheit, bzw. die Offenheit der Form kann mit einer entsprechenden zeichnerischen Umsetzung noch weiter betont werden, siehe Seite 130: teilweise aufgelöste Kontur, Seite 131 oben: Eingrenzen der Form durch den dunklen Hintergrund.
Die Rohrfederzeichnungen mit Tusche auf Ingrespapier (S. 130) zeigen zwei nur leicht unterschiedliche Lösungen. Bei beiden Zeichnungen spielt die Struktur der Federn eine wichtige Rolle. Rechts wurde jedoch noch der Kon-

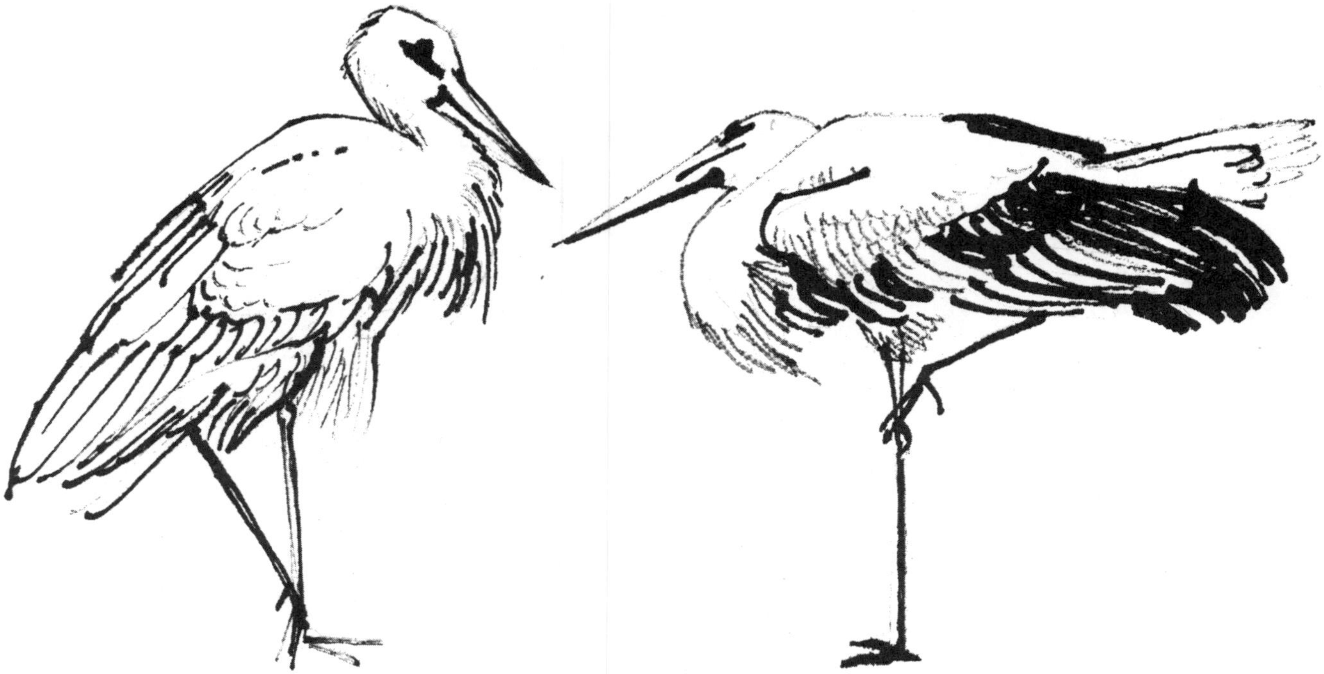

trast der schwarzen und weißen Federn berücksichtigt. Die Rohrfeder ist besonders geeignet, weil ihr Strich relativ früh abbricht. Man kommt nicht in Versuchung, zuviel zu zeichnen. Wenn der Strich abbricht, kann man prüfen, ob er wieder aufgenommen werden muß, oder ob das erzielte Ergebnis bereits ausreicht. Weniger ist oft mehr. Die Rohrfeder läßt auch entschiedene „satte" Striche zu. Sie werden dort, wo es nötig ist, eingesetzt, z. B. beim Schnabel oder bei den Beinen. Es genügt aber durchaus, z. B. nur die Ober- bzw. die Unterkante des Schnabels mit einem solchen Strich zu zeichnen.
Seite 131 zeigt zeichnerische Lösungen, welche vom Eindruck des hellen Gefieders angeregt sind: 1. Die Form des Storchenvogels wird durch die Gestalltung eines dunkleren Hintergrundes ausgespart, wobei der Hintergrund aus Bäumen aus der Phantasie heraus entwickelt wurde. Die Umsetzung der Zeichnung entstand ja nicht im Zoo, sondern im Atelier. Als Grundlage für die Storchenzeichnung diente die Skizze von Seite 129 rechts unten. Die schwarzen Flächen (schwarze Federn, Beine, Schnabel) und der weiß belassene Grund (weiße Federn) stellen in der zweiten, endgültigen Fassung den stärksten Kontrast innerhalb des Bildes dar. 2. Das andere Beispiel (Abb. unten) legt mit Deckweiß auf grau getöntem Grund zuerst die Helligkeit fest. Es gibt zwar den Grundsatz, daß man stets vom Dunklen ins Helle arbeiten sollte; aber keine Regel ohne Ausnahme! In der gewählten Vorgehensweise kommt die Zartheit des Gefieders besonders zur Geltung. Beim Einsatz von Schwarz konnte man schrittweise stark verdünnte Farbe schichten, bis die gewünschte Sättigung erreicht war, ohne daß der Eindruck des Zarten sofort zerstört wurde. Für das Weiß und Schwarz wurde Plakatfarbe verwendet. Deckweiß, lavierte und unverdünnte Tusche, Temperafarbe und Acrylfarbe sind jedoch genauso gut geeignet. Um bei den auch im Original relativ kleinen Zeichnungen (die Zeichnungen der Störche auf Seite 131 sind etwa 12 cm hoch), einen möglichst feinen Strich zu erzielen, wurden Retouchierpinsel benutzt. Auch Aquarellpinsel (Haarpinsel) und Japanpinsel von guter Qualität sind geeignet.

5

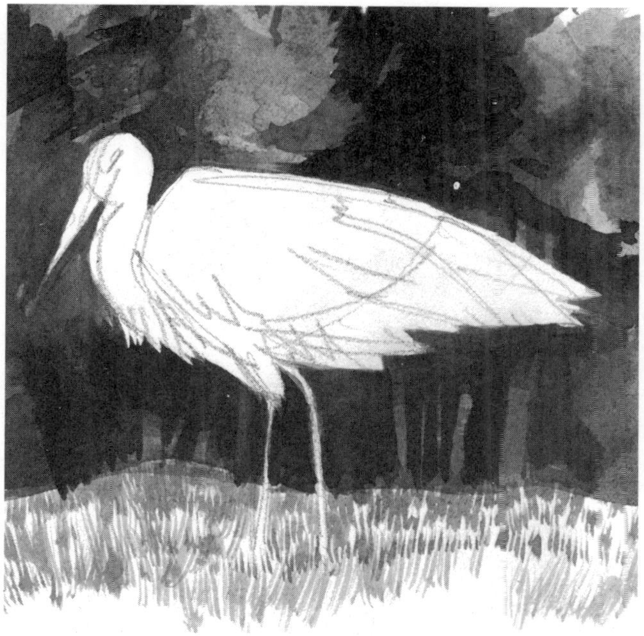

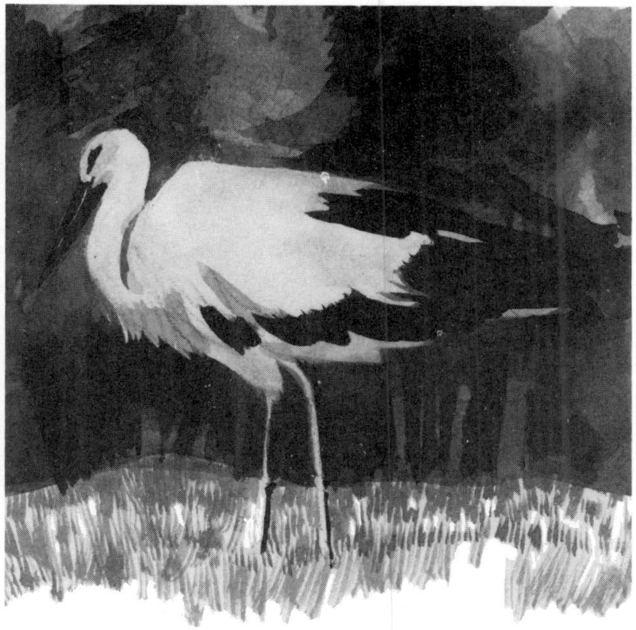

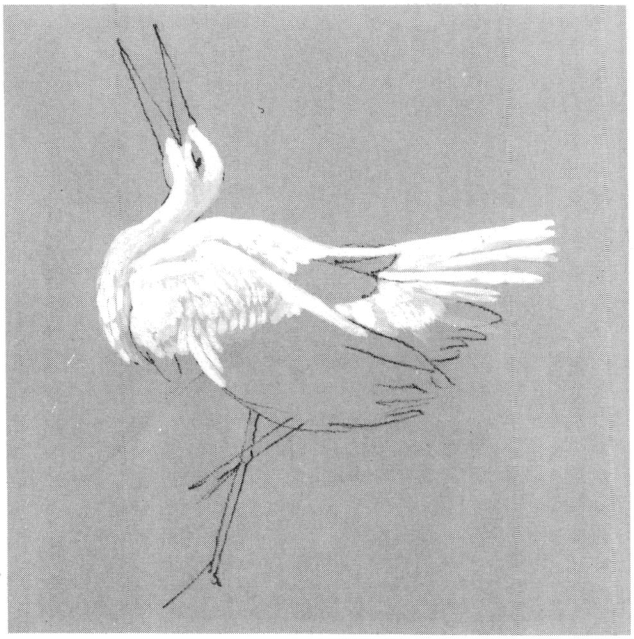

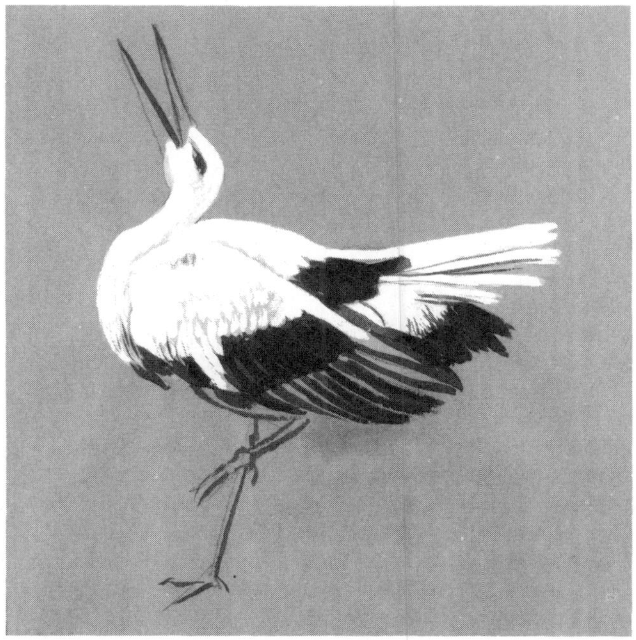

6

BÄUME UND LANDSCHAFTEN

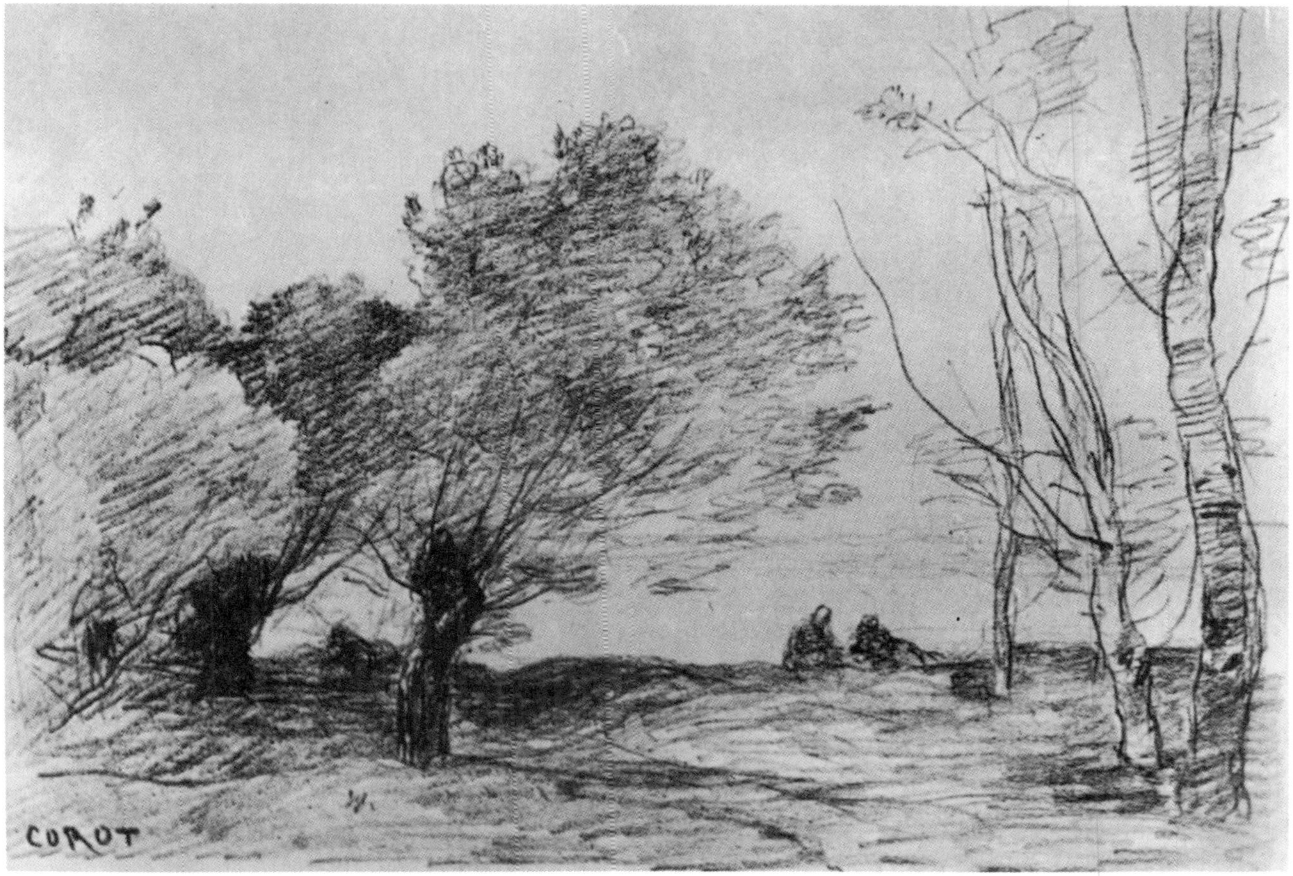

Camille Corot (1796–1875): Landschaft.

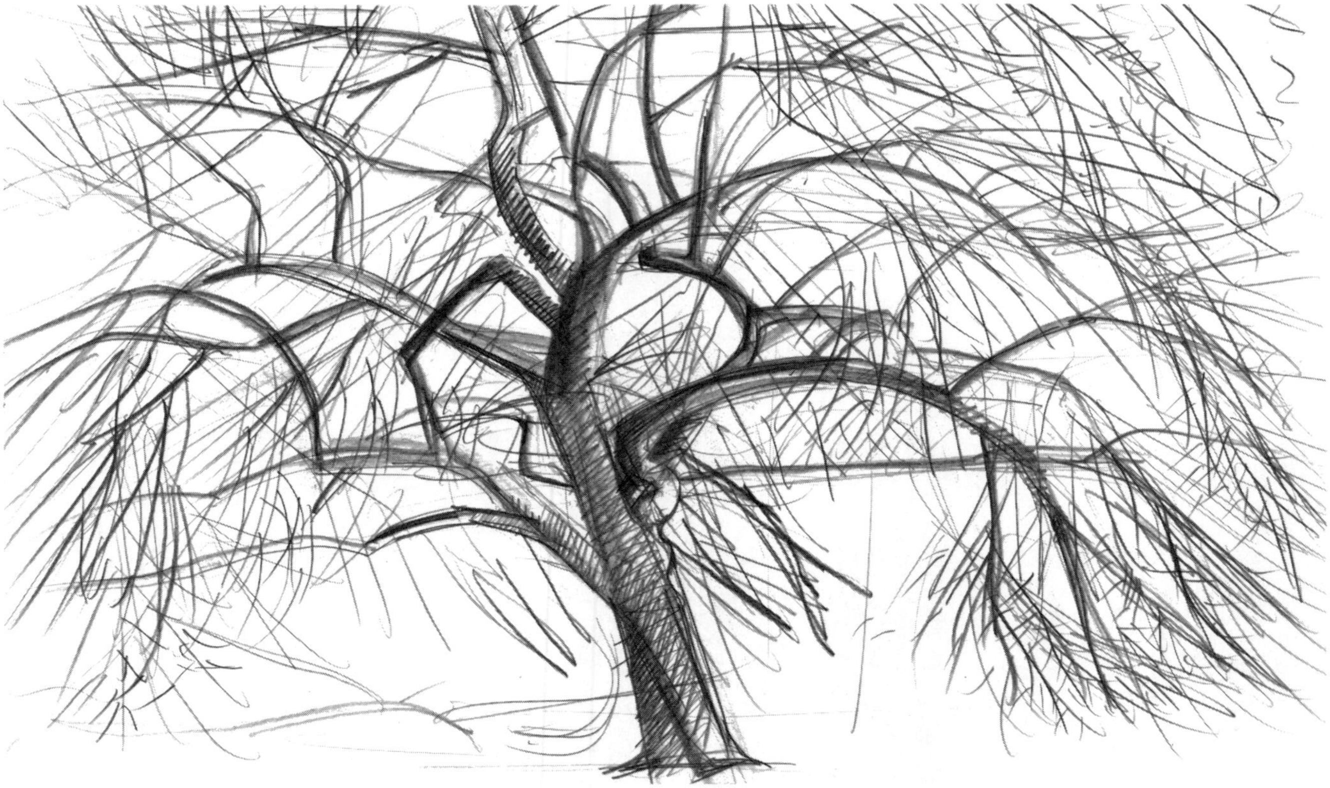

Bäume

Bei der Darstellung von Bäumen sollten gleich mehrere Gesichtspunkte beachtet werden: das Erfassen seiner Gesamtform, das Erkennen der Proportionen – was anfangs oft vernachlässigt wird –, der Verlauf und organische Übergang von Stamm und Ästen. Wichtig ist vor allem, die beiden unterschiedlichen Formen von Stamm/Ästen und der Krone zu einer zeichnerischen Einheit zu verschmelzen. Da ferner nicht jeder einzelne Ast und jeder Zweig dargestellt werden können, wird man in jedem einzelnen Fall, d. h. vor dem Objekt, eine zeichnerische Formel entwickeln oder erfinden müssen. Das erfordert und fördert zeichnerische Phantasie.
Um sich nicht gleich in der Vielfalt der Einzelheiten zu verlieren, empfiehlt es sich, häufig und schnell zu skizzieren. Man verwende dazu ein Material, das nicht immer wieder zubereitet werden muß, am besten den Graphit-Stift, Kreide, Füller, auch die zu Unrecht für zeichnerische Anwendung verschrieenen Kugelschreiber und Filzstifte.
In jedem Baum können eigene Formeigenschaften entdeckt werden. Die beiden Bildbeispiele sind ein Beleg dafür: Der entlaubte Obstbaum zeigt das organische Gerüst von Stamm, Ästen und Zweigen. Die Erscheinung der hohen Kiefer wird dagegen vom Stamm und den um ihn gelagerten Büscheln bestimmt.
Jeder Baum wurde in wenigen Minuten skizziert. Zur Darstellung des Apfelbaumes wurde ein weicher Graphit-Pure-Stift (2 B) verwendet. Zuerst wurden die Hauptrichtungen festgelegt, dann erst die Verästelung und die

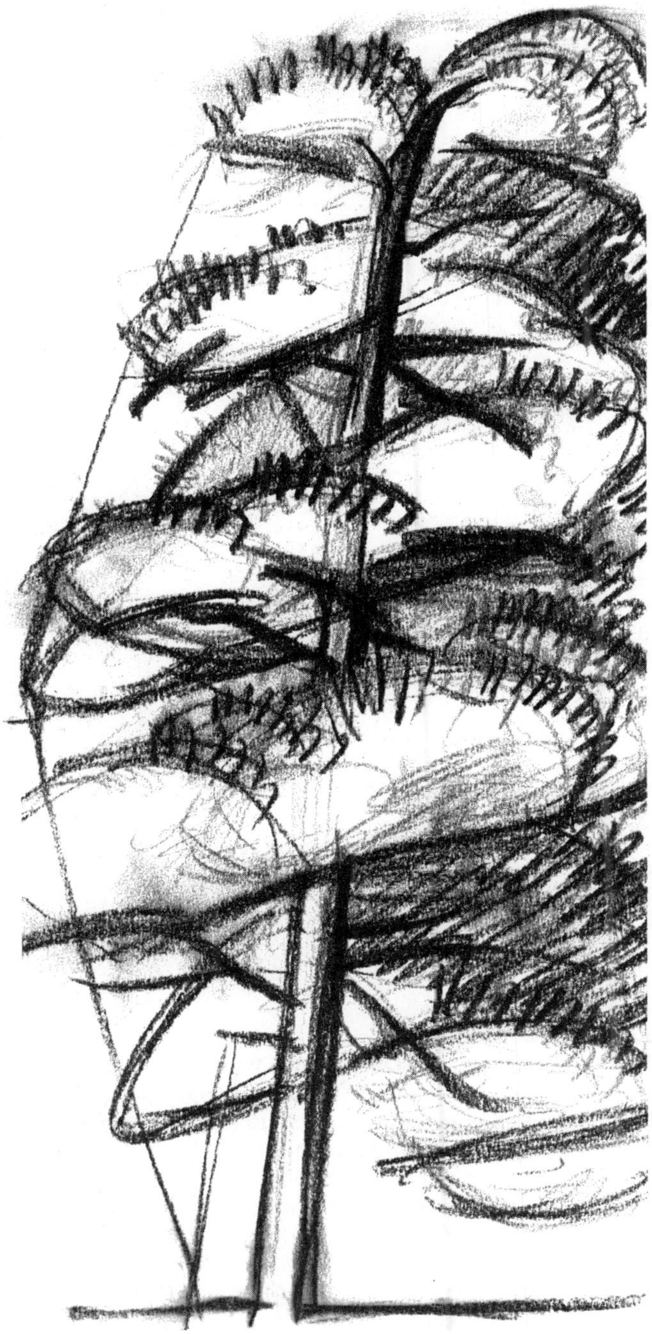

Verzweigung. Das Gewirr der Zweige legt Grauzonen fest, die nicht gleichmäßig über die Krone verteilt sind. Daß die Zweige in der Luft hängen, also nicht organisch aus den Ästen herauswachsen, spielt bei dieser Art eines ersten zeichnerischen Zugriffs keine Rolle.
Zur Skizze der Kiefer wurde zuerst ein schwarzer Wachsmalstift, dann eine wesentlich weichere Kreide verwendet. Mit dem Wachsmalstift wurde die Form in der Weise ertastet, daß der Stift, ohne abgesetzt zu werden, schnell und unter leichtem Druck herumgeführt wurde. Als die endgültige Form annähernd erreicht war, legte die schwarze Kreide die wesentlichen Linien fest. Die Büschel, die sich hinter dem Stamm befanden, erhielten eine raumklärende Schraffur.

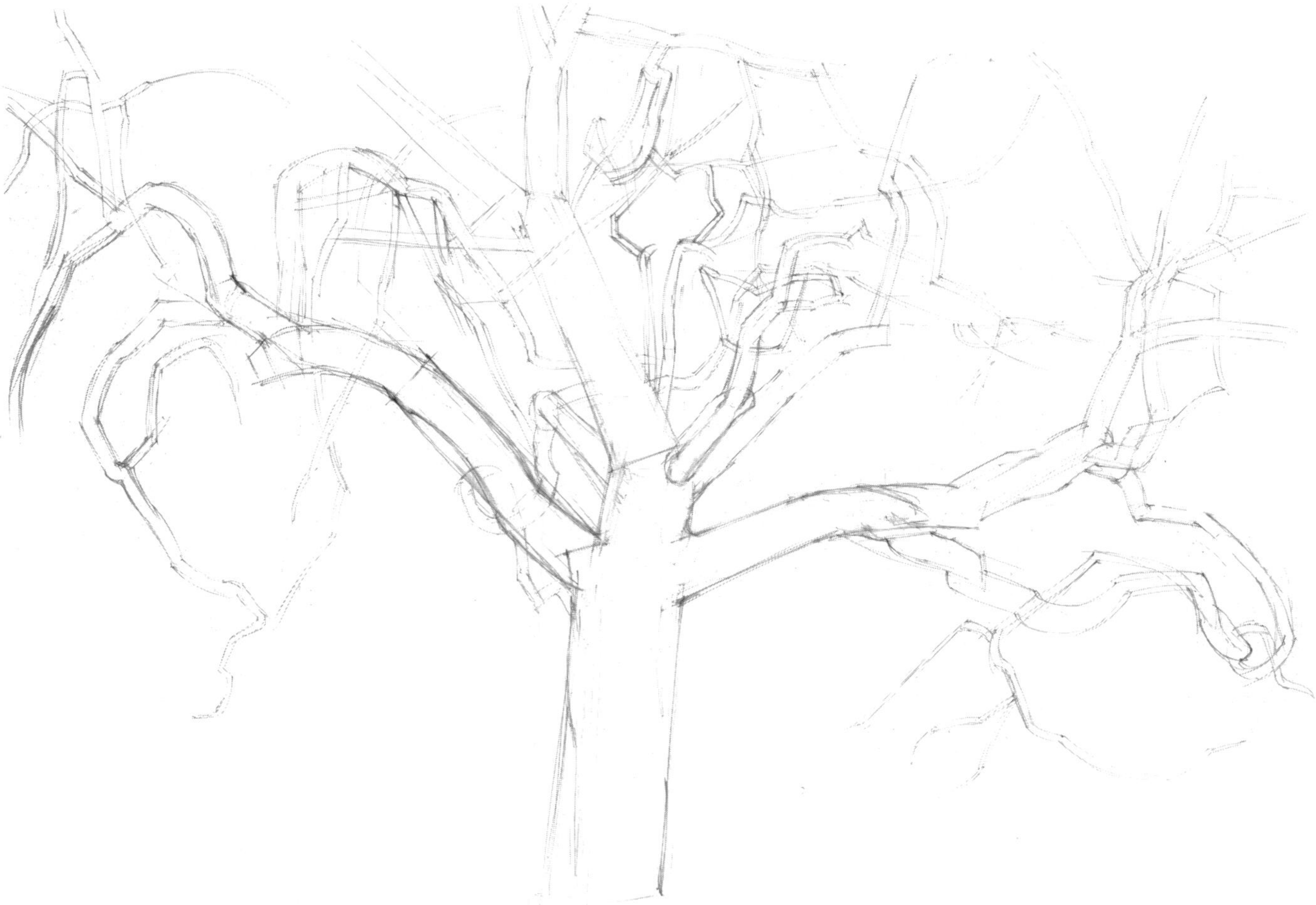

Lineare Darstellung

Mit dieser Form der Darstellung wird das Augenmerk vorwiegend auf Stamm, Äste und Zweige gelenkt. Die häufigsten Fehler sind hier: 1. Stamm und Äste werden zu rund wiedergegeben, sind gummiartig weich. Die absolut runde Form ist in der Natur jedoch eine sehr seltene Ausnahme. Selbst die Äste der Trauerweide zeigen viele Knicke, die, da sie organisch weiche Übergänge aufweisen, erst bei genauer Beobachtung bemerkt werden. 2. Der Ast wird dicker gezeichnet als der Stamm. Denselben Fehler findet man oft auch bei dem vom Hauptast abweichenden Ast oder Zweig. 3. Die Übergänge von Stamm zu Ast, von Ast zu Ast bzw. Zweig werden in großzügigen Bögen wiedergegeben. Die Übergänge verlaufen jedoch in relativ kleinen Bögen. Sicher finden sich in der Natur Gegenbeispiele. Man sollte sich aber auch in diesem Fall vor allzu weichen Formen hüten. Es steckt mehr „Architektur“ in den Bäumen als man zunächst vermutet. Die erste Abbildung zeigt das „Gerüst“ des Baumes. Stamm, Äste und Zweige setzten sich aus geraden Bändern zusammen. Auch jene Teile, die beim konkreten Vorbild von Laub verdeckt waren, wurden wiedergegeben, da es um den lo-

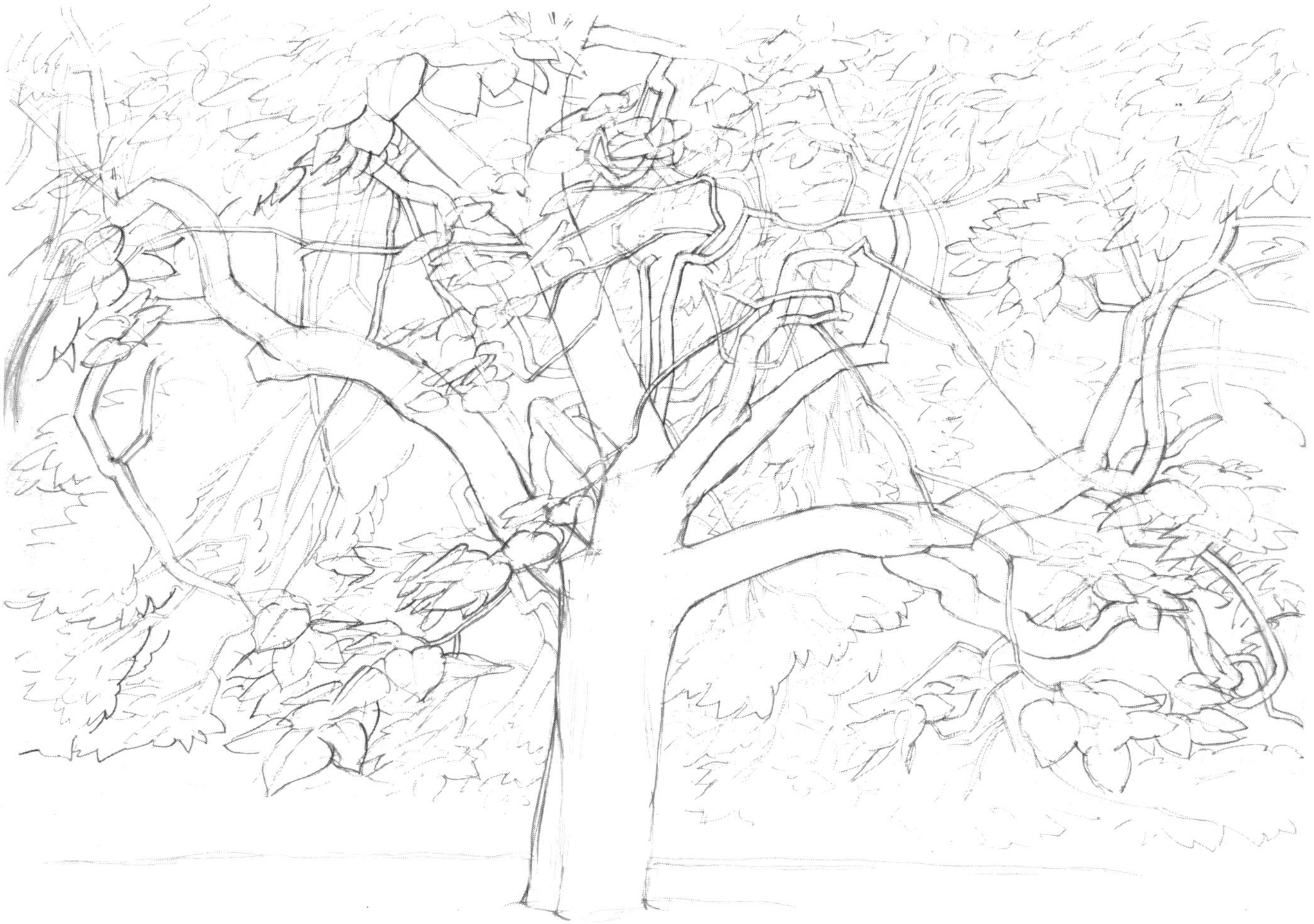

gischen Zusammenhang ging. Äste und Zweige sind entsprechend des Vorbilds in manchen Zonen verdichtet. Aus gestalterischer Überlegung heraus – Kontrast von dichten und lockeren Stellen – wurde diese Verdichtung etwas übersteigert.
In der zweiten Abbildung sind die Übergänge organisch gerundet, ohne jedoch weich zu erscheinen.
Das Laub ist eingezeichnet. Das Vorbild war der in Nordamerika beheimatete Trompetenbaum (genannt nach seinen länglichen Früchten). Man findet ihn heute immer öfter in Parkanlagen oder Gärten. Seine großen Blätter erlaubten es, einzeln wiedergegeben zu werden, ohne daß die Zeichnung in „Sklavenarbeit" ausartete. Es wurden jedoch nur die Blätter, die sich vor, neben oder direkt über dem Stamm befanden, gezeichnet. Die übrigen wurden von Linien zu Laubbüscheln zusammengefaßt. Der dünne Strich vermittelt dabei räumliche Tiefe.
Die Zeichnung auf der 1. Umschlagseite zeigt als letzte Phase zusätzlich die Schraffur. Diese sollte den Eindruck eines gewölbten Raumes wiedergeben, der gleichermaßen durch den weit ausladenden, lichten Baum selbst und den nahen Standort des Zeichners hervorgerufen wurde.

Körperhafte Darstellung
Stämme und Äste der Buchen besitzen eine besonders ausgeprägte körperhafte Qualität. Diese kommt durch die relativ glatte Rinde besonders zur Geltung, weil Licht und Schatten sich deutlich abzeichnen und kontinuierlich auslaufen. Im oberen Teil der ersten Abbildung sieht man die skizzenhafte Anlage der Äste. Diese sind meist als gerade verlaufende Bänder wiedergegeben. Die schraffierten Dreiecke veranschaulichen, wie auch die Zwischenräume bei der Wahrnehmung der Richtungen eine hilfreiche Orientierung bieten.
Das schraffierte Dreieck rechts oben legt die Maßverhältnisse innerhalb einer Astgabel fest.
Linien, die sich an andrer Stelle der Zeichnung befinden, können ebenfalls zum Abschätzen benutzt werden. Dabei ist es unwesentlich, ob die Verlängerung der Linien direkt in andere Linien hineinläuft. Es ist bereits eine Information, wenn man erkennt, daß eine Linie nur geringfügig neben einer anderen liegt, mit dieser aber in der Richtung übereinstimmt. (Eine Orientierungslinie wurde in der ersten Abbildung gekennzeichnet.)
In der Bildmitte wurde ein Ast aus Röhren zusammengesetzt. Dort wo die Röhre in schräger Richtung an den senkrechten Stamm stößt, entsteht ein Oval. Wo der Ast die Richtung wechselt, kennzeichnet die Schnittstelle etwa die Mitte der beiden Richtungen. Der Pfeil am Ende des Aststumpfes verweist darauf, daß der Ast schräg abgesägt wurde.

In der Bildmitte und unten wurden die geraden Bänder entsprechend dem konkreten Vorbild abgerundet und die plastischen Teilformen eingezeichnet. Dabei wurde klar, daß sich Ast und Stamm aus ineinander gedrehten Wachstumssträngen wie bei einem Seil zusammensetzen. Die Äste, wie man unschwer erkennen kann, sind bereits im Stamm angelegt. Der Übergang zu den Wurzeln vollzieht sich in derselben Weise.

Die zweite Abbildung zeigt die Anlage des Schattens. Die Striche wurden zwar zum Teil wegradiert, durch den Schatten bleibt aber der körperhafte Eindruck erhalten. Gegenüber der Abbildung links wurde hier die Einheitlichkeit des Baumes angestrebt.
Die fertige Zeichnung zeigt zwar einen stärker durchgeformten Schatten, bringt aber im Prinzip keine neuen Gesichtspunkte, höchstens, daß die Vereinheitlichung durch größere Dunkelzonen noch intensiver verfolgt wurde.

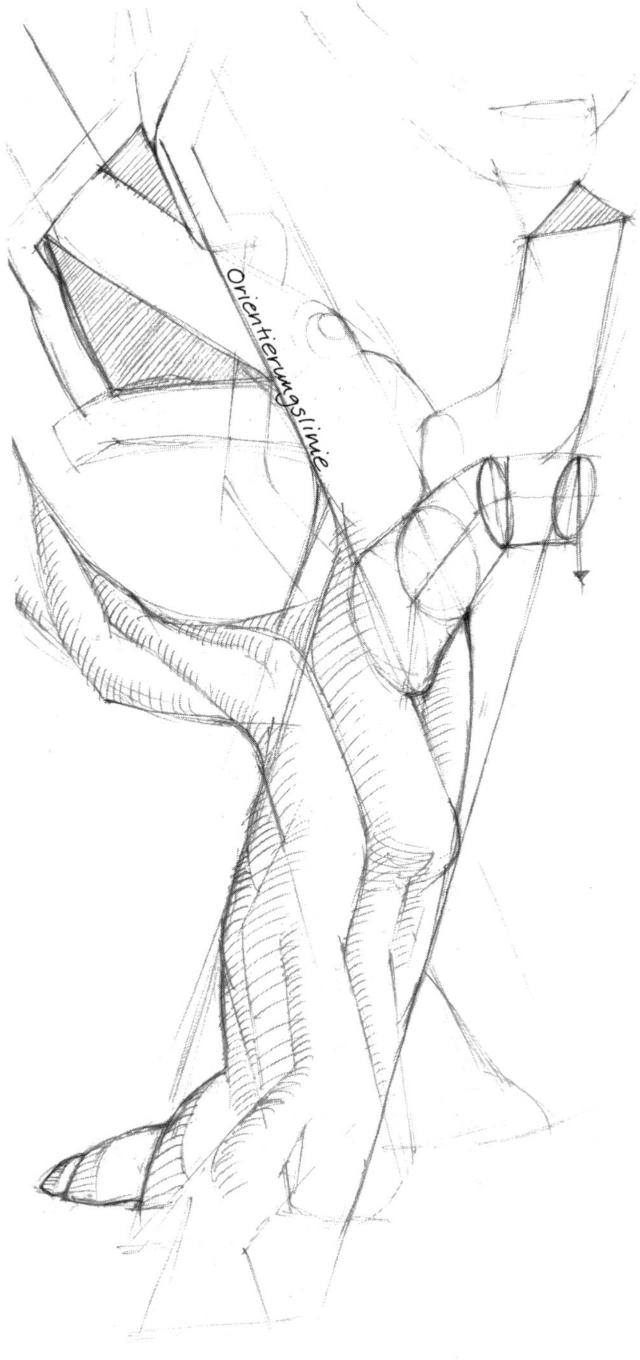

6

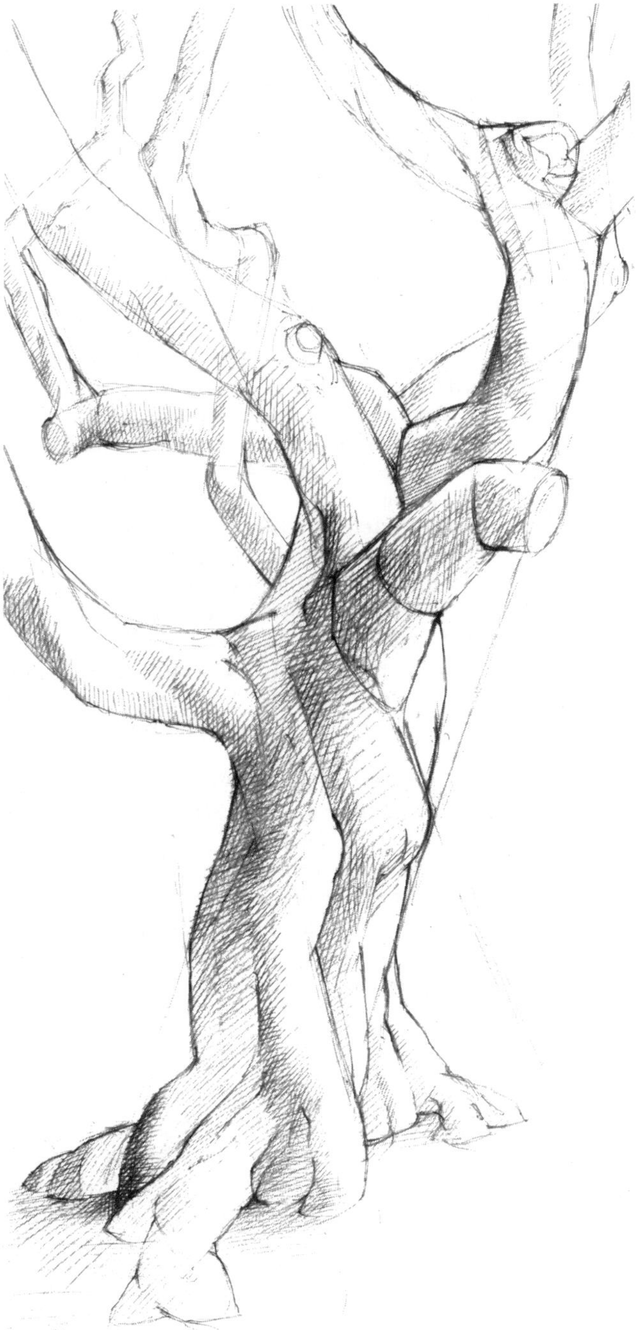

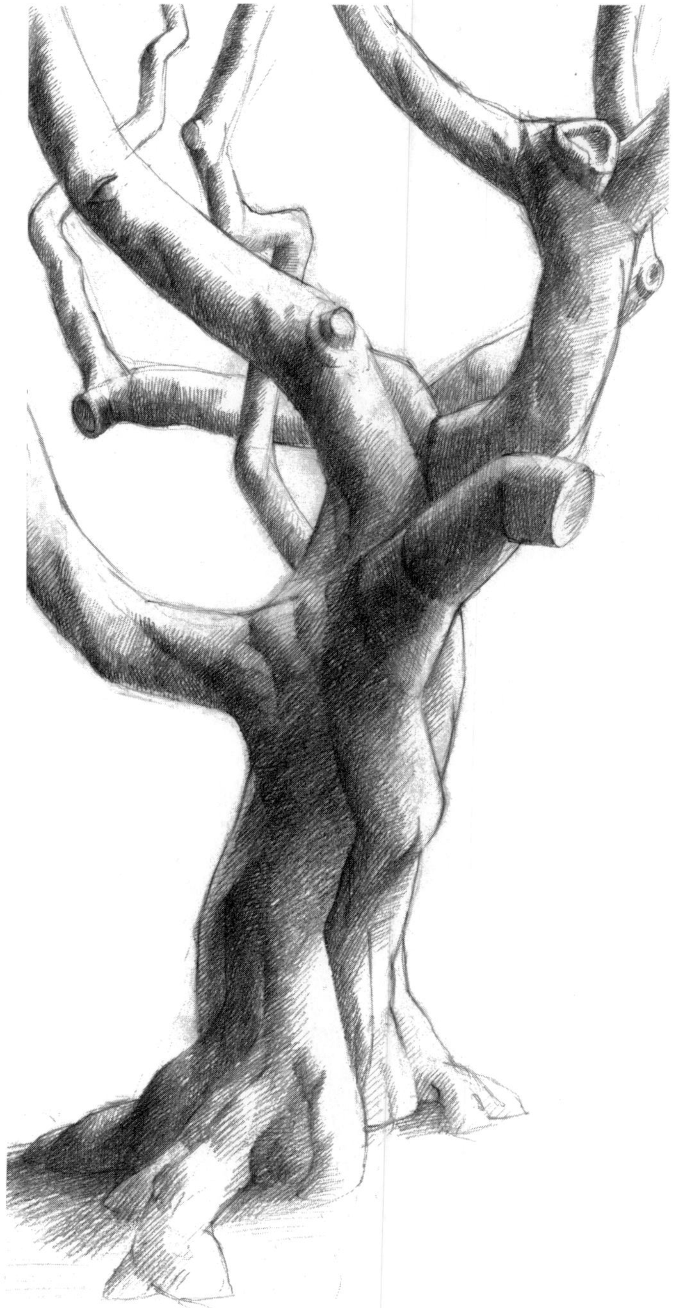

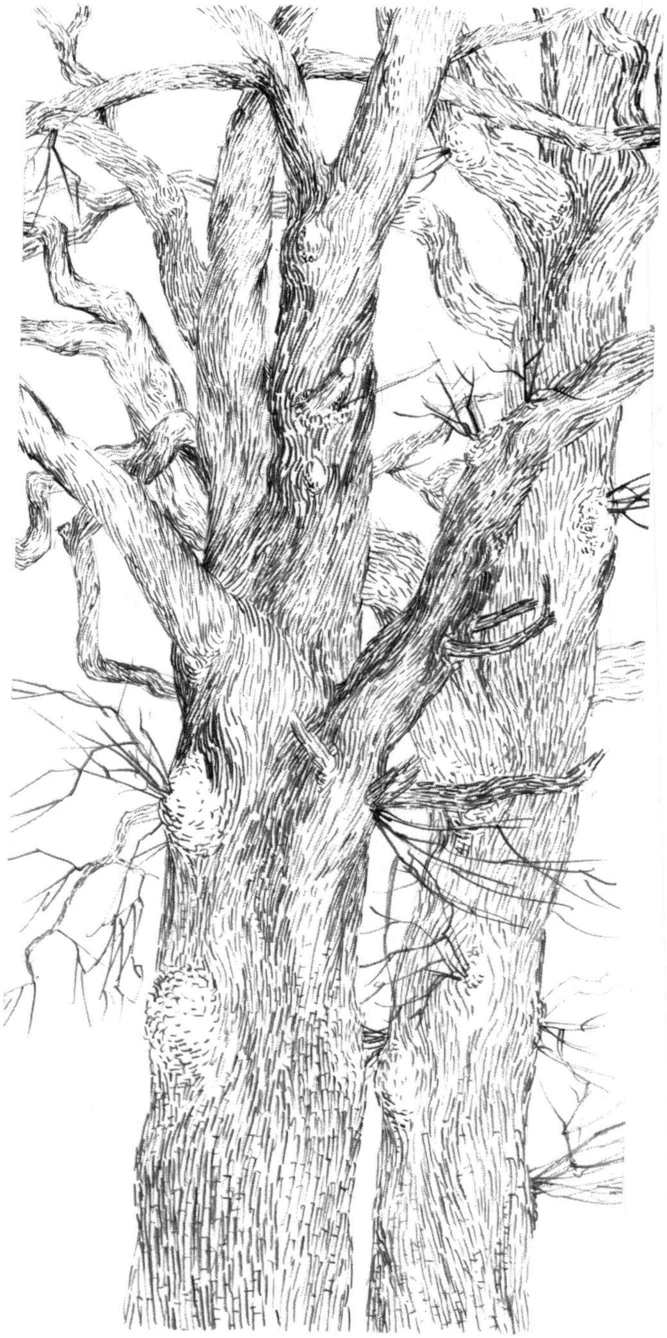

Oberflächenstruktur

Beim Auseinanderwachsen von Stamm und Ästen platzt die äußere Schicht der Rinden. Dieser Vorgang vollzieht sich fortwährend. Es entsteht dabei eine Struktur, die bei den einzelnen Baumarten recht unterschiedlich aussieht. Die Abbildung links zeigt die ausschnitthafte Darstellung von zwei Eichen. Die Rinde ist voller tiefer Risse, die in Richtung der Wachstumsbahnen von Stamm und Ästen verlaufen. Nachdem die Stamm- und Astformen skizzenhaft angelegt waren, wurden die Flächen mit kleinen Strichen und Punkten gefüllt. Dieses Füllen darf jedoch nicht als gedankenloses Zu-Ende-Zeichnen mißverstanden werden (im Künstlerjargon: stricken). Vielmehr muß genau geprüft werden, in welcher Richtung die Striche verlaufen, d. h. der Zeichner empfindet die Wachstumsrichtungen und die im Stamm bereits angelegte und in der Rinde spürbare Verästelung nach. Auch der Wechsel zwischen eng- und weitgesetzten Strukturelementen, zwischen hellen und dunklen Strichen verleiht der Rinden-Struktur einen dynamischen und malerischen Charakter. Die Struktur im unteren Teil ist gröber; mit kleinen Querstrichen, welche die Eichenrinde im Stamm auch wirklich aufweist, wird dieser Eindruck erreicht.
Der rechte Baum ist etwas zurückversetzt, seine Struktur ist etwas offener gehalten, wodurch er geringfügig heller erscheint und sich vom linken Baum besser abhebt.
Am Ende der Zeichnung sollte der Eindruck entstehen, als ob die Form der Bäume aus der Struktur der Rinde heraus entwickelt worden sei. Man scheue sich auch nicht, gelegentlich die Struktur über die in der zeichnerischen Anlage skizzierte Umrißlinie hinaus zu zeichnen.
Es war vor allem van Gogh, der seine Landschaften aus solchen Strukturen aufbaute. Er verwandte für die Zeichnung Rohrfeder, während hier ein weicher Bleistift (2 B – 4 B) benutzt wurde.

Es lohnt sich, einen Stamm von der Nähe anzuschauen. Die Rindenstrukturen besitzen eine hohe Formenvielfalt. Selbst an einem einzigen Stamm kann sich deren Charakter ändern. Bei der Wahl eines zeichnerischen Mittels sollte die Eigenart der Rindenstruktur berücksichtigt werden. So bietet sich das Hell-Dunkel für Platane und Birke (obere Reihe) nachgerade an, während andere Beispiele (Kastanie und Eiche, unten) eher die Linie nahelegen. Auch körperhafte Qualitäten können beachtet werden (Birke und Eiche).

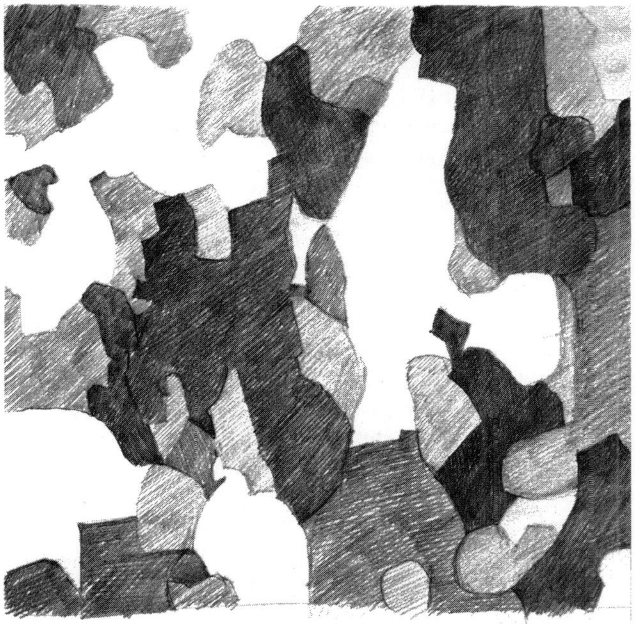

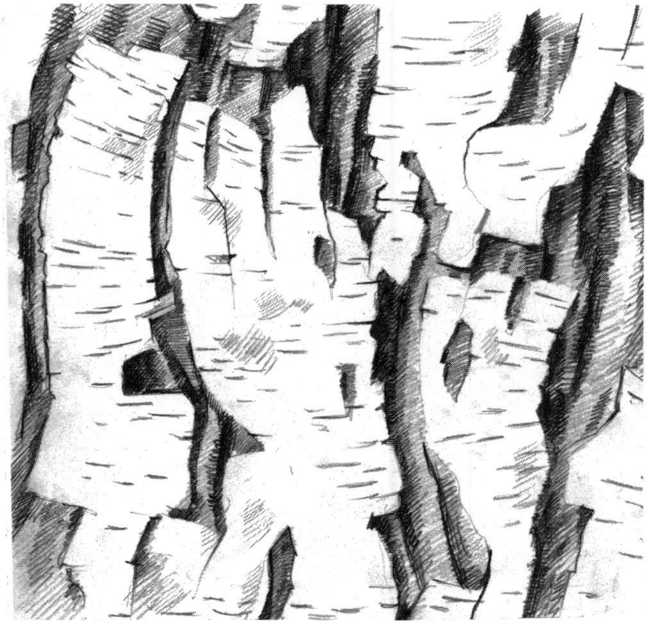

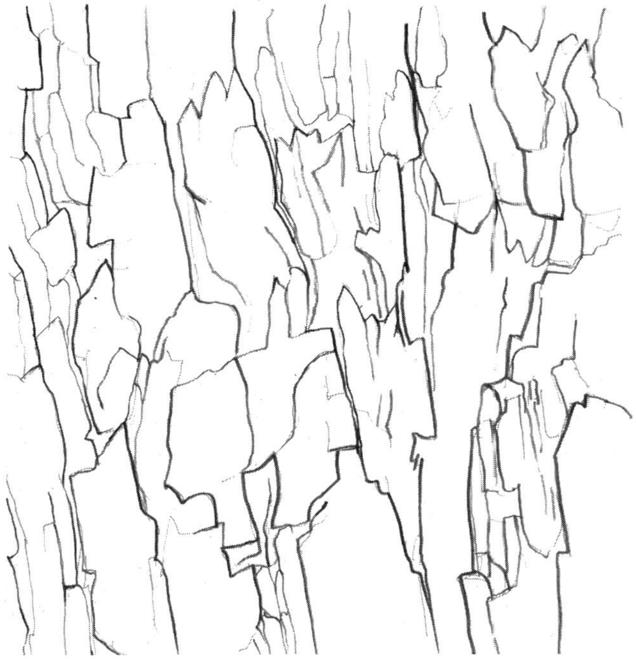

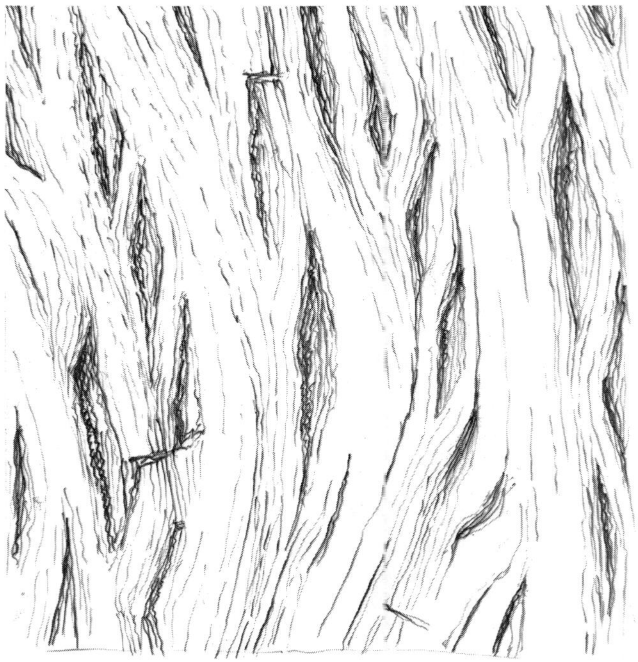

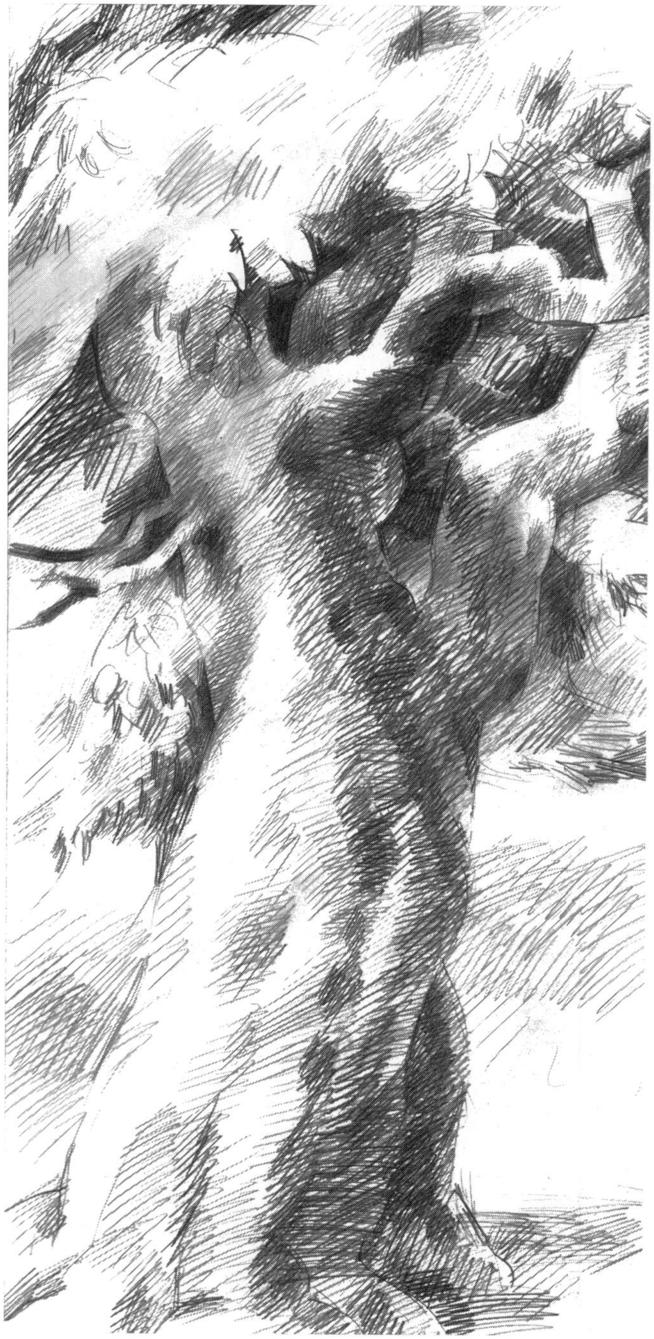

Malerische Darstellung
Bei diffusem Licht tritt die Körperhaftigkeit der Dinge zurück. Malerische Werte kommen zur Geltung. An den Gegenständen spielt sich ein Wechsel von Licht und Schatten und deren Zwischentönen ab. Farbunterschiede werden genauer wahrgenommen.
In der Zeichnung einer alten, dickstämmigen Buche wurden Stamm und Äste nur andeutungsweise notiert. Nach diesen ersten Anhaltspunkten wurde sofort mit der Schraffur begonnen. Dabei wurde nur gelegentlich die Grenze des Stammes durch unterschiedliche Grauwerte betont. Das Interesse galt vielmehr den Dunkelzonen, die in sich weiter differenziert werden sollten.
Die malerische Gestaltung hat den Vorteil, daß Stamm und Äste einerseits und die Laubkrone andererseits mit demselben zeichnerischen Mittel verwirklicht werden, ohne daß eine lineare Formulierung die Gefahr eines stilistischen Bruches bietet.
Die malerische Gestaltung wurde und wird – wie könnte es auch anders sein? – vor allem von Malern gepflegt. Unterschiedliches Temperament kommt in der Empfindsamkeit bzw. Heftigkeit der Strichführung (Handschrift) zum Ausdruck (siehe auch Kapitel „Bildnerische Mittel der Zeichnung"!).
Teilweise wird die Form der Gegenstände noch beibehalten (z. B. bei Cézanne), teils wird diese fast völlig aufgelöst (z. B. bei Corinth).

Baumgruppen

Das Motiv einer Baumgruppe nähert sich jenem einer Landschaft an. Der einzelne Gegenstand – hier der Baum – wird nun Bestandteil eines Gesamtzusammenhangs, evtl. eben einer Landschaft.
Die **Piniengruppe,** Abb. Seite 143 wurde mit einem schmalen Borstenpinsel (Nr. 4) und Tusche ausgeführt. Für die zeichnerische Anlage diente der „trockene" Pinsel, d. h. der fast völlig ausgewischte Pinsel, welcher nur einen hellgrauen Strich hinterläßt.
Dieser Zustand blieb aus Demonstrationszwecken auf der rechten Seite erhalten. Alle Pinien einschließlich des Hintergrundes wurden von Anfang an berücksichtigt. Die weitere Ausgestaltung bestand darin, die Dunkelheiten zu

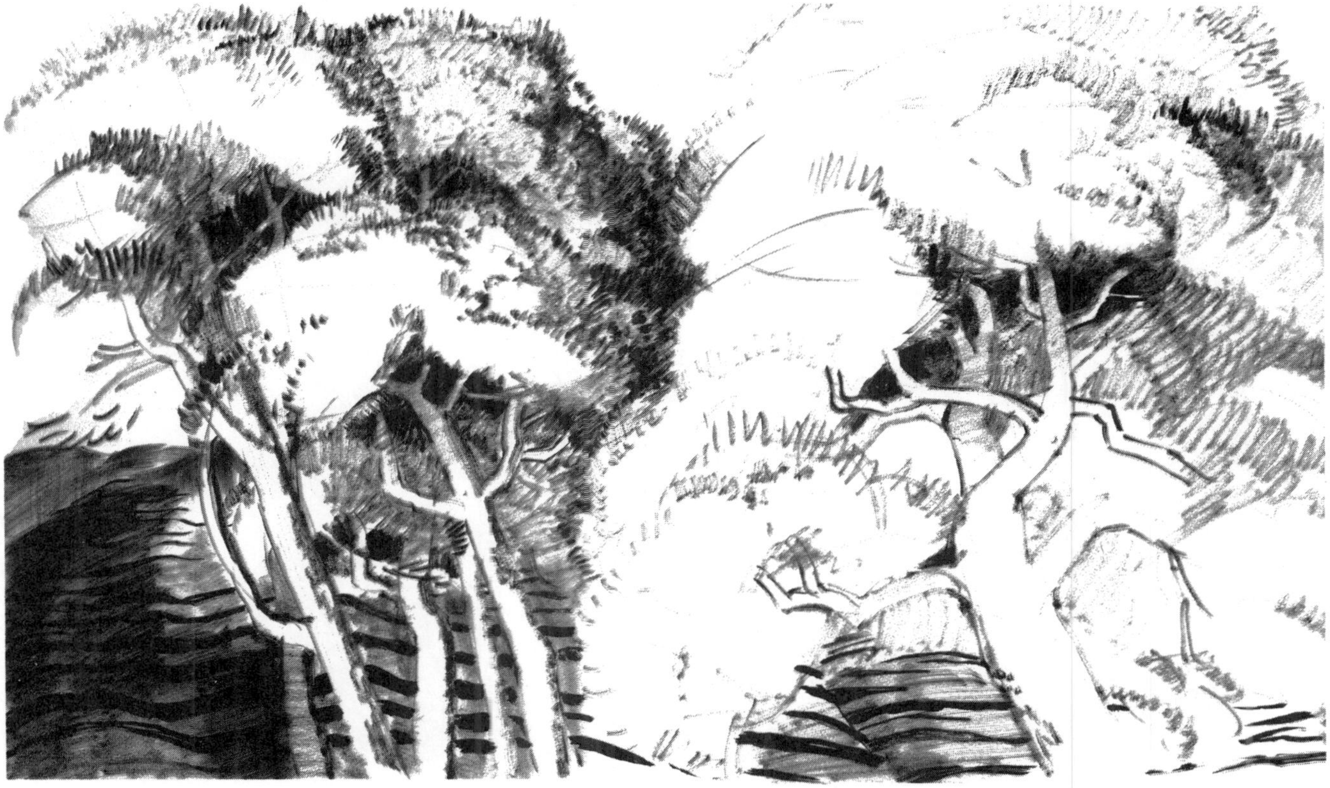

verstärken und die großen Formen, vor allem die Teilkronen detaillierter wiederzugeben. Dabei wurden Dunkelheiten bzw. Helligkeiten über die Einzelform hinaus in den Nachbarbereich hinübergeführt, um den Eindruck einer Baumgruppe zu erzielen.
Man muß sich bei diesem Verfahren davor hüten, vorschnell dunkles Grau oder gar Schwarz zu verwenden, da die Bildfläche schneller als eigentlich beabsichtigt zugestrichen ist. Ein Vorteil bietet das Verfahren dadurch, daß mit dem Pinsel die Nadelstruktur der Pinie ohne großen Aufwand wiedergegeben werden kann.
Die Zeichnung des **Waldrandes,** Seite 144/145, zeigt einen Misch-Laubwald. Es bestehen bei diesem Motiv vor allem zwei Schwierigkeiten: 1. Die einzelnen Bäume dürfen sich nicht zu sehr gegeneinander abgrenzen. Das Bild bestünde sonst aus einer Ansammlung von Bäumen, während doch der Charakter eines Waldes erzielt werden soll.
2. Andererseits muß die einzelne Form so weit herausgearbeitet werden, daß der einzelne Baum wahrgenommen werden kann. Ansonsten würde alles zu einem „Brei“ zusammenfließen.
Die Bäume wurden zuerst mit wenigen Strichen festgehalten. Dabei wurden nur die übergeordneten Gesamtformen mit einigen großen Teilformen berücksichtigt.
Man sollte recht früh die dunklen Zonen mit Schraffuren festhalten (linke Seite). Dunkle, helle Stellen fließen je-

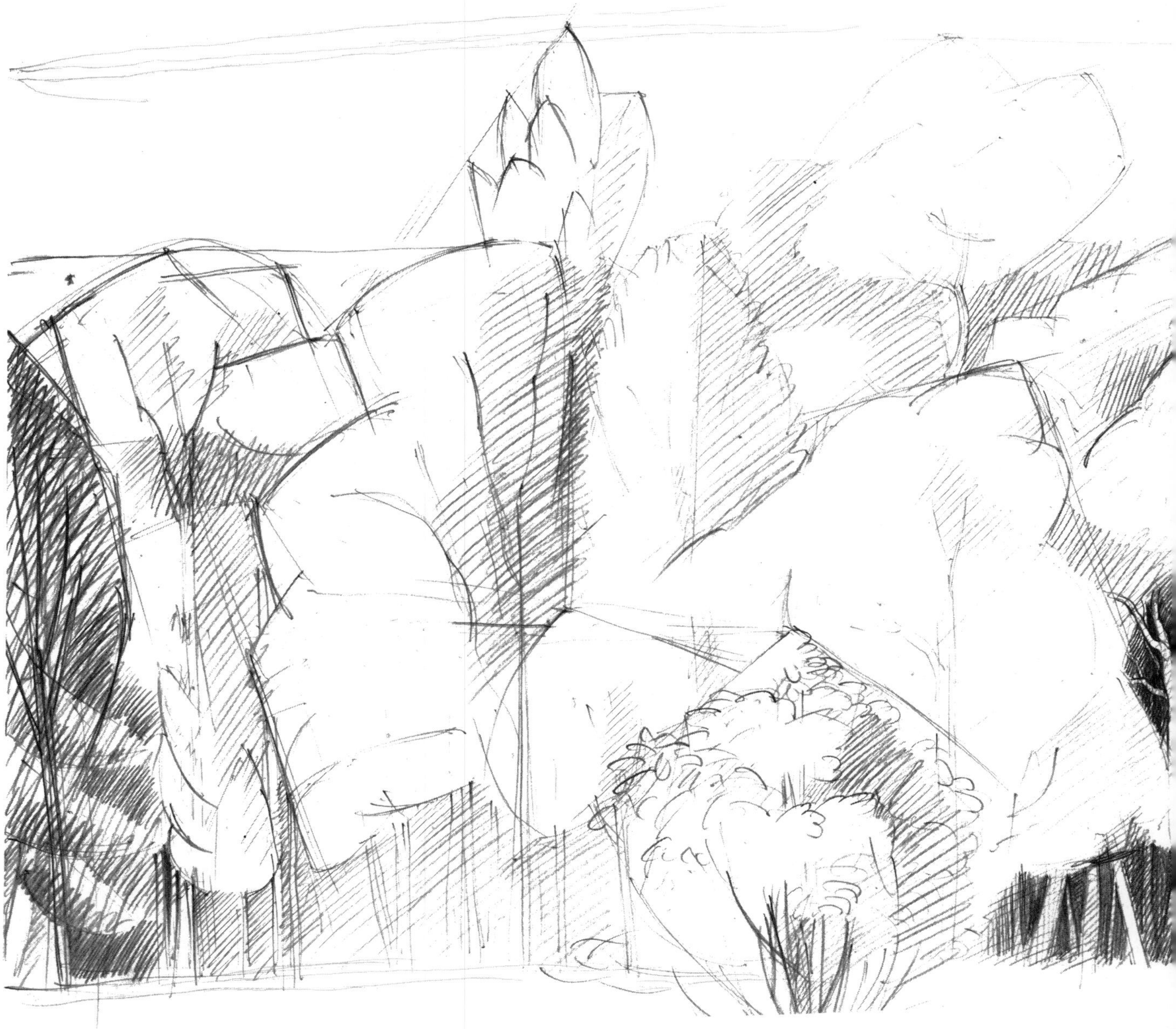

weils zusammen und geben Licht und Schatten in der grundlegenden Verteilung an. Dabei gleiten Licht- und Schattenzonen der einzelnen Bäume ineinander über und garantieren somit den Gesamtzusammenhang des Waldstückes. Man hält mit der Linienzeichnung die einzelne Baumform fest und stellt mit den Schraffuren schon relativ früh im Zeichenvorgang deren Verbindung her. Die rechte Seite zeigt den fertigen Zustand der Zeichnung.

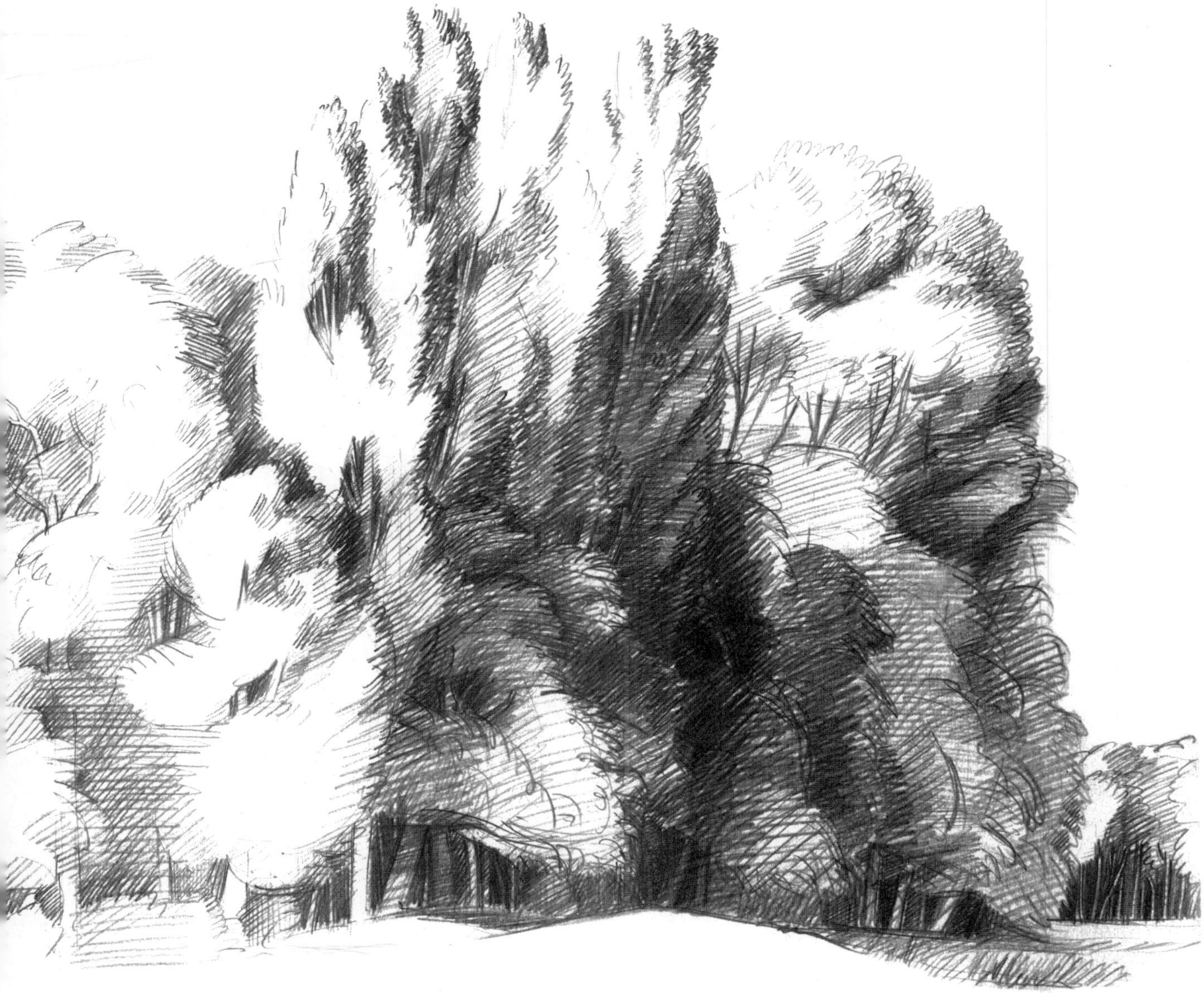

Die Laubstruktur ist hauptsächlich in den Schattenzonen zu sehen, etwa wie bei einem überbelichteten Foto. Enge Setzung der Struktur und die Verwendung des weichen Bleistifts (zwischen 2 B und 6 B) erzielen tiefe Dunkelheiten. Gelegentliche Laubstruktur in den hellen Zonen vermeidet, daß die Lichtpartien gegenüber den Schattenzonen zu flach erscheinen. Ferner erzielt man dadurch eine engere zeichnerische Verbindung der einzelnen Bäume.

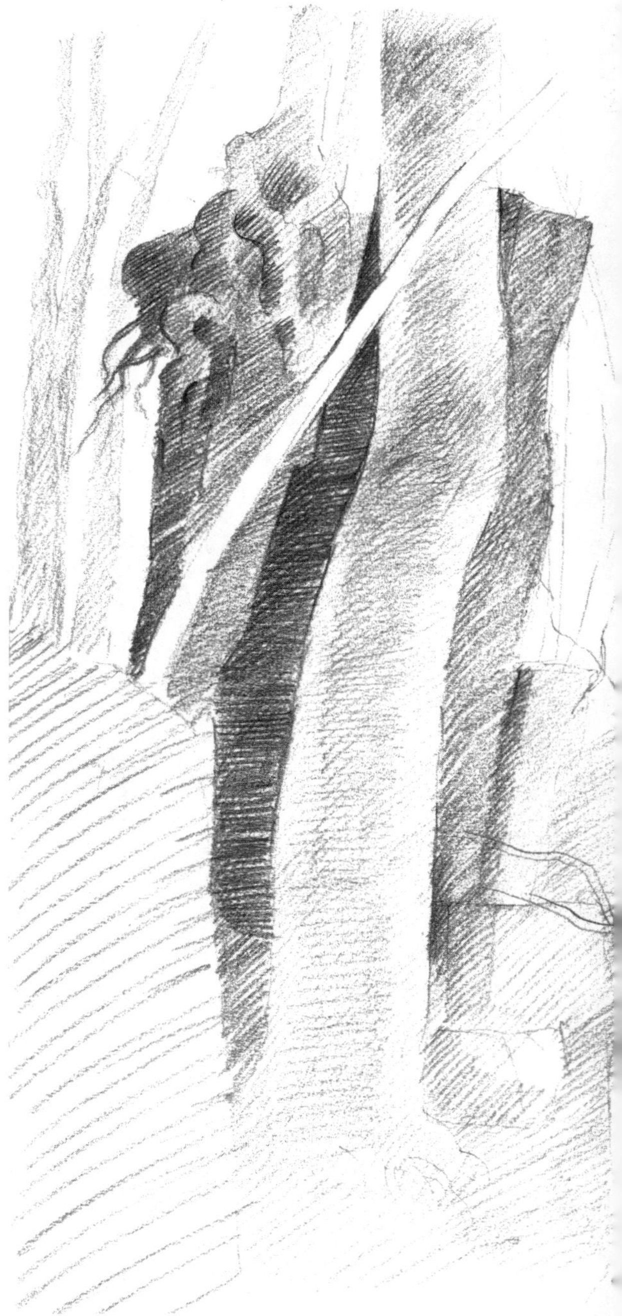

Die Zeichnung einer kleinen **Felsenschlucht** ist von den unterschiedlichen Grauwerten her aufgebaut. Die Vorzeichnung mit einigen skizzenhaften Strichen diente nur der Orientierung. Im nächsten Schritt wurden die Dunkelheiten festgelegt, welche die eigentliche Komposition ausmachen. Auch hier wurden Einzelheiten noch nicht berücksichtigt, wie man auf der linken Seite der Zeichnung sehen kann. Wer Interesse an einer großzügigen Zusammenfassung der einzelnen Gegenstände hegt (hier der Bäume, Felsen und des Waldbodens), kann die Zeichnung auf dieser sozusagen abstrakten Ebene belassen und sich noch intensiver mit der Hell-Dunkel-Gestaltung befassen.

Auf der rechten Seite wurden die Einzelheiten genauer herausgearbeitet, jedoch nicht in der Art, daß sie sich von der Umgebung völlig abschließen würden. Der Baum rechts vorne fügt sich in die helleren Partien der Umgebung ein. Auf diese Weise kommt auch eher das Wurzelwerk als die einzelne Wurzel zur Geltung. Auch die Felsen öffnen sich an ihrer hellsten Stelle zum Wald und fügen sich trotz ihrer insgesamt tiefen Dunkelheit in den Gesamteindruck ein. Diese beschriebene Wirkung stellt sich ein, wenn man die Detailzeichnung abwechselnd mit dem Schraffieren, also in enger Verbindung vornimmt.

Lineare Elemente wie die Äste rechts, die schmalen Stiele rechts oder einzelne Blätter Mitte oben lockern die vorwiegend aus Flächen aufgebaute Zeichnung auf.

Für die Hell-Dunkel-Gestaltung eignen sich Motive in einem diffusen Licht. Im Seitenlicht erscheinen dagegen die Dinge körperhafter und neigen dazu, sich von ihrer Umgebung abzugrenzen.

Das Original der Zeichnung ist etwa doppelt so groß. Ein großes Format begünstigt ein rhythmisches Schraffieren, was der gesamten Zeichnung eine größere Frische verleit.

Gezeichnet wurde dieses Bild in der Wolfsschlucht bei Kandern (Schwarzwald).

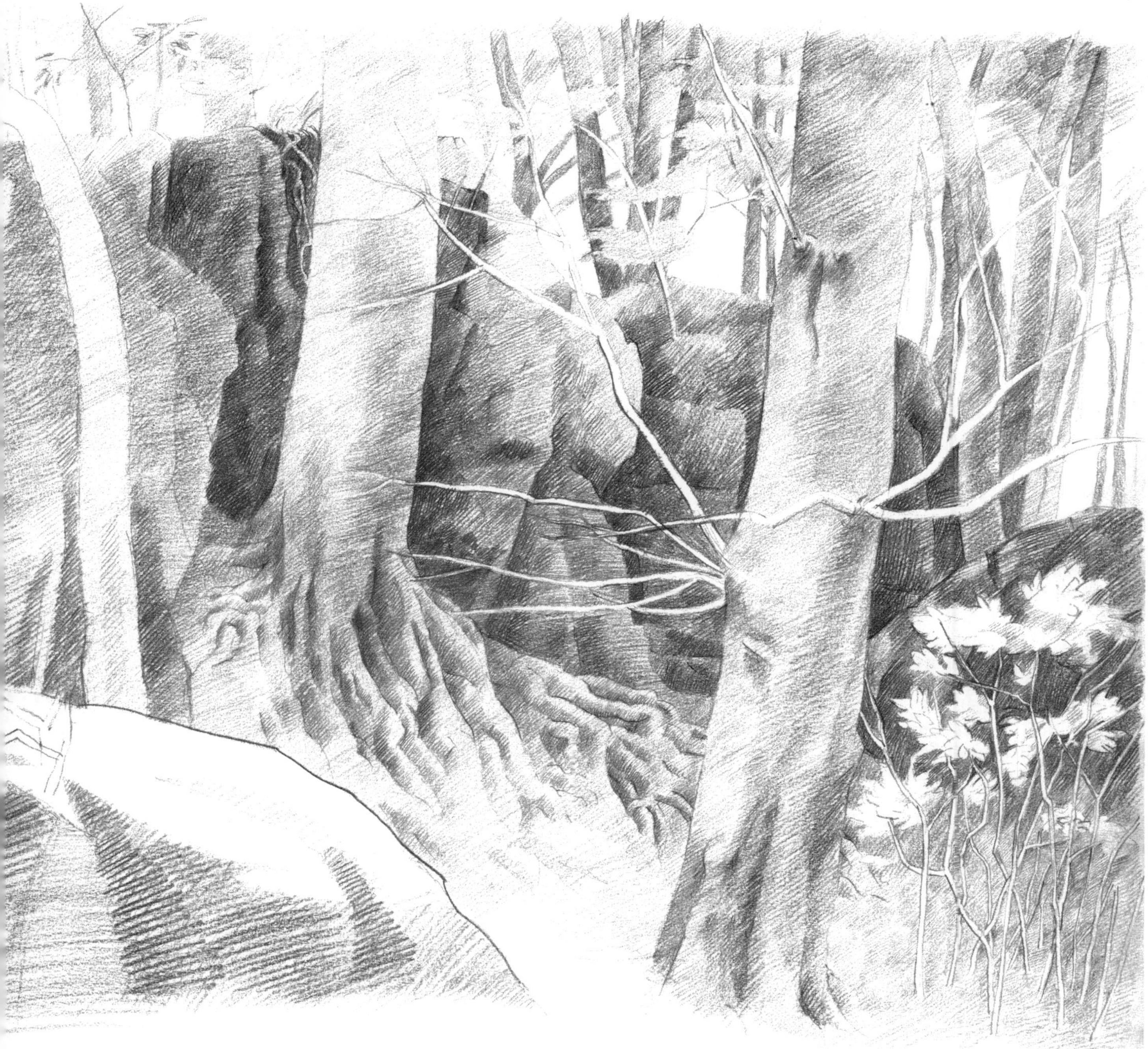

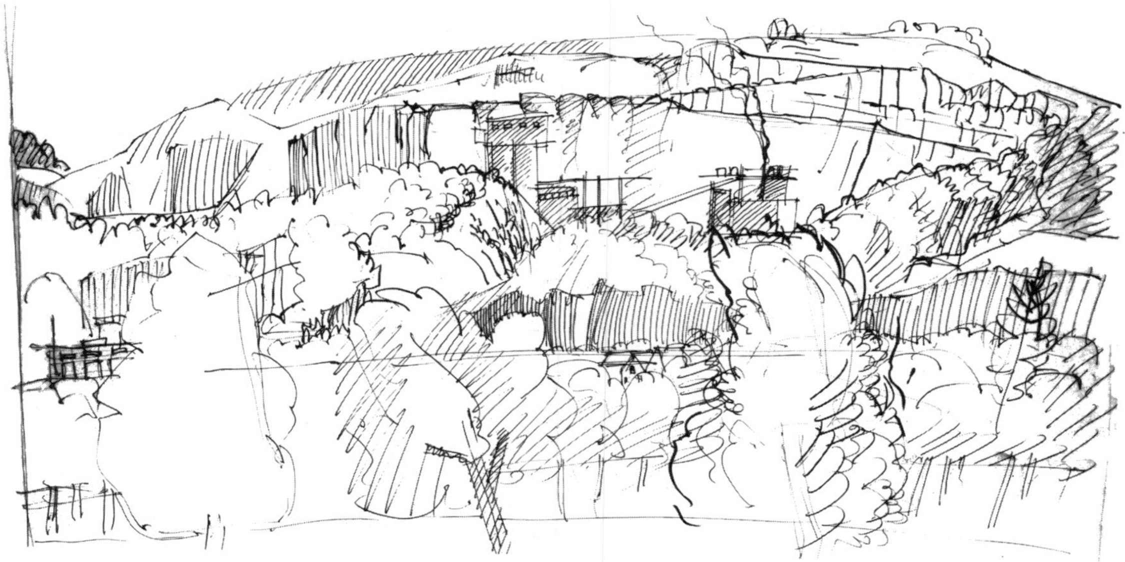

Landschaften

Landschaft ist ein übergeordneter Begriff, den man noch genauer fassen kann als Stadt-, Industrie-, Natur-, Fluß-, Gebirgslandschaft usw. Es gibt auch Motive, die man zuerst gar nicht mit dem Begriff Landschaft in Verbindung bringt, z. B. die riesige Fläche eines Flughafens, Sportplätze, breite Straßen usw. Auch wenn solche Beispiele im vorliegenden Kapitel nicht auftauchen, sollte doch mit dem kurzen Hinweis auf noch viel zu wenig genutzte Möglichkeiten aufmerksam gemacht werden. Manchmal durchdringen sich die Formen der Landschaften, zum Beispiel wenn man in einer Naturlandschaft technische Anlagen wie Masten, Fabriken usw. vorfindet. Hier ist es der Entscheidung des einzelnen überlassen, aus dem Motiv entweder eine Idylle zu machen, indem er die ihn störenden Industriebauten einfach wegläßt, oder in dem Motiv das Thema der Durchdringung von Industrie und Natur zu zeigen. Selbst dieses Thema kann als harmonische Einheit oder als schmerzhafter Eingriff gedeutet werden. Das Landschaftsmotiv fordert also mehr oder weniger immer zu einer persönlichen Stellungnahme heraus. Die Skizzen auf diesen Seiten sollen eine solche unterschiedliche Sichtweise demonstrieren. In der Abbildung der flüchtigen Skizze eines Steinbruches sind die gewaltsamen Eingriffe in die Landschaft weniger augenfällig. Die Abbildung von Seite 149 setzt diese Eingriffe dagegen als harte Kontraste zu den zarter gezeichneten Formen der natürlichen Landschaft und Vegetation. Um diese Wirkung zu erzielen, wurde der helle Fels in der Zeichnung als dunkle Fläche wiedergegeben.
Zur Motivsuche: Es ist ein Irrtum zu glauben, daß die Qualität einer Landschaftszeichnung von der außergewöhnlichen Bedeutung eines Motives bestimmt wird. Man kann sogar ohne Einschränkung behaupten, daß solche Motive die Entwicklung einer individuellen Zeichnung eher verhindern. Denn die tausendfach gezeichnete bzw. gemalte und fotografierte Ansicht, z. B. der Fraueninsel im Chiemsee, hat ein Bildklischee verfestigt, an dem sich der Anfänger meist orientiert, und das in der Regel eine eigene Sichtweise verstellt. Versteht man Zeichnen als eine Form intensiver Beobachtung, begegnet man einem Motiv dementsprechend offen, d. h. ohne vorgefaßte und vorgeprägte Bildvorstellung. Es sind gerade die unbekannten und scheinbar unbedeutenden Landschaften, welche reizvolle und aufregende Entdeckungen ermöglichen und Anregungen zu überraschenden Bildideen bereithalten.
Die Gründe, eine bestimmte Landschaft zu zeichnen, sind recht unterschiedlich. Ideal ist jene Situation, in der man

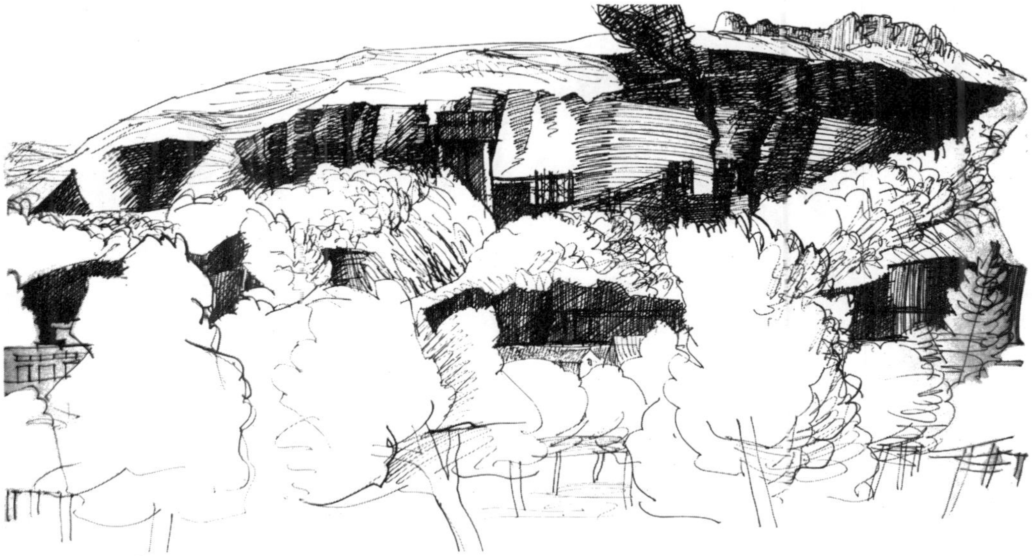

vom Charakter, der Stimmung und Atmosphäre einer Landschaft fasziniert oder überwältigt wird. Die Aufgabe besteht dann darin, mit der Wahl des Ausschnitts und der zeichnerischen Mittel das Erlebnis zeichnerisch umzusetzen, um es andern zu vermitteln. Anders verhält es sich, wenn man ohne festes Ziel zum Landschaftszeichnen aufbricht. Unbewußt ist dann die Sicht von bereits bekannten Bildvorstellungen geprägt, die wie eine Barriere den Zugang zum Erkennen und Entdecken versperren. Hier hilft ständiges Skizzieren, um allmählich die Besonderheiten der betreffenden Landschaft zu entdecken. Völlig unsinnig ist es, mit dem Auto in der Gegend herumzufahren und darauf zu hoffen, daß sich ein Erlebnis einstellt. Vielmehr sollte man sich längere Zeit an einem Ort aufhalten, sich vertraut machen und vertraut werden mit der Eigenart der Landschaft. Manche Künstler haben sich auf diese Weise über Jahre hinweg mit immer denselben Motiven auseinandergesetzt, P. Cézanne mit dem Mont St. Victoire, F. Hodler mit den Schweizer Alpen, van Gogh mit der Provence, der unmittelbaren Umgebung von Arles.

Die Fotografie: Die oben genannten Künstler nahmen die Motive aus ihrem vertrauten Lebensraum. Andere gingen auf Reisen. Seit dem 19. Jahrhundert sind Italien und Griechenland beliebte Ziele. Berühmt ist die Reise von P. Klee und A. Macke nach Tunis, welche die künstlerische Entwicklung beider wesentlich förderte. Während früher wohlhabende Leute Künstler auf ihren Reisen mitnahmen, übernimmt heute der Fotoapparat die Aufgabe der Reisedokumentation. Auf Reisen zeichnen und während einer Reise fotografieren sind jedoch zwei wesentlich unterschiedliche Dinge (sieht man von dem Fall ab, bei welchem die Fotografie als Gestaltungsmittel wie die Zeichnung eingesetzt wird). Mit dem Fotoapparat versucht man, die Flüchtigkeit der Reiseeindrücke zumindestens in einzelnen Bildern aufzuheben. Nicht selten weiß jedoch dann manch einer nicht mehr, wo die einzelne Aufnahme entstanden ist. Der Reiz der Aufnahme besteht dann lediglich in dem fremdartigen oder exotischem Charakter der betreffenden Gegend. Oft bestätigen solche Aufnahmen auch nur die von Reiseprospekten vorgeprägten Klischees. Mit der Zeichnung, selbst mit schnellen Skizzen lernt man eine Landschaft kennen. Noch Jahre später erinnert man sich genau an die Gegend, nicht nur an den in der Zeichnung oder Skizze festgehaltenen Bildausschnitt. Auch die Bedingungen, unter denen man arbeitete, das zeitliche Davor und Danach bleiben in der Erinnerung haften.
Die Zeichnung vermittelt somit ein wesentlich komplexeres Erleben. Damit dürfte auch einsichtig geworden sein, wie sinnlos das Abzeichnen von Fotografien ist, auch wenn diese selbst hergestellt wurden.

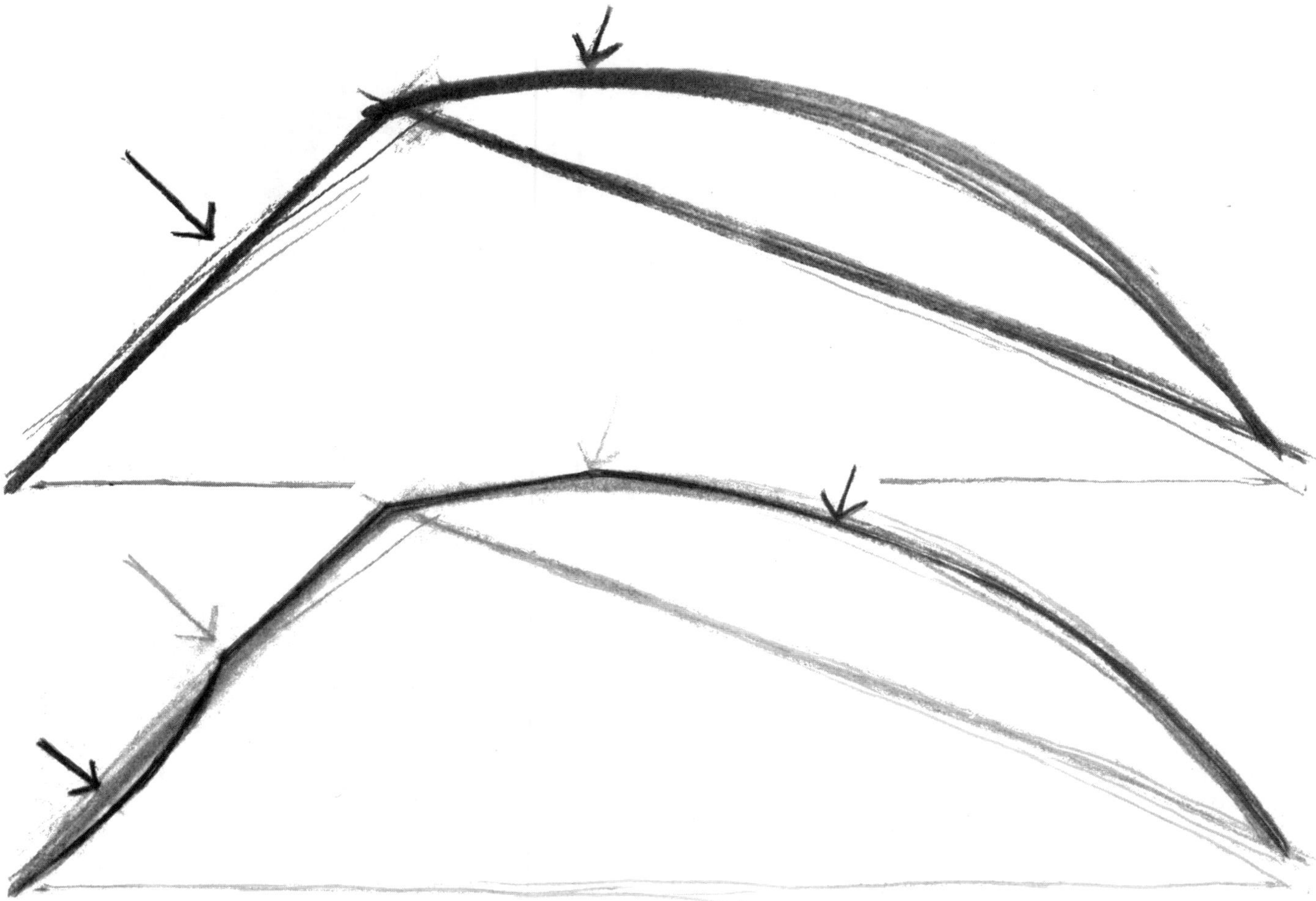

Studien

Der wohl häufigste Fehler beim Zeichnen ist die vorschnelle Berücksichtigung von vorerst noch unwichtigen Einzelheiten, das „Kleben am Detail". Da werden Fensterläden in ein Haus eingezeichnet bevor überhaupt klar ist, wo die benachbarten Häuser bzw. Bäume im Bildformat untergebracht werden. Der unregelmäßige Verlauf der Konturen von Bergen, Hügeln oder Bäumen wird mit allen Zufälligkeiten notiert, worunter die Gesamtform leidet. Um dieses detailbesessene Zeichnen zu überwinden, sind die beiden folgenden Übungen „Die große Form" und „Das Bildgefüge" unerläßlich.

Die große Form

Die Landschaftsformen wie Berge, Hügel, Flußläufe, Strände, Wälder usw. besitzen nicht die prägnante Form wie Häuser oder andere von Menschenhand errichtete Bauten und Konstruktionen. Dennoch kann man in den natürlichen Landschaftsformen ebenfalls prägnante Formen und Formverbindungen feststellen. Die Abbildung oben zeigt, wie der Zeichnung eines Berges zwei Grundformen zugrundegelegt sind, ein Winkel und ein Kreisbogen. Die Pfeile markieren an jeder Seite die deutlichsten Brüche in den Grundformen, welche in der nächsten Ab-

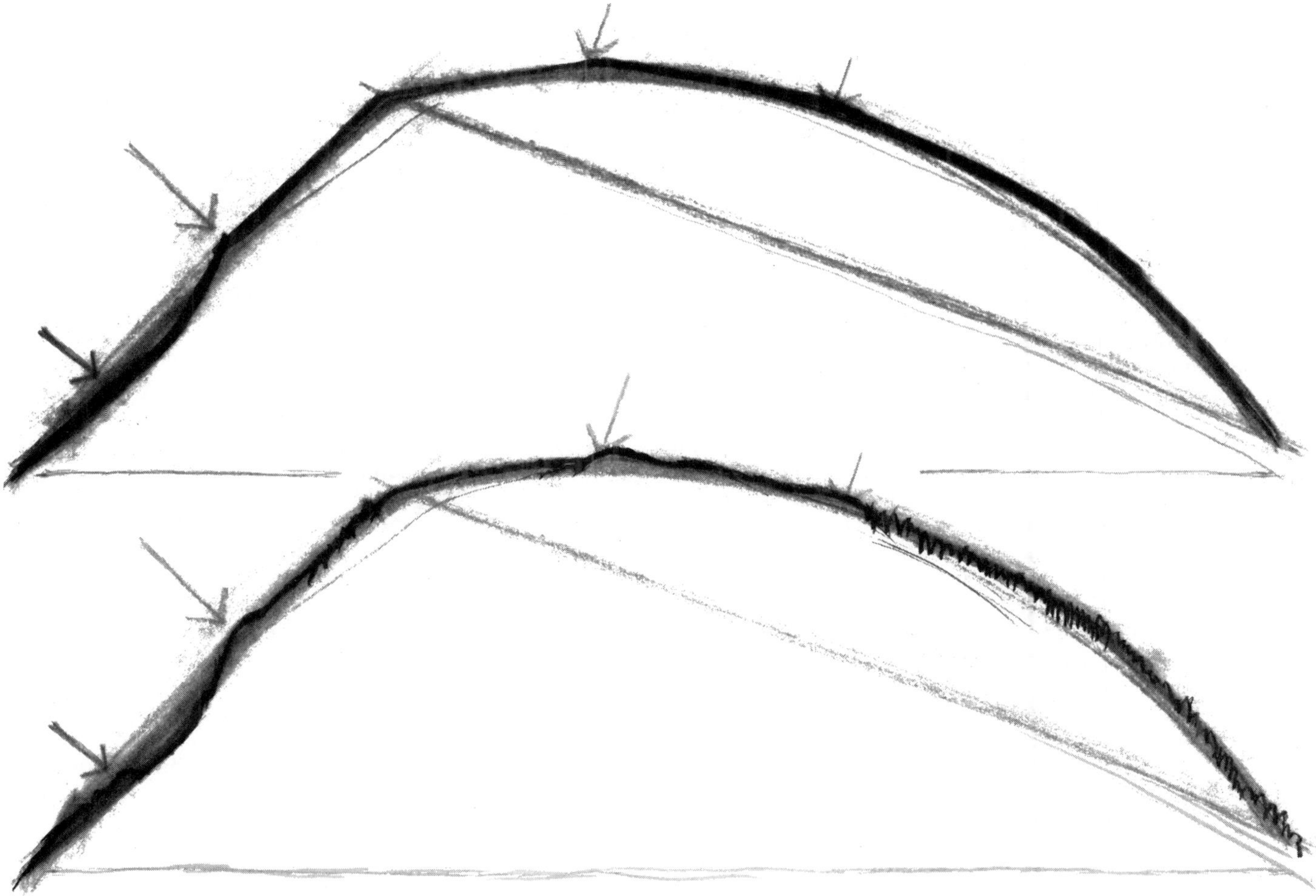

bildung dementsprechend abgeändert sind. Die weitere Ausdifferenzierung erfolgt in derselben Weise (Pfeile in der zweiten Abbildung und Veränderungen in der dritten Abbildung). Die letzte Abbildung gibt Details wieder, die der Gesamtform (der großen Form) untergeordnet bleiben. Man könnte übrigens an der fertigen Zeichnung einmal versuchsweise andere Grundformen suchen.
Die ersten drei Phasen sind mit einer Holzkohle gezeichnet, die sich mit einem Tuch leicht wegwischen läßt. Für die letzte Zeichnung wurde eine Vierkant-Kreide verwendet. Ihr Strich ist härter und bestimmter. Die Art des beschriebenen Vorgehens garantiert nicht nur eine genauere Formerfassung und Formklärung, sondern verleiht auch den Linien ein Mindestmaß an Spannung.
Es ist einmal den Versuch wert, die Kontur eines Berges, einer Baumgruppe, u. ä. vor dem Studium der Formklärung frei und schnell zu zeichnen. Man wird überrascht sein, wie sehr man dazu neigt, die geringfügigen Abweichungen gegenüber der Gesamtform zu betonen, d. h. viel zu groß wiederzugeben. Zeichnet man dagegen die Abweichungen von der Gesamtform wesentlich geringer, wird die Wiedergabe trotzdem realistisch erscheinen.

Das Bildgefüge

Die Wahrnehmung über die Augen (die visuelle Wahrnehmung) ist ganzheitlich. Das heißt, unsere Augen nehmen zuerst den Gesamteindruck einer Landschaft auf. Erst nach und nach entdecken wir die Besonderheiten, wobei natürlich ungewöhnliche oder besonders markante Dinge zuerst auffallen, z. B. ein bizarrer Baum, ein Schloß oder eine Kirche, eine Brücke usw. Beim Zeichnen verhalten sich die meisten jedoch völlig anders. Da wird liebevoll und mit größter Sorgfalt ein Baum, ein Haus oder ein Berg gezeichnet, während ringsum auf dem Zeichenblatt noch alles leer ist. Wie Mosaiksteinchen werden die Einzelteile zeichnerisch zusammengesetzt. Man ist dann höchst verwundert und auch leicht verzweifelt, wenn dann überhaupt nichts zusammenpaßt. Entweder stehen die Dinge zu dicht aneinander oder sie klaffen zu weit auseinander. Um beim Vergleich mit dem Mosaik zu bleiben, bevor die Steinchen gelegt werden, wird zuerst einmal für das gesamte Bild ein Plan erstellt. Entsprechend diesem Plan gilt auch für das Zeichnen generell und ganz besonders für das Landschaftszeichnen: Zuerst muß ein Bildgefüge entwickelt und festgelegt werden! Wendet man sich danach zunehmend der Ausarbeitung von Einzelheiten zu, ist man von dem Zwang befreit, ständig nachmessen und die formalen Beziehungen überprüfen zu müssen. Der Zeichner kann seine Aufmerksamkeit ganz und gar auf die zeichnerische Umsetzung richten.

Die zeichnerische Anlage auf Seite 153 zeigt das kleine südfranzösische Bergdorf Bardou. Es besteht aus dichtgedrängten ehemaligen Bauernhäusern, die zum Teil verfallen sind. Bardou liegt mitten zwischen Wäldern von Edelkastanien in einem engen Talwinkel. Bei der angestrebten Zeichnung geht es darum, zu zeigen, einmal wie das Dorf mitten in die Natur eingebettet ist, zum andern wie sich Natur und Architektur gegenseitig durchdringen. Die Terrassen links oben bilden dabei die Synthese von natürlicher Bergform und Architektur.

Zuerst werden die für die Komposition wichtigen Teile vorläufig festgelegt: Baumgruppe rechts, Terrassen und Silhouette der Baumgruppe links, das unterste Haus. Danach wird in einem zweiten Schritt versucht, die Häuser einzuzeichnen, in diesem Fall das oberste Haus rechts, jedoch in der Art, daß weniger die abgeschlossene Hausform dargestellt, sondern deren Beziehungen zu den Nachbarformen gesucht werden. Die drei parallelen Tuschestriche helfen dies zu verdeutlichen: Das linke Fenster trifft auf den Giebel des unteren Hauses, die vordere Ecke des unteren Hauses verfehlt mit ihrer Fortsetzung nach oben nur knapp die Kante des rechten Fensters. Der Giebel des oberen Hauses befindet sich etwa in der Mitte der beiden genannten Senkrechten. Die Dachschräge verläuft fast parallel zur Dachschrägen des etwa gleich hohen Hauses links. Auch über größere Distanzen sollten lineare Bezüge nachgeprüft werden. Die Tuschestriche in der Mitte zeigen, daß die vordere Ecke der oberen Hausreihe beinahe auf den Giebel des unteren Hauses trifft. Auch die Bäume und Sträucher werden in diesem Geflecht der linearen Bezüge berücksichtigt. Ihre Formen sind in der Regel „eckiger“ als man gemeinhin annimmt (siehe dazu Seite 144/145!). So können in dem eine Hausruine überwuchernden Efeu drei Rautenformen erkannt werden. Ähnliche Formen entdeckt man nicht nur im einzelnen Baum, sondern auch in den Baumgruppen.

Auf diese hier dargelegte Weise ergibt sich allmählich ein dichtes Bildgefüge, ein Liniennetz, das die Einzelform dem Gesamtbild unterordnet. Es soll nicht verschwiegen werden: Dieses Studium ist mühsam. Es ist jedoch sehr nützlich, um das Auge so zu schulen, daß man schließlich auch ohne ausführliche Vorzeichnungen die Formbeziehungen im wesentlichen schon beim Betrachten des gewählten Motivs erkennt.

Das Liniennetz liefert zusätzlich Anregungen. Dichtes Liniengefüge kann als kompositioneller Akzent in die endgültige Bildgestaltung übernommen werden.

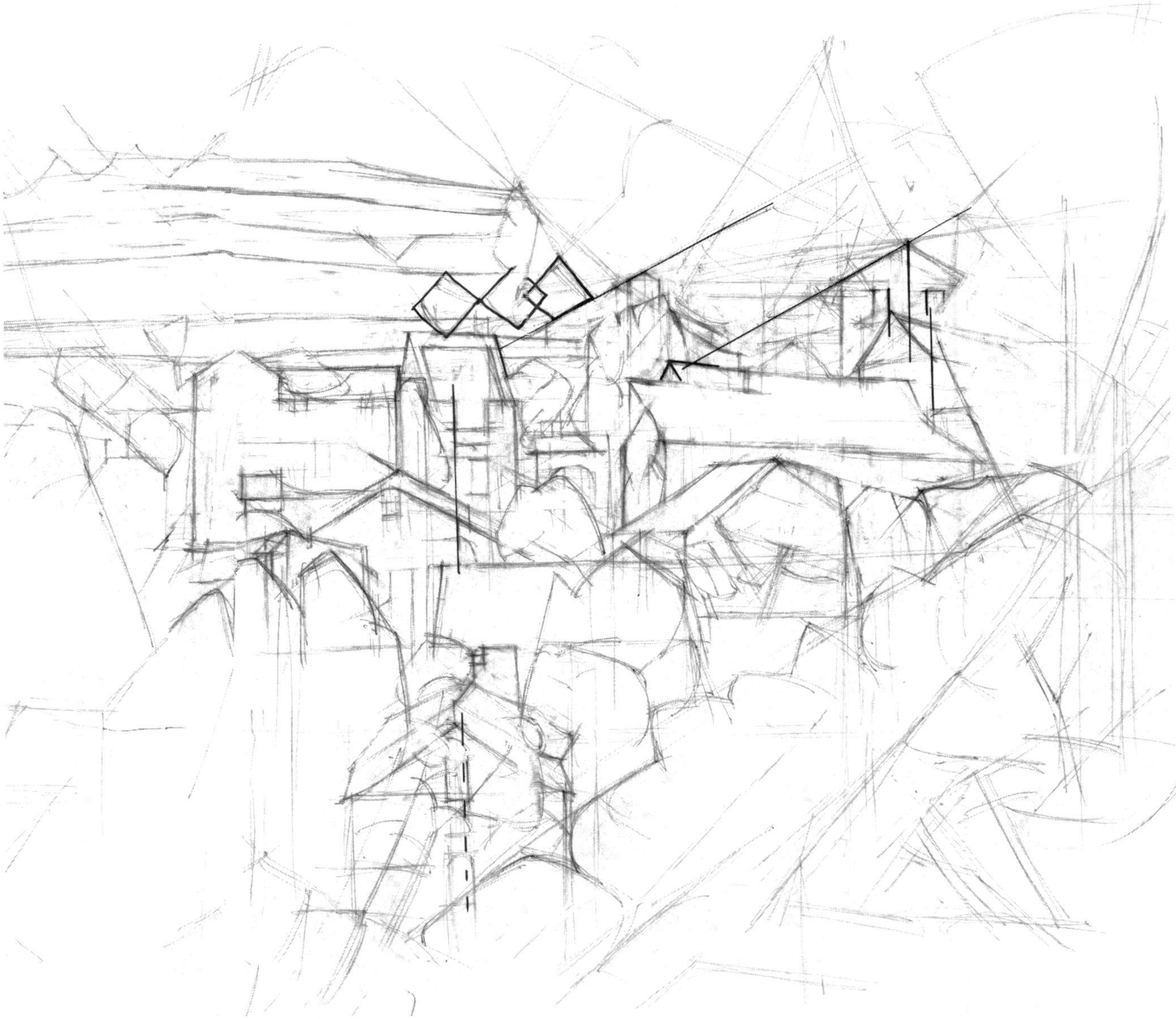

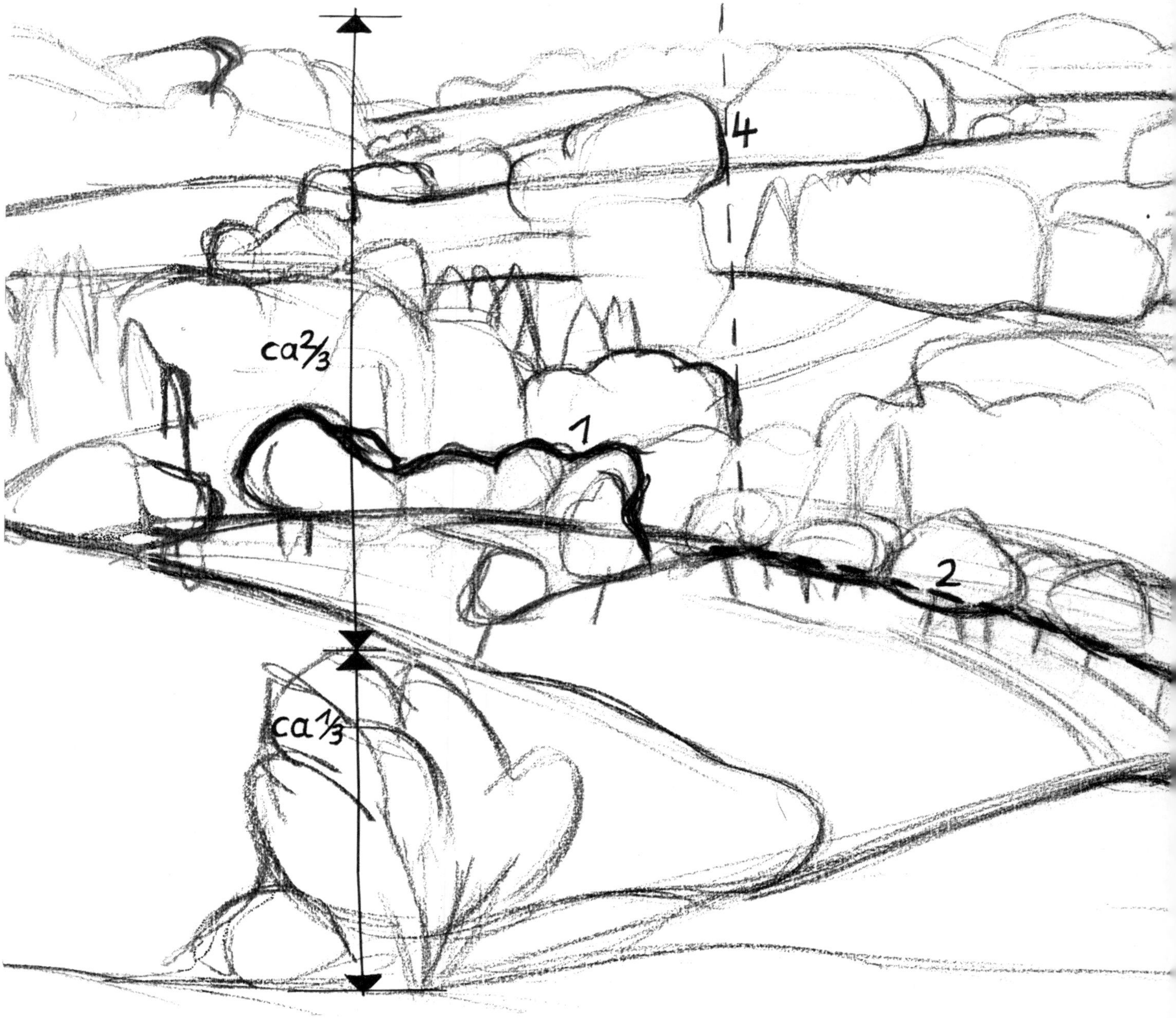

Weich und sanft schwingende Linien bestimmen den Charakter der hügeligen Moränenlandschaft bei Wangen im Allgäu. Mit dem Wachsmalstift und auf glattem Papier wurde versucht, die Hauptrichtungen der wie leichte Wellen geformten Hügel zu erfassen und dabei sogleich Bäume und Wälder in die Gesamtform einzubinden.

Zum Größenvergleich diente der Weidenbusch im Vordergrund, zur räumlichen Orientierung jener Punkt (3), in

6

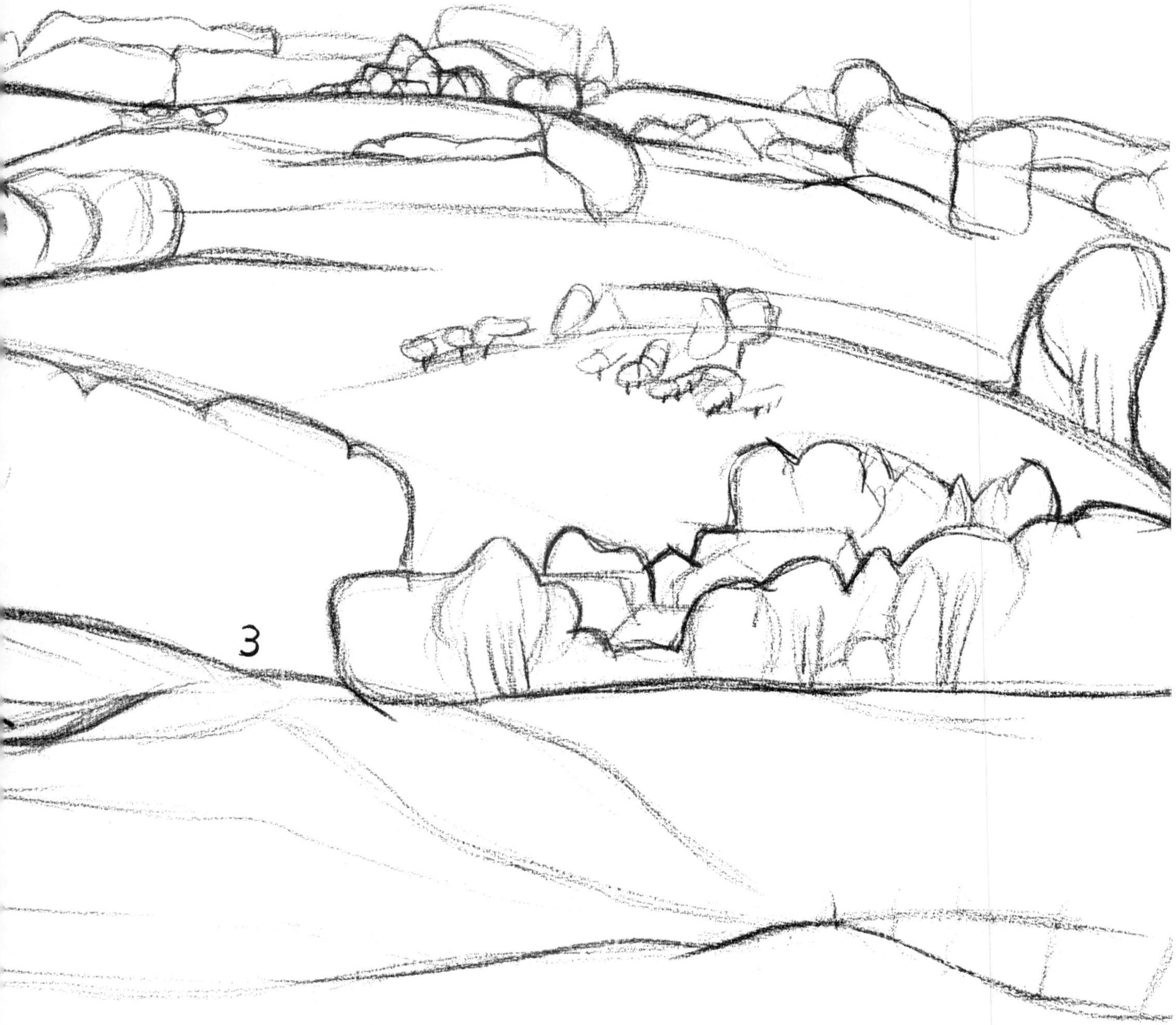

welchem die Linien des Vorder- und Mittelgrunds im Tal zusammenlaufen. Die Linie, welche Baumgruppen zusammenfaßt, verläuft einmal über die Kronen (1), zum andern am Ansatz der Äste (2). Bei dieser Art des Vorgehens sollte man darauf achten, daß die Linien nicht zu weich, zu „teigig“ geraten. Wer die für solche Studien ebenfalls geeignete Kohle verwendet, sollte deshalb zum Abschluß die „strengere“ Kreide benutzen.

Messen

Man visiert einen Gegenstand in der Landschaft über einen Zeichenstift an. Dieser Stift *muß senkrecht* (!) in der Hand gehalten werden. Der Arm *muß ausgestreckt* (!) sein. Der Daumen legt auf dem Stift die Erscheinungsgröße des Gegenstandes fest, d.h. die Strecke zwischen Stiftende und Daumen ist die überprüfte Größe eines Gegenstandes, wie sie vom Standort des Betrachters erscheint. Die auf diese Art gewonnene Größe kann direkt in die Zeichnung übernommen, aber auch verdoppelt, verdreifacht oder halbiert werden. Die übrigen Maße müssen dann entsprechend vergrößert bzw. verkleinert werden.

Wie die zwei Bildbeispiele „Südfranzösisches Bergdorf" (S. 152/153) und „Allgäulandschaft" (S. 154/155) bereits verdeutlichen, kommt man beim Landschaftszeichnen ohne Messen nicht aus. Es hängt jeweils vom Motiv ab, ob nur gelegentlich oder häufig gemessen werden muß. Bilden Häuser, Bäume, Felsen u.ä. ein engmaschiges Netz, dann lassen sich, wie bereits dargelegt, von den ersten festgelegten Maßen die Größen aller anderen Gegenstände ohne ständiges Nachmessen ableiten. Ebenfalls relativ einfach verhält es sich bei Motiven, in deren Vordergrund hohe Bäume, Häuser, Felsen o.ä. aufragen. Sie benutzt man wie eine Meßlatte, deren markante Punkte – Äste, Fenster, Risse – auf die einem wichtig erscheinenden Landschaftselemente des Hintergrundes bezogen werden können. Ebene Landschaften, deren Reiz gerade in der Weite des Landschaftsraumes liegt, bilden besondere Schwierigkeiten, vor allem dann, wenn ein vorherrschender Bezugsgegenstand fehlt. Die erste Schwierigkeit besteht darin, einen erhöhten Standort zu finden, von dem aus sich das Land vor den Augen ausbreitet. Wählt man seinen Standort in der Ebene, so schrumpft der weite Raum zu einem schmalen Streifen zusammen. (Siehe dazu Kapitel „Fluchtpunktperspektive S. 40/41"!) Dieser Standort wird also den Raumeindruck kaum in dem gewünschten Maß vermitteln können. Wendet man dagegen sein Augenmerk auf einen besonders reizvollen Horizont, auf eine interessante Bodenstruktur des nahen Umfeldes oder auf die aufregenden Wolkengebilde, dann dürfte der erwähnte Standort nicht schlecht gewählt sein.

Da unsere Augen immer nur einen schmalen Ausschnitt einer Landschaft deutlich erfassen, dessen Breite wesentlich geringer ist als die nebenstehenden Bildbeispiele aufweisen, erscheinen die Dinge in der Regel größer. Man sollte durchaus einmal den Versuch machen, ein Landschaftsmotiv zuerst einmal nach dem ersten Eindruck zu skizzieren und erst danach die Größenverhältnisse durch Messen zu überprüfen. Selbst der geübte Zeichner ist immer wieder verblüfft, wie sehr ihn seine Augen getäuscht haben.

Die obere Skizze auf Seite 157 zeigt einen Küstenstreifen bei Agde an der französischen Mittelmeerküste. Die Wahl fiel auf diesen Standort, weil die Steine das Auge vom Vordergrund aus in den Raum hineinführen. Die andere Möglichkeit, die verworfen wurde, aus einem kleinen Pinienwald heraus zu zeichnen, hätte zwar das Erfassen der Größenverhältnisse wesentlich erleichtert, die Bäume hätten aber lediglich die Funktion einer relativ flachen Kulisse übernehmen können, was in diesem Fall nicht gewünscht wurde.

Die Steine im Vordergrund dienten zum Größenvergleich für die Höhenmessung. Man wird es kaum glauben, daß diese Steine nur kaum einen Meter hoch waren. Vom gewählten Standort aus erscheinen sie jedoch wesentlich höher als die Flächen des Meeres. Der erste Eindruck widersprach übrigens den durch Messen gewonnenen Maßverhältnissen völlig. Ausgehend von diesem Grundmaß wurden dann die Größenrelationen der übrigen Bildelemente festgestellt (Hütte zu Hügel, Insel-Kastell zu hinterem Meeresstreifen, hinterer Meeresstreifen zu vorderer Meeresbucht).

Die untere Zeichnung stammt aus der Gegend um Ratzenried im Allgäu. Das Motiv hatte den Nachteil, daß keiner der aufgesuchten höheren Standorte einen brauchbaren Bezugsgegenstand aufwies. Andrerseits reizte das Motiv, da eine schmale Straße und einige in dieser Gegend sonst seltene Äcker – in ihrem Verlauf den weichen und welligen Landschaftsformen angeglichen – den Blick in die Tiefe führten. Mittels Visieren konnte entdeckt werden, daß die Baumgruppe rechts etwa genauso hoch war wie der Hügel auf dem sie steht. Die Schwierigkeit bestand bei dem vorliegenden Motiv jedoch darin, daß die Lagebeziehungen nicht eindeutig waren, d.h. zum Beispiel, wo endet die Krone des linken Baumes im Vergleich zum Tannenwald und den Bäumen rechts. Das einfachste Mittel, um dies festzustellen, ist die obere Kante des Zeichenblocks bzw. des Zeichenbrettes. Wie beim Visieren hält man Block bzw. Brett diesmal jedoch mit beiden Händen in der Art, daß die obere Kante völlig waagrecht verläuft. So lassen sich recht schnell die Lagebezeichnungen selbst von Gegenständen erkennen, die voneinander weit entfernt sind. Die getönten Streifen in der Abbildung sollen diese Art des Vorgehens veranschaulichen.

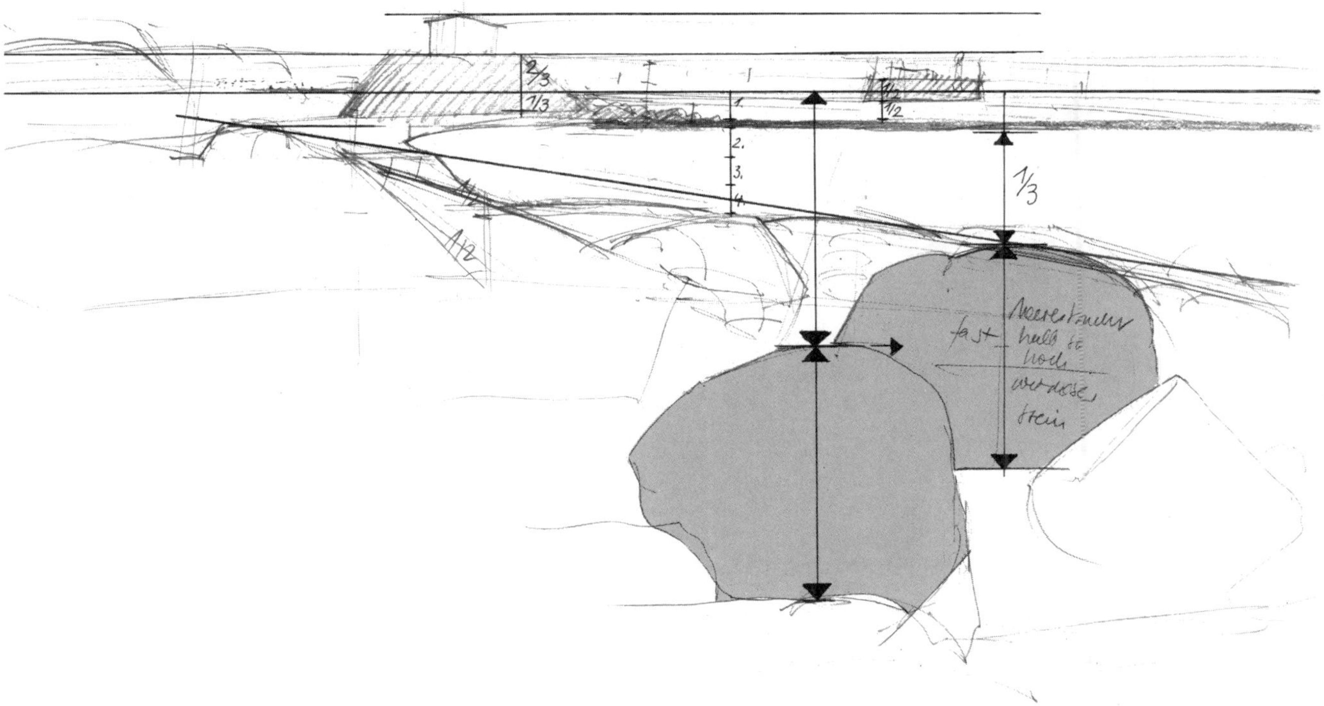
2/3
1/3
1/2
1/3
1/2

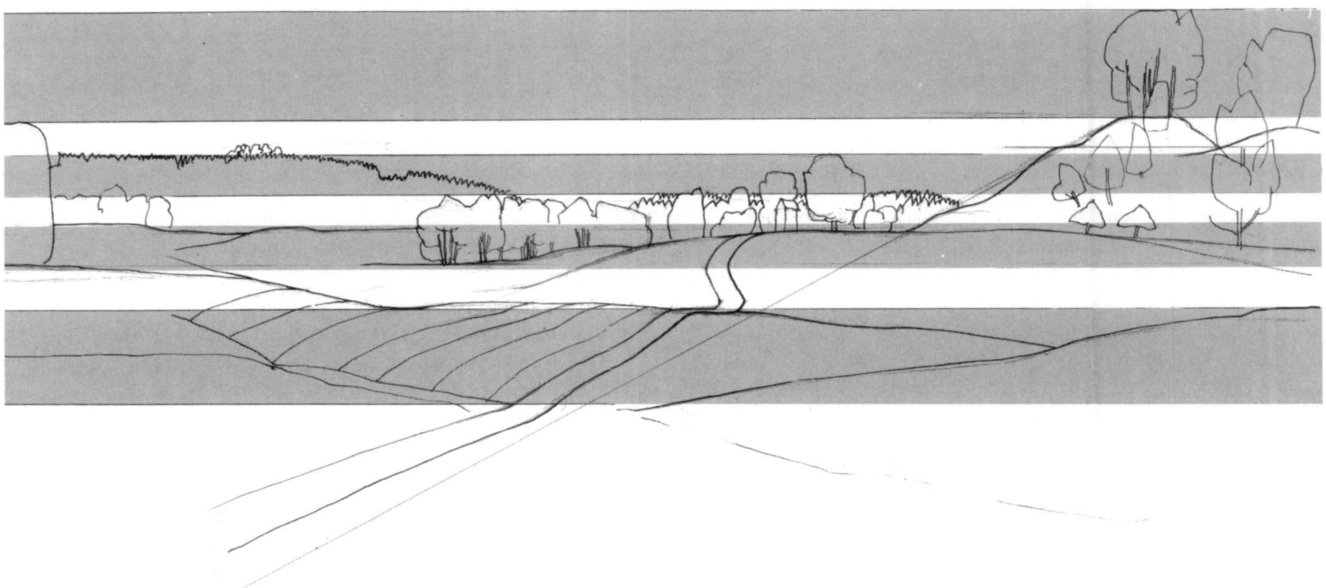

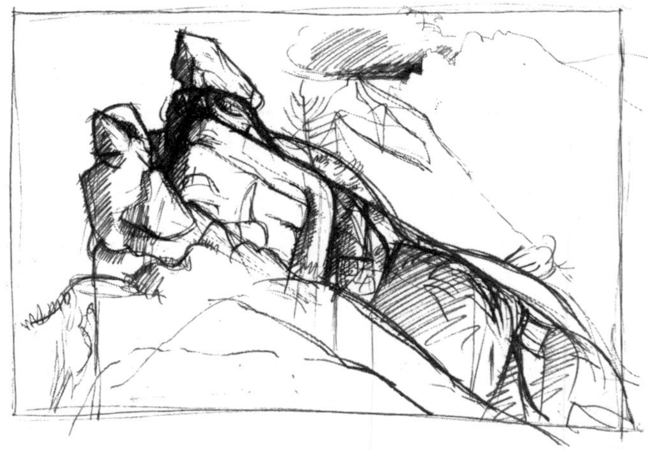

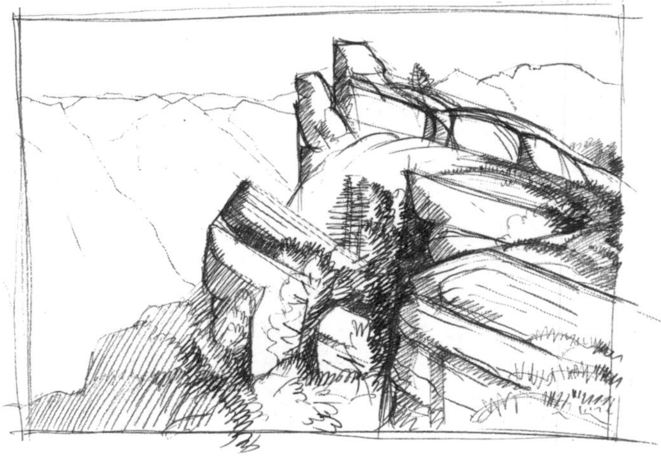

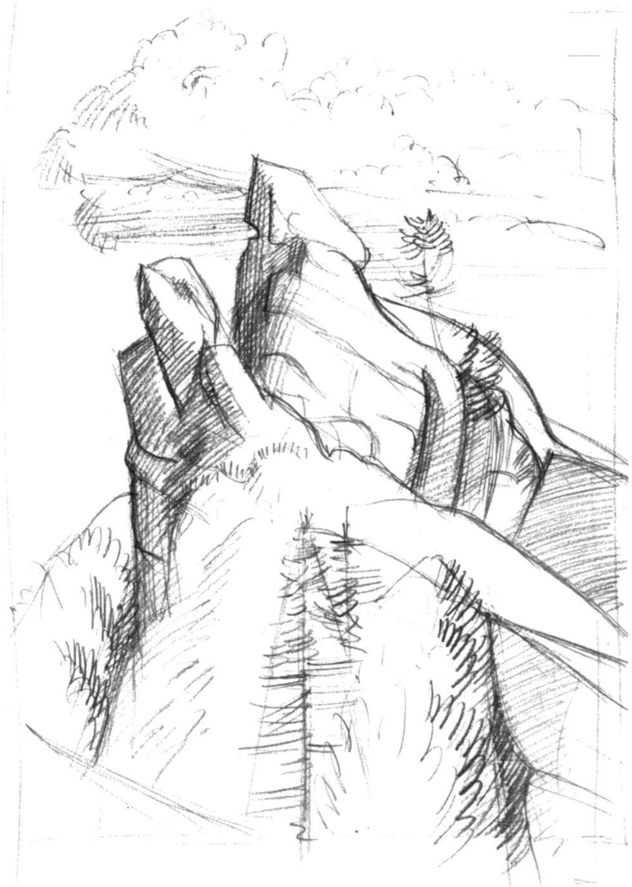

Landschafts-Ausschnitt

Das Format gibt lediglich den Ausschnitt einer Landschaft wieder, vergleichbar etwa einem Fensterausblick. Das scheint so selbstverständlich zu sein, daß es sich kaum darüber zu sprechen lohnt. Und dennoch, die Schlüsse, die man aus dem Vergleich mit dem Fenster zieht, können erstaunlich aufregend sein: Tritt man vom Fenster zurück, verengt sich der Blick, stellt man sich aber direkt davor, weitet sich der Blick. Sitzt man, geht der Blick in den Himmel und nimmt die Landschaft eher als Kulisse wahr, beugt man sich über die Brüstung, gewinnt der nahe Raum an Bedeutung. Um die Vielfalt der möglichen Veränderungen zu erleben, wird empfohlen, selbst einen Versuch mit einem Fensterausschnitt anzustellen.

Befindet man sich in der freien Landschaft, sind die Wahlmöglichkeiten für einen Landschaftsausschnitt fast unbegrenzt. Sich einfach hinzusetzen und aufs Geratewohl loszuzeichnen, ist nur selten die beste Entscheidung. Man sollte zuerst mit Skizzen die Gegend erkunden. Oft entdeckt man gerade dadurch noch wesentlich reizvollere bzw. ausdrucksstärkere Ansichten und Motive.
Selbst wenn man sich für eine Ansicht entschieden hat, steht noch nicht fest, was alles auf dem Format zu sehen sein wird. Ein Vergleich mit dem Fotoapparat macht dies deutlich. In dieselbe Richtung gehalten, wird er immer denselben Ausschnitt aufnehmen. Lediglich ein Wechsel der Objektive verengt bzw. erweitert den Blickwinkel, jedoch immer unter den eingeschränkten Bedingungen der

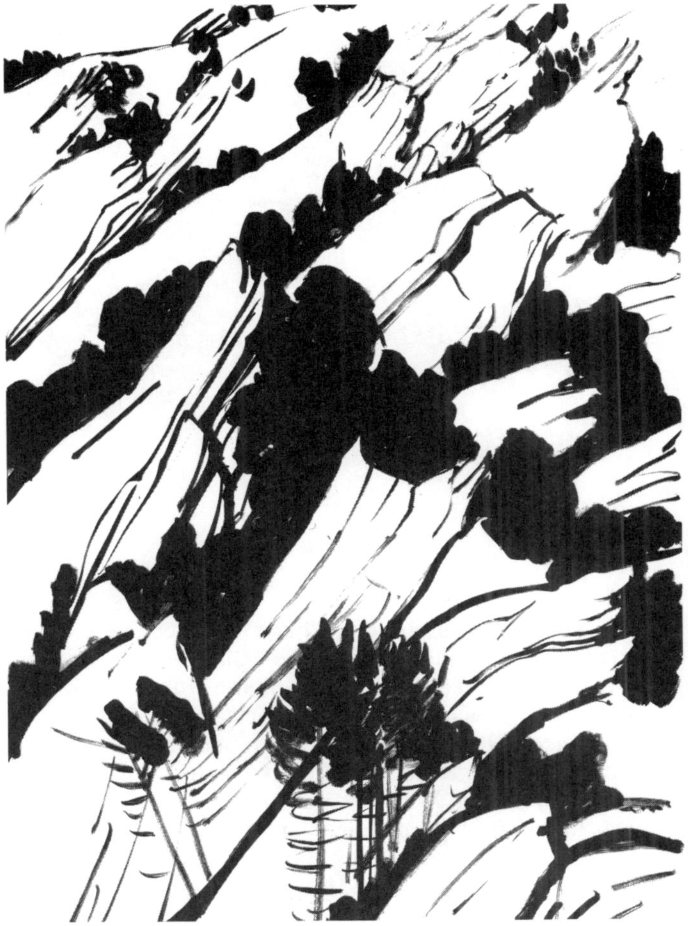

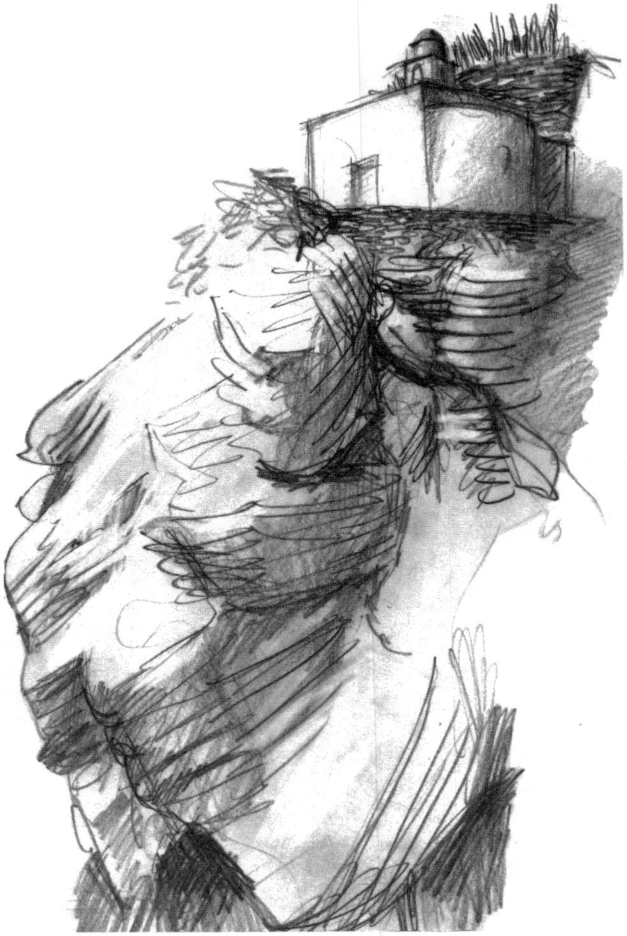

Linsen-Optik. Ein Zeichner vermag dagegen beliebige Blickwinkel wählen, weit, eng, mit niedrigem oder hohem Horizont. Die Skizzen (S. 158) zeigen jeweils dasselbe Motiv: Zwei Felsblöcke. Im oberen Querformat kommt das Lagern der beiden Felsplatten zur Geltung, vor allem aber auch der geschwungene Verlauf der Teilformen in dem trotz allem blockhaft erscheinenden hinteren Felsen. Das untere Querformat bindet die beiden Felsen in eine mit üppiger Vegetation umsäumte Felsgruppe ein, die als Vordergrundmotiv den Eindruck einer weiträumigen Gebirgslandschaft verstärkt. Das Hochformat schließlich akzentuiert die Motive des jähen Absturzes bzw. des steilen Aufragens. Die Wolken, willkürlich hinzugefügt, unterstützen den Eindruck.

Rhythmische Gliederung

Zwei Beispiele sollen für den Rhythmus an einem einzelnen Motiv, dem Felsen, vorgestellt werden. In der linken Zeichnung auf einem großen Format (DIN A2, Tusche und Haarpinsel) streben die Felsplatten nach oben. Die Vegetation bildet mit ihrer Schwärze Zäsuren, die den Rhythmus noch intensiver spüren läßt. Der Pinsel zwingt zu großzügigem Arbeiten. Die rechte Abbildung zeigt einen hängenden Felsen. Mit der flachgeführten Bleistiftmine sind die grauen Flächen erzielt, während mit der Spitze die Felsstruktur gezeichnet ist, weniger im Bemühen um wirklichkeitsgetreue Wiedergabe als vielmehr in einer eher freien rhythmischen Abfolge der sich nach unten neigenden Richtungen der Felsstücke.

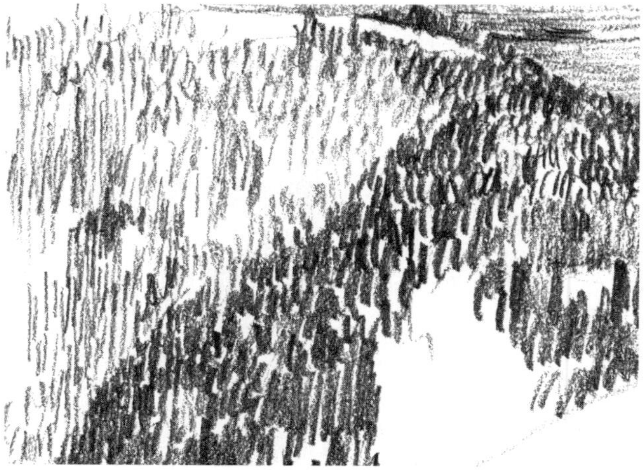

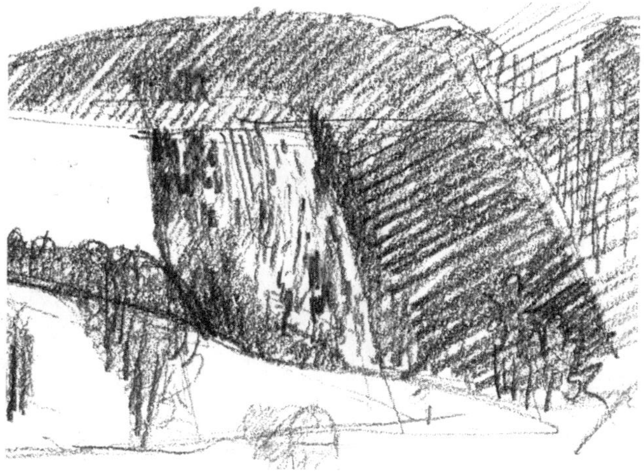

Zeichnerische Umsetzung

Umsetzung (Übersetzung, Übertragung) bedeutet auch zugleich Interpretation. Ist man sich dieser Tatsache bewußt, dann wird man nicht einfach „gedankenlos" draufloszeichnen, wenn man ein Motiv gefunden hat, sondern sich zuerst einmal die Frage beantworten, welche Mittel sinnvoll und geeignet für die Darstellung der betreffenden Landschaften sein dürften. „Nicht gedankenlos" heißt nun aber auch wiederum nicht, daß die Frage ausschließlich rational und gleich endgültig beantwortet sein müßte. In der Regel wird die Entscheidung durch das Zusammenwirken von Gefühl, Empfindung und rationaler Überlegung beeinflußt sein und kann manchmal erst nach einer Reihe klärender Skizzen getroffen werden. Wie sehr die Wahl der Mittel die Umsetzung (= Interpretation einer Landschaft) bestimmt, wird an der Tatsache deutlich, daß ein und dasselbe Motiv einen völlig anderen Ausdruckswert gewinnt, je nachdem es mit der bloßen Umrißlinie, dem Hell-Dunkel oder der Struktur gestaltet wird. Die folgenden Bildbeispiele können nur einen kleinen Ausschnitt aus der Fülle zeichnerischer Umsetzungsmöglichkeiten vorstellen.
Das obere Bild (Seite 161), in der Landschaft um Korinth in Griechenland mit Kugelschreiber skizziert, zeigt ein Interesse für die Oberflächenstruktur (Textur) von Mauern, Dächern und Bäumen.
Die Skizze der Baustelle (Abb. Mitte) ist von dem Gedanken bestimmt, das „Gerümpelhafte" und scheinbar Chaotische einer Baustelle durch die Fülle der dargestellten Dinge zu charakterisieren. Die Skizze wurde mit Kugelschreiber einfach „runtergezeichnet", ohne daß auf die Richtigkeit der Darstellung besonderer Wert gelegt wurde. Wenige Hintergrundmotive lassen den Eindruck einer räumlichen Weite entstehen.
Das untere Bild wurde nur flüchtig mit Bleistift angelegt und dann mit Tusche und Haarpinsel ausgeführt. Hier wurden die hellen Formen (Häuser) von den dunklen Formen (Bäume) eingerahmt. Größere dunklere Flächen stehen gegen „leere" helle Stellen.
Die rechte Spalte zeigt Gebirgsmotive. Die obere Skizze (Tusche/Feder) betont das Plastische eines Gebirgsmassivs. Mit Schraffur sind die Schattenseiten wiedergegeben. Die mittlere Skizze, in der aufkommenden Dämmerung gezeichnet, betont in einer handschriftlich freien Strichführung die Struktur einer italienischen Stadt, die auf einen steilen Bergkegel gebaut ist. Dämmerung (Schraffur) und Stadt (Struktur) durchdringen sich. Der breite Strich der Tuschfeder schafft innerhalb der Struktur eine gewisse Gliederung. Die Skizze unten, mit weichem Bleistift (2 B) gezeichnet, legt in unterschiedlich grauen Stufen eine räumliche Staffelung in die Tiefe fest.
Die Abbildung oben zeigt zwei Skizzen, mit denen die zeichnerische Umsetzung einer winterlichen Landschaft

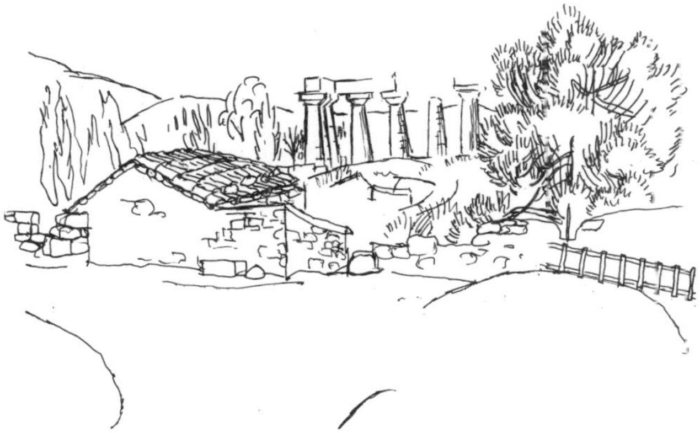

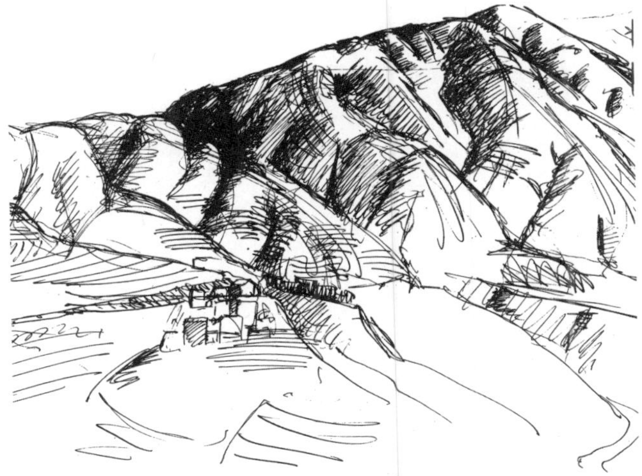

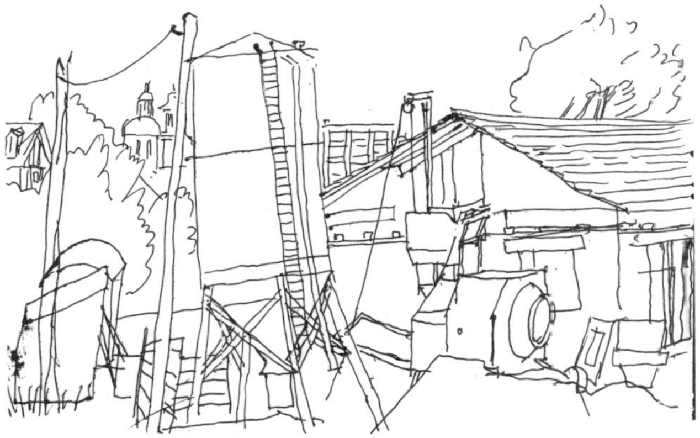

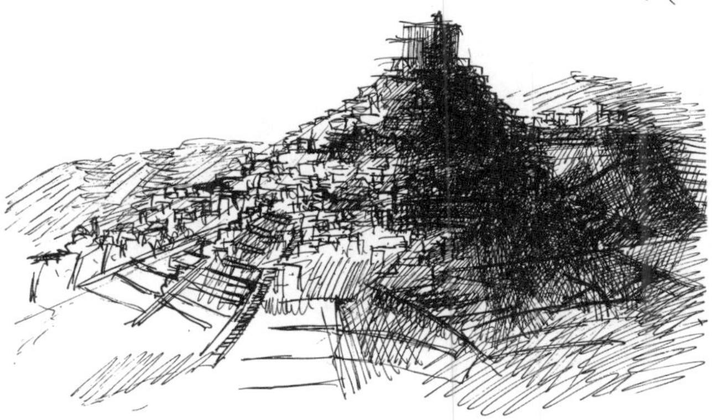

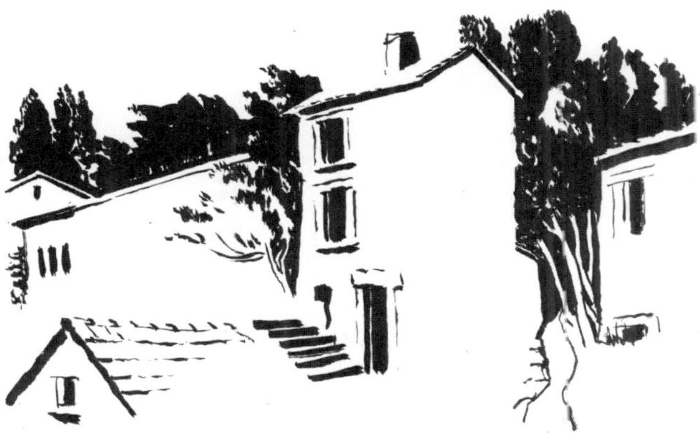

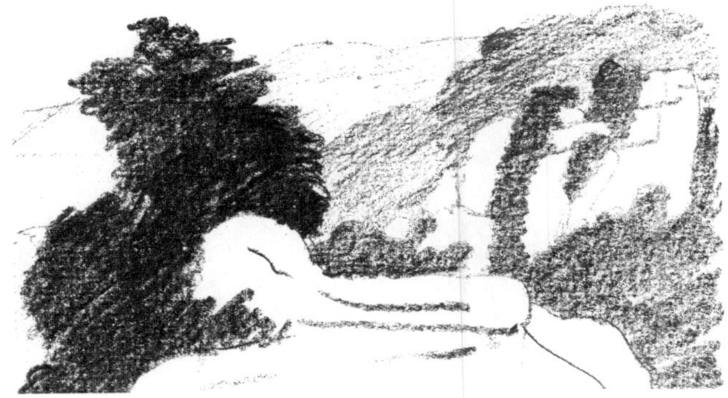

gesucht wurde. Die dunklen Flächen von Wald und Bäumen kontrastieren zur leeren weißen Fläche. Während die einzelnen Bäume Stamm und Äste zumindestens ansatzweise zeigen, wurde für den Wald aus der senkrechten Parallelschraffur eine Struktur entwickelt. Diese Struktur entspricht zwar nicht genau dem Erscheinungsbild, gibt aber den Eindruck des unterschiedlich dichten bzw. lichten Tannenwaldes wieder.

6

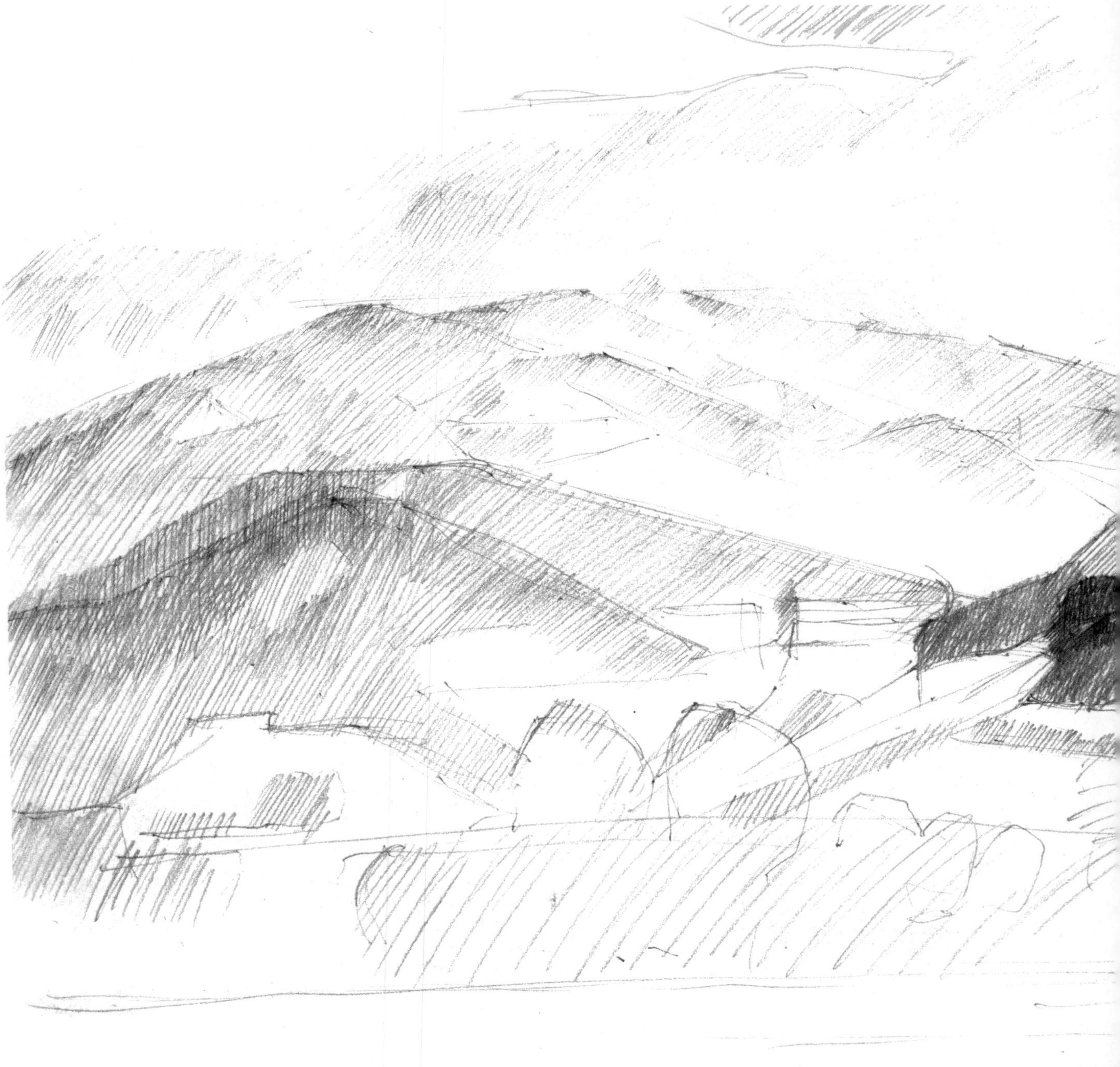

6

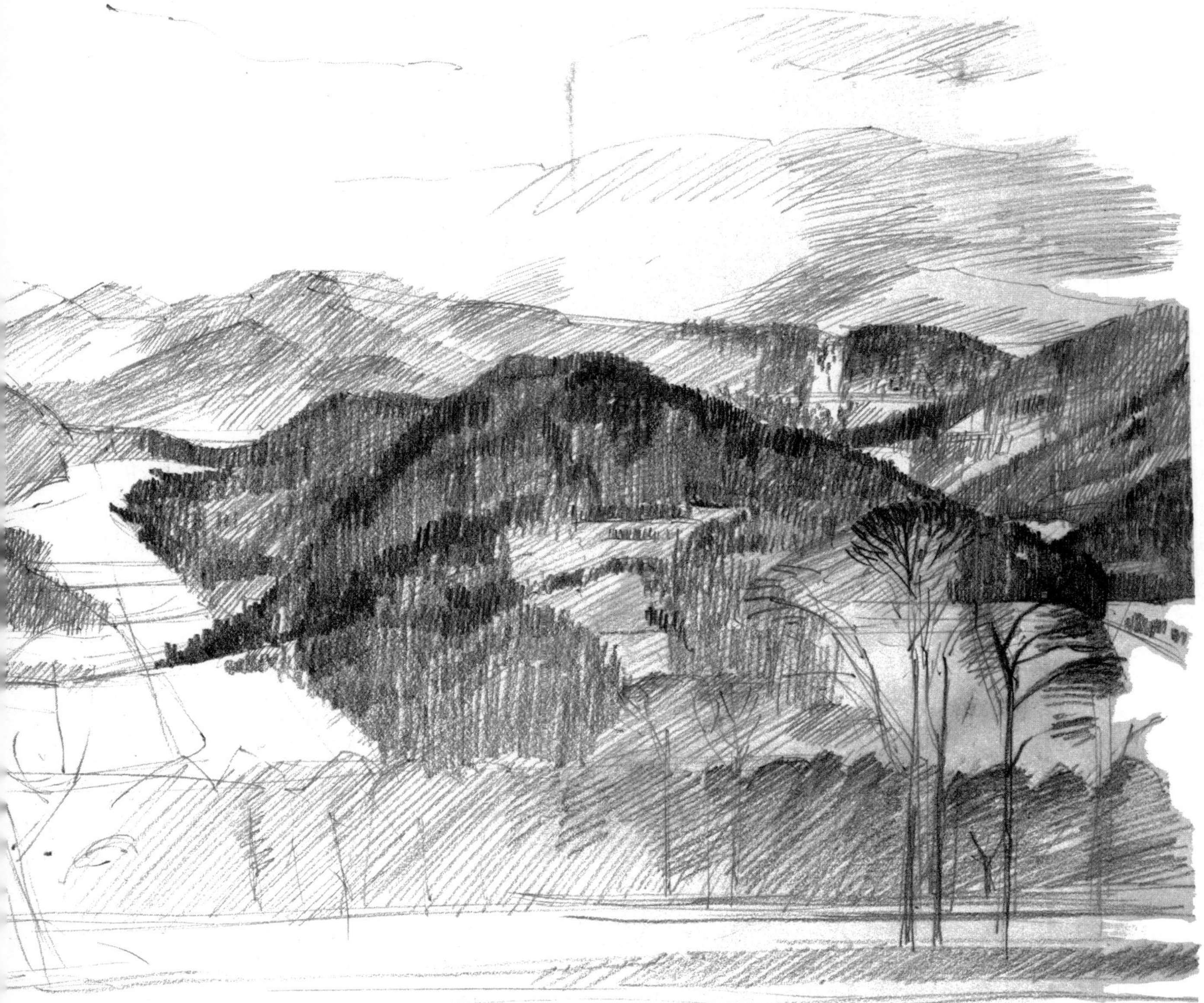

Wenige Tage später wurde die so entwickelte zeichnerische Lösung bei einem ähnlichen Landschaftseindruck angewandt, bei der Zeichnung auf den Seiten 162/163 (Zartener Becken bei Freiburg mit Blick auf Schwarzwaldberge). Die Zeichnung läßt von links nach rechts die unterschiedlichen Phasen der Entstehung erkennen, links die Anlage, wobei sogleich auch mit leichter Schraffur einige Dunkelwerte festgelegt wurden, rechts der weitgehend ausgearbeitete Zustand. Zeichnungen, welche wie diese nur stellenweise ausgearbeitet sind, haben einen skizzenhaften Charakter, besitzen Leichtigkeit und Frische und lassen dem Betrachter viel Raum für die eigene Vorstellung.

Die Federzeichnung zeigt nun den endgültigen Zustand der auf Seite 153 in Bleistift angelegten Landschaftsstudie. Während in der ersten Phase die einzelnen Gegenstände – Häuser und Bäume – zu einem mehr oder weniger dichten Netz von Linienbezügen verflochten wurden, ging es in der zweiten Phase darum, die Schatten einzufügen, d. h. einmal die Körperhaftigkeit der Gegenstände zu betonen, zum andern aber auch größere Schattenzonen gegenüber hellen Stellen festzulegen. Bei Arbeiten dieser Art entsteht nach der ersten Phase schon allein durch den Wechsel des Materials, aber vielmehr noch durch die neue Gestaltungsabsicht ein Bruch. Es ist, wie wenn ein völlig neues Bild über das ursprüngliche gelegt würde. In der Regel ist auch die Art der Gestaltung von vornherein nicht festgelegt, was man am deutlichsten in der nicht weiter ausgearbeiteten Studie von Seite 154/155 nachvollziehen kann.

Der endgültige Zustand der Zeichnung des Bergdorfes Bardou läßt an einigen Stellen noch den ersten Zustand der Federzeichnung erkennen, vor allem in der Baumgruppe am rechten Bildrand. Auch das Haus ganz rechts zeigt eine einfache Schraffur auf der Schattenseite. In den dunkleren Schattenzonen der Baumgruppe rechts kann man die Schichtung einzelner Schraffuren am deutlichsten erkennen. Um die dunkleren Zonen gegenüber den hellen stärker zu akzentuieren, wurden mehrere Gegenstände mit Schraffuren zusammengefaßt, das gilt besonders für die Bildmitte. Das helle Gebäude links oben wurde dagegen nur sparsam mit Schraffuren versehen. Dadurch kommt der Kontrast jetzt stärker zur Geltung als er in Wirklichkeit war. Neben der Schraffur ist auf dem Bild von Bardou auch die Struktur für die Dächer, Mauern, Laub und Boden eingesetzt. Die Struktur bleibt jedoch der Schraffur untergeordnet. Sie übernimmt lediglich in den hellen Stellen die gleiche Aufgabe wie die Schraffur. So setzt sich die dunkle Ziegelstruktur des zerstörten Daches links von der hellen Fassade des oberen Hauses ab. In den dunkleren Zonen in der rechten Bildhälfte leitet die Ziegelstruktur von den dunklen Schattenzonen in hellere Flächen über. Die Struktur ist dabei nicht gleichmäßig behandelt, sondern besitzt in sich selbst Hell-Dunkel-Differenzierungen. Dadurch wird eine gewisse Monotonie vermieden, aber auch die Tendenz jeder gleichmäßig strukturierten oder gemusterten Fläche, sich gegenüber dem Umfeld abzuschließen. Schraffur und Struktur sollten übrigens möglichst gemeinsam mit der Linienzeichnung (Feder) entwickelt werden.

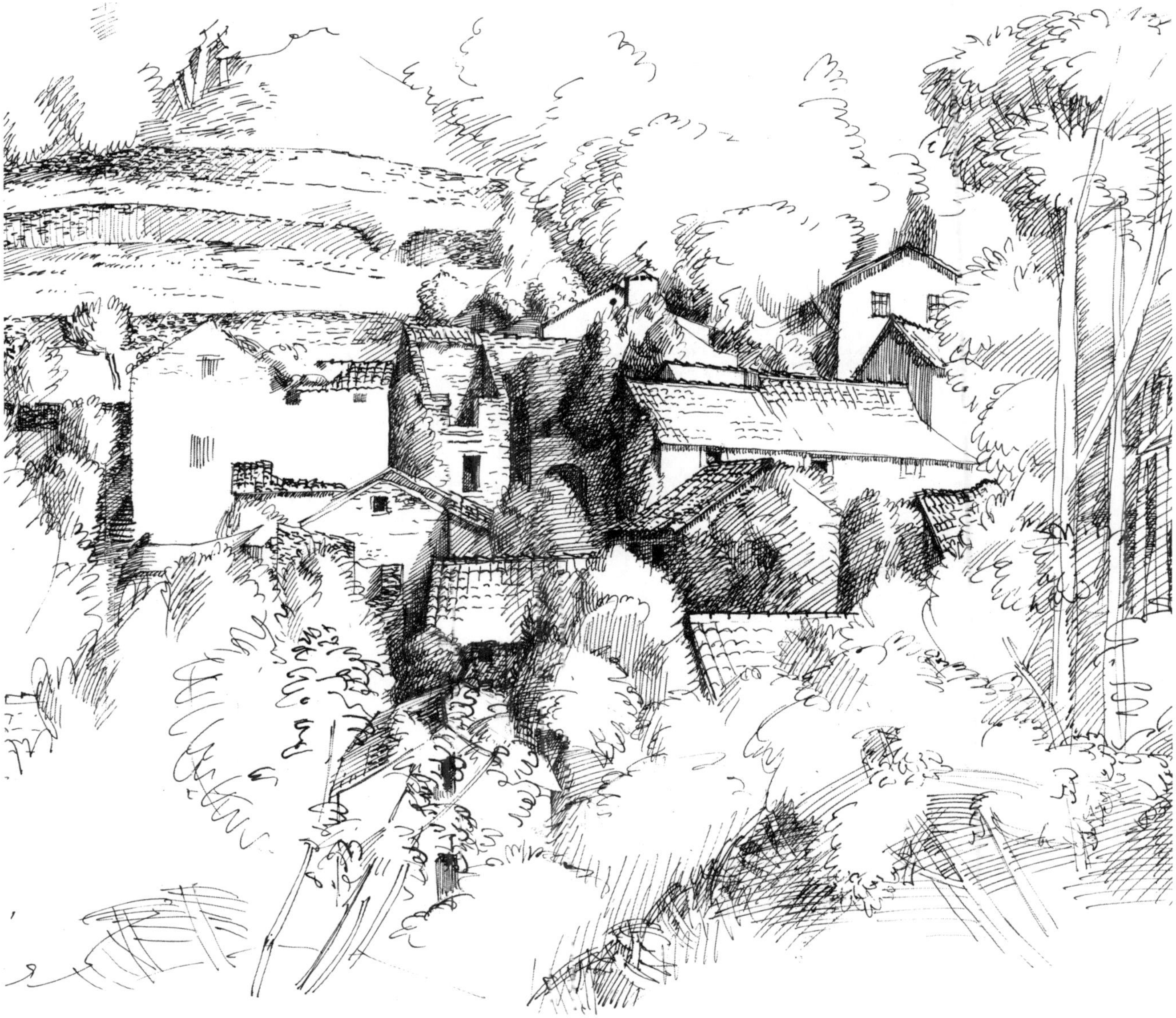

7
SKIZZIEREN

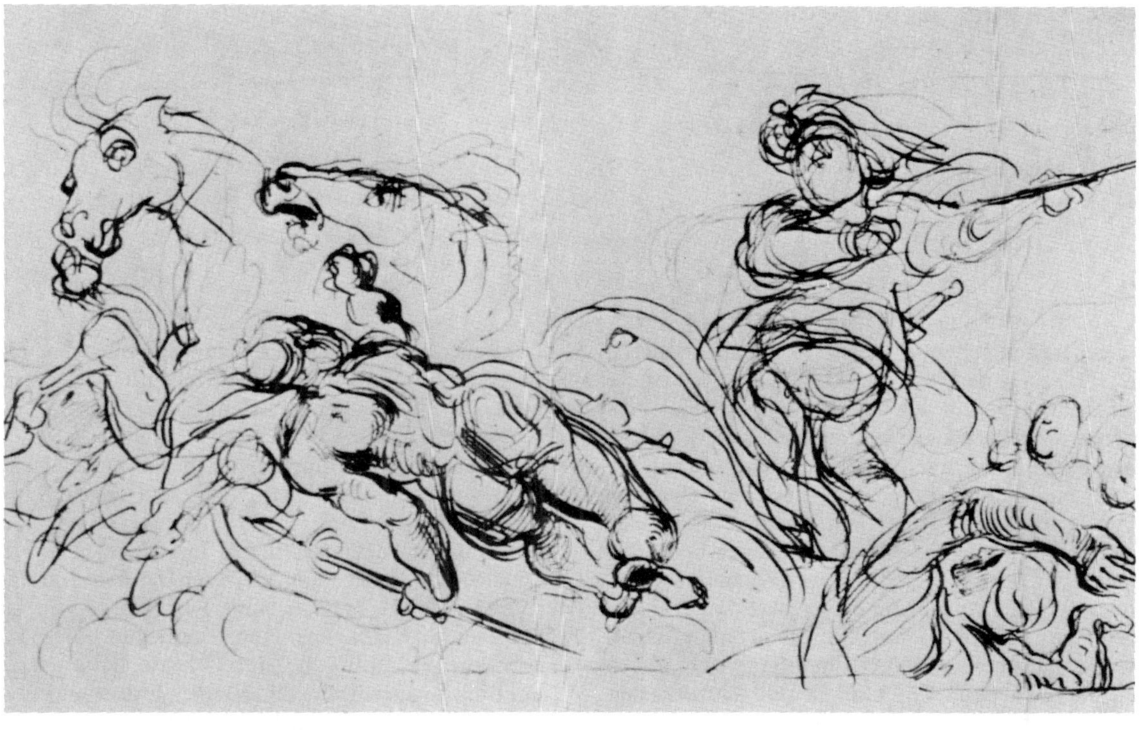

Delacroix (1798–1863): Skizze zu „Mars begleitet von Ruhm, Schrecken und Tod“, 1820–23.

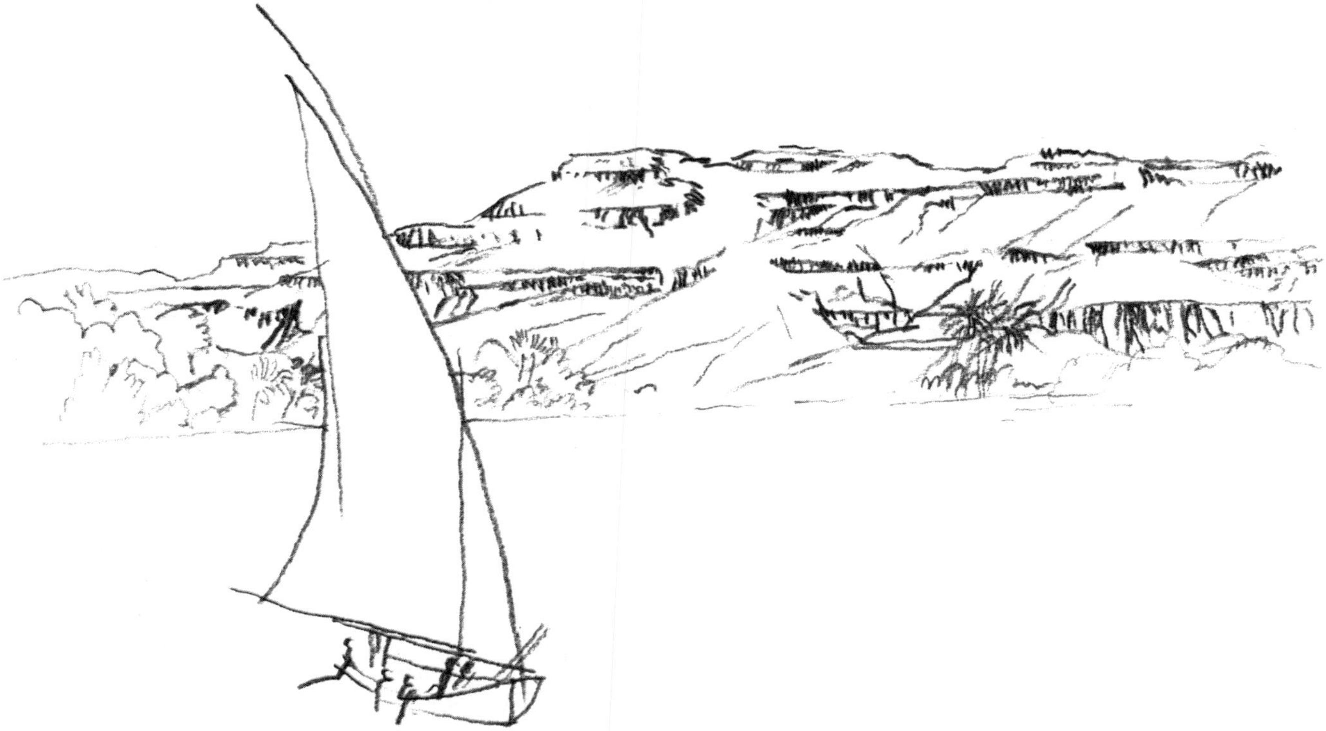

Der aus dem Italienischen hergeleitete Begriff (schizzo) meint die „flüchtig hingeworfene" Zeichnung. Wegen der Frische ihres Striches und der Unmittelbarkeit ihres Ausdrucks erfreut sich die Skizze besonderer Beliebtheit.
Die Skizze übernimmt unterschiedliche Funktionen: Einmal hält sie einen intensiven, erlebnishaften Eindruck fest, zum andern dient sie zur Orientierung in einem dem Zeichner neuen, noch fremden Gebiet. Ferner betont sie einen Aspekt, der für den Zeichner vor dem betreffenden Motiv wichtig erscheint, „die Idee", und schließlich kann sie zur Studie von zeichnerischen Umsetzungsmöglichkeiten werden. So gesehen, bedeutet Flüchtigkeit des Zeichnens nicht zugleich auch Flüchtigkeit der Aufmerksamkeit, im Gegenteil. Skizzieren erfordert ein Höchstmaß an Konzentration. Die wenigen Striche einer Skizze sollen doch das Wesentliche der Stimmung oder des Charakters einer Landschaft möglichst treffend wiedergeben und auch dem persönlichen Erleben des Zeichners Ausdruck verleihen.
Die beiden Abbildungen auf dieser Doppelseite zeigen zwei unterschiedliche Möglichkeiten der spontanen Niederschrift eines Landschaftseindrucks. Die Skizze auf dieser Seite wurde am Nil bei Luxor um die Mittagszeit angefertigt. In der flimmernden heißen Luft zeichnete sich das ferne Wüsten- und Felsgebirge wie ein zarter Schleier nur sacht gegen den Himmel ab. Wie Bänder gliedern die Felsabbrüche durch harte Schatten noch am deutlichsten sichtbar, die Hänge. Eine Feluka, das typische Nilboot, trieb den Fluß herab und bildete ein geeignetes Vordergrundmotiv in der Art, daß keine weitere

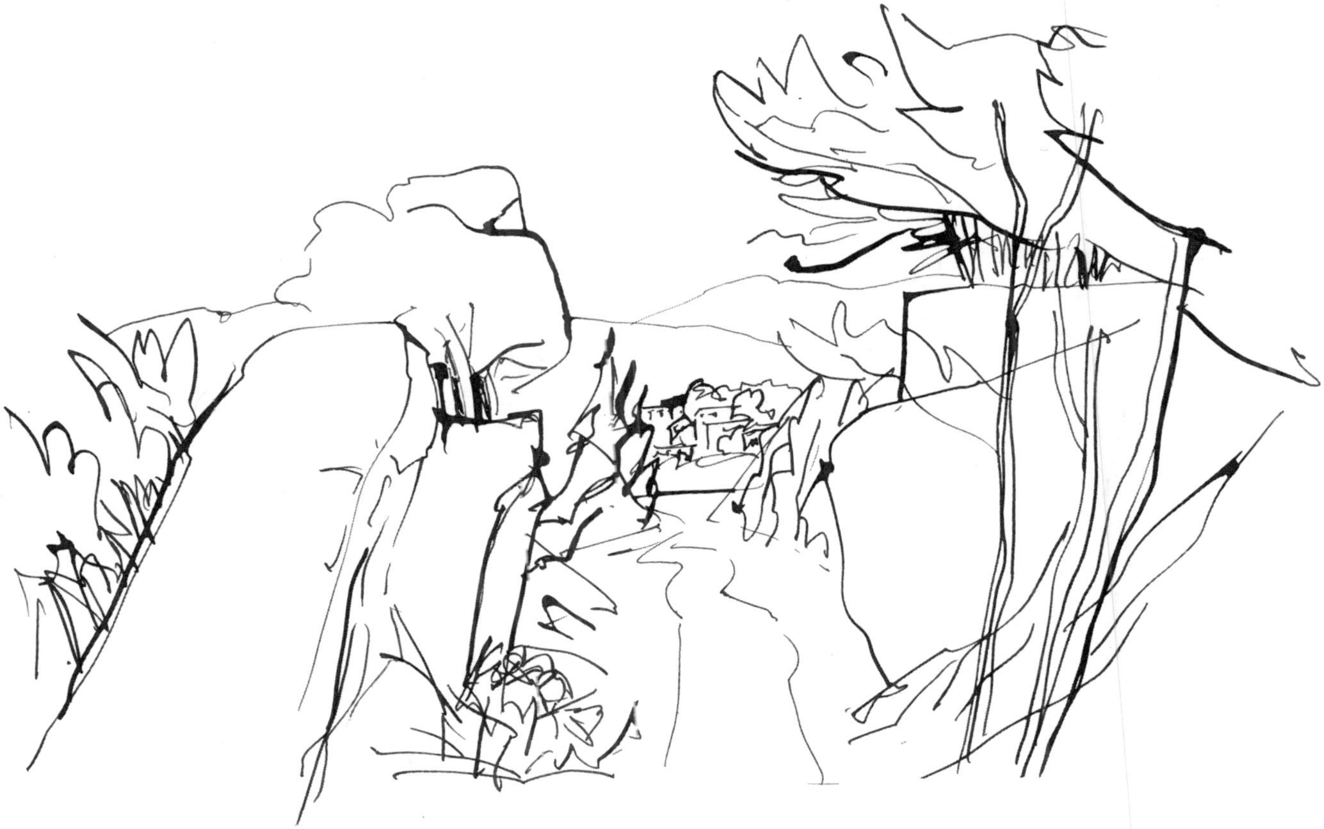

zeichnerische Wiedergabe des Flusses nötig wurde. Die Skizze wurde mit einem weichen Bleistift (2 B) auf etwas rauhem Skizzenblockpapier ganz sacht gezeichnet, um die eher impressionistische Stimmung der Situation einzufangen. Die Skizze fiel übrigens so zart aus, daß für die Reproduktion auf Seite 168 eine etwas dunklere Nachzeichnung nötig wurde.
Die zweite Skizze wurde auf der Zufahrtsstraße zu dem südfranzösischen Bergdorf Bardou angefertigt (siehe S. 153). Mit Wasser verdünnter Tusche (unverdünnte China-Tusche oder Sepia wäre ebenfalls denkbar) und einer einfachen Schreibfeder wurde die fern liegende Ortschaft zeichnerisch notiert, wie sie sich dem Blick zwischen den von Wald umsäumten Felsen darbot. Details sind in dieser Skizze nicht wichtig. Gegenüber der Erscheinungstreue in der Wiedergabe macht sich hier der Ausdruck der persönlichen Handschrift bemerkbar. Für manche Künstler ist dieser handschriftliche Charakter der Zeichnung so wichtig, daß sie daraus ihren persönlichen Stil entwickelt haben. Es ist auf jeden Fall ratsam, an einem Ort möglichst viele schnelle Skizzen in rascher Folge anzufertigen. Einmal wird die eigene Handschriftlichkeit, die Flüssigkeit des Striches gefördert, zum anderen kristallisiert sich zunehmend der für den Zeichner wichtige Aspekt wie von selbst heraus.
(Die sehr spitze Zeichenfeder verhakt sich leicht im Papier. Verdünnte Tusche geht eine engere Verbindung mit dem weißen Grund ein, steht nicht so hart auf der weißen Fläche. Die Entscheidung für unverdünnte oder verdünnte Tusche ist eine Ermessens- und Ansichtssache.)

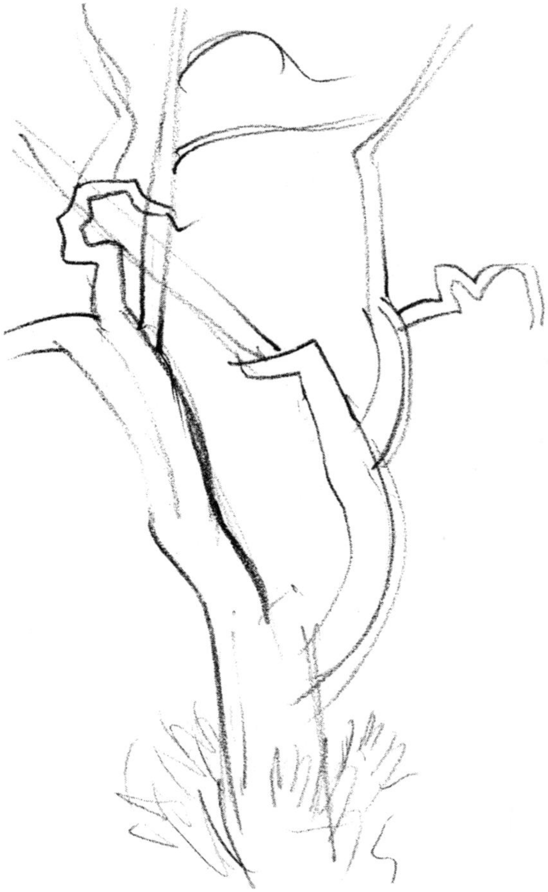

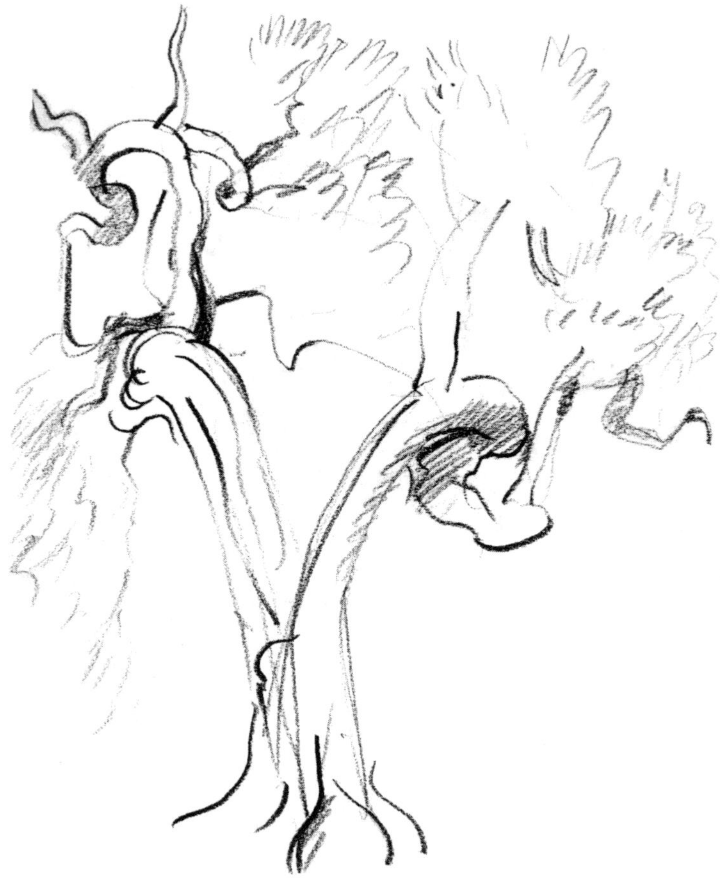

Die Skizzen auf Seite 171 geben Landschaftsausschnitte aus der Toscana wieder. Das Augenmerk lag hier weniger auf der Wiedergabe eines atmosphärischen Landschaftseindrucks wie bei den Abbildungen auf den vorangegangenen Seiten. Vielmehr richtete sich das Interesse auf die Binnenstruktur der Landschaftselemente von Äckern, Feldern, Weinbergen und Obstbaumanlagen. Mit Punkten, Strichen und kleinzügigen Schraffuren wurde nicht nur die jeweilige Struktur, sondern auch die hügeligen und wellenartigen Bodenformationen festgehalten, so daß ein plastischer Eindruck entstand. Solche Skizzen können als Vorübung oder als Klärung von Detailformen verstanden werden, bevor man mit einer komplexeren und ausführlicheren Landschaftsdarstellung beginnt. (Vergleiche dazu auch die Abb. auf den Seiten 160 und 163!)

Auch die Skizzen der Ölbäume stammen aus der Toscana. Die bizarren Formen der knorrigen Stämme und Äste erinnern an Figuren mit ausladenden Gesten. Die oft dramatischen Verwandlungen von Menschen in Ölbäume in der griechischen Mythologie dürfte von diesem Eindruck her verständlich und erklärbar sein. Gerade die Vorstellung von menschlichen Figuren hilft die wesentlichen Formen zu erfassen, da man nicht zu sehr an den Details hängen bleibt.

Für alle Skizzen auf dieser Doppelseite wurde ein weicher Graphitstift (B2) verwendet, der ein großzügiges Zeichnen fördert.

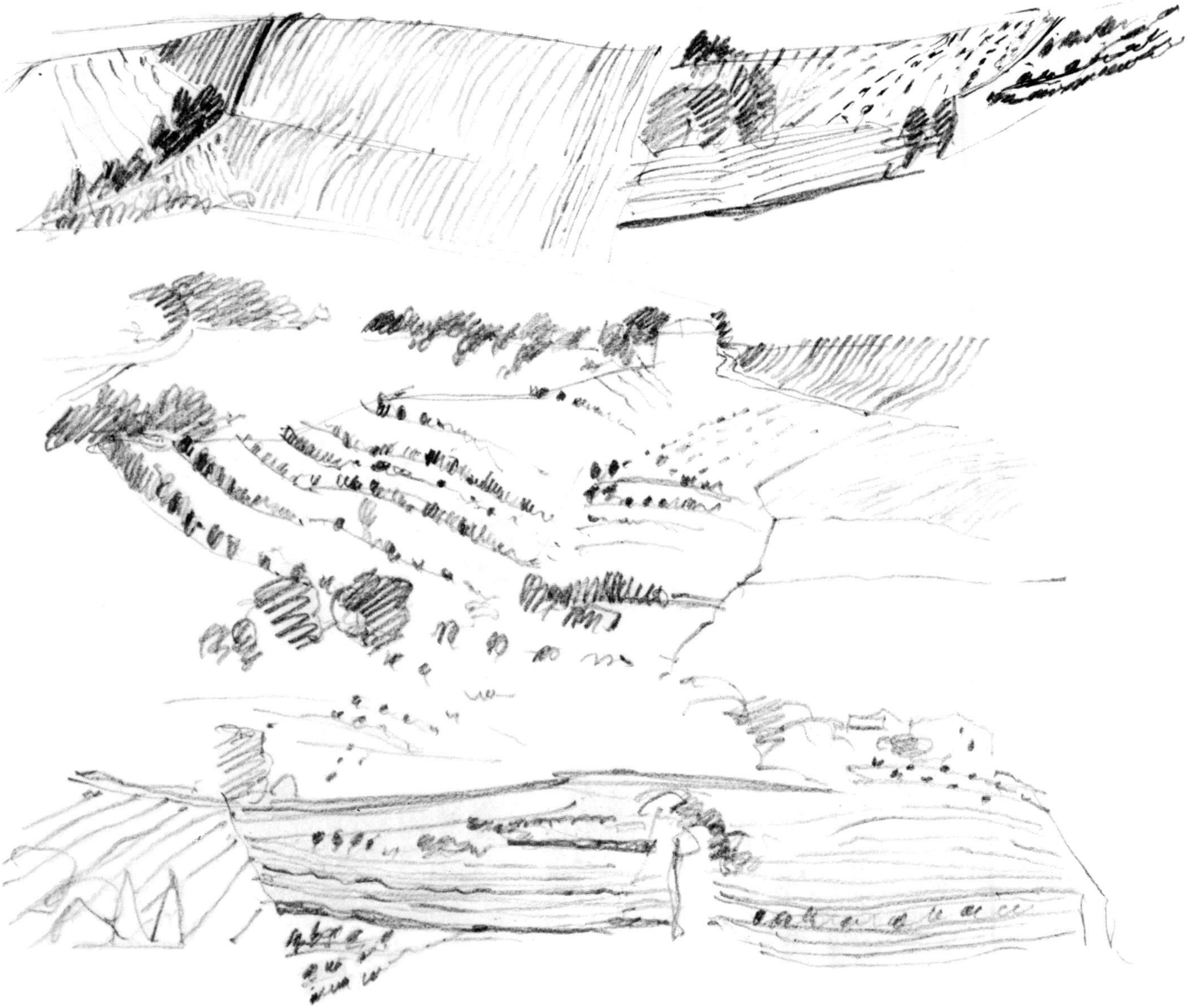

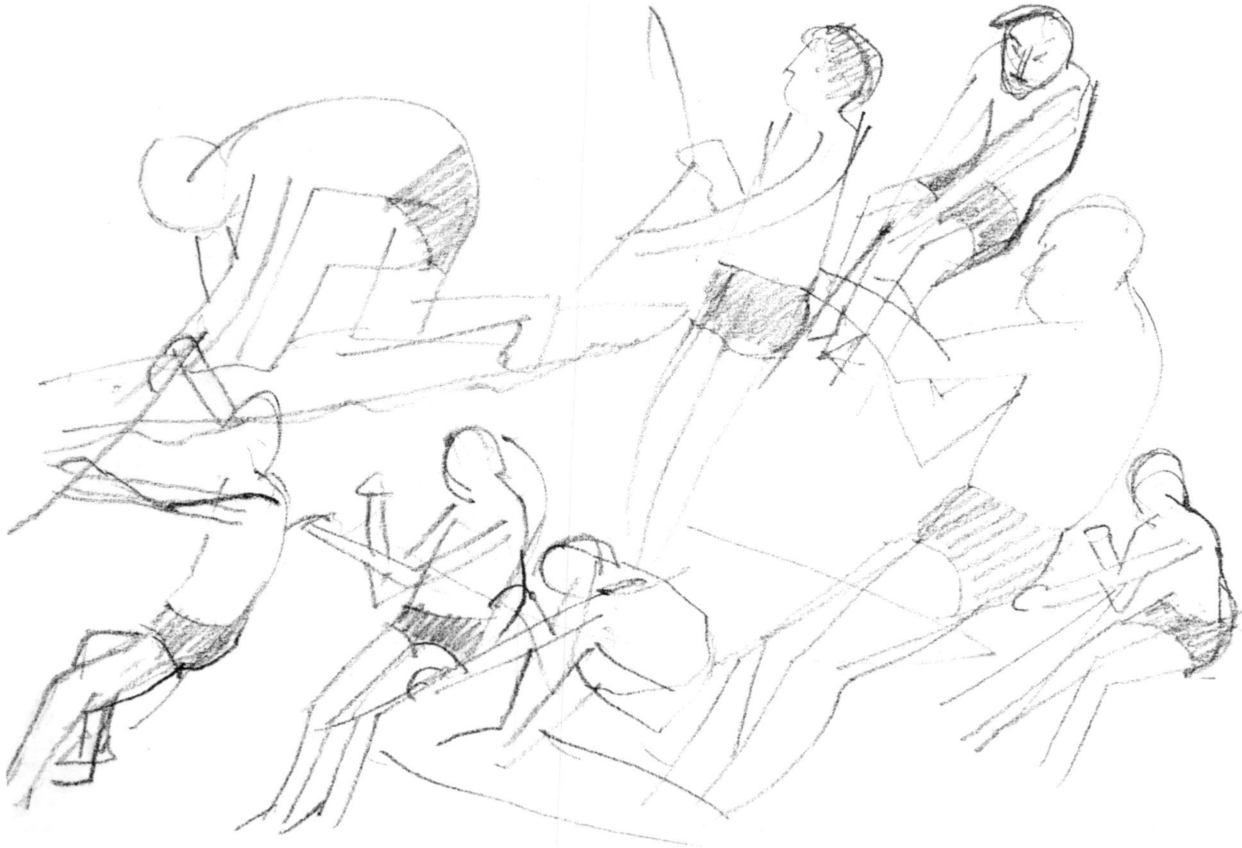

Menschen und Tiere in Bewegung festzuhalten, stellt wohl das schwierigste zeichnerische Problem dar. Genaue Beobachtung, visuelle Erinnerung und Vorstellungsvermögen spielen beim Gelingen solcher Skizzen die wichtigste Rolle.
Das Motiv der Surfer, die sich in der Nähe des Strandes mit den Tücken ihres Sportgeräts und der Naturelemente erst allmählich vertraut machen, erwies sich als besonders vorteilhaft: Die Sportsleute waren derart mit ihrem Gerät beschäftigt, daß sie den heimlichen Zeichner überhaupt nicht bemerkten. Weiterhin wurde die relativ gleichbleibende Haltung auf dem Surfbrett nach kurzer Zeit erfaßt. Was der Beobachtung entgangen war, konnte so einigermaßen verläßlich in der Vorstellung ergänzt werden.
Körper, Arme und Beine sind mit einfachen Formen wiedergegeben. Sie unterscheiden sich kaum von der Art, wie auch die Ölbäume von Seite 170 gezeichnet sind. Auf die Darstellung von Surfbrett und -segel wurde verzichtet, denn aus der Haltung, die wichtiger erschien, können diese ohne Schwierigkeiten ergänzt werden.

Ein ähnlich dankbares Motiv stellen Figurengruppen am Strand dar, überhaupt Menschengruppen, die mit sich selbst beschäftigt sind. Manche von ihnen sitzen auf ihren

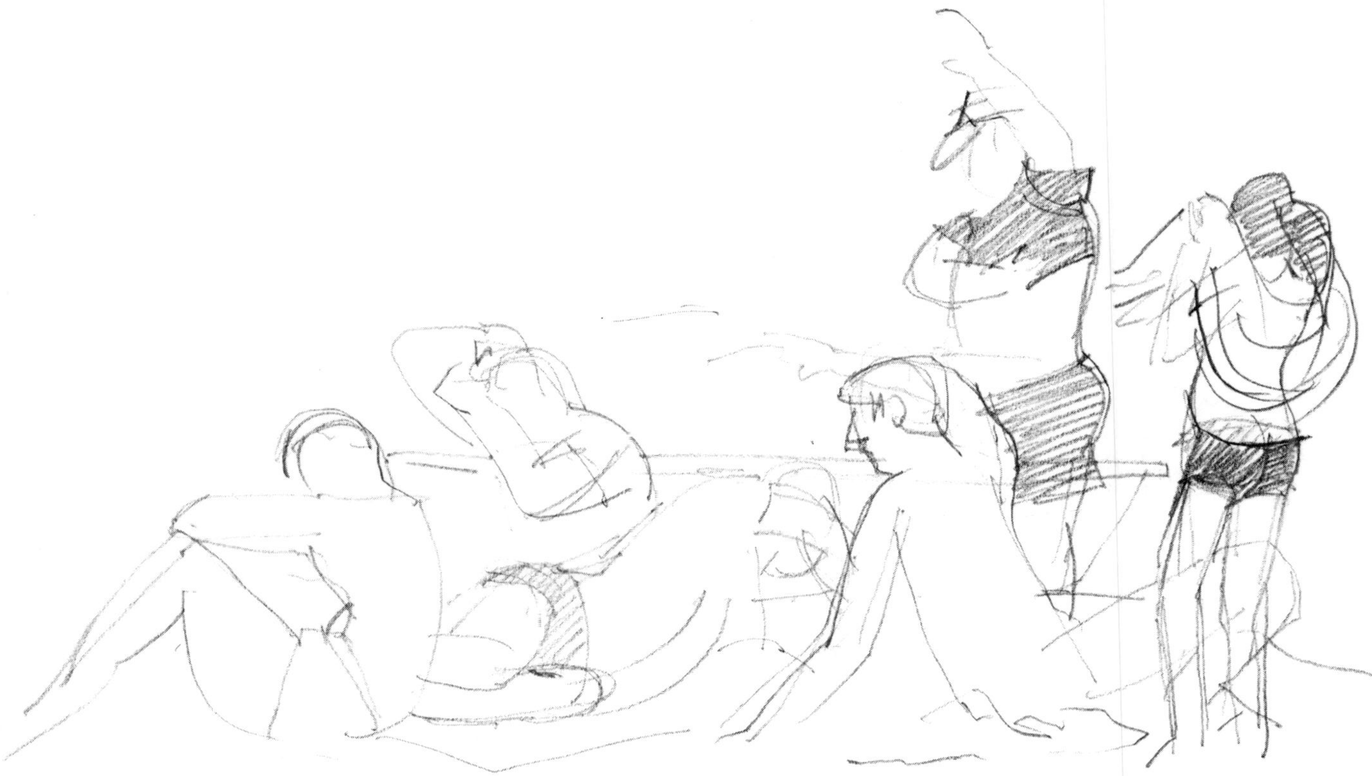

Decken oder im Sand, andere liegen – alle nehmen Haltungen ein, die relativ gleichbleiben.
Figuren in Bewegung, wie z. B. die beiden auf der rechten Seite, können mit voller Konzentration gezeichnet werden. Danach kann man die Darstellung der anderen fortführen.
Die Schwierigkeit gegenüber den Surfbrettsportlern besteht darin, daß die Haltungen recht unterschiedlich sind, d. h. man muß sich auf jede Figur voll konzentrieren. Und wenn das ahnungslose Modell die Stellung, die man gerade zeichnet, überraschend verändert, muß man sich eben diese Stellung in Erinnerung rufen, indem man in der Vorstellung dieselben Bewegungen ausführt bzw. dieselbe Stellung einnimmt.

Auch bei der Skizze der Figurengruppe am Strand werden nur die groben Formen wiedergegeben. Daß eine gewisse Übung im Figurenzeichnen vorteilhaft ist, dürfte selbstverständlich sein. Jene, die noch nie oder nur selten Figurenzeichnen geübt haben, sollen sich jedoch nicht vom Skizzieren von Figurengruppen abhalten lassen. Letztlich geht es nicht um das perfekte Ergebnis, sondern um die Übung im Beobachten und in der schnellen Formerfassung.

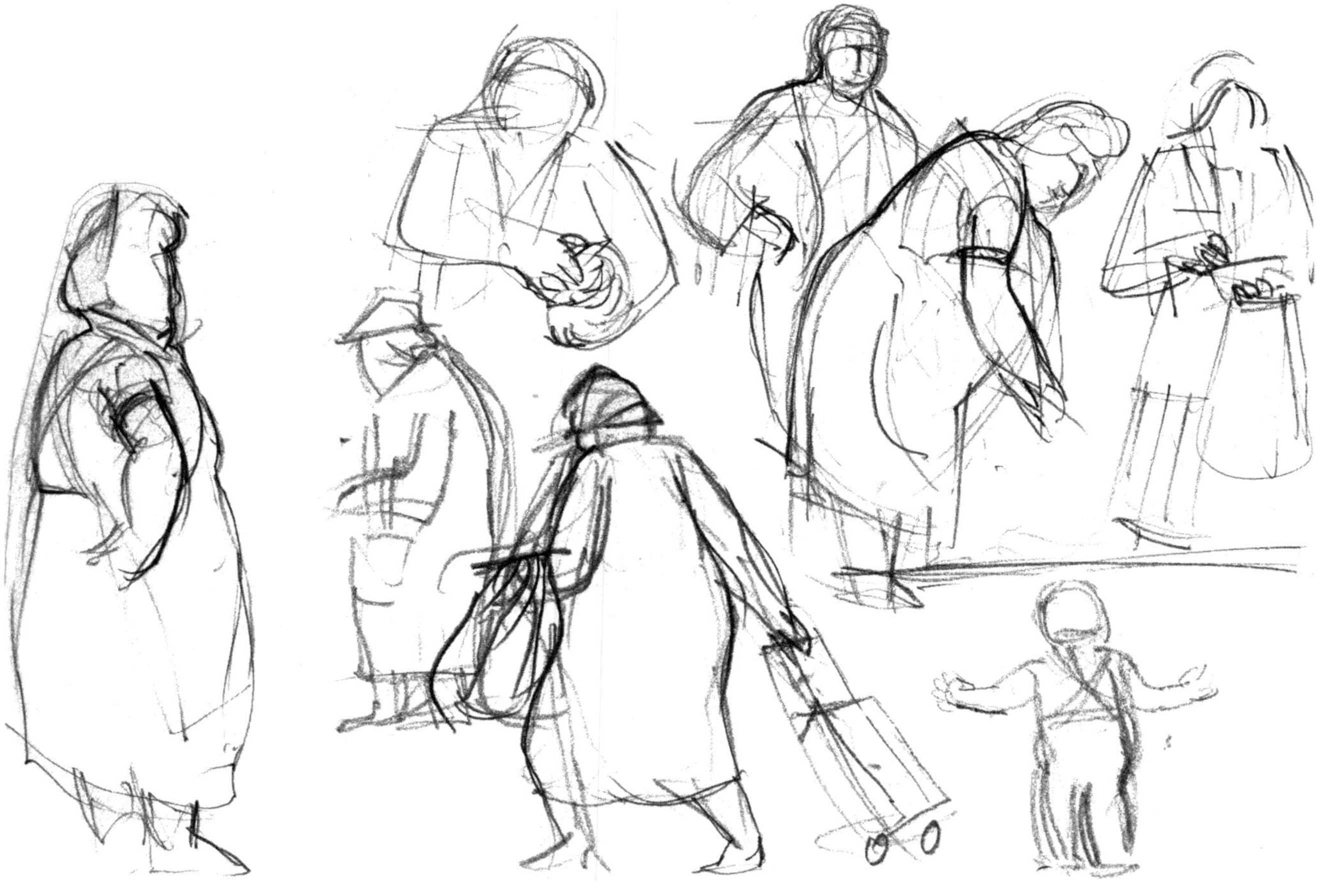

Gelegenheit zum unbeobachteten (!) Skizzieren von Menschen findet man auf Bahnhöfen, Sportplätzen oder, wie im Beispiel der Abbildung oben, auf Marktplätzen.
Man sollte generell weniger auf anatomische Richtigkeit achten, sondern auf die *Haltung* und den *Körpertyp* der Menschen. Mit einiger Übung werden die Körperhaltungen relativ schnell erfaßt: hastende Leute oder langsam und vorsichtig gehende, leicht nach vorne geneigte ältere Menschen; die sich ständig bückenden Marktfrauen, die in den kurzen Pausen zur Entlastung ihres Kreuzes die Arme in die Hüften stemmen; im Geldbeutel und in Taschen kramende Käufer; Eltern, die Kinder auf dem Arm tragen bzw. Kinderwagen schieben; Leute, welche das Gewicht der schweren Taschen mit dem seitwärts gebeugten Körper ausgleichen. Die Vielfalt der Körperhaltungen ist enorm. Die durch das Skizzieren konzentrierte

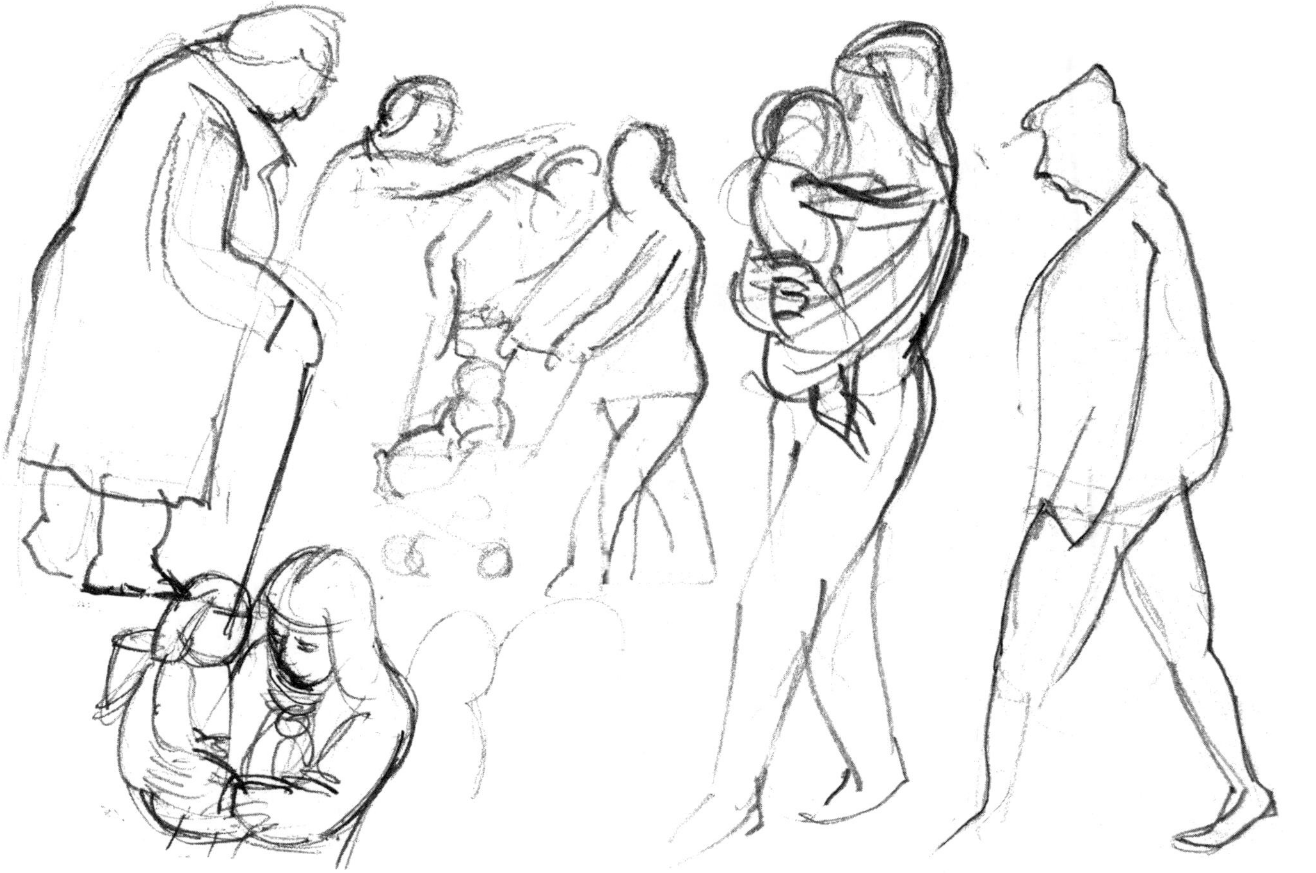

Beobachtung wird zum Erlebnis. Vor allem fasziniert die Natürlichkeit der Haltungen und Bewegungen, die ein Model im Atelier nur selten erreicht. Man sollte die Aufmerksamkeit auch auf die unterschiedlichen Körpertypen lenken: korpulente und schlanke, stämmige und hochaufgeschossene Menschen. Legt man sich zu sehr auf einen oder wenige Typen fest, besteht die Gefahr, daß man zu schnell eine feststehende Form, ein Schema, entwickelt und ständig wiederholt, ohne sie an der Wirklichkeit zu überprüfen. Bei korpulenten Menschen oder bei solchen in weiter Kleidung, sollte man unbedingt eine Gesamtform erfassen. Die Abbildung Seite 174 rechts zeigt z. B. eine Figur im Faltenrock, deren Zeichnung zwei Dreiecke zugrunde liegen. Die Form der sich bückenden Marktfrau links daneben besteht aus zwei im stumpfen Winkel zueinanderstehenden Flächen.

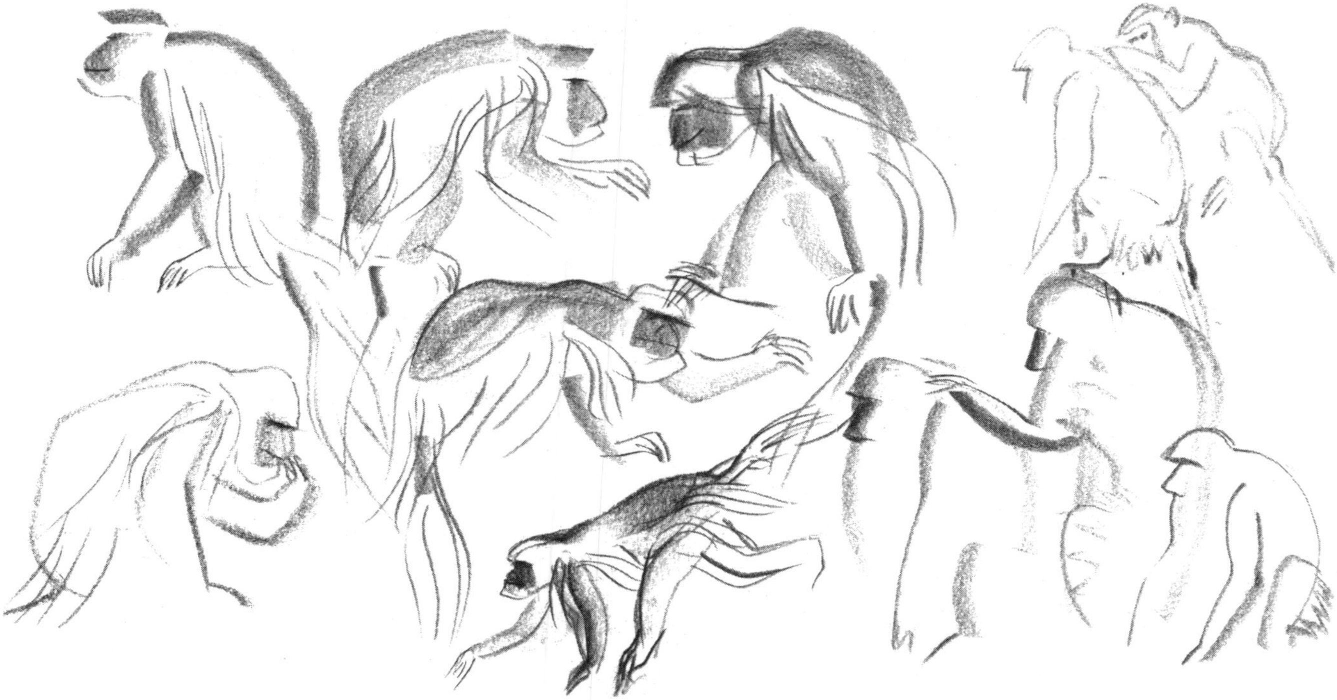

Wer Tiere skizzieren will, sollte sich für mehrere Stunden oder – noch besser – für mehrere Tage in einen Zoo begeben. So kann er zuerst einmal die unterschiedlichsten Gattungen zu zeichnen versuchen, um schließlich jene Tiere zu finden, die seinen Zeichenversuchen die beste Garantie auf Erfolg versprechen.
Da Affen sich mit einer schon sprichwörtlichen Schnelligkeit bewegen, wurden die Skizzen vor dem Zoobesuch durch das Studium von Abbildungsmaterial vorbereitet. Damit sich jedoch keine Schemaform von vornherein verfestigen konnte, wurden Bilder anderer Affenarten als die skizzierten betrachtet. Lernt man eine Tierform vor dem Skizzieren des lebenden Modells sozusagen auswendig, besteht die Gefahr, daß man aus dem Gedächnis zeichnet und gar nicht mehr richtig beobachtet. Sichtbar wird ein solches Verhalten dann in der Stereotypie der Tierzeichnungen. Trotz der Vorbereitung war es nicht möglich, die Gestalt der Tiere im Sprung und Klettern zu erfassen. Um dies leisten zu können, muß man sich auf die Zeichnung von Affen spezialisieren. So sind die Affen auf der Abbildung, mit einer Ausnahme, in sitzender oder einer ähnlichen Haltung wiedergegeben, bei der sie immer noch so unruhig waren, daß höchste Konzentration nötig war.
Die Weißschwanzstummelaffen (linke Bildhälfte und Mitte) wurden von der Kopf-Hals-Rückenlinie zu erfassen versucht, wobei darauf geachtet werden mußte, daß diese Linie, welche die wesentliche Formaussage tragen sollte, spannungsvoll geriet. Das heißt, dieser in einem Zug gesetzte Strich bzw. Streifen mußte eine Gliederung in Kopf, Hals, Brustkorb und Becken erkennen lassen.
Die Elefantenskizzen wurden im Stehen angefertigt, weswegen ein Skizzenblock mit kleinem Format (DIN A5) und hartem Umschlagkarton verwendet wurde. Daß stehend skizziert wurde, hatte zunächst einmal einen äußerlichen Grund, der nicht in der Gestaltungsabsicht lag: In Basel ist das Elefantengehege sehr weitläufig. So mußte der Standort häufig gewechselt werden, je nachdem wo sich die Dickhäuter gerade aufhielten.

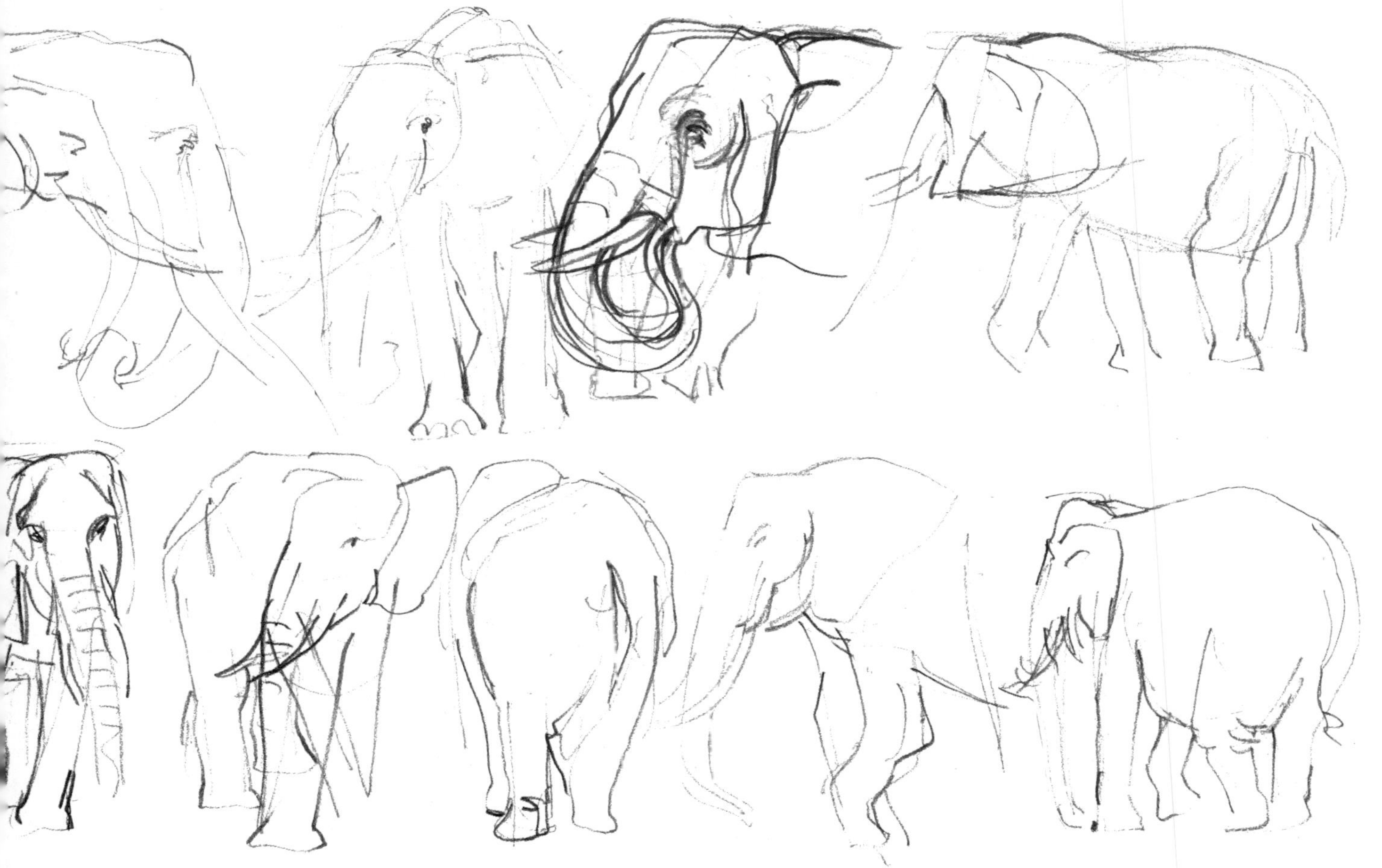

Die Arbeit war bestimmt durch den Wechsel von intensiver Beobachtung und Zeichnen. Beim Beobachten galt das Interesse der großen Form, d.h., z.B. den Fragen, in welchem Größenverhältnis stehen Kopf und Körper, Ohr und Kopf usw. zueinander, welches ist der höchste Punkt des Tieres, welche geometrischen Formen lassen sich im Rumpf usw. erkennen, wie verläuft die Rückenlinie, wie die Linie des Bauches.
Da die Tiere ständig umherliefen oder sich auf der Stelle drehten, mußte immer wieder die Ausgangshaltung der Skizze abgewartet werden. In der Zwischenzeit an einem anderen Elefanten, der gerade eine ähnliche Ansicht bot, die Form zu studieren, war wenig sinnvoll, denn die Tiere unterscheiden sich doch sehr stark, obwohl alle Tiere afrikanische Elefanten waren.
Manchmal konnte die Form mit einem Blick so intensiv erfaßt werden, daß die Form sofort zu Papier gebracht werden konnte (junger Elefant rechts, obere Reihe). Eine andere Möglichkeit bestand darin, zwei Bewegungsphasen in einer Skizze zu notieren, was an der Beinstellung des Elefanten in der unteren Reihe (2. von links) zu sehen ist. Die Kopfstudien untersuchten vor allem das formale Verhältnis der Stoßzähne, die aus dem Oberkiefer wachsen, zu Rüssel und Unterlippe.

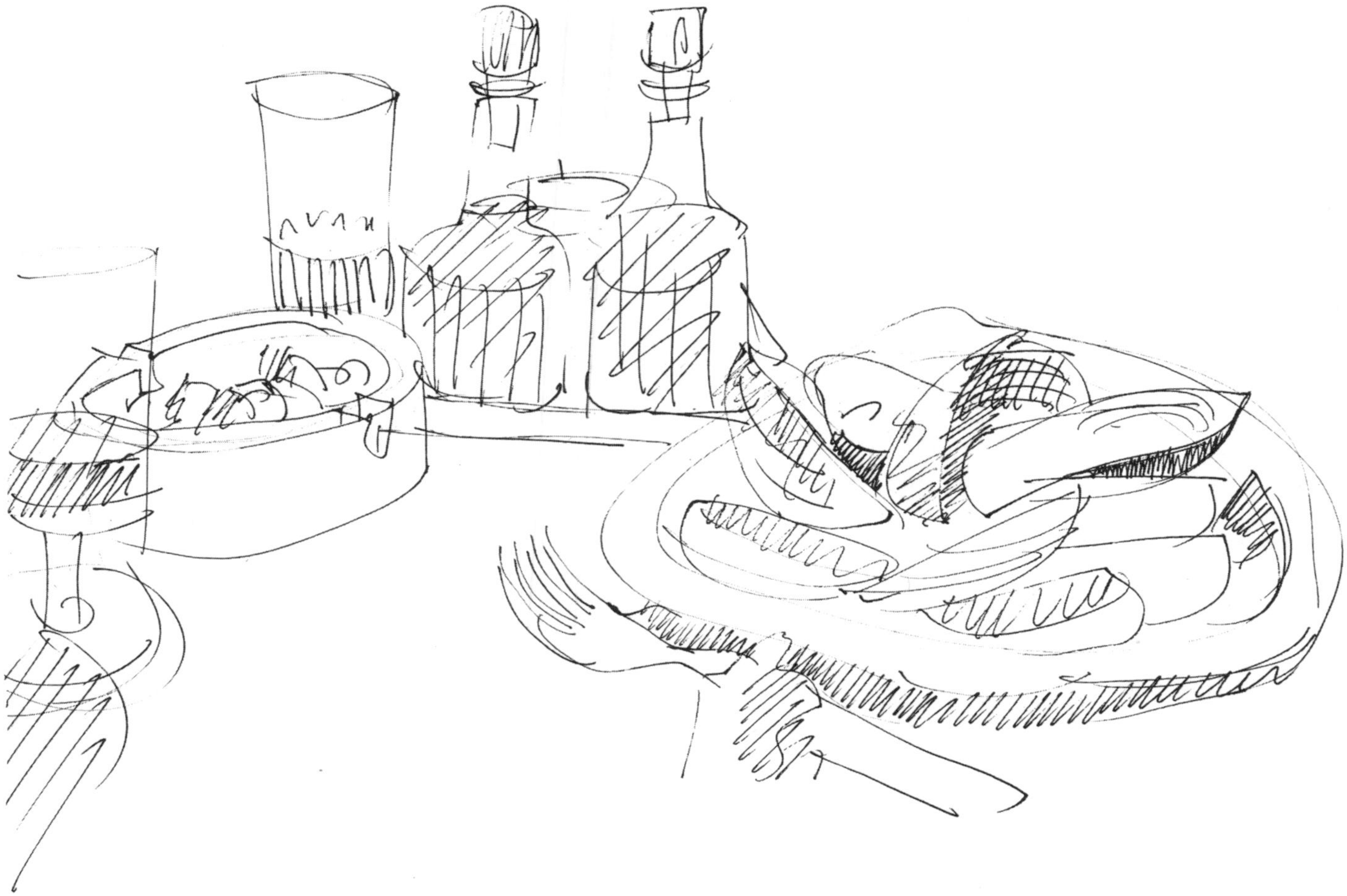

Warum soll man nicht skizzieren, was einem so alles zufällig begegnet, genauer, was an einem warmen Sommerabend so plötzlich auf den Tisch hüpft. Der freundliche Grashüpfer hielt zwar nicht still, aber er blieb so lange in der Nähe, bis ein Doppelblatt vollgezeichnet war. Die Skizzen zeigen je nach Ansicht die Gliederung des gepanzerten Körpers oder die symmetrische Anordnung der Beine. Gerade solche Skizzen unverhoffter Motive lassen das Zeichnen zum Abenteuer werden, entdeckt man doch Schönheiten in Dingen, die man sonst nicht wahrnimmt.

Das gilt auch für das banale Motiv, das sich nach einem Mahl in einem südlichen Restaurant anbot. Die oft raffiniert zusammengestellten Kompositionen der Stillebenmotive lassen vergessen, daß der normale Gebrauch der Dinge in der Regel die überzeugende Form eines Stillebens zur Folge hat. Man sollte also nicht so sehr um künstliche Arrangements bemüht sein, sondern mit Skizzen festhalten, was einem so alles begegnet, nicht nur im Restaurant, sondern auch in Zimmerecken, an Straßenrändern, am Strand usw.

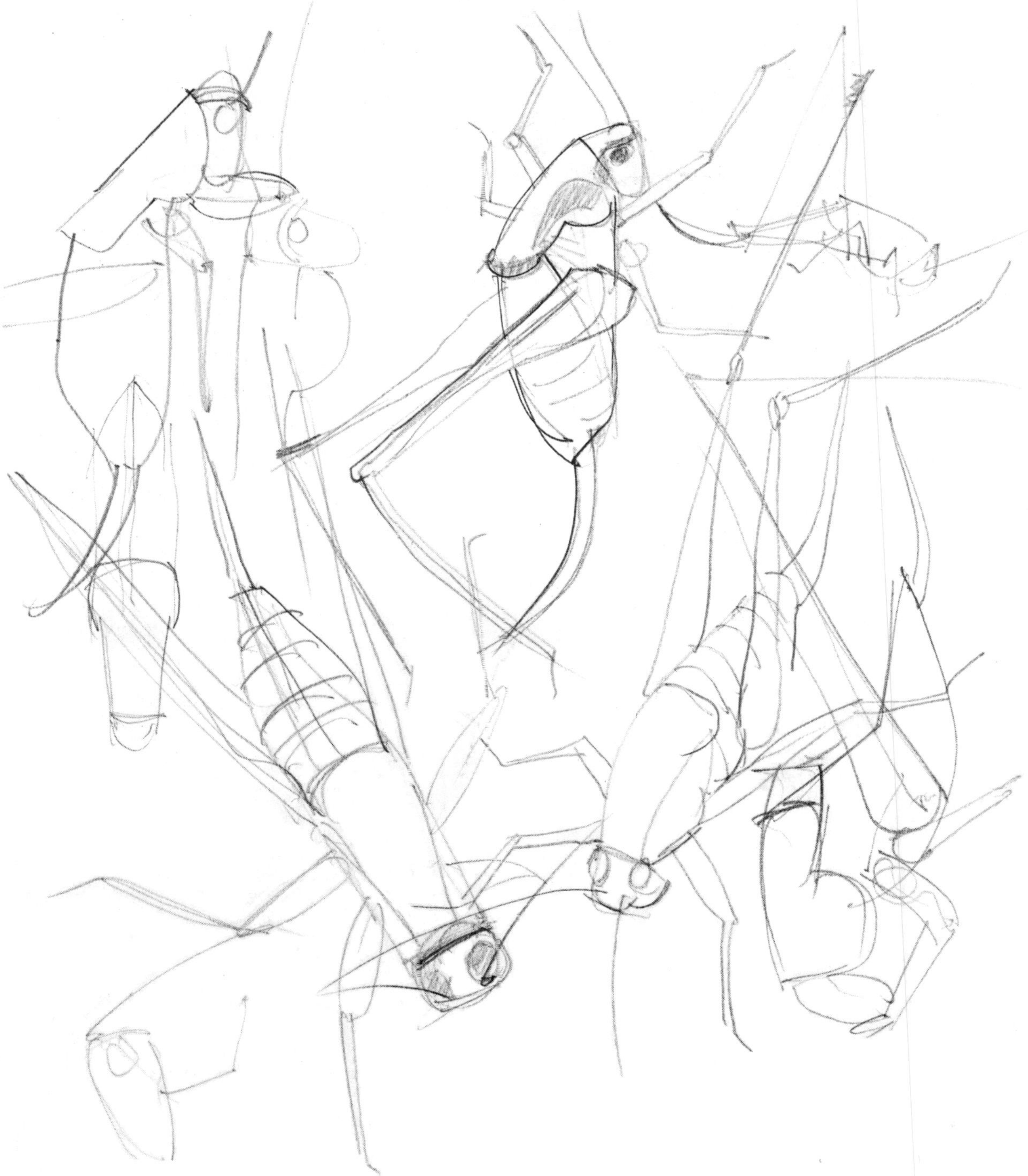

8

DAS KREATIVE SPIEL: ZUFALL UND GESTALTUNG

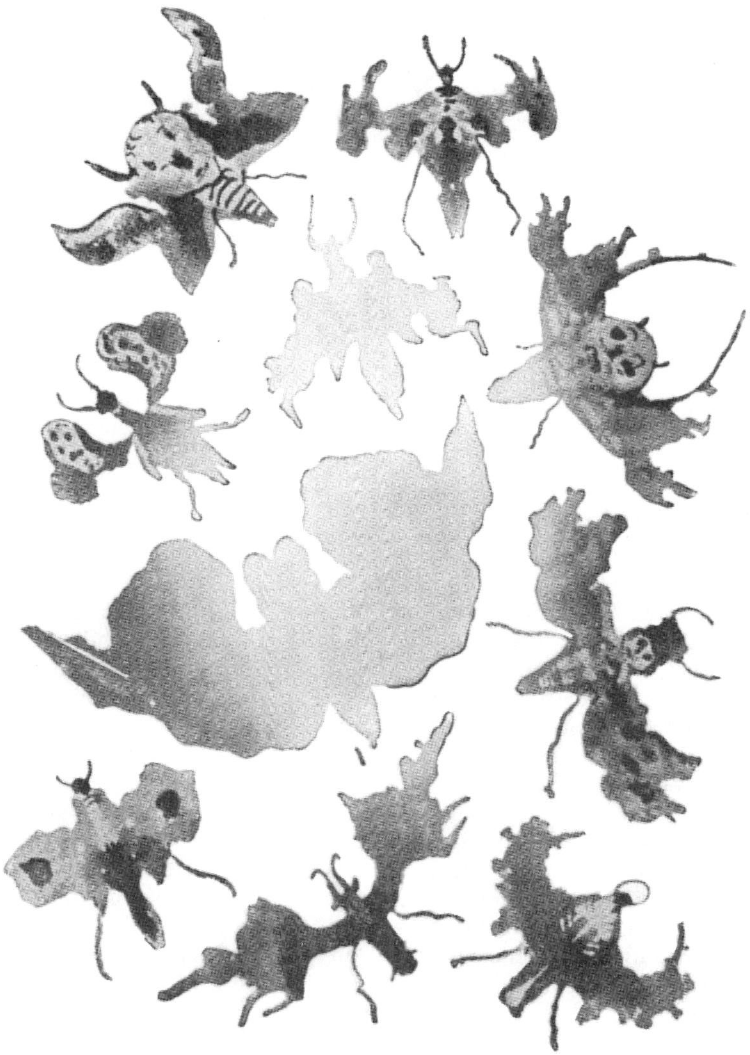

„Geister aus noch tief'rer Nacht hat das Tintenfaß gebracht, ... als den Satz ich umgerührt ..."
„Oft den Klecksographen prellen schwarze Geister durchs Verstellen,
wechseln oftmals die Gestalten, sie für andere zu halten."

Justinus Kerner (1786–1862).

8

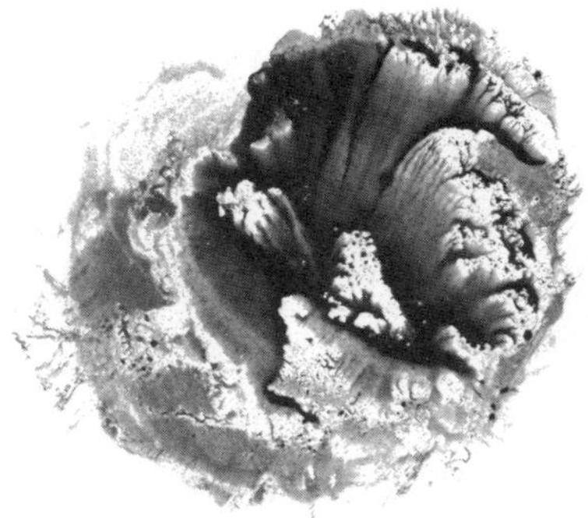

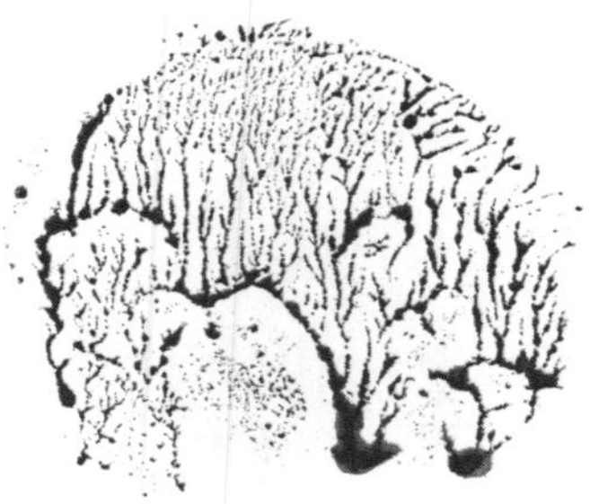

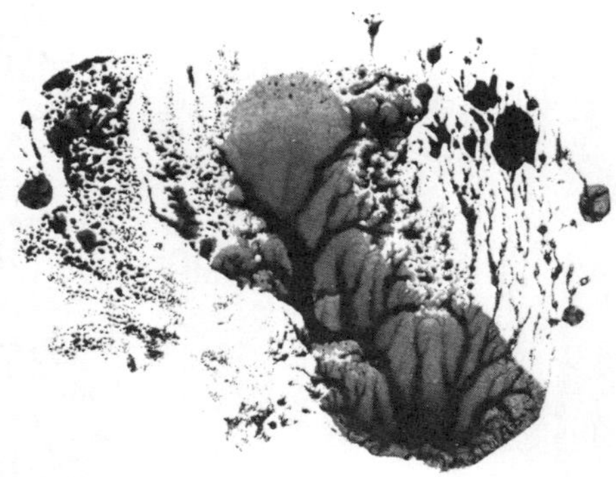

Das Spiel der Phantasie

Wer kennt nicht das aufregende Spiel? Man liegt im Gras und beobachtet beiläufig die bizarren Formen der Wolken. Plötzlich entdeckt man Gestalten: Wilde Rösser, die sich aufbäumen, groteske Untiere, bärtige Riesen. Die Wolken ziehen dahin, ihre Formen verändern sich ständig. Die Figuren lösen sich auf und andere nehmen ihren Platz ein. Das Spiel wiederholt sich immer wieder unter folgenden zwei Bedingungen: 1. Man befindet sich in einer passiven Haltung, d.h. man arbeitet nicht, verfolgt keinen bestimmten Zweck oder Gedanken, liest oder unterhält sich nicht. Diese passive Haltung kann erzwungen sein, z. B. beim Warten im Bahnhof, in Wartezimmern, an Haltestellen usw. Ihre angenehmeren Formen pflegt man in Freizeit und Urlaub. 2. Der Blick fällt auf einen Gegenstand, dessen Formen bizarr, wirr, in höchstem Maß unregelmäßig sind. Das können die bereits erwähnten Wolken sein, aber auch die Strukturen von Marmorplatten, die gesprenkelten Böden aus Gußstein, Tapeten ohne geometrische oder eindeutig erkennbare Formen und Muster, Holzmaserungen und Rinden, Kleckse auf Papier und an der Wand, Risse, abblätternde Farbe usw. Auch Sträucher und Bäume im Nebel rufen manchmal solche Gebilde in unserer Phantasie wach. Felsmassive erhielten nicht selten durch solche Phantasiefiguren ihren Namen.

Den Vorgang, Formen oder Strukturen umzudeuten, mit einem neuen Inhalt zu versehen, nennt man „assoziieren“. Die Fähigkeit, viele und ungewöhnliche Assoziationen zu produzieren, ist ein wesentlicher Bestandteil der Kreativität.

Die Assoziationen stellen sich meist von selbst ein. Die Phantasie entzündet sich dabei an irgendeiner Teilform, dem Umriß einer Fläche, an dem Ausschnitt einer Struktur oder an sonst einem Punkt: Das Auge verfolgt die Formen weiter, die Phantasie ergänzt und bereichert mit zusätzlichen Assoziationen das ursprüngliche Bild. Das Aufspüren und Entdecken weiterer Assoziationen kann durchaus bewußt gesteuert werden, wobei die Phantasie durch eine zu starre Bildvorstellung leicht „blockiert“ werden kann. Es ist – der Vergleich sei gestattet – wie Autofahren auf eisglatter oder schneetiefer Straße. Der Fahrer, der behutsam mit Kupplung, Gas und Lenkrad umgeht, um so eine neue Spur zu suchen, wird eher sein Ziel erreichen als jener, der ungeduldig das Gaspedal bis zum Anschlag durchtritt.

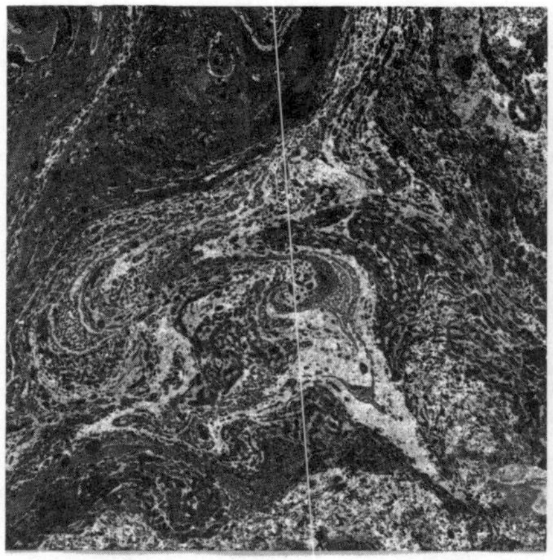
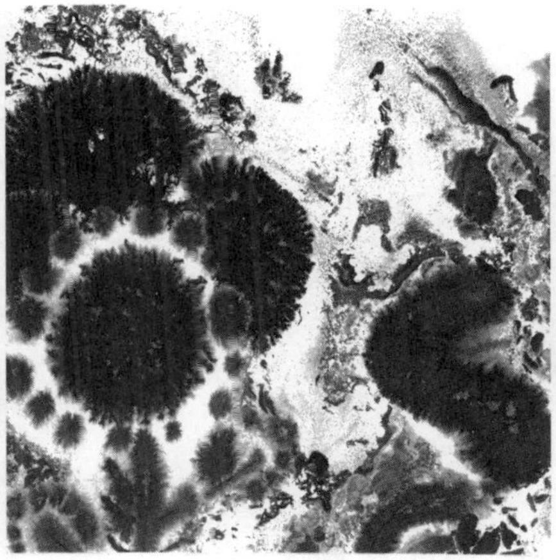
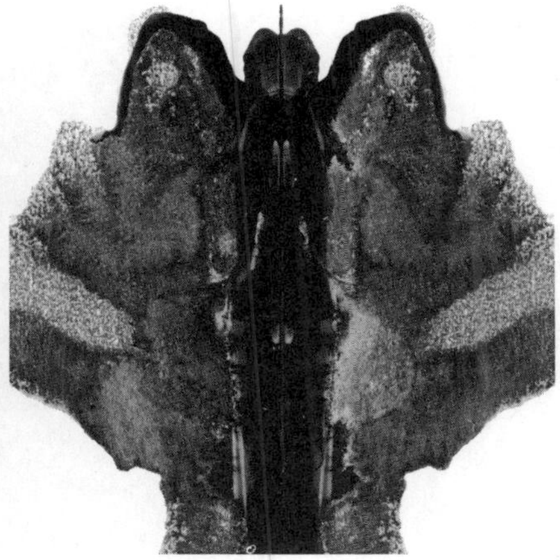

Zufallsverfahren

Zu den Methoden der Surrealisten gehörten die sogenannten aleatorischen Verfahren. Der Begriff stammt von dem lateinischen Wort alea (= Würfel) und verweist somit auf den Zufallscharakter der betreffenden Verfahren. Manchem mögen die hier vorgestellten Verfahren „kindisch“ erscheinen. Es waren aber im 20. Jahrhundert oft die Verfahren, die man nicht „ernst“ nahm und die sich dann als besonders ergiebig erwiesen.

Beim Marmorieren zur Herstellung von Vorsatzpapieren älterer Bücher, aber auch bei der Bemalung von Altären und Säulen benutzte man früher verschiedene Verfahren. Die Abbildung oben ist auf die einfachste Weise hergestellt worden. Auf das Wasser, das sich in einer flachen Wanne befindet, wird eine stark mit Terpentinöl verdünnte Ölfarbe gegossen. Die Ölfarbe schwimmt auf der Wasseroberfläche und bildet unter Schwenken der Wanne oder Rühren des Wassers eine typische Marmorstruktur. Ein flach auf das Wasser gelegtes Papier nimmt die Ölfarbe auf. Die zufälligen Formen, so aufregend und faszinierend sie auch ausfallen mögen, bleiben immer auf den Marmorcharakter beschränkt.

Die **Tuschezeichnung auf nassem Papier** hält auch einige Überraschungen bereit. Das Papier näßt man im Becken oder mit einem Schwamm möglichst auf beiden Seiten ein. Tupft man nun mit der Tuschefeder auf das Papier oder zieht einen Strich, fließt die Tusche in die nasse Fläche aus. Je nachdem wie naß oder feucht das Papier ist, ergeben sich weitere und engere „Höfe“. Es empfiehlt sich, nach jedem Tupfer oder Strich solange zu warten, bis das Ausfließen der Tusche aufhört. Danach kann man entsprechend der jeweiligen Zufallsform weiterarbeiten. Es gehört nur wenig Erfahrung dazu, um dieses Verfahren beherrschen zu lernen. Verglichen mit der „Décalcomanie“ (siehe Seite 184!), können die Zufallsformen leichter gesteuert werden.

Bei der Klecksographie wird ein Papier direkt in der Mitte eines Kleckses aus verdünnter Farbe bzw. Tusche gefaltet, so daß sich die Farbe bzw. Tusche gleichmäßig auf zwei Seiten hin verteilt. Das axensymmetrische Ergebnis erinnert an Falter. Der Vorgang kann auf demselben Blatt wiederholt werden, dabei kann die Symmetrie der ersten Klecksographie aufgehoben werden.

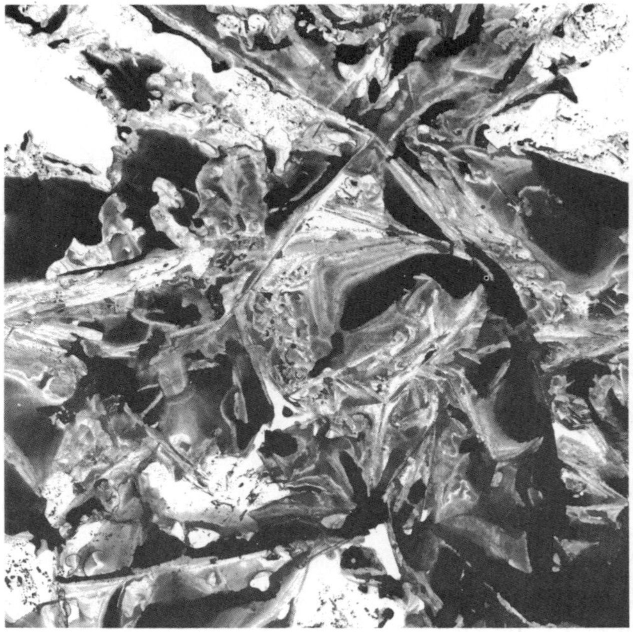

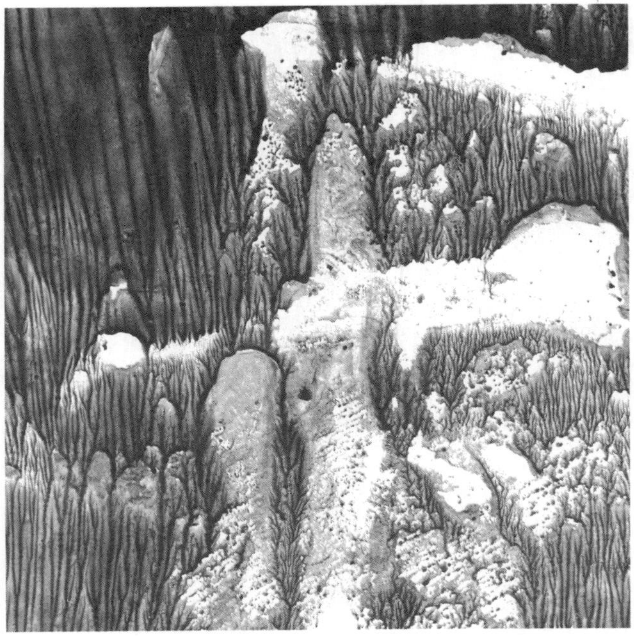

Beim **Abklatsch – oder Abzieh-Verfahren** (Décalcomanie) werden Tinte, Tusche, mit Wasser verdünnte Tusche, schwarze Plakatfarbe oder Dispersionsfarbe mit Pinsel, Gummiwalze oder Schwamm gleichmäßig oder ungleichmäßig auf eine Glasplatte aufgetragen. Es können auch andere Platten mit glatter Oberfläche aus Metall, Resopal oder anderem Kunststoff verwendet werden. Auf die solchermaßen vorbereitete Platte legt man einen Bogen Papier, drückt diesen mit der Hand leicht oder stark an und nimmt ihn dann wieder von der Glasplatte weg, indem man ihn leicht anhebt und über die Platte zieht oder ihn einfach aufdeckt, so wie man eine Buchseite umblättert. Überraschend bizarre Formen und Strukturen entstehen auf diese Weise. Kein Blatt gleicht einem anderen. Die Konsistenz der Zeichentusche bzw. der Farbe, d. h. ob sie pastos, dick- oder dünnflüssig ist, die Qualität des Papiers, ob glatt oder rauh, ja auch die Art, wie man das Papier von der Platte löst, ob schnell oder behutsam, ob zügig in einer Richtung oder mit mehreren Richtungswechseln, alles dies beeinflußt das jeweilige Ergebnis. Glattes Papier erlaubt sogar, die Versuche mehrmals zu wiederholen, da sich die bereits abgedrückte, aber noch nasse Tusche bzw. Farbe auch nach dem ersten Versuch auf dem Papier noch verändern läßt.

Die Zufallsstruktur oben rechts ist nach der hier beschriebenen Vorgehensweise entstanden. Die bizarren Formen oben links wurden durch ein verändertes Verfahren erzielt. Eine zerknüllte Plastiktüte, auf die zuvor kaum verdünnte Tusche gegossen worden war, wurde auf einen Bogen Papier gedruckt.

Die Abbildungen von Seite 185 können nur andeuten, wieviel Möglichkeiten des assoziativen Umdeutens und Umgestaltens das Verfahren der Décalcomanie eröffnet.

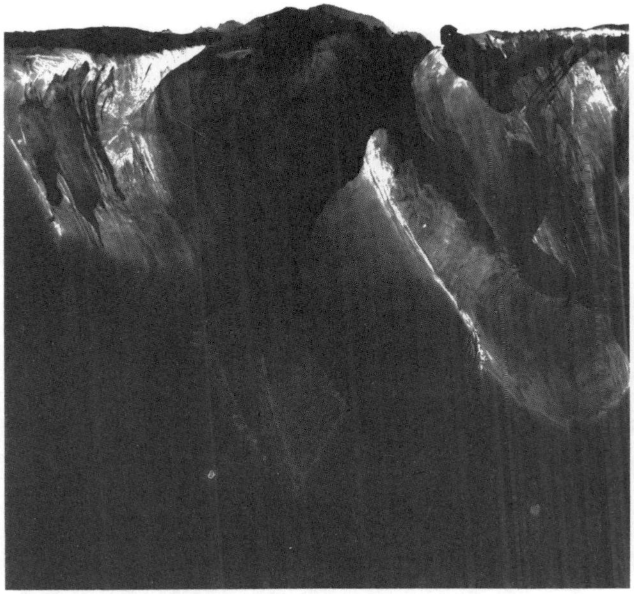

Zufallsstruktur: glattes Papier, stark verdünnte Tusche

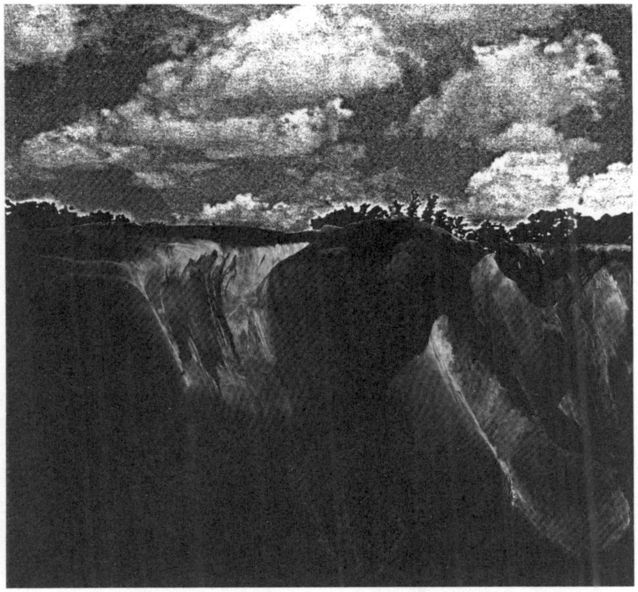

Gestaltete Struktur: Collage der Struktur links und einem fotokopierten Foto

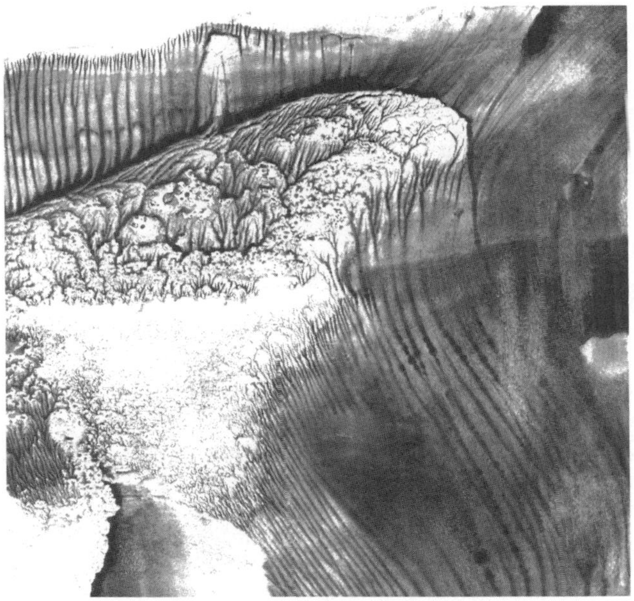

Zufallsstruktur: glattes Papier, kaum verdünnte Tusche

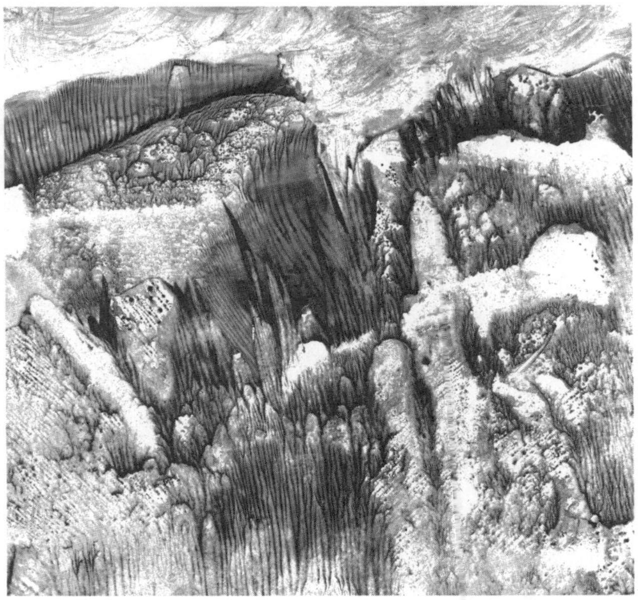

Gestaltete Struktur: Collage der Struktur links und der Abbildung S. 184 rechts

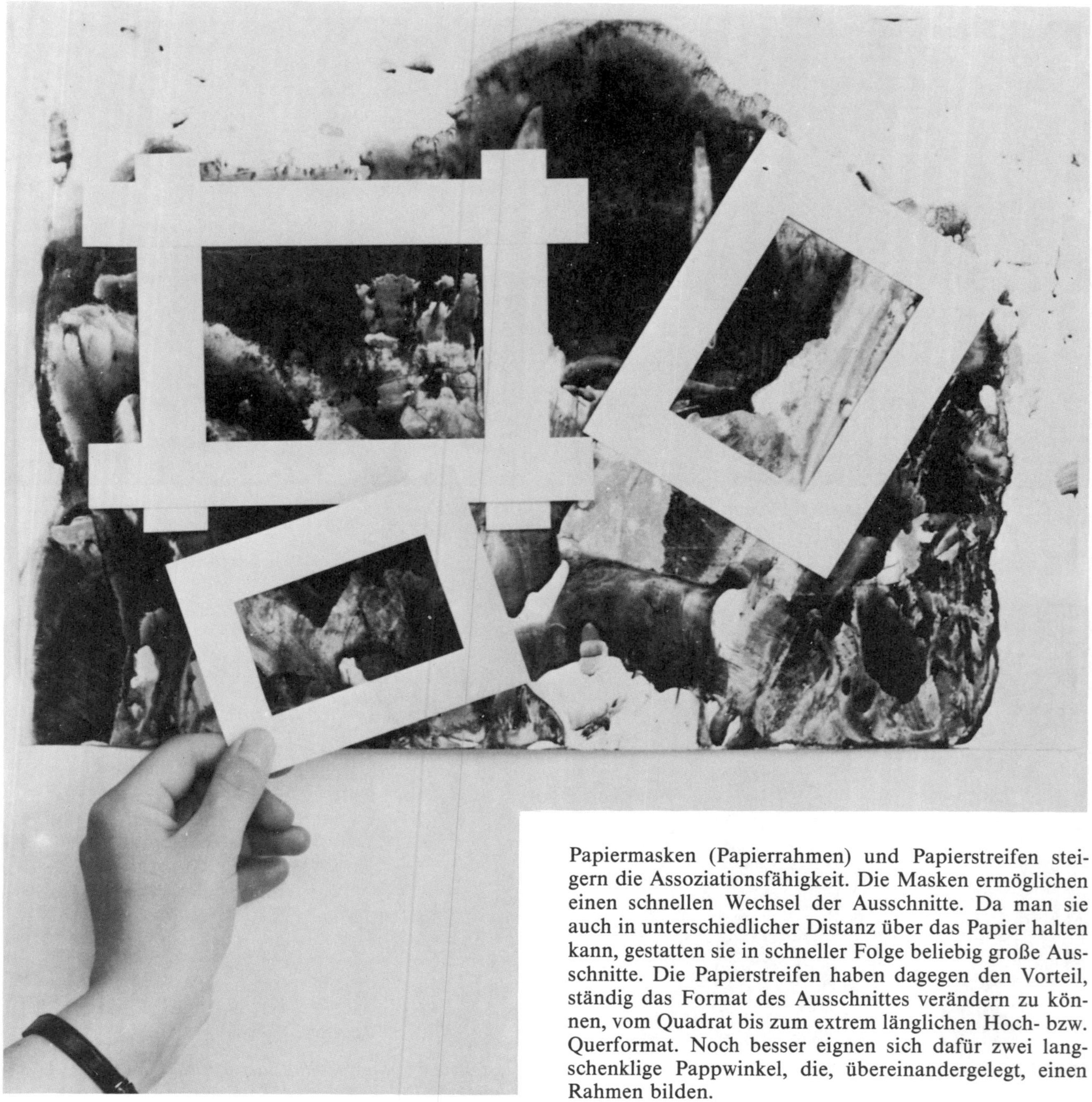

Papiermasken (Papierrahmen) und Papierstreifen steigern die Assoziationsfähigkeit. Die Masken ermöglichen einen schnellen Wechsel der Ausschnitte. Da man sie auch in unterschiedlicher Distanz über das Papier halten kann, gestatten sie in schneller Folge beliebig große Ausschnitte. Die Papierstreifen haben dagegen den Vorteil, ständig das Format des Ausschnittes verändern zu können, vom Quadrat bis zum extrem länglichen Hoch- bzw. Querformat. Noch besser eignen sich dafür zwei langschenklige Pappwinkel, die, übereinandergelegt, einen Rahmen bilden.

8

Gestaltung der Bildidee

Hat man sich einmal für eine Ausdeutung entschieden, beginnt die zeichnerische Ausgestaltung der Idee. Sie kann auf verschiedene Weise erfolgen. Die Abbildungen in diesem Kapitel stellen dabei beileibe nicht alle Möglichkeiten vor. Die erste beschränkt sich auf die Auswahl eines Ausschnitts. Die Versuche mit Papiermaske und Papierstreifen leisten dabei wertvolle Hilfe.

Die Abbildung – ebenfalls ein Ausschnitt aus einem größeren Format – besitzt immerhin die Originalmaße von 24 × 35 cm und stellt damit einen relativ seltenen „Treffer" dar. Zugleich dient dieses Beispiel als Argument dafür, daß nicht jedes Zufallsergebnis unbedingt inhaltlich ausgedeutet werden muß. Die gestalterische Aufgabe lag darin, den Ausschnitt so zu wählen, daß die hellen Linien ein spannungsvolles, aber kompositorisch ausgeglichenes Gefüge bildeten. Der Leser ist aufgefordert, mit Papierstreifen andere mögliche Ausschnitte auf dieser Abbildung zu suchen und auch durch Drehen unterschiedliche Ansichten in die Versuche mit einzubeziehen.

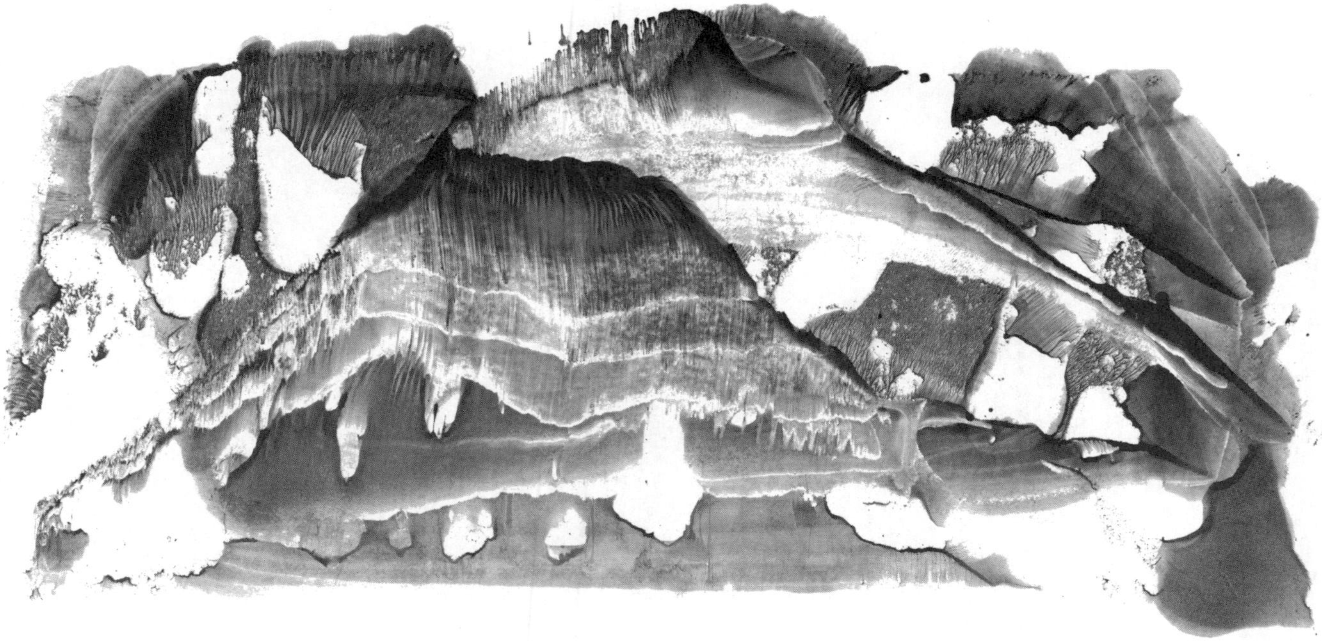

Die Zufallsstruktur, mit verdünnter schwarzer Plakatfarbe auf glattem Papier hergestellt, ruft den Eindruck einer Berglandschaft hervor, in welcher neben Bäumen und Sträuchern auch Hausruinen entdeckt werden können. Allein die Wahl eines kleineren Ausschnittes (Abb. rechts), dessen leichte Drehung die Ruinen in die Senkrechte setzt, verändert den Bildcharakter nicht unwesentlich, obwohl keine einzige zeichnerische Veränderung vorgenommen wurde. Einen direkten zeichnerischen Eingriff zeigt erst die Abbildung Seite 189 oben. Der gleichmäßig zugestrichene Himmel legt den Horizont eindeutig fest, wobei der Rand der Zufallsstruktur vor allem rechts etwas korrigiert wurde. Die einzigen zeichnerischen Ergänzungen dieser Bildseite sind Fenster und Türen, während das vorhandene Zufallsmaterial der linken Hälfte mit einer ausführlicheren Zeichnung in eine Burgruine umgedeutet und ausgestaltet wurde, eine Deutung übrigens, die durchaus nicht zwingend erscheint. Der Betrachter ist aufgefordert, seine Phantasie am abgebildeten Zufallsergebnis zu erproben und spielen zu lassen. Selbst bei diesem erheblichen zeichnerischen Eingriff ist die ur-

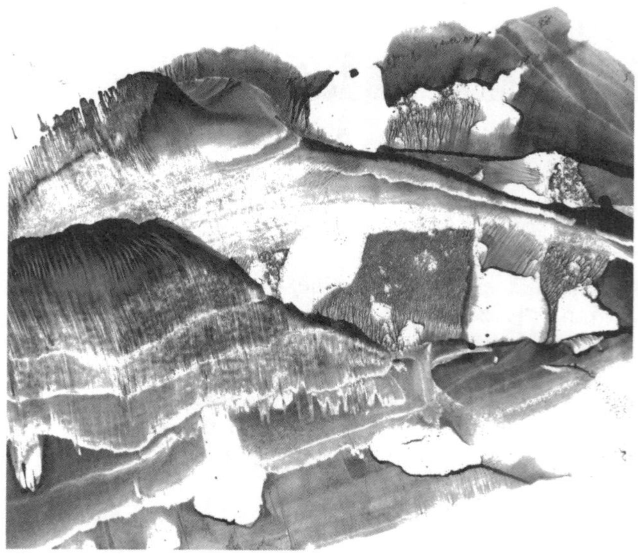

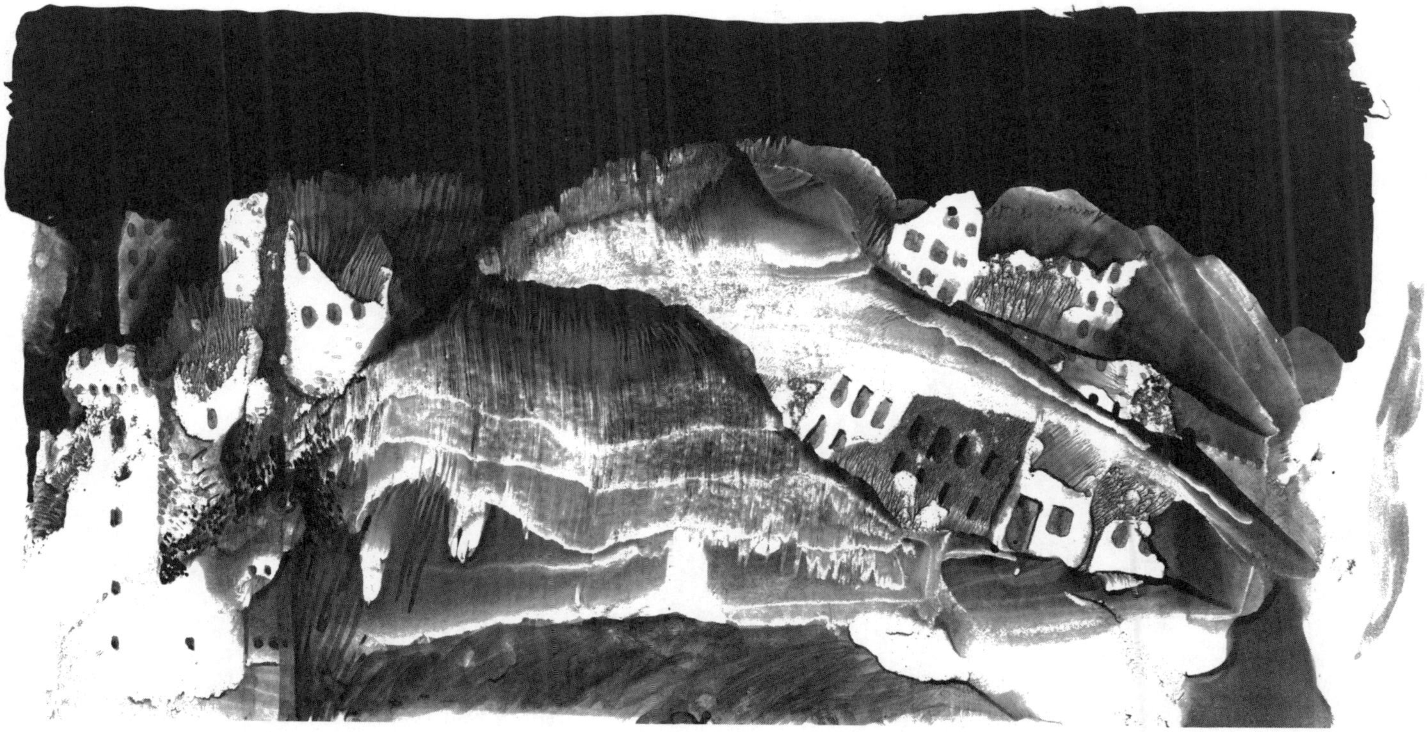

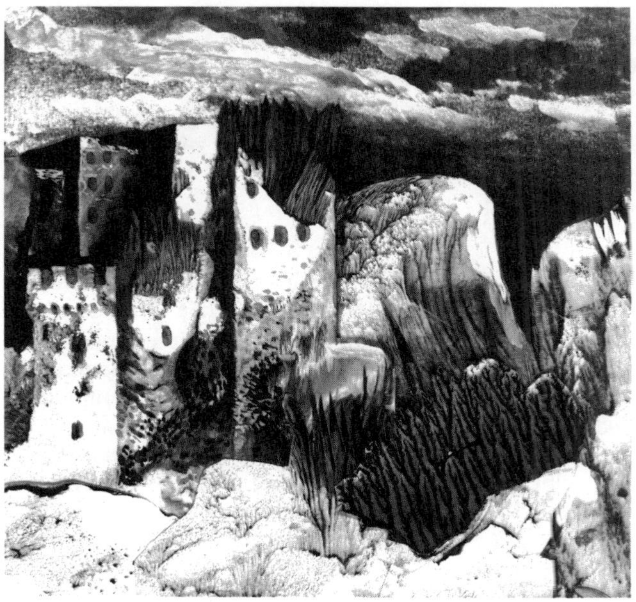

sprüngliche Zufallsstruktur immer noch zu erkennen. Dieses Bewahren des zeichnerischen Ausgangsmaterials ist am ehesten gewährleistet, wenn man bei der gezielten zeichnerischen Ausgestaltung stark verdünnte, also durchsichtige Farbe bzw. Tuschelavierung verwendet. Die Struktur scheint so trotz der Überarbeitung immer noch durch. Tiefere Dunkelstellen werden durch entsprechend häufiges Übermalen (Schichten) erzielt.

Die letzte Abbildung enthält mehrere Gestaltungsprinzipien: 1. Die Wahl eines kleineren Ausschnitts und die Entscheidung für ein quadratisches Format, 2. die Ausgrenzung durch eine hinzugefügte Fotokopie eines Wolkenhimmels, die noch zusätzlich mit schwarzer und weißer Farbe verändert wurde, 3. der direkte Eingriff durch eine zeichnerisch noch ausführlichere Ausgestaltung, wobei die weiße Deckfarbe zusätzlich verwendet wurde, 4. Die Kombination mehrerer, in verschiedenen Versuchen und mit unterschiedlicher Farb- und Papierqualität hergestellter Strukturen. Teile der bereits in der Abbildung Seite 184 rechts verwendeten Zufallsstrukturen fanden hier ihren endgültigen Platz.

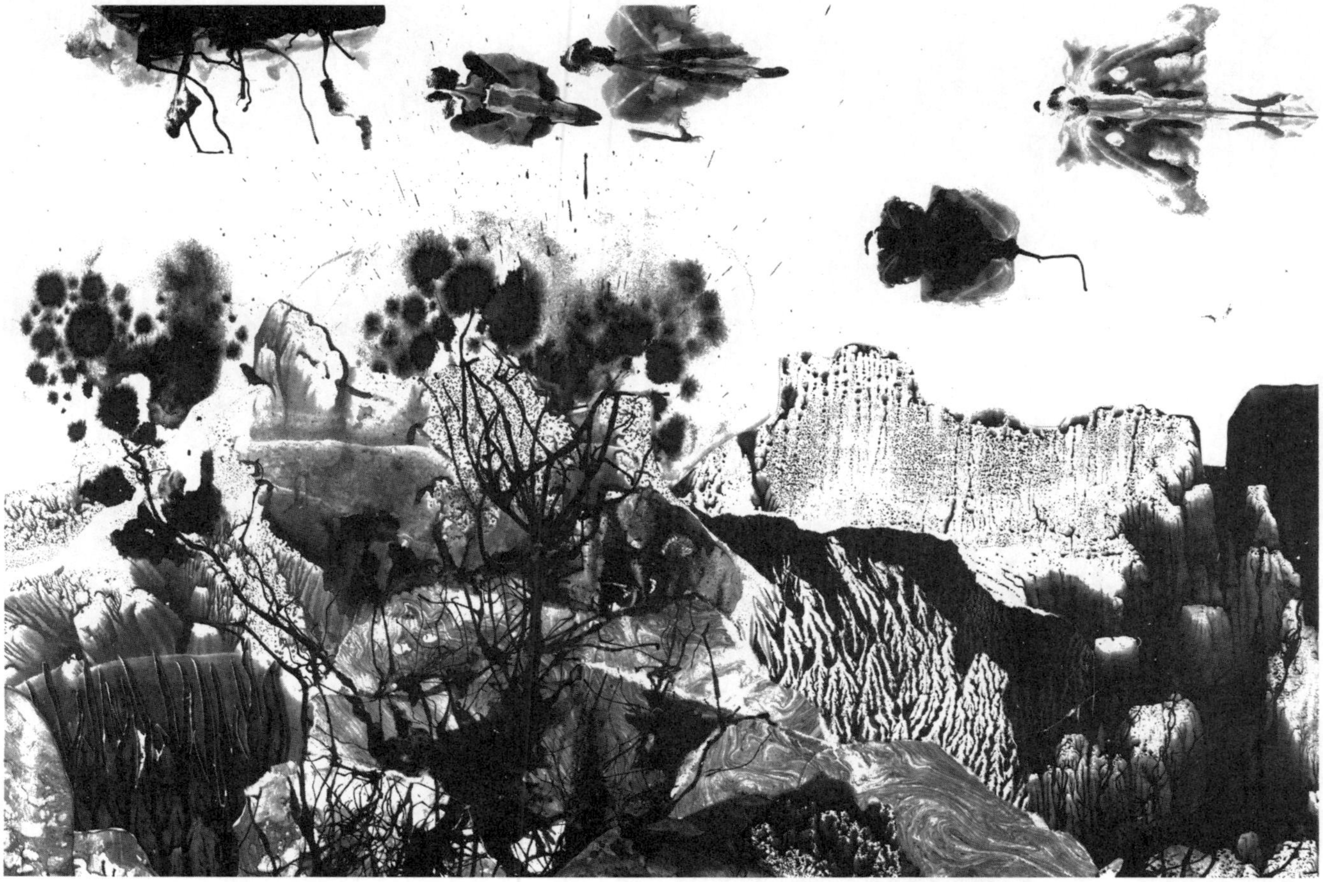

Kombination verschiedener Verfahren

Wer die direkte zeichnerische Ausgestaltung meiden will, kann sich jener Zufallsverfahren bedienen, deren Ergebnisse eher vorhersehbar sind bzw. gesteuert werden können. Die Qualität einer Gestaltung hängt indessen nicht von der Menge der eingesetzten Verfahren ab. Oft ist es günstiger, sich nur auf wenige zu beschränken. Wenn dennoch in der Abbilddung oben nahezu alle im Kapitel vorgestellten Verfahren auftauchen, so geschieht dies nur aus Demonstrationszwecken.
Die Felsen im Vordergrund wurden im Marmorierverfahren hergestellt. Davor und dahinter sind Bäume und Gestrüpp durch Verblasen von Tusche mit einem Trinkhalm entstanden. Die Baumkrone links entstand durch die im feuchten Papier zerfließende Tusche. Die Flugwesen sind Klecksographien. Die Köpfe der Flugtiere sind jeweils der Abdruck einer mit Plakatfarbe gefärbten Fingerkuppe. Der Phantasie sind beim Erfinden anderer Stempelmöglichkeiten keine Grenzen gesetzt. Es sei nochmals betont, daß im Bild oben kein einziger Strich gezeichnet wurde. Dasselbe gilt auch für das letzte Bildbeispiel des Kapitels auf Seite 191, einer Kombination von Strukturen, die im Abzieh- und Abklatschverfahren gewonnen wurden und Fotokopien von Holzstichillustrationen, die einem Technikbuch der Jahrhundertwende entstammen. Die Absicht

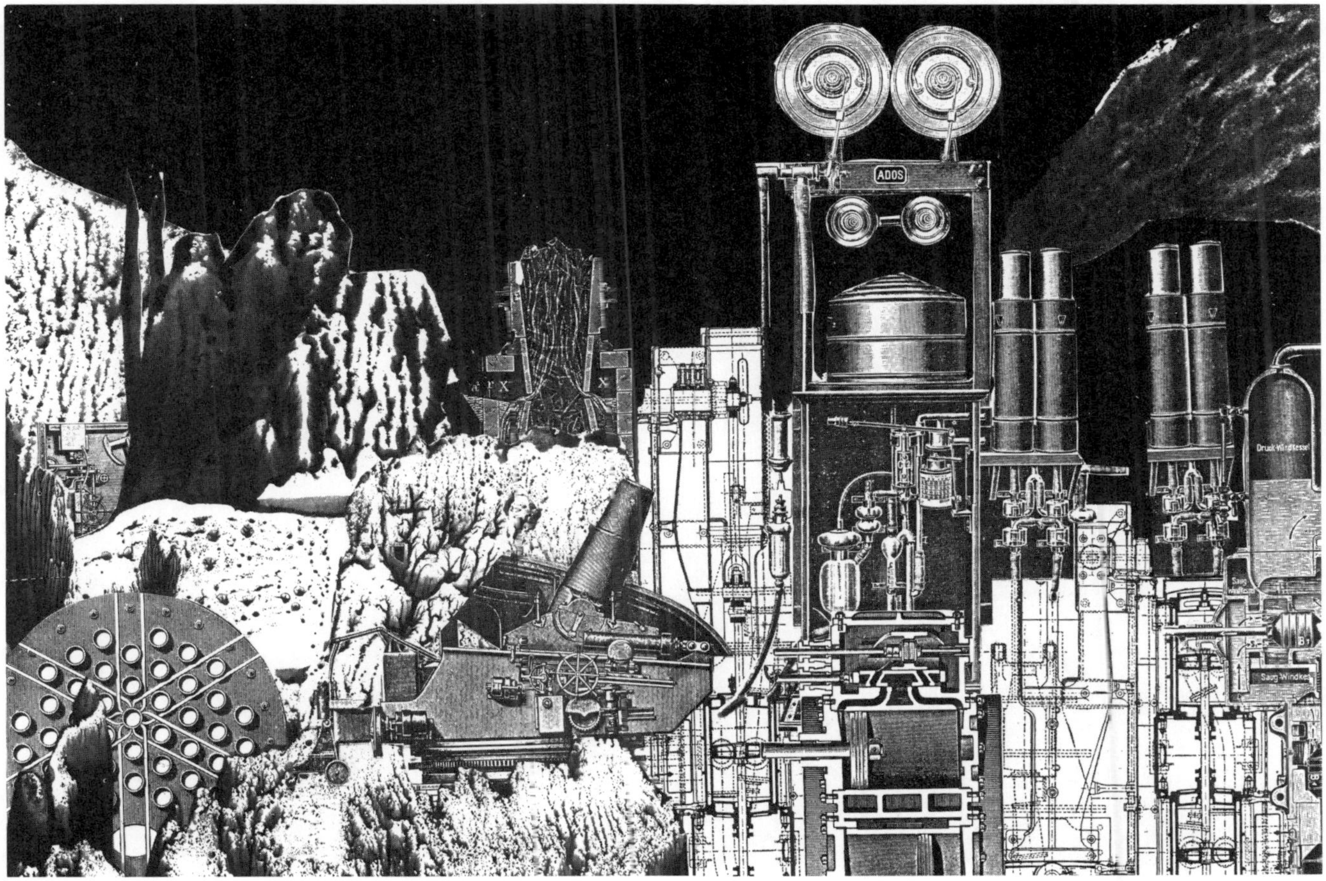

war, den unregelmäßigen, bizarren Formen der Zufallsstrukturen als Kontrast klare Konstruktionszeichnungen entgegenzusetzen. Das fotokopierte Collagenmaterial bestand aus Planzeichnungen und Darstellungen von Maschinen, teils auch in Form von Quer- und Längsschnitten. Indem selbst die Fotokopien miteinander collagiert wurden, entstand auf der rechten Seite ein regelrechter Industriekomplex. Die Planzeichnungen erscheinen in diesem Zusammenhang als feingliedrige Stahlkonstruktion. Erst auf den zweiten Blick erkennt man, daß die rauchenden Schlote in der rechten oberen Bildhälfte aus Kanonenrohren bestehen.

Nach links löst sich die Industrielandschaft in der Naturlandschaft auf. Diese ist aus recht unterschiedlichem Zufallsmaterial zusammengesetzt. Die einzelnen Konstruktionsdarstellungen sind zwischen den Zufallsstrukturen so versteckt, daß der Eindruck entsteht, als ob sich die Natur der Technik wieder bemächtigen würde. Teilweise überwuchert Vegetation die technischen Apparate.
Die einzige technische Schwierigkeit bei dieser Art von Gestaltung besteht im sorgfältigen Ausschneiden der Struktur. Allein der Himmel wurde dunkel zugemalt, sonst besteht das gesamte Bild nur aus den Zufallsstrukturen und dem kopierten Material.

ISBN 3-419-52714-4

5. Auflage 1997

Layout und Umschlaggestaltung: Michael Wiesinger
Herstellung: Freiburger Graphische Betriebe 1997